S.-F. TOUCHSTONE

LA RACE PURE EN FRANCE

CLASSEMENT PAR ÉTALONS

DES POULINIÈRES INSCRITES AU STUD-BOOK FRANÇAIS

(1818 - 1894)

PRÉCÉDÉE D'UNE ÉTUDE

SUR

LA FORMATION DE LA RACE PURE EN FRANCE

LE CHOIX ET LE ROLE DES POULINIÈRES

AVEC TROIS PLANCHES

PARIS

ADOLPHE LEGOUPY, ÉDITEUR

5, BOULEVARD DE LA MADELEINE, 5

1895

—

LA RACE PURE EN FRANCE

CLASSEMENT PAR ÉTALONS

DES POULINIÈRES INSCRITES AU STUD-BOOK FRANÇAIS

(1818 - 1894)

LA RACE PURE EN FRANCE

a été tirée à 660 exemplaires

tous numérotés à la presse

———

N° **233**

VERMEILLE, SUITE DE VERMOUT (1861)
D'après une aquarelle de M. HENRI DELAMARRE.

S.-F. TOUCHSTONE

LA RACE PURE EN FRANCE

CLASSEMENT PAR ÉTALONS

DES POULINIÈRES INSCRITES AU STUD-BOOK FRANÇAIS

(1818 - 1894)

PRÉCÉDÉE D'UNE ÉTUDE

SUR

LA FORMATION DE LA RACE PURE EN FRANCE

LE CHOIX ET LE ROLE DES POULINIÈRES

AVEC TROIS PLANCHES

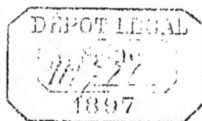

PARIS

ADOLPHE LEGOUPY, ÉDITEUR

5, BOULEVARD DE LA MADELEINE, 5

1895

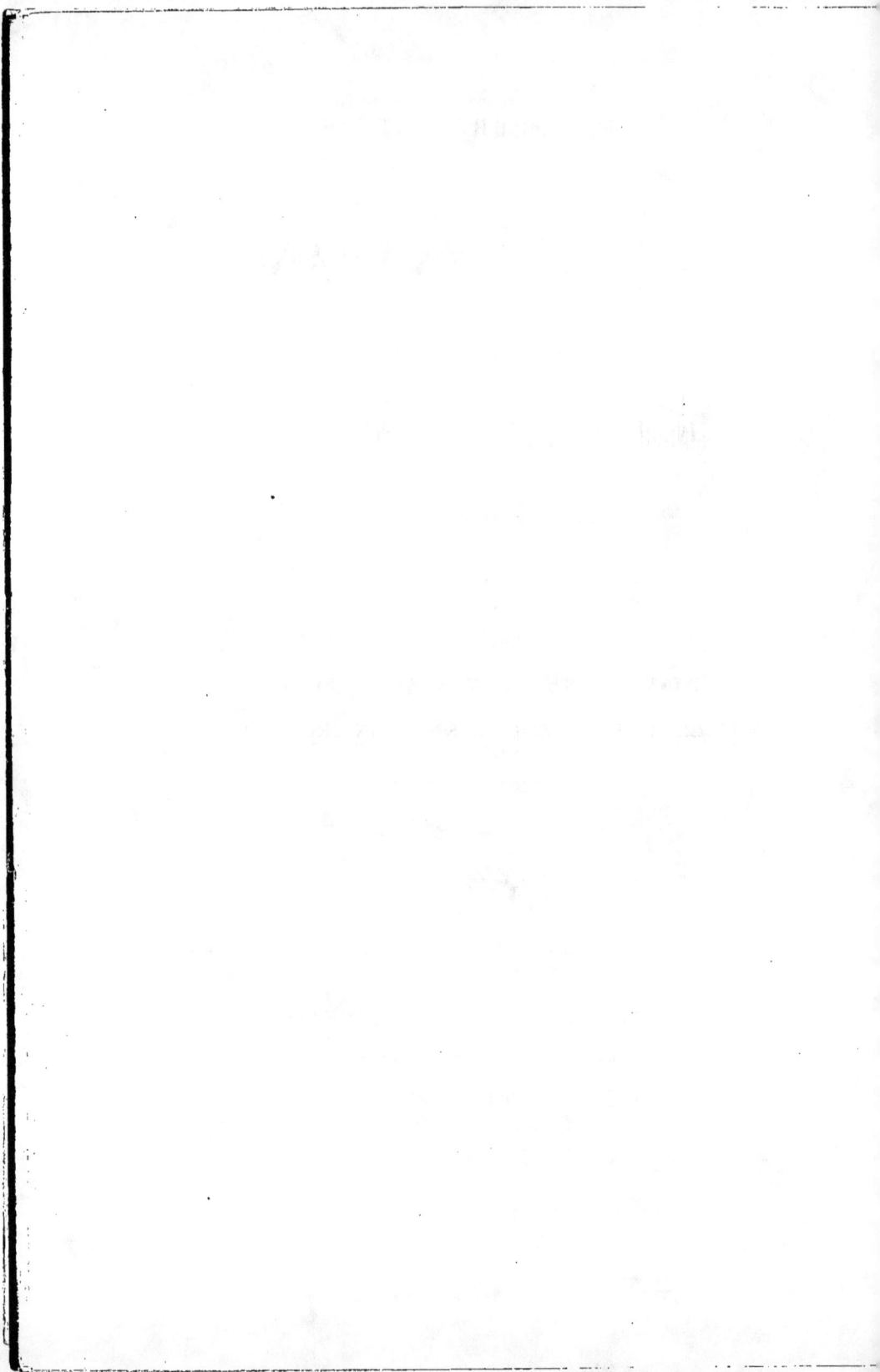

A

Monsieur le Comte G. de JUIGNÉ

Président de la Société Hippique Française

Avec l'expression de mes bien respectueux hommages

S.-F. TOUCHSTONE

TABLE GÉNÉRALE

PLACEMENT DES TROIS PLANCHES

IMPRIMÉES HORS TEXTE

———

AVANT-PROPOS

Pour juger exactement la valeur d'un étalon et apprécier le rôle qu'il a joué, il est indispensable de connaître d'une manière complète tous les reproducteurs, mâles ou femelles, qu'il a donnés; à cet effet, le stud-book anglais publiait dès l'origine le classement par étalons de toutes les poulinières qui y étaient inscrites. On n'a pas eu le même soin en France où, seul, le dernier volume de notre Stud-Book contient cet état dont il me parait superflu de faire ressortir le très grand intérêt. Il n'en est pas, en effet, qui permette, à première vue, d'établir d'une manière plus sûre et plus rationnelle la sélection dans le choix des reproducteurs; il n'en est pas, par suite, dont les éleveurs aient un plus pressant besoin.

Le travail que je publie a pour but de faire disparaître cette lacune de notre Stud-Book, en mettant à la portée de toutes les personnes qui s'occupent d'élevage ces documents essentiels qui leur ont fait si longtemps défaut. Plus complet que celui qui a été publié successivement en Angleterre, ce groupement par étalons de toutes nos poulinières de pur-sang permettra d'obtenir, sans aucune autre recherche, tous les renseignements qui les concernent : le nom de leur mère, la date de leur naissance, leur robe aussi bien que leur pays d'origine quand elles sont nées hors de France, tout y est mentionné. Classées suivant l'ordre alphabétique, on trouvera leurs noms avec la plus grande facilité.

Les origines complètes des étalons sont également données avec la date de leur naissance, celle de leur mort quand elle a *pu être retrouvée, puis celle de leur importation, s'il y a lieu. Enfin leurs principales performances et celles de leurs filles ont été rappelées, de manière à établir un rapprochement intéressant entre leurs victoires sur le turf et leur carrière au haras.*

Ce livre est, en un mot, un résumé complet et raisonné des onze volumes parus du Stud-Book français ; il donne, en outre, sur les origines des étalons étrangers, des renseignements que ne contient pas le registre officiel. On y trouvera classés dans un ordre méthodique tous les reproducteurs qui y sont inscrits ; enfin, dans l'étude qui sert d'introduction, je me suis appliqué à faire ressortir l'importance du rôle que jouent les poulinières auxquelles on ne rend pas toujours la justice qui leur est due. On comprendra ainsi — ce qu'on paraît parfois un peu trop oublier — combien il est essentiel d'apporter à leur choix la plus grande attention.

J'ai conscience d'avoir accompli une œuvre utile à tous égards, et je me crois, sans prétention aucune, le droit d'espérer que tous les éleveurs sérieux, tous ceux qui ont de la méthode et de l'esprit de suite, sauront apprécier l'effort accompli.

Mai 1895.

ABRÉVIATIONS

a ou (a) — Né ou née en Angleterre.
pr..... — »   » en Prusse.
all.... — »   » en Allemagne.
bel.... — »   » en Belgique.
it..... — »   » en Italie.
aut.... — »   » en Autriche.
ho.... — »   » en Hongrie.
esp.... — »   » en Espagne.
e. u... — »   » aux Etats-Unis.
*. — Elevé par l'Administration des Haras.
J. C.. — Gagnant du prix du Jockey-Club.
Di... — »   » de Diane.
G. P. — »   du Grand Prix de Paris.

D.... — Gagnant du Derby d'Epsom.
O.... — »   des Oaks d'Epsom.
S. L.. — »   du Saint-Léger de Doncaster.
G.... — »   des Deux Mille Guinées.
O. G. — »   des Mille Guinées.
sr.... — Sœur de...
al..... — Alezan.
bb.... — Bai-brun.
b..... — Bai.
n..... — Noir.
gr.... — Gris.
ro..... — Rouan.
ar.... — Arabe.

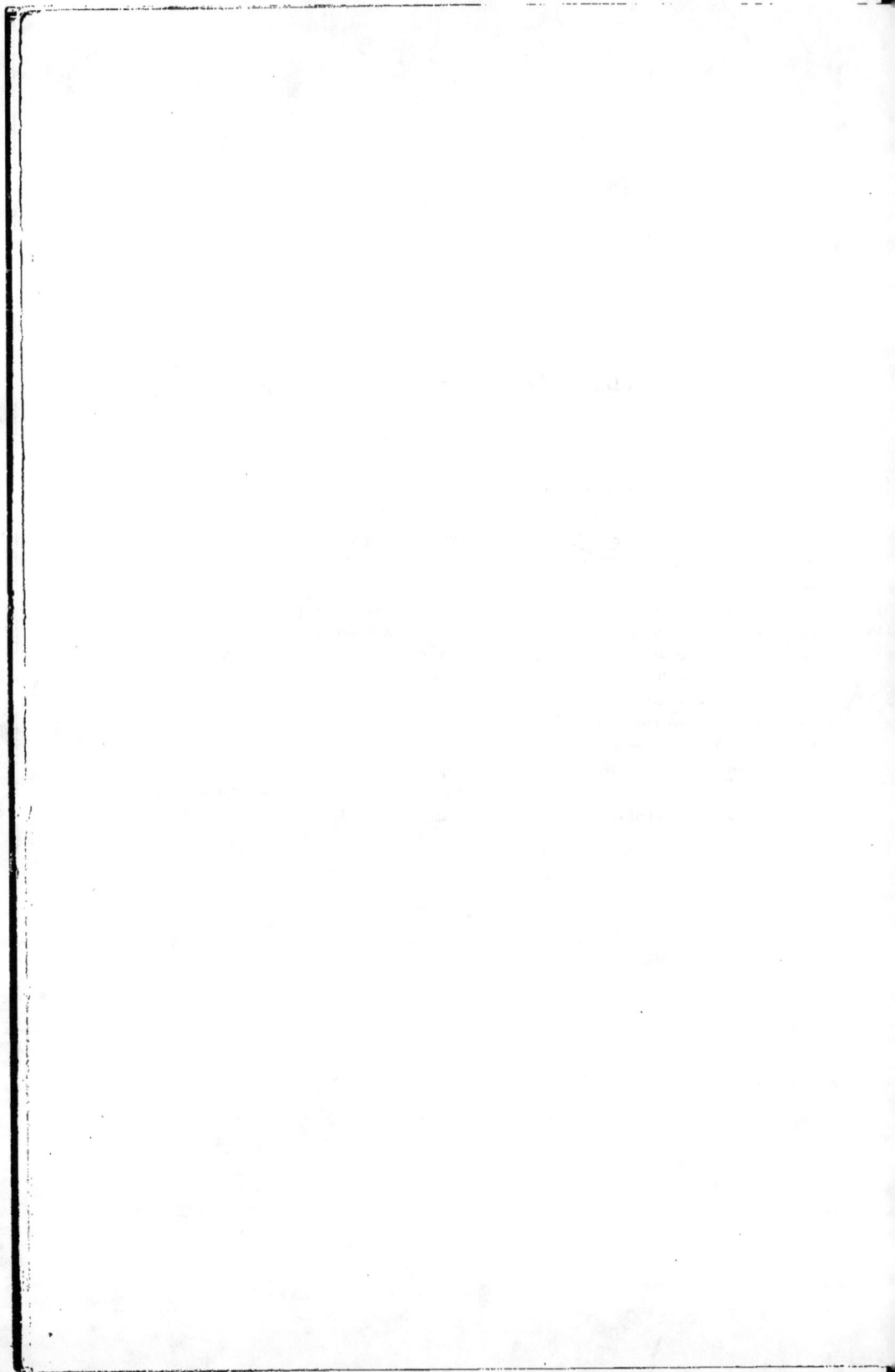

INTRODUCTION

ÉTUDE SUR LA FORMATION DE LA RACE PURE EN FRANCE

LE CHOIX ET LE ROLE DES POULINIÈRES

L E choix judicieux des reproducteurs est un des principes fondamentaux de tout élevage rationnel et un
élément indispensable de succès ; mais, de même qu'en
cette difficile et délicate entreprise, il n'y a ni règle fixe, ni
théorie absolue, on ne saurait non plus accepter comme in-
faillible la sélection établie par les luttes des hippodromes
qui sont cependant le critérium le meilleur et le plus concluant
qui soit à notre portée. Un système de courses bien compris
permet, cela n'est pas contestable, de mettre en relief dans
chaque production les meilleurs chevaux, qui se trouvent
par cela même désignés comme de futurs reproducteurs ; toutefois, il n'établit en réalité leur qualité que d'une manière
relative, laissant à notre jugement et à notre expérience l'appréciation de leur valeur exacte.

Il est évident, en effet, que dans une génération qui a à sa
tête un animal hors de pair, comme the Flying Dutchman,

Gladiateur ou Ormonde, il peut se trouver des chevaux d'excellente classe, qui dans une année ordinaire auraient occupé sans conteste le premier rang, et qui se trouvent relégués en seconde ligne par la présence d'un de ces phénomènes que la nature, jalouse d'affirmer ses droits, se plaît parfois à produire pour nous surprendre et nous dérouter. On trouve, par contre, des générations médiocres, dont les animaux de tête, quelque brillants que soient leurs succès, ne sont eux-mêmes que des médiocrités. C'est surtout pour cette raison qu'il n'est pas de principe plus faux pour établir la valeur d'un reproducteur que de prendre pour base les sommes qu'il a gagnées pendant sa carrière de courses. Elles fournissent une indication dont l'utilité n'est pas discutable, mais elles ne constituent qu'un des éléments d'appréciation. La qualité des adversaires qu'il a battus, la manière dont ses victoires ont été remportées, sa conformation, ses aptitudes, son tempérament et son origine sont autant de questions essentielles qu'il convient d'examiner avec le plus grand soin. Le résultat matériel acquis ne représente pour ainsi dire qu'une épreuve préliminaire, qui permet d'éliminer les nullités et les non-valeurs, une sorte d'examen de premier degré, conférant un titre sérieux, mais non définitif. Le reste est laissé à l'appréciation des éleveurs, et l'on sait que les juges les plus experts, les mieux doués et les plus autorisés, ne sont jamais infaillibles.

Tout imparfaite qu'elle soit, la sélection par les courses n'en est pas moins, je le répète, la meilleure et la seule vraiment pratique, mais comme elle n'est pas d'une exactitude absolue, il est à peu près hors de doute qu'on élimine assez fréquemment un certain nombre d'animaux qui auraient rendu d'excellents services, tandis qu'on en accepte d'autres qui ne sont d'aucune utilité. Ces erreurs sont surtout sensibles dans le choix des reproducteurs mâles, pour lesquels la sélection prétend être particulièrement rigoureuse ; de ceux-là surtout on s'occupe avec un soin jaloux. Il n'est pas dans ma pensée

de vouloir contester la très grande importance des épreuves
publiques et la nécessité absolue de n'accepter un étalon
qu'après un examen sévère, où on ne saurait se montrer trop
exigeant ; mais j'estime qu'il y a une sorte de préjugé à s'inquiéter par trop exclusivement du reproducteur mâle, alors
que le rôle de la poulinière a une importance souvent égale,
parfois même supérieure. Je reviendrai plus loin sur cette
question. Il est certain, en tous cas, que, la sélection étant
moins stricte en ce qui les concerne, les juments sont, après
leur carrière de courses, envoyées au haras en bien plus grand
nombre que les mâles. Elles permettent donc d'apprécier d'une
manière plus exacte la valeur et l'influence du sang qu'elles
possèdent et des familles auxquelles elles appartiennent, car
elles sont moins exposées que les étalons aux caprices de la
sélection et aux erreurs des jugements humains.

Il y a longtemps qu'on a fait justice de cette théorie du sac,
qui assimilait la poulinière à une sorte de machine à produire,
en lui refusant toute action personnelle et toute influence dans
une œuvre où elle joue au contraire un rôle des plus actifs.
A cet égard le doute n'est plus permis et les travaux du savant
hippologue allemand Hermann Gooz, ont confirmé d'une
manière péremptoire et presque mathématique ce que la
simple étude des lois de la nature avait permis de constater.
La mère a sur la qualité, le tempérament et la valeur générale
du produit une part indiscutable, souvent égale, et, je le
répète, souvent même supérieure à celle de l'étalon, quand
elle possède à un plus haut degré que lui la nervosité, le sang,
l'énergie, en un mot, tout ce qui constitue l'influx vital.
M. Gooz a constaté, en effet, que sur les 8563 poulinières, qui,
pendant ces dernières années ont donné les gagnants de tous
les prix un peu importants dans les pays où on élève du pur-
sang anglais, près d'un tiers descendent en ligne maternelle
directe de quatre juments seulement : la mère des deux True
Blue, la Burton Bay Barb mare, la Layton Barb mare, et la

Natural Barb mare, alors qu'il est admis que la race pur-sang tout entière est issue de soixante et une juments, dont l'action peut être assimilée à celle des trois grands auteurs mâles, les Godolphin et Darley Arabians, et le Byerley Turk. Il n'est donc pas contestable que les familles de ces quatre juments possèdent sur les autres une supériorité qui mérite sérieuse attention, et que ce sont les poulinières qui en descendent auxquelles on doit s'adresser de préférence. Comme je ne saurais trop le dire, aucune théorie ne doit être absolue en matière d'élevage, mais il est évident qu'en prenant une moyenne des résultats obtenus, on peut en déduire certains principes d'une réelle portée.

Ce qui précède doit en tous cas suffire pour montrer que si l'on veut juger d'une manière exacte la valeur d'un étalon et apprécier avec profit son action et son influence, il importe de baser cette appréciation non pas seulement sur les étalons issus de lui, qui représentent une partie fort brillante mais très faible en même temps de sa production, mais aussi sur ses filles, dont le nombre permet d'établir un critérium plus large, plus juste et peut-être aussi plus impartial. Pour pouvoir étudier avec quelque utilité la formation de la race française de pur-sang, et la suivre dans son développement et ses progrès, pour établir en pleine connaissance de cause l'importance du rôle des divers étalons qui y ont contribué, il était par suite indispensable de connaître exactement tous les reproducteurs qui leur ont permis d'exercer leur influence sur l'ensemble de la race. On a souvent parlé de leurs fils et de leurs descendants mâles : rarement on s'est occupé de leurs filles, et on l'a fait d'une manière si incomplète qu'il était impossible de formuler à cet égard une opinion quelconque. Le travail que je publie aujourd'hui et qui constitue, en quelque sorte, l'historique de la race pure en France, donnera aux éleveurs tous les éléments nécessaires pour juger la question d'une manière aussi complète que possible. Il m'a fallu la conviction profonde de sa très grande utilité, et qu'on me permette de l'ajouter, un dévouement sincère à une cause à laquelle je consacre tous mes efforts, pour me décider à entreprendre une œuvre aussi ardue, et pour la mener à bonne fin après l'avoir entreprise. En la publiant, j'ai la ferme conviction de rendre à l'élevage un service dont me tiendront compte tous ceux qui savent le bien comprendre et qui défendent ses véritables intérêts. Leur approbation est la seule récompense que j'ambitionne : qu'il me soit permis d'espérer qu'elle ne me fera pas défaut.

I

Il me paraît utile, avant d'étudier les origines des principaux reproducteurs qui ont concouru à la formation de la race pure en France, de rechercher la part que l'Administration des Haras a prise à sa création et à son développement. Son rôle en cette œuvre qui a reçu tant de concours dévoués et provoqué tant de discussions passionnées, est d'autant plus intéressant à connaître, qu'il résume et exprime d'une manière saisissante la mission qu'elle est appelée à remplir et l'action qu'elle doit exercer sur l'élevage, en général. Il n'est pas, en outre, de document plus convaincant pour justifier son existence, montrer combien elle est nécessaire, et faire en même temps ressortir les services qu'elle a rendus et est appelée à rendre à notre industrie chevaline et la manière dont son action doit logiquement s'exercer.

La monarchie tombée, les grandes propriétés territoriales morcelées et vendues, tous les haras particuliers auxquels les races françaises avaient dû pendant si longtemps d'être les premières de l'Europe, avaient été dispersés et engloutis dans la tourmente révolutionnaire. Dès que l'ordre eut été rétabli, et l'empire fondé, Napoléon Ier, qui mieux que personne savait apprécier l'utilité d'une cavalerie bien montée et les avantages qu'elle assurait au général qui en disposait, s'était rapidement rendu compte de la condition critique où se trouvait notre industrie chevaline. Il comprit que, l'initiative privée faisant absolument défaut, — elle eût été d'ailleurs paralysée par les circonstances, — l'intervention administrative était nécessaire pour mettre un peu d'ordre dans ce chaos, et sauver ce qui restait de nos races presque entièrement détruites. Il voulait en même temps que l'élevage fût dirigé dans la voie qui lui permettrait d'en tirer le meilleur parti possible, la production du cheval de troupe étant son principal, pour ne pas dire son unique objet. Le décret du 4 juillet 1806 qui rétablissait et organisait sur des bases nouvelles l'Administration des Haras, n'a pas eu d'autre objet ; remarquablement conçu, il sert encore, dans ses grandes lignes, de base à l'organisation actuelle. Malheureusement, le temps manquait à l'Empereur pour diriger et surveiller l'exécution des mesures qu'il prescrivait, et ce décret ne fut appliqué sous son règne que dans des limites fort restreintes.

Il n'en rendit pas moins de très réels services, puisque, malgré les achats incessants de la Remonte, malgré l'activité prodigieuse de la consommation, on parvint à satisfaire toutes les exigences pendant les six années qui suivirent. Très éprouvé, toutefois, notre élevage ne put résister au drainage qui, à partir de 1812, épuisa le pays en hommes aussi bien qu'en chevaux, puis aux réquisitions des armées alliées après la chute de l'Empire. Tout ce qui était valide, tout ce qui était capable de porter un homme ou de traîner un caisson, avait été acheté, pris ou volé ; étalons, poulinières, poulains à peine formés, tout avait disparu dans la tourmente. Les animaux malingres, défectueux ou incapables restaient seuls, et les éleveurs ruinés ne pouvaient cependant compter sur d'autres éléments pour reconstituer leurs haras dévastés.

L'intervention de l'Administration était donc plus nécessaire que jamais ; elle était indispensable, à double titre. Pour fournir à des conditions qu'elle seule pouvait offrir des reproducteurs d'une classe suffisante aux éleveurs désemparés et pour les aider par des encouragements de diverse nature ; puis, une fois les races à peu près reconstituées, pour conserver dans les dépôts une pépinière d'étalons de choix, appelés à continuer cette œuvre de reconstitution et d'amélioration, et à assurer le maintien des résultats acquis. Rarement, en effet, les particuliers, surtout quand ils viennent d'échapper à une crise terrible, ont la sagesse et le courage de résister aux offres séduisantes qui leur sont faites pour les chevaux bien venus qu'ils ont réussi à élever. Tous ceux qui auraient pu être utilement employés par eux comme reproducteurs, qui leur auraient permis de conserver à la race son caractère et ses qualités, étaient ainsi enlevés soit par des éleveurs étrangers, soit par des maquignons. Ils étaient, par suite, complètement perdus pour la reproduction. Sans les Haras, sans les étalons de leurs dépôts, qui seuls permettaient de combler les vides, les races n'auraient pas tardé à dégénérer de nouveau ; tous les progrès acquis auraient été perdus, et on serait retombé dans un chaos inextricable.

Ce que je dis du passé peut fort bien s'appliquer au présent, pour nos races de service et de gros trait tout au moins. Rien ne saurait, il me semble, mieux justifier le principe de l'existence de l'Administration des Haras que cette digression, qui m'a un peu écarté de mon sujet, auquel je reviens.

La campagne d'Egypte avait mis en relief le cheval arabe dont on avait à maintes reprises eu l'occasion d'apprécier les qualités, et surtout l'endurance et la sobriété. Il se trouva donc tout désigné, lors de la réorganisation des Haras, comme l'étalon type, comme le régénérateur par excellence, et cela avec d'autant plus de raison qu'il était impossible de s'adresser au pur sang anglais, par suite de la rupture des relations commerciales avec l'Angleterre. Pendant les courtes accalmies, on avait bien, de 1801 à 1815, importé quelques rares étalons anglais de race pure, Vivaldi, Statesman, Piccadilly, Zoroaster et Clayton, mais aucun d'eux ne paraît avoir réussi, ni même avoir joué un rôle quelconque. Il est toutefois à remarquer, à en juger par les origines de ces étalons, qu'on devait partager à cette époque en France l'opinion des Américains sur la supériorité du sang d'Herod. Le vainqueur du premier Derby d'Epsom, Diomed, qui avait été importé aux États-Unis, où il est regardé comme le fondateur de la race pure indigène, était petit-fils du célèbre étalon. Il en était de même de Vivaldi, Zoroaster et Piccadilly. Il semble donc que dans les deux pays on ait eu la même pensée, la même préoccupation, de choisir avant tout des animaux appartenant à des familles d'une endurance confirmée. Les succès remportés par Herod et par ses fils dans les épreuves à grande distance, expliquent la préférence dont leurs descendants ont été l'objet à l'origine. C'est le seul point intéressant qu'il y ait à retenir de ces premières importations.

La faveur qu'on avait accordée au cheval arabe pendant l'Empire, prit fin avec le retour des Bourbons, qui, dans leur long exil, avaient pu se rendre compte de la supériorité du pur-sang anglais, et, en général des qualités des diverses races de ce merveilleux pays d'élevage. Aussi bien par conviction que par mode, — et pendant les premières années de la Restauration, la Cour fut en proie à une crise d'anglomanie des plus aiguës, — l'usage du cheval anglais devint général dans toutes les écuries bien montées. Il est vrai qu'il eût été fort difficile de s'adresser aux races françaises, qui n'existaient plus à bien peu de chose près, mais, tout ce qui n'était pas anglais, d'origine ou au moins d'apparence, était regardé comme animal de rebut et refusé par suite par le commerce. La Remonte était son seul débouché.

Il est donc facile de comprendre que, dans de telles conditions, et avec un semblable état d'esprit, on ait renoncé au cheval arabe, dont la taille était d'ailleurs insuffisante et qui dégénère promptement hors de son pays d'origine, pour adopter comme base de la reconstitution de nos races et de leur amélioration le pur-sang anglais, dont les preuves étaient faites. Les conditions climatériques, identiques à peu de chose près dans les deux pays, permettaient en outre d'espérer que, en Normandie et en Bretagne en particulier, il retrouverait les succès auxquels il devait sa réputation de l'autre côté du détroit. Ce fut donc en Angleterre que l'Administration des

Haras, réorganisée de nouveau en 1816, alla chercher après le départ des armées alliées les éléments dont on avait un si pressant besoin.

Une première mission ramena en 1818 dix étalons de pur-sang : Bijou par Orville, Spy par Walton, Tigris par Quiz, Camerton, D. I. O., Hamlet, Middlethorpe, Streamlam-Lad, Tozer, et Retort. Les trois premiers seulement ont donné des produits de pur sang ; les autres ont été employés comme étalons de croisement, et, parmi eux, D. I. O. et Hamlet ont fort bien réussi ; ils figurent dans les pedigrees de nos meilleurs étalons trotteurs actuels. En 1819, nouvelle mission ; Egremont, Phosphor, Snail, et Young Statesman sont importés. Dans l'état précaire où était l'industrie privée, seule l'Administration des Haras possédait les moyens d'action nécessaires et l'influence suffisante pour importer et faire adopter l'étalon anglais contre lequel les préventions étaient nombreuses et qui allait révolutionner en quelque sorte tout notre système d'élevage, en battant en brèche la routine, si chère à tous nos paysans. L'intervention du Gouvernement était donc indispensable ; elle a été assez active, assez suivie et assez énergique pour être féconde dans ses résultats.

Il serait trop long et sans grand intérêt de la suivre dans toutes ses manifestations, mais il me paraît utile, pour la résumer et la faire bien comprendre de donner les noms des étalons de pur-sang anglais qu'elle a importés pendant cette période d'enfantement, de notre race pure, qui s'étend de 1818 à 1840. On pourra ainsi constater le soin, l'intelligence et l'esprit de suite que l'Administration a apportés dans le choix de ses étalons, leur origine, leur netteté de membres et leur tempérament étant l'objet principal de son attention. Il s'agissait avant tout de fonder sur des bases solides et durables la race nouvelle qui, en se développant, acquerrait par la sélection la distinction et la vitesse. Bien entendu, je ne m'occupe ici que des étalons qui ont contribué à la formation de la race pure ; ceux qui ont servi aux croisements n'ont donc pas été compris dans cette liste :

	Année de l'importation		Année de l'importation
Bijou (*Orville*)..........	1818	Tetotum (*Dick Andrews*).	1834
Spy (*Sir Peter*)..........	1818	Crispin (*Dick Andrews*)..	1835
Tigris (*Woodpecker*).....	1818	Darlington (*King Fergus*)	1835
Egremont (*Mercury*).....	1819	Edmund (*Orville*).......	1835
Captain Candid (*Mercury*)	1825	Ibrahim (*Woodpecker*)....	1835
Carbon (*Waxy*)..........	1825	Novelist (*Waxy*).........	1835
Doge of Venice (*Sir Peter*)	1825	Petworth (*Sir Peter*).....	1835
Eastham (*Sir Peter*)......	1825	Alteruter (*Dick Andrews*)	1836
Premium (*Mercury*)......	1825	Dangerous (*D. Andrews*)	1836
Holbein (*Woodpecker*)...	1826	Pickpocket (*Sir Peter*)...	1836
Alfred (*Sir Peter*).......	1828	Tandem (*Woodpecker*)...	1836
Mustachio (*Waxy*)......	1828	Tim (*Sir Peter*)..........	1836
Harlequin (*Don Quixote*).	1831	Windcliffe (*Waxy*).......	1836
Trance (*Sir Peter*).......	1831	Mameluke (*Sir Peter*)....	1837
Y. Emilius (*Orville*).....	1832	Muezzin (*Woodpecker*)...	1837
Cadland (*Orville*).......	1834	The Juggler (*Woodpecker*)	1837
Hœmus (*Woodpecker*)....	1834	General Mina (Hambletonian)..	1839
Lottery (*Dick Andrews*)..	1834	Tarrare (*Mercury*)......	1839
Napoleon (*Woodpecker*)..	1834	Terror (*Hambletonian*)...	1839
Paradox (*Woodpecker*)...	1834	Bizarre (*Orville*)........	1840
Spectre (*Sir Peter*).......	1834	Mendicant (*D. Andrews*).	1840
Tancred (*Woodpecker*)...	1834	Ascot (*Mercury*).........	1840

(44)

(Le nom entre parenthèses est celui du chef de la famille de l'étalon importé.)

Il est facile, à première vue, de grouper en quatre familles
principales la plupart de ces quarante-quatre étalons. On constate tout d'abord pour le sang d'Herod la préférence que j'ai
déjà signalée, préférence qui avait toutefois moins de raison
d'être à cette époque que trente ans auparavant, la descendance d'Eclipse ayant déjà affirmé une supériorité qui depuis
n'a fait qu'augmenter. Quoi qu'il en soit, une grande partie des
étalons mentionnés sur cette liste descendent directement
des deux plus remarquables chefs de famille qu'ait donnés
Herod. Highflyer, ou plus exactement son fils, Sir Peter,
n'y compte pas moins de dix de ses fils ou petits-fils ;
Woodpecker, de son côté, y est représenté par neuf de ses
descendants. Soit, pour Herod, près de la moitié de la liste
totale, proportion énorme, étant donné que les descendants

d'Eclipse étaient déjà trois ou quatre fois plus nombreux que ceux de son célèbre rival. En troisième ligne, vient la famille de Tramp, par Dick Andrews, arrière petit-fils d'Eclipse par conséquent, un des chevaux les plus résistants de son époque ; parmi eux, en dehors de Lottery, le plus remarquable de tous sans contredit, comme classe et comme reproducteur, se trouve nn gagnant du Derby, Dangerous, qui n'a joué d'ailleurs en France qu'un rôle assez effacé. Orville, qui avait également fait ses preuves d'endurance, est directement représenté cinq fois ; Waxy, trois fois seulement, mais ce dernier ne devait pas tarder à prendre sa revanche.

En résumé, les origines de tous les reproducteurs importés étaient excellentes, et tous appartenaient à des familles d'un tempérament éprouvé. On avait donc bien choisi ceux qui convenaient pour une période de début et il est à remarquer que cette nécessité d'établir sur des bases solides plutôt que brillantes la nouvelle entreprise, était aussi reconnue par les particuliers, fort peu nombreux d'ailleurs, qui avaient secondé l'Administration dans cette œuvre de régénération. C'est à ce sentiment qu'obéissaient M. Rieussec et le duc de Guiche lorsqu'ils importaient l'un Rainbow (Sir Peter) en 1823, le second Rowlston (Hambletonian) en 1827. Il en était de même pour lord Seymour, quand en 1833 il achetait Royal Oak que, comme les deux autres, son origine recommandait bien plus que ses performances. Son père, Catton, avait, en effet, été, sur les longues distances, le plus redoutable adversaire de Tramp, dont il avait réussi à avoir raison, dans une des épreuves qui, de leur temps, ont eu le plus de retentissement. Je veux parler d'un match qui eut lieu à Doncaster pendant le meeting du mois de septembre 1814. Catton, qui avait alors cinq ans, y rendait quatre livres à Tramp, son cadet d'une année, sur 2400 mètres seulement, il est vrai, et le battait d'une courte tête. L'endurance de son adversaire n'en était pas moins aussi extraordinaire que la sienne, ainsi qu'en témoignent ses performances pendant cette réunion du Town Moor.

Le lundi, il fournissait contre Catton, son émule et son égal en somme, cette course d'une sévérité excessive. Le mardi,

2

il battait quatre adversaires dans les Princes'Stakes, sur
6400 mètres ; le mercredi, enfin, il gagnait sur trois autres chevaux le Gold Cup, sur 6400 mètres également. Il fallait, on en
conviendra, posséder un tempérament exceptionnel et des
membres d'une trempe peu commune, pour résister à une
semblable série d'épreuves. Son fils, Lottery, qui, en 1824, gagnait le Gold Cup, à York, avait hérité de son endurance à
laquelle il devait d'avoir été, avec plusieurs de ses produits,
acheté par l'Administration des Haras. Son exemple suffira pour
bien faire comprendre les principes qu'elle avait adoptés et
dont elle eut la sagesse de ne jamais s'écarter dans la pratique.

Les éléments fondamentaux réunis, l'impulsion donnée à
l'industrie privée, tels avaient été les résultats acquis pendant
les vingt-deux années de la première période. Cette importante
partie de l'œuvre accomplie, il fallait en assurer le développement, en greffant sur ces rameaux un peu incultes des éléments
nouveaux, propres à donner à la race son véritable caractère,
en l'affinant, en la perfectionnant par une sélection rigoureuse,
à l'aide de reproducteurs d'ordre élevé. L'Administration des
Haras s'acquitta de cette seconde partie de sa tâche avec un
rare bonheur ; pendant cette période qui s'étend de 1841 à 1860,
elle eut le bon esprit de faire des sacrifices, considérables à
cette époque, pour importer des étalons d'une origine excellente, et d'une qualité éprouvée, et elle fut assez heureusement
inspirée pour les choisir parmi les reproducteurs qui ont le
plus contribué aux progrès de la race pure en général. Cadland
et Mameluke qui tous deux avaient, comme Dangerous, gagné
le Derby, et qu'elle avait achetés précédemment, n'étaient que
des animaux assez médiocres, mais les noms de Gladiator,
Sting, the Baron, the Flying Dutchman et West Australian,
pour ne citer que les principaux et les plus célèbres d'entre
ceux qui vinrent alors en France, suffisent pour faire ressortir
la très grande part qui revient à l'Administration dans la création de notre race française, en ce qu'elle a de plus noble et de
plus élevé. A l'exception de Sting, dont la carrière sur le turf
avait été honorable toutefois, tous ces étalons avaient figuré

dans les épreuves classiques : Gladiator avait pris la seconde place dans le Derby de 1836 derrière Bay Middleton, qu'il séparait de Venison et de Slane ; the Baron avait gagné le Saint-Leger et le Cesarewitch de 1845 ; the Flying Dutchman, vainqueur du Derby et du Saint-Leger de 1849, était l'un des plus remarquables racers que l'Angleterre eût encore produits ; enfin West Australian remportait pour la première fois en 1853 « la triple couronne » des Deux Mille Guinées, du Derby et du Saint-Leger. Ces remarquables performers devaient au haras mettre le sceau à leur réputation. A l'exception du Nabob, importé par un particulier, M. de Schickler, pendant cette même période, la plus intéressante sans contredit au point de vue des origines de la race pure en France, ces cinq étalons représentent en quelque sorte la quintessence des éléments, qui ont concouru à la placer sur un pied d'égalité avec la race anglaise proprement dite. A ceux-là, en effet, nous devons Monarque[1] et Gladiateur, Dollar et Ruy Blas, sans parler de Fitz-Gladiator dont l'influence a été considérable. Soit, à part Vermout qui eut d'ailleurs pour mère une fille de the Baron, tous les chefs de nos grandes familles actuelles. Il convient à côté de ces illustres auteurs de citer encore une autre importation des Haras, Faugh a Ballagh, propre frère du Birdcatcher, gagnant du Saint-Leger de 1844, et père de Fille de l'Air, auquel par suite l'élevage français doit la première victoire remportée par un de ses représentants dans une des grandes épreuves classiques d'Angleterre. Il a, soit dit en passant, laissé dans son pays d'origine un souvenir impérissable : un de ses fils, Ethelbert, a, en effet, donné Isoline, mère de Saint-Christophe et d'Isola Bella, dont l'aïeul maternel, the Prime Warden, avait été également acheté par les haras huit ans avant le père de la gagnante des Oaks de 1864. Quand on sait le rôle que jouent actuellement en Angleterre

---

(1) Des trois étalons qui ont sailli Poetess en 1851, Sling est celui dont Monarque se rapproche le plus : même élégance, même légèreté, même sortie d'encolure un peu haute, même saillie de la pointe de l'épaule, même tête expressive, même croupe un peu droite, mêmes jarrets (un jardon montoir), mêmes canons un peu longs, même robe zain. On doit donc l'accepter comme le père de Monarque, bien que the Emperor ait sailli Poetess après lui.

les fils d'Isonomy, on doit convenir que nos inspecteurs des Haras avaient été singulièrement bien inspirés aussi dans le choix de ce dernier étalon. Je citerai encore Ion, qui peu heureux sur le turf, — il avait fini second dans le Derby, le Saint-Leger, et le Chester Cup, — ne s'y était pas moins fait remarquer par une endurance qu'on retrouve chez presque tous ses produits.

J'ajouterai que tout en s'appliquant à acheter des étalons de premier ordre, les Haras n'en étaient pas moins restés fidèles au principe adopté à l'origine de toujours s'adresser aux reproducteurs possédant des courants du sang le plus vigoureux et le plus endurant, en un mot la force vitale la plus grande. On en jugera d'ailleurs par la liste suivante des étalons ayant eu des produits de pur sang, qui ont été importés par elle pendant cette seconde période :

	Année de l'importation		Année de l'importation
Physician (*Blacklock*)....	1842	Stoker (*Orville*).........	1852
Canton (*Sir Peter*)......	1843	Strongbow (*Waxy*)......	1852
Assassin (*Orville*).......	1845	The Ban (*Waxy*)........	1852
Gladiator (*Sir Peter*)....	1846	Velox (*Blacklock*)	1852
Pagan (*Orville*)........	1846	Bedford (*Orville*)..... ..	1853
Tipple Cider (*Waxy*)....	1846	Elthiron (*Woodpecker*)...	1853
Worthless (*Waxy*)......	1846	Hernandez(*Woodpecker*).	1853
Ionian (*Sir Peter*)......	1847	Iago (*Waxy*)............	1853
Nuncio (*Orville*)........	1847	Lancrcost (*Dick Andrews*).	1853
Sting (*Mercury*)........	1847	Minotaur (*Orville*)......	1853
The Pr. Warden (*Orville*)	1847	Richmond (*Matchem*)...	1853
Tragedian (*Waxy*).......	1847	Womersley (*Waxy*)......	1853
Arthur (*Orville*)........	1848	F. Pantaloon(*Woodpecker*)	1854
Garry Owen (*Sir Peter*).	1849	Collingwood (*D. Andrews*)	1855
Inheritor (*Dick Andrews*)	1849	D. Hatteraik (*D. Andrews*).	1855
The Baron (*Waxy*)......	1849	Ethelwolf (*Waxy*)........	1855
Ballinkeele (*Waxy*)......	1850	Faugh a Ballagh (*Waxy*).	1855
Nunnykirk (*Waxy*)......	1850	Grey Tommy(*Woodpecker*)	1856
Assault (*Waxy*).........	1851	Pretty Boy (*King Fergus*).	1859
Beggarman (*D. Andrews*)	1851	The Heir of Linne (*Orville*)	1859
Calderstone (*Waxy*)......	1851	The Flying Dutchman	
Ion (*Sir Peter*)..........	1851	(*Woodpecker*)........	1859
Schamyl (*Highflyer*)....	1851	West Australian(*Matchem*)	1860

(45)

(Le nom entre parenthèses est celui du chef de la famille de l'étalon importé.)

On remarquera, tout d'abord, la place qu'occupent sur cette liste les descendants de Waxy, dont la famille avait pris une importance qui imposait ses représentants au choix des éleveurs. Le sang d'Orville était également très apprécié, ainsi qu'en témoignent les neuf étalons issus de lui : Tramp est encore représenté à cinq reprises, par Lanercost notamment, tandis que Blacklock, avec deux de ses petits-fils, occupe bien la place modeste qui lui était attribuée à cette époque en Angleterre. On voit, en tous cas, que par la force du fait accompli, Eclipse avait supplanté son rival, qui était aussi son aîné de six ans. Il n'en est pas moins à remarquer que, sur les trois grands auteurs de la race pure française, deux appartiennent en ligne masculine directe à la famille d'Herod : Dollar par Sultan, Selim, Buzzard et Woodpecker ; Vermout par Glaucus, Partisan, Walton, Sir Peter et Highflyer, Chez tous deux, il est vrai, l'influence d'Eclipse domine dans l'ensemble du pedigree. Quant à Matchem, il est bien à la place qui lui convient, à la distance respectueuse du fils de Marske, que lui assignent actuellement les résultats acquis.

La race, grâce à cette direction très ferme, et à ces importations si judicieuses de l'Administration, s'était rapidement développée comme nombre : ses progrès comme qualité avaient été constants et très notables. Il n'est que juste d'ajouter que la Société d'Encouragement avait largement contribué à cet heureux résultat. Se consacrant dès ses débuts à cette œuvre d'amélioration avec un entier dévouement, elle avait apporté à l'exécution de son programme le tact, la fermeté et l'expérience dont elle avait fait preuve lors de sa conception. Les prix offerts par elle et par les Sociétés qui s'étaient formées à la suite et à son exemple, constituaient, dès cette époque, des encouragements fort importants, qui avaient permis aux particuliers de prendre une part active et efficace à l'œuvre commune, en consacrant à l'élevage du pur-sang l'attention et les capitaux indispensables. Elle indemnisait les éleveurs et récompensait les poulains de valeur que les Haras avaient contribué à faire naître.

Jusqu'alors trois facteurs — les Haras, les courses et le

producteur — avaient été indispensables à la solution du
problème de la production et de l'élevage du cheval pur-
sang. Mais, sous les diverses influences dont je viens de
parler, l'industrie privée pouvait dès 1860 se suffire presque
entièrement à elle-même. L'intervention administrative devenait en tous cas moins nécessaire et il était dès lors permis aux
Haras de restreindre leur action, — en matière de pur-sang,
bien entendu. Il leur devenait possible de reporter l'attention qu'ils avaient depuis quarante ans accordée à la race
pure, sur les animaux de croisement et surtout sur le cheval
de remonte, dont la production constitue sa principale, pour
ne pas dire son unique mission. Elle avait établi les bases en
terrain solide, fourni les éléments principaux, donné l'impulsion et indiqué la voie à suivre ; son rôle véritable était
donc rempli et son œuvre terminée, à un point de vue général,
cela va sans dire. Sans s'effacer complètement, elle pouvait
restreindre son action, et ne plus l'exercer que dans des limites
peu étendues. Son intervention normale consistait désormais
bien plus à acheter pour ses dépôts les étalons pur-sang de croisement que lui présenteraient les particuliers qu'à contribuer
directement à leur production. Elle n'en encourageait pas moins
ainsi l'industrie privée, sous une forme différente, mais d'une
manière non moins directe et tout aussi efficace.

C'est pour cette raison que, par la force des choses, les
importations des Haras deviennent de plus en plus rares à
partir de 1860, comme en témoigne le tableau suivant qui
comprend la troisième période, en s'arrêtant à l'année 1885 :

	Année de l'importation		Année de l'importation
The Huntsman (*Sir Peter*)	1862	Blenheim (*Waxy*)	1877
Vandermulin (*D. Andrews*)	1862	Mandrake (*Dick Andrews*)	1877
Weatherden (*D. Andrews*)	1864	Suffolk (*Waxy*)	1877
Pratique (*Waxy*)	1872	Valentino (*Waxy*)	1883
Elland (*Waxy*)	1874	Ladislas (*Waxy*)	1884
Drummond (*Waxy*)	1876	Orchid (*Waxy*)	1885
Kidderminster (*Waxy*)	1876	(13)	

(Le nom entre parenthèses est celui du chef de la famille de l'étalon importé.)

Soit, sur treize étalons, neuf descendants de Waxy et trois de Tramp pour représenter la famille d'Eclipse. Herod ne peut en réclamer qu'un seul. L'influence actuelle des deux familles se trouve résumée d'une manière frappante en ces quelques lignes.

Les faits, quoi qu'on puisse dire et quoi qu'on fasse, doivent fatalement être d'accord avec les règles de la logique et du sens commun. Si l'on s'en écarte par moments, on est, de par les lois naturelles, forcé d'y revenir un jour ou l'autre. Aujourd'hui, où il est offert chaque année en France plus de dix millions d'encouragements aux chevaux pur-sang, — prix de courses, achats d'étalons par les Haras, primes de diverse nature, — l'industrie peut et doit se suffire à elle-même. Si, avec notre habitude — je n'ose dire notre manie, — de tout rapporter à un pouvoir central, nous n'arrivons pas à nous résoudre à renoncer à l'intervention des Haras, leur action immédiate sur la race pure n'a plus, à mon avis, qu'une manière logique de s'exercer. Ils doivent, de temps à autre, acheter à l'étranger quelques étalons *éprouvés*, de très grand ordre, dont la valeur est établie comme reproducteurs, et qui appartiennent à des familles peu ou mal représentées en France; de véritables étalons de tête, en un mot, que leur valeur marchande, très considérable, place hors de la portée de la plupart de nos éleveurs. En les mettant à leur disposition à des conditions abordables à tous ceux qui sont en état de s'occuper utilement de la production du pur-sang, l'Administration des Haras se conformerait bien au seul rôle qui lui convienne désormais en ce qui concerne l'élevage de la race pure qu'elle contribuerait ainsi à améliorer sans cesse, ce qui est bien dans sa mission. Elle n'a plus à s'inquiéter de son existence, qui est largement assurée tout au moins tant que durera le régime actuel. Tous les autres étalons pur-sang de ses dépôts devraient être uniquement affectés aux croisements et assurer d'une manière plus efficace qu'ils ne le font, le développement de nos races de service, de nos races de selle, en particulier. Le type qui nous fait surtout défaut, ce hunter propre à la fois à porter le poids, à trotter à une allure relevée

et à parcourir rapidement au galop une certaine distance —
1000 à 1500 mètres — quand on le lui demande, est, à quelques
exceptions près, inconnue en France. C'est sur lui, sur ce
type par excellence du cheval d'armes, que les Haras
doivent maintenant porter toute leur attention ; il faut qu'ils
fassent pour le hunter ce qu'ils ont fait avec tant de succès
pour le pur-sang, et leur tâche sera plus facile dans cette
seconde entreprise, car tous les éléments en sont à leur portée.

L'industrie privée est maintenant assez riche, assez forte et
assez pourvue pour pouvoir fournir à des conditions accep-
tables tous les étalons pur-sang dont les éleveurs sérieux peuvent avoir besoin pour leurs juments de race pure. Le certi-
ficat d'approbation qui leur est accordé, constitue une garantie
suffisante de netteté de membres et d'exemption de tares héré-
ditaires ; en le rendant obligatoire, l'Etat s'est assuré un droit
de contrôle indispensable, qui lui permet encore d'intervenir
d'une manière directe dans la production du pur-sang. On ne
saurait lui demander plus. En continuant à créer avec les reproducteurs de ses dépôts une concurrence que les propriétaires
d'étalons sont impuissants à soutenir, il ruinerait une partie
fort intéressante de notre industrie chevaline ; il arriverait à
monopoliser l'elevage du pur-sang, à de rares exceptions près.
Ce n'est ni son rôle, ni sa mission. On ne saurait admettre vraiment que l'Administration doive pourvoir à tout et suppléer
toujours et partout à notre défaut d'énergie et à notre manque
d'initiative.

Je n'ai pas à m'occuper ici de l'élevage direct par les Haras.
Les résultats, négatifs en quelque sorte, qu'a donnés la jumenterie du Pin avant sa suppression en 1852, sans parler de ceux
que donne encore la jumenterie de Pompadour, sont l'argu-
ment le plus concluant qu'on puisse fournir de l'inutilité, pour
ne pas dire du danger de cette institution, très onéreuse pour
le budget, sans profit pour l'élevage. L'indulgence, toute naturelle d'ailleurs, qu'on apportait dans le choix des futurs étalons
parmi les produits qui étaient nés au haras du Pin, l'absence
complète de toute sélection par les épreuves publiques, suf-

fisent, en outre, à expliquer l'insuccès forcé d'un élevage dont la raison d'être n'existe plus.

II

Dans l'exposé qui précède des éléments constitutifs de la race pure et de l'origine de ses principaux auteurs, je ne me suis occupé que de leur ascendance en ligne masculine directe; je me suis conformé en cela à un usage établi, pour l'espèce humaine comme pour tous les animaux en général, de conserver aux familles le nom de leur auteur mâle. Il ne m'était guère possible, pour la clarté et la compréhension de cette étude, de déroger aux habitudes reçues; mais elle eût été plus exacte et plus complète s'il m'avait été permis de m'écarter d'une tradition qui repose sur une doctrine par trop restrictive. J'ai déjà parlé du rôle effacé qu'on accordait aux poulinières, alors qu'en réalité leur influence a une importance primordiale. Aux raisons que j'ai données précédemment, à l'appui de cette thèse, j'en ajouterai d'autres qui ne sont pas moins concluantes.

En premier lieu, au simple point de vue physiologique, la mère qui porte son poulain pendant onze mois, puis le nourrit de son lait pendant six autres mois, doit nécessairement lui infuser et lui transmettre une partie d'elle-même, de son tempérament, de ses qualités et de ses défauts. Cela est si vrai pour la période de l'allaitement, que, les conditions étant relativement les mêmes, il n'est pas à la naissance d'un enfant de question qui préoccupe plus que celle du choix de sa nourrice; l'influence qu'elle exerce sur sa constitution est reconnue et indiscutable. Les lois de la nature étant partout identiques, il en est de même à plus forte raison pour le poulain et la jument qui le nourrit avant et après sa naissance. Si, le plus souvent, on retrouve dans son extérieur le cachet de son père, il doit en grande partie à sa mère le plus ou moins de vigueur de sa constitution, alors même que chez elle l'influx vital n'a pas la même puissance que chez l'étalon dont il est issu.

D'un autre côté, une jument qui produit bien, établit sa qualité d'une manière bien plus concluante qu'un étalon en renom. Celui-ci a, chaque année, trente ou quarante juments à sa disposition qui lui donnent vingt ou vingt-cinq produits, tandis que la poulinière n'en a qu'un seul. Dans une période de dix années, il a donc deux cent ou deux cent-cinquante[1] occasions de se distinguer, alors qu'elle n'en a que dix, et le plus souvent, si on tient compte des saisons où elle reste vide, que six ou sept, au plus. Il est par suite évident que lorsqu'elle réussit, ses titres sont beaucoup plus probants que ceux de l'étalon qui a eu vingt fois plus qu'elle l'occasion de se distinguer. Telle était, sans doute, l'opinion de lord Falmouth, qui en basant sur ses juments son système d'élevage, a obtenu les succès que l'on sait ; tel doit être aussi l'avis de M. de Schickler, qui a adopté le même système, en témoignant toutefois une préférence aux poulinières possédant des courants de certains étalons. L'influence très grande que j'accorde à la mère ne doit pas, qu'on me comprenne bien, faire oublier le rôle non moins important de l'étalon. Il est essentiel que comme origine aussi bien que comme qualité, il soit le meilleur possible. J'estime seulement, ainsi que je l'ai dit précédemment, que la sélection par la mère, ou plus exactement en ligne maternelle, offre une base plus sûre, une garantie plus grande de succès, parce que les épreuves dont elle est l'expression ont été plus sévères et, par suite, plus concluantes. On m'accordera donc qu'il est tout aussi intéressant et utile de remonter aux origines en ligne maternelle directe, qu'en « tail male line », selon l'expression consacrée.

Il est enfin une théorie qu'on ne doit accepter qu'avec de

1.—La proportion des naissances, relativement au nombre de juments saillies est de 60 0/0 environ.

grandes réserves, comme tout ce qui est théorie en matière d'élevage ; mais elle est séduisante, et c'est pour cette raison surtout que j'en parle, et non comme preuve à l'appui d'une thèse quelconque. La pratique la justifie parfois, en effet, mais souvent aussi elle est infirmée par les faits. La voici.

Dans tout accouplement, le reproducteur « supérieur » imprime sa ressemblance et transmet ses qualités au produit à naître, qui est presque toujours du sexe opposé au sien. Celui-ci, quand il est à son tour devenu reproducteur, donne des produits portant le cachet de l'auteur « supérieur » et du même sexe que lui. Soit, dans les sexes, une sorte d'intermittence. Par « supérieur », on doit entendre l'énergie nerveuse la plus intensive ; cette « supériorité » varie chez les mêmes animaux selon leurs dispositions, leur état de santé et leur âge. Il n'est pas à l'appui de cette théorie de meilleur exemple que celui de Saint-Simon qui possède au plus haut degré l'influx nerveux constituant cette prétendue supériorité. Toutes ses filles lui ressemblent et sont de sa taille, tandis que ses produits mâles appartiennent à des types quelconques, et sont plus grands que lui. Ils sont loin de posséder sa qualité, alors que les premières ont largement fait leurs preuves. S'il ne s'agissait que d'une seule année de production, cette remarque n'aurait pas grande portée, car un animal d'un tempérament aussi nerveux est nécessairement très sensible aux influences extérieures, d'une santé très inégale, par suite ; un semblable résultat pourrait donc être attribué au hasard. Mais on le retrouve chaque saison avec une régularité qui semblerait donner raison aux partisans de cette théorie, si d'autres faits, non moins évidents, ne lui étaient absolument contraires.

Sans parler d'Isonomy, qui, en dehors de Seabreeze doit à ses produits mâles, Satiety, Common et Isinglass, les succès qui ont consacré sa réputation, l'exemple de Monarque, dont les fils ont, sur les hippodromes aussi bien qu'au haras, été nettement supérieurs à ses filles, peut être immédiatement opposé à ceux qui seraient tentés d'ériger cette thèse en principe. Dollar, lui-même, dont les filles ont permis à M. Lupin de créer la race qui porte son nom, ne leur avait pas

donné la qualité ni la force de constitution qu'il a transmises
à ses produits mâles.

On voit, par ces exemples, combien toute théorie absolue
est dangereuse ; celle-ci repose sur des mystères que je crois
insondables. On doit donc se contenter de constater les faits,
qui peuvent fournir des indications appréciables, mais il est
imprudent de chercher à en tirer une conclusion précise.
D'ailleurs, si la thèse que je viens d'exposer était acceptée,
vraie pour une saison, elle serait démentie l'année suivante,
pour les mêmes sujets, si le reproducteur dont la « supériorité »
s'était affirmée venait à être souffrant ou mal disposé. Là,
peut-être, est la raison de la différence dans les résultats qu'on
constate si souvent dans la production d'un même étalon et
d'une même jument entre lesquels les unions ont été renou-
velées pendant plusieurs années consécutives. A côté d'un
poulain qui galope, qui possède même une très remarquable
qualité, on n'obtient que des animaux médiocres ou absolument nuls. L'exemple de Miss Gladiator est le plus caractéristique qu'on puisse citer à cet égard, et, tout connu qu'il soit, il
me parait utile à rappeler. De 1860 à 1871, elle a eu avec
Monarque sept produits, trois mâles, Gladiateur, Imperator, et
Régénérateur, et quatre femelles, Villafranca, Souveraine, la
Reine Elisabeth, et Mandane ; pendant les cinq autres années,
elle avait avorté ou était restée vide. De ces divers produits,
en dehors du champion de la campagne de 1865, seules
Villafranca et la Reine Elisabeth ont fait preuve d'une certaine
qualité, des plus modestes d'ailleurs. N'est-il pas permis d'en
conclure que, au moment de la conception des autres, la
condition de santé, les dispositions générales, l'humeur des
deux reproducteurs, — ou tout au moins de l'un d'entre eux,
n'étaient pas aussi favorables ? On sait que Monarque avait à
plusieurs reprises montré une sorte de prédilection pour
Liouba et qu'avant de lui donner Miss Gladiator en 1861, on
avait pendant quelques instants, promené sa préférée devant
lui, puis on lui avait bandé les yeux. Ce fut dans ces conditions qu'eut lieu la saillie dont devait naître Gladiateur.
L'étalon, surexcité par la présence de la jument qu'il préférait,

possédait à ce moment le maximum de sa nervosité et de son influx. Est-ce à cette condition particulière qu'on doit attribuer le résultat extraordinaire de cette union originale? — Peut-être, mais, sans doute aussi, ce jour-là, Miss Gladiator était mieux disposée qu'à l'ordinaire, le sang de son père circulait plus librement et avec plus de force dans ses veines, peut-être enfin son état de santé a-t-il été parfait pendant les onze mois qu'elle a porté le futur derby winner de 1865? Simple hypothèse, que les faits permettent de formuler; il est toutefois un point qui n'est pas douteux. Chez les chevaux comme chez les hommes, les dispositions tenant à l'état physique sont essentiellement variables; c'est à ces variations que sont dûes presque toujours, chez les chevaux à l'entraînement, les interversions de forme qui paraissent inexplicables. Pourquoi l'inégalité dans la production d'un étalon ou d'une jument n'aurait-elle pas une cause identique? Il n'est pas en tous cas de preuve plus concluante de l'impossibilité d'établir en matière d'élevage une règle précise et immuable.

L'âge où la jument produit le mieux est aussi une question fort intéressante sur laquelle les relevés statistiques peuvent donner quelques indications utiles. Si l'on prend pour exemple le prix du Jockey-Club, depuis sa fondation en 1836, dont le gagnant est presque toujours, sinon le meilleur, tout au moins un des meilleurs produits de sa génération, on constate que cette épreuve a été gagnée:

Neuf fois par des poulains dont les mères avaient dix ans au moment de leur naissance;

Sept fois par des poulains dont les mères avaient douze ans;

Cinq fois; — soit vingt-cinq fois en tout, — par des poulains dont les mères avaient sept, neuf, onze, treize ou quatorze ans, respectivement;

Quatre fois par des poulains dont les mères avaient quinze ans;

Trois fois, — soit six fois en tout, — par des poulains dont les mères avaient huit ou dix-huit ans;

Deux fois, — soit six fois en tout, — par des poulains dont les mères avaient quatre, six ou dix-sept ans ;

Une fois, enfin, — soit trois fois en tout, — par des poulains dont les mères avaient seize, vingt ou vingt-deux ans.

Cette statistique indiquerait donc que dix ans seraient le meilleur âge pour une poulinière, tandis que la période la plus favorable s'étendrait de neuf à quatorze ans. Telle était sans doute l'opinion du propriétaire de Beeswing, M. Orde, quand il prescrivait à ses exécuteurs testamentaires de ne pas envoyer au haras sa jument favorite avant qu'elle eût atteint sa dixième année, dispositions qui eurent pour conséquences ses fréquentes apparitions à Rotten Row pendant deux saisons. Elle était, il est vrai, restée sept années à l'entraînement et devait avoir besoin de repos. Envoyée au haras à l'âge fixé par M. Orde, Beeswing y donna des produits pendant les neuf années suivantes ; elle avait quinze ans lors de la naissance de Newminster.

Par contre, Pocahontas, qu'on égalera peut-être, mais qu'on ne surpassera jamais comme poulinière, a donné Stockwell, Rataplan et King Tom de douze à quatorze ans, mais elle avait vingt-cinq ans quand elle a eu Araucaria, qui a été à son tour une des plus remarquables juments que nous ayions jamais eues en France. Il est vrai que Pocahontas possédait une force de vitalité et un tempérament extraordinaires ; l'affection des voies respiratoires dont elle était affectée était purement accidentelle, mais sans la vigueur de sa constitution, peut-être l'aurait-elle transmise à ses produits, qui tous en ont été exempts. On connaît, d'un autre côté, les résultats qu'obtint lord Falmouth avec de jeunes juments. Enfin, Monarque est né quand Poetess avait quatorze ans ; Payment a donné Dollar à douze ans ; Vermeille avait huit ans lors de la naissance de Vermout, et la Bossue neuf ans quand est né Boïard. Il semble donc que l'âge moyen de neuf à quatorze ans puisse ici encore être accepté comme base, ou plutôt comme indication.

Une autre question, celle des performances est également fort intéressante, mais elle donne lieu, peut-être, à plus de discussions, elle est encore plus incertaine et plus délicate à traiter que les autres. D'une manière générale, on doit reconnaître que les juments qui ont eu une carrière de courses très brillante réussissent moins souvent comme poulinières qu'on serait en droit de l'espérer : Canezou, la Toucques, Fille de l'Air, Regalia, Caller Ou, Formosa, Marie Stuart et Apology n'ont guère causé au haras que des déceptions d'autant plus sensibles, qu'on les avait données à des étalons fashionables, choisis avec le plus grand soin. et qu'on était par suite, sous tous les rapports, autorisé à attendre beaucoup d'elles. Je pourrais citer encore de nombreux exemples de juments qui n'ont pas retrouvé au haras les succès qu'elles avaient obtenus sur le turf ; ils sont en effet trop fréquents, mais en parlant de celles dont la carrière de poulinière n'est pas encore finie, je m'exposerais à froisser certaines susceptibilités, ce que je tiens à éviter, surtout ici. Ce que j'ai dit, doit, du reste, suffire, pour montrer que les performances les plus remarquables ne sont pas une garantie d'avenir brillant comme reproducteur.

D'ailleurs, à côté des exemples que je viens de rappeler, j'en citerai d'autres tout différents, et non moins intéressants, celui de Penelope, par exemple, qui avant de donner avec Waxy cette merveilleuse lignée dont le nom glorieux de Whalebone, père de Sir Hercules et de Camel, résume et exprime la valeur incomparable, Penelope, dis-je, avait gagné dix-huit courses avant d'être envoyée au haras. Beeswing, dont j'ai parlé plus haut, n'avait pas seulement donné des preuves d'une endurance extraordinaire en restant à l'entraînement jusqu'à la fin de sa huitième année, elle remportait à six et à sept ans une longue série de victoires, gagnant vingt-deux courses sur vingt-quatre. Cela ne l'a pas empêché d'avoir au haras, avec Touchstone, Nunnykirk et Newminster, chef de cette glorieuse famille dont ses deux fils, Hermit et lord Clifden sont les principaux auteurs. Crucifix, qui gagnait les Deux Mille et les Mille Guinées, puis les Oaks de 1840, succès qu'aucune autre pouliche n'a encore réussi à égaler, n'en a pas moins donné Cowl, grand-père de Rosicrucian, et Surplice, le Derby-winner de 1848. Sans doute, sa carrière de poulinière n'a pas été aussi brillante que celle de Beeswing, dont elle ne possédait pas la résistance, — on sait qu'elle n'a plus couru après sa victoire dans les Oaks, mais elle fut encore très honorable. Par une coïncidence singulière, que je signalerai en passant, on retrouve dans le pedigree du vainqueur du Derby de 1894, Ladas, les noms de ces deux remarquables juments : sa mère, Illuminata, est fille de Rosicrucian, tandis que Beeswing est l'aïeule paternelle d'Hampton. Blink Bonny, enfin, dont la carrière au haras a été très courte, avait gagné le Derby et les Oaks de 1857, avant de donner, avec Stockwell, Blair Athol et Breadalbane.

En France, la mère d'Hervine et de Monarque, Poetess, avait fort honorablement couru avant de gagner le prix du Jockey-Club de 1841. Je rappellerai, entre autres, sa victoire à Chantilly, dans un two year old Stakes, et dans les New Betting Room Stakes, dont les noms, qu'on est aujourd'hui un peu surpris de trouver sur un programme de la Société d'Encouragement, témoignent de l'influence des idées et des modes anglaises à cette époque. Moins heureuse à quatre ans, Poetess n'avait pas été placée sur les 4000 mètres du prix du Cadran, défaite qui permit à M. Alexandre Aumont de l'acheter pour un prix modeste à son éleveur, lord Seymour.

La carrière de Vermeille, sans être aussi brillante, avait été des plus honorables ; comme le plus illustre de ses fils, Vermout, elle n'avait pas couru à deux ans, mais pendant sa troisième année, elle avait, sous les couleurs du comte de Montguyon, donné des preuves fréquentes de son endurance, en gagnant entre autres, le Grand Prix de la Ville, sur 5000 mètres à Boulogne-sur-Mer, et le prix de la Ville à Châlons-sur-Marne (3400 mètres). Peu de poulinières ont eu, en France, une plus belle carrière au haras : en dehors du gagnant du Grand Prix de Paris de 1864, Vermeille a donné, avec Fitz-Gladiator, Vertugadin, qui, s'il ne s'était heurté à Gladiateur, aurait peut-être renouvelé le succès de son frère ainé, mais qui a largement pris au haras sa revanche sur son vainqueur, les noms de Saltarelle, Saxifrage et Saltéador en témoignent. Vermeille a eu ensuite avec West Australian,

Verdure, mère de Versigny, gagnante du prix de Diane de 1880 ; enfin, avec Patricien, Verte Allure, mère d'une autre gagnante du prix de Diane (1883), Verte Bonne, sans compter Verdière, gagnante du prix du Nabob, qui, comme son frère Verlion, avait hérité de cette endurance que leur aïeule possédait à un si haut degré. On trouve, on en conviendra, peu de poulinières au Stud-Book français, qui aient d'aussi brillants états de service que Vermeille dont la longévité a été également très remarquable ; elle est morte en 1882, à Bois Roussel, dans sa trentième année.

Payment, enfin, mère du troisième de nos grands chefs de famille, qui, à ce titre, peut être comptée parmi les poulinières françaises, avait eu, à deux ans en particulier, une fort belle carrière de courses. Elle avait, en 1850, débuté par une série de six victoires consécutives, gagnant, entre autres, les Althorp Park Stakes à Northampton, les Mostyn Stakes à Chester, les Fernhill Stakes d'Ascot et le Biennal de Stockbridge (1600 mètres), épreuves qui classaient alors les jeunes chevaux. Moins heureuse à trois ans, elle avait dû se contenter de la quatrième place dans les Oaks, où elle faisait sa dernière course. Importée en 1853 pleine de Surplice, elle avait donné pour sa première saison Florin qui, sans la chute qu'il fit pendant la course, aurait sans doute gagné le prix du Jockey-Club de 1857, où il était parti favori. Bien qu'après la naissance de Dollar, Payment ait été à diverses reprises envoyée au Flying Dutchman, aucun de ses autres produits n'a donné les preuves d'une qualité quelconque, sans doute en raison d'un état de santé moins favorable. Elle avait trente-quatre ans quand elle est morte à Viroflay en 1882.

Les juments dont il vient d'être question avaient toutes établi leur qualité de racers avant d'être envoyées au haras, où dès leur arrivée leurs victoires leur avaient valu des titres à l'attention des éleveurs. Mais, à côté d'elles, ile en est d'autres qui ont comme poulinières obtenu des succès analogues, sans que rien dans leur carrière de courses pût faire prévoir le brillant avenir qui leur était réservé. Ce sont de celles-là que

3

je m'occuperai maintenant, de manière à examiner la question complètement et sous toutes ses faces.

J'ai déjà parlé à plusieurs reprises de Pocahontas ; Queen Mary, mère de Blink Bonny et d'autres excellents chevaux, avait été peut-être moins heureuse encore sur le turf que la fille de Glencoe. Paradigm, mère de Lord Lyon et d'Achievement, n'avait couru que deux fois comme two year old, sans gagner, et était rentrée broken-down après sa seconde course. L'influence de ces trois poulinières n'en a pas moins été considérable.

Au point de vue plus direct de l'élevage français, Zarah, mère de Fitz-Gladiator, n'a jamais couru ; il en a été de même pour Araucaria qui nous a donné Camélia, gagnante des Mille Guinées et dead-heater dans les Oaks ; Chamant, gagnant des Deux Mille Guinées, qui aurait certainement gagné aussi le Derby de 1877, s'il s'était présenté au poteau en possession de tous ses moyens, et qui a fort bien réussi au haras, en Allemagne ; enfin, Rayon d'Or, gagnant du Saint-Leger de 1879 dont les succès comme étalon ont été très remarquables aux Etats-Unis. On sait, qu'avant son importation, Araucaria avait eu, avec Ambrose, Wellingtonia, dont les victoires retentissantes de Plaisanterie ont consacré la réputation. Slapdash, une excellente poulinière elle aussi, n'avait jamais non plus paru sur le turf ; c'est à elle qu'on doit Fervacques, gagnant du Grand Prix de Paris de 1874, Saltarelle, gagnante du prix du Jockey-Club, Saxifrage et Saltéador, sans parler de la Flandrie. Enfin, Antonia, mère de Gabrielle d'Estrées, gagnante du prix du Jockey-Club de 1861, et de Trocadéro, dont l'action a été si efficace, avait eu une carrière de courses des plus modestes ; trois victoires dans des épreuves secondaires sur dix-sept courses qu'elle avait fournies à deux et à trois ans, constituaient en effet un bagage assez mince.

Les faits exposés, que peut-on conclure de ces divers exemples ? Rien de précis, cela va sans dire, puisqu'ils fournissent aux partisans des deux systèmes des arguments à l'appui de théories absolument opposées. Je crois toutefois qu'une jument issue de familles fashionables, qui aura fait preuve sur le turf de qualités sérieuses, fonds ou vitesse, aura

toujours droit à être préférée à celle qu'on devra en quelque
sorte accepter sur parole. Certes, une jument jeune et
« fraîche », qui aura échappé au régime forcé et aux fatigues
de l'entraînement, possède un avantage très sensible sur celle
qui n'est envoyée au haras, à moitié broken-down, qu'après
une longue et pénible carrière de courses, quelque brillants
qu'aient été ses succès. Certes, aussi, un remarquable racer
peut n'être qu'un mauvais reproducteur ; il n'en est pas moins
vrai qu'un ensemble de bonnes performances constitue un titre
sérieux, et, qu'avec une expérience fort longue à acquérir
d'ailleurs, il est permis dans certaines limites de préjuger de
l'avenir d'une jument que ses victoires ont mise en relief. Le
principe de lord Falmouth de n'employer comme poulinières
que des juments retirées jeunes de l'entraînement, — à la fin
de leur quatrième année, — donne à peu près la mesure de la
durée du service actif qu'il est permis d'exiger impunément
d'une jument. Je crois qu'en s'y conformant, en s'adressant
aux représentants de familles ayant produit des vainqueurs,
au « winning blood », comme disent les Anglais, on doit avoir
plus de chances de succès. Je m'empresse d'ajouter, un peu à
l'instar de Panurge, que le système contraire peut également
donner de bons résultats ; mais, bien que l'expérience permette de juger sur son extérieur une jument donnée, qu'elle
ait couru ou non, à origine égale, je donnerai la préférence à
celle qui aura fait ses preuves dans des conditions normales.
Le terrain est ici tellement brûlant que je n'ose m'y aventurer
davantage ; les deux causes ont été exposées avec impartialité ;
aux éleveurs d'apprécier et de conclure, mais l'une pas plus
que l'autre ne doivent être condamnées sans appel.

De même, il est certaines règles qui donnent des indications
utiles pour juger les aptitudes d'une poulinière d'après sa conformation, mais d'une manière générale seulement, bien
entendu. La taille, par exemple, n'a qu'une importance relative : une jument petite, si elle est large et ample, aura des
produits plus développés et mieux venus qu'une autre plus
grande, mais moins étoffée qu'elle. L'ampleur, la largeur de

hanches et de bassin, la profondeur des dernières côtes, leur forme arrondie sont les caractéristiques indispensables en quelque sorte pour une bonne poulinière. Rarement une jument légère dans son arrière-main et serrée dans ses hanches donnera de bons produits. La qualité, l'origine et la santé à part, une jument près de terre, longue, carrée dans son arrière-main, représentera le meilleur type; celles, au contraire, qui seront légères et levrettées, ne seront guère appelées à réussir, et ce sont souvent celles-là qui sur le turf obtiennent les plus brillants succès. C'est même à cette conformation particulière qu'on peut attribuer une partie des déceptions que j'ai rappelées et qui auraient été moins vives, si l'on s'était donné la peine de les juger d'après ces principes que les lois naturelles imposent. On voit, en tous cas, combien l'expérience est ici indispensable.

III

J'ai parlé de l'origine, de la qualité, de l'âge et de la conformation; j'examinerai maintenant la question non moins importante des croisements. En choisissant mes exemples parmi les reproducteurs qui se sont fait le plus remarquer en France, je compléterai en même temps l'exposé de la formation de la race pure dont les grandes lignes ont été précédemment données.

On sait que toute union est basée sur deux principes essentiellement distincts : soit sur ce qu'on appelle le croisement en dedans, — ou in-and-in breeding, soit sur le croisement en dehors, — ou out-breeding (ou crossing). Dans le premier cas, on ne fait pas un croisement proprement dit, cette expression ne pouvant s'appliquer d'une manière absolue à des unions entre consanguins, c'est-à-dire à des animaux qui, au troisième ou au quatrième degré sont issus des mêmes parents ou possèdent des courants de sang identique ; union en dedans est ici le terme exact. Par contre, l'out-crossing, ou union entre reproducteurs d'origine essentiellement différente, est bien un croisement dans toute l'acception du terme. Ces quelques mots suffiront à définir les deux systèmes.

Il est évident que, si on veut remonter à l'origine absolue, tout cheval de race pure est inbred, puis qu'il a pour auteurs en ligne mâle les trois étalons que l'on sait, et qu'il descend, en ligne maternelle, pour la majeure et surtout la meilleure partie, des quatre juments dont j'ai rappelé les noms, tandis que, comme je l'ai dit précédemment, soixante juments environ ont contribué au début à la création de toutes les familles qui existent actuellement. Mais l'influence des premiers auteurs, tout appréciable qu'elle soit, est trop éloignée pour avoir une action directe sur le produit à naître, action qui s'exerce au contraire dans toute sa force par les ancêtres au troisième ou quatrième degré. Ce sont de ceux-là surtout qu'il importe de se préoccuper.

Les alliances entre parents trop rapprochés sont, dans l'espèce humaine, regardées comme devant donner de mauvais résultats et elles ont été, en conséquence, interdites par l'Eglise, à une époque où le groupement des tribus donnait lieu à des unions trop fréquentes entre consanguins. Toutefois, ce qui est nuisible chez l'homme, qui ne saurait en cette matière être l'objet d'une sélection physique, l'est beaucoup moins chez les animaux, l'exemple de ceux qui vivent à l'état libre donnant un démenti formel à cette théorie du danger de la consanguinité. Cette différence tient tout simplement à ce que, dans un troupeau abandonné à lui-même, c'est le mâle le plus vigoureux et le plus énergique qui impose sa suprématie, et qui, avec cet instinct qui rapproche les semblables, choisit les femelles les plus fortes, les plus saines et les mieux constituées. Seuls, leurs produits vivent et perpétuent l'espèce ; ceux des autres, malingres et chétifs, meurent ou végètent, et ne comptent pas pour la reproduction. S'il était permis d'agir de même chez l'homme, il est probable que les unions sélec-

tionnées entre proches parents n'auraient pas donné les tristes
résultats qui les ont fait proscrire. D'ailleurs, ce qui a eu lieu
pour la race pur-sang à l'origine est une preuve péremptoire
que les unions rationnelles entre consanguins peuvent fort
bien réussir. A défaut de la sélection naturelle, la meilleure de
toutes, le choix judicieux fait par l'homme entre reproducteurs
de la même famille a donné de remarquables résultats. Les premiers volumes du Stud-Book anglais sont fort curieux à
consulter à cet égard ; on y trouve de nombreux exemples dont
je rappellerai quelques-uns des plus concluants. George, né en
1793, fils de Dungannon, par Eclipse, et de Sister to Soldier,
par le même Eclipse, n'a pas gagné moins de seize courses. Commodor, né l'année suivante, avait pour mère la même Sister to
Soldier et pour père un autre fils d'Eclipse, ce qui ne l'a pas
empêché de gagner quatre courses. Un peu plus tard, Lollypop,
mère de Sweetmeat, naquit de l'union de Voltaire et de
Belinda, tous deux par Blacklock. En France, nous avons eu
une jument importée, Elvira, qui était fille d'Orville par
Beningbro' et d'une fille de ce dernier ; elle n'a pas il est vrai
obtenu les succès de son homonyme, la mère de Lanterne.
Tout récemment, enfin, on trouve Idle Boy, qui a gagné
quelques courses en 1891 et 1892, fils de Rotherhill et de Last
Link, qui avaient pour mère commune Laura, sans parler de
Young Plutus, par Plutus et sa fille Aurore, fort beau poulain
qu'un accident d'entraînement n'a pas permis de faire courir,
mais que son éleveur, le duc de Feltre, a conservé pour la
reproduction. Ces derniers exemples ne constituent toutefois
que des expériences dont les résultats sont curieux à suivre,
mais ne sont et ne doivent être qu'une exception. J'ai dit précédemment combien la sélection était sujette à réserves quand
elle était dûe au jugement de l'homme, et, en général, la consanguinité portée à ce point ne peut être acceptée que comme
un essai curieux, mais un peu fantaisiste.

L'union en dedans au degré que j'ai indiqué est plus pratique sinon plus rationnelle ; c'est ainsi d'ailleurs qu'elle est
admise par ses partisans les plus convaincus, avec, de temps
à autre, infusion d'un sang nouveau, pour éviter que le même

courant trop longtemps continué ne vienne affaiblir la constitution et diminuer la taille du produit. Cette observation, basée
sur l'expérience, s'applique, je n'ai pas besoin de le dire, surtout à la race pure. Quant aux croisements en dehors, le principe en est facile à comprendre : les unions entre reproducteurs
d'origine essentiellement différente, au degré indiqué bien
entendu, ont souvent aussi fort bien réussi. Les exemples qui
vont suivre permettront de juger de l'efficacité et de la valeur
relative des deux systèmes. Ils ont été choisis, pour les mâles,
parmi les étalons qui ont donné au haras le plus grand
nombre de poulinières ; pour les juments parmi celles dont
la production a été la plus remarquable.

Pour me conformer à la classification que j'ai adoptée, je
commencerai par la première période où je choisis, suivant la
date de leur importation, Royal Oak et Lottery.

Le premier,[1] né en 1823, qui a été représenté au haras par
soixante-sept de ses filles, était fils de Catton, par Golumpus,
par Gohanna, arrière petit-fils d'Éclipse, et Lucy Grey qui
appartenait à la famille d'Herod ; sa mère était une fille de
Smolensko (par Sorcerer), descendant de Matchem, et de Lady
Mary, par Beningbro. Par les mâles, de famille essentiellement
distincte, il représente donc au degré indiqué, un croisement

---

1. —   PEDIGREE DE ROYAL OAK

```
                          ⎧ Gohanna...⎧ Mercury.
              ⎧ Golumpus..⎨           ⎩ s. de Challenger
              ⎪           ⎩ Catherine..⎧ Woodpecker.
    ⎧ Catton...⎨                       ⎩ Camilla.
    ⎪         ⎪           ⎧ Timothy ...⎧ Delpini.
    ⎪         ⎩ Lucy Grey..⎨           ⎩ Cora.
ROYAL OAK — 1823           ⎩ Lucy.....⎧ Florizel.
    ⎨                                 ⎩ Frenzy.
    ⎪           ⎧ Smolensko.⎧ Sorcerer...⎧ Trumpator.
    ⎪           ⎪          ⎨           ⎩ Y. Giantess.
    ⎩ Fille de...⎨          ⎩ Woswki....⎧ Mentor.
                ⎪                      ⎩ Maria.
                ⎩ Lady Mary.⎧ Beningbro'.⎧ King Fergus.
                           ⎨           ⎩ f. d'Herod.
                           ⎩ Fille de...⎧ Highflyer.
                                        ⎩ f. de Marske.
```

en dehors bien caractérisé. Il n'en est pas de même pour ses quatre arrière grand'mères qui, toutes, ont pour pères des fils d'Herod, dont les mères de Gohanna, Sorcerer et Beningbro' étaient également issues. Il est donc permis de regarder Royal Oak comme le résultat d'un croisement en dedans ayant Herod pour base à un degré assez éloigné toutefois.

Lottery (1820)[1] est au contraire d'une manière bien nettement définie un « Eclipse horse ». Son père, Tramp, est fils de Dick Andrews, petit-fils d'Eclipse, et d'une fille de Gohanna, descendant au même degré du célèbre étalon : sa mère, Mandane, est fille de Pot8os, soit, sur ses quatre auteurs au second degré, trois possédant les mêmes courants très rapprochés du fils de Marske. La proportion de sang étranger infusé par le quatrième, Young Camilla, petite-fille d'Herod, correspond bien à la quantité indiquée plus haut comme base d'un in-breeding rationnel. A cet égard, le pedigree de Lottery pourrait être cité comme modèle ; on connaît la merveilleuse endurance de cet excellent cheval qui, par ses filles autant que par ses fils, a rendu de très grands services à notre race pure.

Dans la seconde période, la plus intéressante au point de vue des origines, on trouve parmi les étalons dont l'influence a été la plus efficace : Gladiator et son fils Fitz-Gladiator, Sting, the Baron, Ion, Faugh a Ballagh, the Flying Dutchman,

1. —   PEDIGREE DE LOTTERY

LOTTERY — 1820				
Tramp.....	D. Andrews	J. Andrews.	Eclipse.
			Amaranda.
		Fille de...	Highflyer.
			f. de Cardinal
	Fille de....	Gohanna...	Mercury.
			f. d'Herod.
		Fraxinella .	Trentham.
			f. de Woodpecker
Mandane...	Pot8os.....	Eclipse...	Marske.
			Spiletta.
		Sportsmis-tress....	Sportsman.
			Goldenlocks.
	Y. Camilla.	Woodpecker	Herod.
			Miss Ramsden.
		Camilla....	Trentham.
			Coquette.

the Nabob, et, enfin, West Australian, dont j'examinerai successivement les pedigrees.

Le père de Gladiator (1833), Partisan, et son aïeul maternel Moses, père de Pauline, étaient tous deux arrière-petit-fils de Highflyer; Parasol, mère de Partisan, était fille de Prunella, par Highflyer également, qu'on retrouve encore à deux reprises dans l'ascendance de la mère de Quadrille, mère de Pauline. L'union en dedans avec Highflyer pour base est donc nettement établie chez Gladiator. En outre, son aïeule maternelle, Quadrille par Selim, et Grey Skim, grand'mère de Moses, sont issues de Woodpecker. L'influence du sang d'Herod est ainsi aussi complète que possible, celle d'Eclipse ne s'exerçant que par Pot8os, père de Parasol. Elle s'accentue encore chez Fitz-Gladiator (1850)[2], dont la mère Zarah possédait trois

1. — PEDIGREE DE GLADIATOR

GLADIATOR — 1833
- Partisan
  - Walton
    - Sir Peter
      - Highflyer
      - Papillon
    - Arethusa
      - Dungannon
      - f. de Prophet
  - Parasol
    - Pot8os
      - Eclipse
      - Sportsmistress
    - Prunella
      - Highflyer
      - Promise
- Pauline
  - Moses
    - Seymour
      - Delpini
      - Bay Javelin
    - Fille de
      - Gohanna
      - Grey Skim
  - Quadrille
    - Selim
      - Buzzard
      - f. d'Alexander
    - Canary Bird
      - Sorcerer
      - Canary

2. — PEDIGREE DE FITZ-GLADIATOR

FITZ GLADIATOR — 1850
- Gladiator
  - Partisan
    - Walton — Sir Peter
    - Parasol — Arethusa
    - Pot8os
    - Prunella
  - Pauline
    - Moses — Seymour
    - f. de Gohanna
    - Quadrille — Selim
    - Canary Bird
- Zarah
  - Reveller
    - Comus — Sorcerer
    - Houghton Lass
    - Rosette — Beningbro'
    - Rosamond
  - Fille de
    - Rubens — Buzzard
    - f. d'Alexander
    - Brightonia — Gohanna
    - Nutmeg

courants rapprochés du même étalon. Mais, en dehors de ce
point de départ commun, dont on s'éloigne naturellement à
chaque génération nouvelle, on ne peut relever que deux
traces d'in-breeding au degré normal dans le pedigree du père
de Vertugadin, où figure Selim, père de Quadrille, et Rubens,
grand-père de Zarah. Il n'est donc pas possible de le regarder
comme le produit d'une union en dedans bien caractérisée, et
il possède en même temps trop de courants identiques pour
que les partisans du système opposé puissent le réclamer
comme un des leurs. On comprendra, soit dit en passant,
l'influence que Fitz-Gladiator et son père ont exercée sur notre
élevage, quand on saura que de tous les étalons inscrits au
Stud-Book français, il est celui qui a donné le plus de juments
au haras, où ont été envoyées cent-trente-quatre de ses filles,
tandis que Gladiator en avait, pour sa part, donné quatre-vingt.
Pour mieux faire ressortir la signification de ces chiffres, j'ajouterai que Monarque a donné soixante-neuf juments seulement;
Dollar dont les filles ont si bien réussi, n'en compte que
quatre-vingt-sept, Vermout n'en a eu que soixante-sept, enfin
Trocadéro n'en a donné que quarante-et-une.

Avec Sting (1843)[1], l'hésitation n'est plus permise. Par son
père, Slane, il est arrière-petit-fils d'Orville, grand-père de sa
mère Echo, qui a pour aïeul maternel Scud, fils de Beningbro',
d'où sont par suite issus trois de ses auteurs au troisième

1. —   PEDIGREE DE STING

STING — 1843	Slane	Royal Oak..	Catton	Golumpus.
				Lucy Grey.
			Fille de....	Smolensko.
				Lady Mary.
		Fille de....	Orville	Beningbro'.
				Evelina.
			Epsom Lass	Sir Peter.
				Alexina.
	Echo	Emilius	Orville	Beningbro'.
				Evelina.
			Emily	Stamford.
				f. de Whisky.
		Fille de....	Scud	Beningbro'.
				Elisa.
			Canary Bird	Sorcerer.
				Canary.

degré. Il en est de même pour the Baron (1842) [1], par rapport à Waxy, aïeul en ligne mâle de ses deux auteurs immédiats, Birdcatcher et Echidna. Il est à noter que cette dernière a pour second grand-père Blacklock, autre descendant d'Eclipse, au même degré exactement que Catton, grand-père de Slane, Sting et the Baron sont donc eux aussi des Eclipse horses dans toute l'acception du terme.

Ion (1835) [2], qui a été après Tramp, Catton, et Lottery le plus résistant des chevaux dont j'ai parlé, n'avait, au quatrième degré, aucun auteur commun ; pas plus chez son père, Cain, que chez sa mère, Margaret, on ne trouve une trace quelconque d'in-breeding, en remontant à trois générations. Il n'y a donc pas à hésiter ici : Ion représente le résultat d'un croi-

1. —   PEDIGREE DE THE BARON

THE BARON — 1842	Birdcatcher	Sir Hercules	Whalebone.	Waxy.
				Penelope.
			Peri.......	Wanderer.
				Thalestris.
		Guiccioli...	Bob Booty.	Chanticleer.
				Ierne.
			Flight!.....	Irish Escape...
				Y. Heroine.
	Echidna ..	Economist..	Whisker ...	Waxy.
				Penelope.
			Floranthe..	Octavian.
				Caprice.
		Miss Pratt.	Blacklock ..	Whitelock.
				f. de Coriander.
			Gadabout ..	Orville.
				Minstrel.

2. —   PEDIGREE DE ION

ION — 1855	Cain	Paulowitz..	Sir Paul...	Sir Peter.
				Pewet.
			Evelina....	Highflyer.
				Termagant.
		Fille de....	Paynator..	Trumpator.
				f. de Mark Antony
			Fille de...	Delpini.
				s. de Mary.
	Margaret..	Edmund...	Orville	Beningbro'.
				Evelina.
			Emmeline..	Waxy.
				Sorcery.
		Medora....	Selim......	Buzzard.
				f. d'Alexander.
			Fille de....	Sir Harry.
				f. de Volunteer.

sement en dehors dans son expression la plus complète. La même remarque s'applique à Faugh a Ballagh (1841)[1], à la condition bien entendu de ne pas remonter trop loin. Son père, Sir Hercules, était né en 1826, c'est-à-dire à une époque où quatre générations seulement séparaient d'Eclipse, qu'on retrouve forcément à un degré rapproché dans les origines de tous les chevaux de cette époque. Mais si, par trois de ses arrière-grand-pères, Pot8os, Gohanna et Alexander, tous trois fils ou petit-fils d'Eclipse, Sir Hercules appartient bien à la famille de ce dernier, on ne trouve chez lui, à un degré plus immédiat, aucun auteur commun. Il en est de même pour Guiccioli, par rapport à Herod, dont au troisième degré elle possède six courants directs sur huit.

The Flying Dutchman (1846)[2], par Bay Middleton, a pour

1. — PEDIGREE DE FAUGH A BALLAGH

FAUGHT A BALLAGH — 1841

Sir Hercules	Whalebone	Wavy	Pot8os.
			Maria.
		Penelope	Trumpator.
			Prunella.
	Peri	Wanderer	Gohanna.
			Catherine.
		Thalestris	Alexander.
			Rival.
Guiccioli	Bob Booty	Chanticleer	Woodpecker.
			f. d'Eclipse.
		Ierne	Bagot.
			f. de Gamahoe.
	Flight	J. Escape	Commodore.
			m. de Buffer.
		Y. Heroine.	Bagot.
			Heroine.

2. — PEDIGREE DE THE FLYING DUTCHMAN

THE FLYING DUTCHMAN

Bay Middleton	Sultan	Selim	Buzzard.
			f. d'Alexander.
		Bacchante	Williamsons'Ditto.
			s. de Calomel.
	Cobweb	Phantom	Walton.
			Julia.
		Filagree	Soothsayer.
			Web.
Barbelle	Sandbeck	Catton	Golumpus.
			Lucy Grey.
		Orvillina	Beningbro'.
			Evelina.
	Darioletta	Amadis	Don Quixote.
			Fanny.
		Selima	Selim.
			f. de Pot8os.

grand-père Sultan, par Selim, qu'on retrouve au même degré
dans le pedigree de sa mère, Barbelle, petite-fille de Selima.
C'est le seul cas d'in-breeding qu'on puisse relever dans son
pedigree, très complet d'ailleurs. L'influence de Phantom,
celle de Catton surtout, a certainement contribué à lui donner
la force de résistance dont il a fait preuve, mais ces deux
étalons n'avaient aucune communauté d'origine, pas plus
qu'Amadis, Bacchante, Filagree ou Orvillina, ses autres
auteurs au quatrième degré. Si on remonte plus haut, on voit
en outre que the Flying Dutchman possèdait un nombre égal
de courants d'Eclipse et d'Herod ; il peut donc, à ces divers
titres, être classé comme out-bred.

The Nabob (1849)[1] a pour arrière-grand-pères Emilius et
Muley, tous deux fils d'Orville, et pour arrière-grand-mères
Nanine et une autre fille de Selim. Il représente, par suite,
une union en dedans avec ces deux étalons pour base ; tous
deux se retrouvent au même degré dans l'ascendance de the
Nob et dans celle d'Hester. En outre, Rubens, propre frère de
Selim, figure au même degré dans le pedigree comme père de
Whizgig, grand-mère de the Nob. L'influence de Buzzard,
père de Selim et de Rubens, est donc prédominante.

Il n'existe aucune parenté entre Melbourne, père de West

---

1. —   PEDIGREE DE THE NABOB

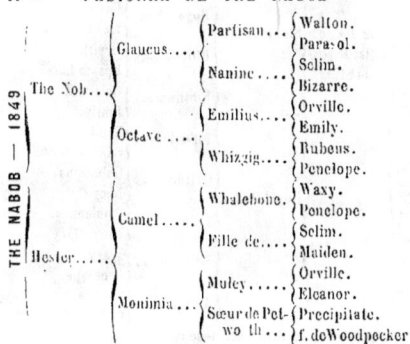

			Partisan...	Walton.
		Glaucus....		Parasol.
	The Nob...		Nanine	Selim.
				Bizarre.
		Octave	Emilius....	Orville.
THE NABOB — 1849				Emily.
			Whizgig....	Rubens.
				Penelope.
	Hester....	Camel.....	Whalebone.	Waxy.
				Penelope.
			Fille de....	Selim.
				Maiden.
		Moninia ...	Muley.....	Orville.
				Eleanor.
			Sœur de Pot-	Precipitate.
			wo th...	f. de Woodpecker

Australian (1850)[1], et sa mère Mowerina, mais cette dernière est aussi in-bred que possible, par rapport à Waxy, aïeul de ses deux auteurs, Touchstone et Emma. West Australian pourrait donc être regardé comme le résultat d'une union en dedans au deuxième degré, mais je crois plus exact de le classer comme douteux.

La troisième période, à laquelle j'arrive, est trop rapprochée de nous pour qu'il me paraisse nécessaire d'étudier des pedigrees qu'on a, à tout moment, l'occasion d'examiner. Je me contenterai donc de dire quelques mots de ceux de nos trois grands chefs de famille, dont les étalons que je viens de nommer ont été les auteurs.

En acceptant Sting, qui a aussi donné Jouvence, pour le père de Monarque (1852)[2], — et malgré l'opinion contraire qui a long-

---

1. — PEDIGREE DE WEST AUSTRALIAN

WEST AUSTRALIAN — 1850				
Melbourne..	Humphrey-Clinker	Comus.....	Sorcerer.
			Houghton Lass.
		Clinkerina..	Clinker.
			Pewet.
	Fille de..	Cervantes..	Don Quixote.
			Evelina.
		Fille de....	Golumpus.
			f. de Paynator.
Mowerina..	Touchstone.	Camel.....	Whalebone.
			f. de Selim.
		Banter	Master Henry.
			Boadicea.
	Emma.....	Whisker ...	Waxy.
			Penelope.
		Gibside-Fairy....	Hermes.
			Thalestris.

2. — PEDIGREE DE MONARQUE

MONARQUE — 1852				
The Baron The Emperor ou Sting'.	Slane......	Royal Oak..	Catton.
			f. de Smolensko.
		Fille de....	Orville.
			Epsom Lass.
	Echo......	Emilius....	Orville.
			Emily.
		Fille de....	Scud.
			Canary Bird.
Poetess....	Royal Oak..	Catton.....	Golumpus.
			Lucy Grey.
		Fille de....	Smolensko.
			Lady Mary.
	Ada.......	Whisker...	Waxy.
			Penelope.
		Anna Bella.	Shuttle.
			f. de Drone.

' La paternité de Sting est acceptée.

temps attribué cet honneur à the Emperor, qui a sailli Poetess
en dernier, j'estime, pour les raisons données précédemment,
que le doute n'est guère permis à cet égard, — le père de Gladiateur représente le résultat d'une union en dedans très rapprochée par rapport à Royal Oak, père de Poetess et grand-
père de Sting. L'influence de Beningbro' est, en outre, très
grande chez ce dernier par ses deux fils, Orville et Scud, dont
Sting possède trois courants immédiats. Il est à noter que
Waxy ne se trouve qu'une seule fois dans le pedigree de
Monarque, comme grand-père d'Ada, mère de Poetess.

Son influence est, au contraire sensible chez Vermout(1861)[1],
par Camel, grand-père de the Nabob, et par le Birdcatcher,
grand-père de Vermeille, mais pas autant toutefois que celle de
Partisan et d'Emilius, qui se trouvent au même degré chez ses
deux auteurs, l'un comme père de Glaucus et de Dirce, l'autre
comme père d'Octave et de Priam. En outre, Muley, père de
Monimia, apporte un nouveau courant d'Orville, dont l'action
est ainsi prépondérante. Le croisement en dedans avec Orville
et Partisan, et, à un degré moindre, avec Waxy pour bases,
est donc ici aussi complet que l'adepte le plus convaincu de
l'in-breeding peut le désirer et il lui serait difficile de trouver
un exemple plus concluant à l'appui de sa thèse.

Le doute était permis à l'égard du Flying Dutchman, mais

1. —   PEDIGREE DE VERMOUT

```
                              ┌Glaucus ...┌Partisan.
                   ┌The Nob...┤           └Nanine.
                   │          └Octave.....┌Emilius.
        ┌The Nabob.┤                      └Whizgig.
        │          │          ┌Camel .....┌Whalebone.
VERMOUT │          └Hester....┤           └f. de Selim.
— 1861 ─┤                     └Monimia ...┌Muley.
        │                                 └s. de Petworth.
        │          ┌The Baron.┌Birdcatcher┌Sir Hercules.
        │          │          │           └Guiccioli.
        └Vermeille.┤          └Echidna ...┌Economist.
                   │                      └Miss Pratt.
                   └Fair Helen┌Priam.....┌Emilius.
                              │          └Cressida.
                              └Dirce......┌Partisan.
                                          └Antiepepode.
```

il n'est plus possible chez Dollar (1860)[1]. Avec Catton, père de Sandbeck et de Royal Oak, tous deux ses arrière-grand-pères, avec Orville, Orvillina et Scud d'autre part, l'union en dedans est bien nettement établie. Selim et Sorcerer complètent à un degré plus éloigné, l'un chez the Flying Dutchman, l'autre chez Payment, cet ensemble bien caractéristique et rendent cette expression de l'in-breeding plus complète encore.

En résumé, les quatorze étalons dont je viens d'analyser les origines, peuvent être au point de vue de l'in ou de l'out-breeding classés en trois catégories, ainsi que l'établit le tableau suivant :

Étalons provenant d'unions en dedans

Lottery.	The Nabob.
Gladiator.	Monarque.
Sting.	Vermout.
The Baron.	Dollar.

Étalons provenant d'unions en dehors

Ion.	The Flying Dutchman.
Faugh a Ballagh.	

Étalons provenant d'un croisement mal défini

Royal Oak.	West Australian.
Fitz Gladiator.	

En admettant, même, que ces trois derniers peuvent être

---

1. —   PEDIGREE DE DOLLAR

regardés comme issus d'unions en dehors, il résulterait de
cette étude un avantage marqué en faveur de l'in-breeding
sous le double rapport du nombre et de la qualité. Il est
évident que ces seuls exemples qui, on a pu le constater, n'ont
été choisis à l'appui d'aucune thèse, ne sauraient suffire pour
établir en principe la supériorité de l'un ou de l'autre des deux
systèmes. On remarquera toutefois que pendant les deux premières périodes, si importantes au point de vue de la formation
de notre race pure, les étalons qui ont exercé le plus d'influence,
sont issus, pour les deux tiers environ, d'unions en dedans,
pour un tiers seulement, par suite, d'unions en dehors, proportion qui correspond exactement, il est assez curieux de le
constater, à celle qui est recommandée par les partisans les
plus fervents de l'in-breeding : deux unions en dedans consécutives et une union en dehors la troisième saison pour l'infusion d'un sang nouveau, appelé à rafraîchir et à retremper
les forces vitales qu'un régime trop uniforme risquerait
d'affaiblir. Je n'indique toutefois cette proportion qu'à titre
de principe général, qu'il convient de modifier selon le
tempérament et les dispositions des reproducteurs.

Je reviens aux poulinières, dont j'ai eu du reste, l'occasion
de parler dans l'étude qui précède, et dont j'ai, par suite, en
grande partie fait connaître les origines. L'examen de leurs
pedigrees m'exposerait donc à répéter tout ce qui vient d'être
dit. Il me paraît plus intéressant au point de vue de la thèse
que j'ai soutenue en commençant sur la très grande importance
du rôle des mères, de rechercher quelles sont, en ligne
maternelle directe, les origines des diverses juments dont
j'ai rappelé les noms et que j'ai choisies parmi celles
dont la production a été la plus remarquable en France.
Je veux parler des juments « mères », qui aussi bien que
Matchem, Herod ou Eclipse, ont le droit d'être regardées
comme de véritables chefs de famille, ainsi qu'on va pouvoir
le constater.

4 u.

Vermeille[1] et Araucaria[2], par exemple, qui toutes deux, l'une par Antiope, l'autre par Harpalice, ont une aïeule commune, Amazon, appartiennent comme Pocahontas à la famille de la Byerley mare (née chez M. Honeywood en 1704), l'une des plus brillantes qui existent au Stud-Book. On trouve, en effet, dans la descendance de cette jument, huit vainqueurs du Derby, plusieurs gagnants du Saint-Leger, dont Stockwell et Rayon d'Or, puis Rataplan, King Tom, etc. En France, en dehors de Vermout, Gontran, gagnant du prix du Jockey-Club, Montagnard et Vertugadin, Hospodar, etc. ; enfin, le célèbre

1. —   PRINCIPAUX DESCENDANTS DE VERMEILLE

```
                                   Vermout (1861)

                                   Vertugadin (1862)

                                   Vérité (1863)

                                   Vertubleu (1866).. { Vertpré
Fair-Helen — Vermeille · ..                           { Ismael  (1876)
                                   Verdure (1868)...  { Versigny (1877)
                                                      { Vernol (1880)
                                   Vérone (1870)....  { Verona (1883).... { Brocatelle (1883).
                                                      { Verlion (1879)
                                   Verte Allure (1872){ Verte Bonne (1880)
                                                      { Ver lière (1883)
                                   Extra (1877)..... { Excuse (1891)
```

· Vermeille a pour arrière-grand'mère Antipo le (1817). aïeule également de Deadlock, mère d'Isinglass ; Amazon, mère d'Antipode, a également donné Harpalice, aïeule de Pocahontas.

2. —   PEDIGREE D'ARAUCARIA
Importée en 1872

```
                                          ( Camel ..... { Whalebone.
                          Touchstone      {             { f. de Selim.
                                          ( Banter .... { Mastor Henry.
         Ambrose...                                     { Boadicea.
                                          ( Priam..... { Emilius.
                          Annette ...     {            { Cressida.
                                          ( Fille de... { Don Juan.
                                                        { Moll-in-the-Wad
ARAUCARIA — 1862
                                          ( Sultan..... { Selim.
                          Glencoe....     {             { Bacchante.
                                          ( Trampolline { Tramp.
         Pocahontas.                                    { Web.
                                          ( Muley ..... { Orville.
                          Marpessa ..     {             { Eleanor.
                                          ( Clare...... { Marmion.
                                                        { Harpalice.
```

Musket qui, il importe de le rappeler en passant, avait pour mère une fille de West Australian. Hurricane et Mincemeat appartiennent également à la famille de la Byerley mare.

Zarah[1] descendait de la Natural Barb Mare, dont la famille est, ainsi que je l'ai dit plus haut, une des plus remarquables qui existent aujourd'hui. J'ai parlé précédemment de l'influence que le fils de Zarah, Fitz-Gladiator, a exercée au haras par ses filles, mais il me semble utile d'ajouter qu'il a aussi donné, en dehors de Vertugadin, Compiègne, père de Mortemer ; Gontran, gagnant du prix du Jockey-Club de 1865 ; Orphelin, Montagnard, etc. Il me parait juste, en outre, de constater, à ce propos, les très grands services rendus à notre élevage par la famille Aumont, qui a élevé à Victot de 1848 à 1860, des étalons comme Fitz-Gladiator, Monarque et Zouave, pour ne citer que les plus remarquables, et des juments comme Gabrielle d'Estrées, une autre gagnante du prix du Jockey Club, Hervine et Mon Etoile. Fitz-Gladiator est en outre le meilleur reproducteur qu'ait donné cette branche de la famille de la Natural Barb Mare, qui a pour chef direct Silvertail (1737).

De la Devills Old Woodcock mare, aïcule de la mère de

1. —   PEDIGREE DE ZARAH

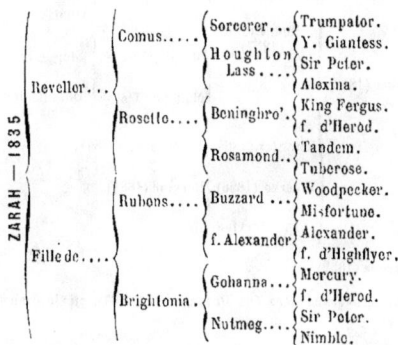

Monarque et d'Hervine, Poetess[1], descendent également Reveller, père de Zarah, Gamester, tous deux gagnants du Saint-
Léger, Vedette, gagnant des Deux Mille Guinées et père de
Galopin, Cambuscan et Vespasian, qui tous ont bien réussi
au haras. Hervine, de son côté, s'est montrée une très remarquable poulinière en donnant Mon Etoile et New-Star, mère
de Ténébreuse.

Payment a pour auteur en ligne maternelle, une fille du
Darley Arabian, née vers 1713, qui descendait elle-même de
la Natural Barb mare. A cette famille appartiennent six derby-
winners : Waxy-Pope, les deux célèbres frères Whalebone et
Whisker, Bay-Middleton, the Cossack et Lord Lyon, puis
Glencoe, père de Pocahontas, et Ibrahim, gagnants des Deux
Mille Guinées, Woodpecker, the Nob, père de the Nabob,
Melbourne, Royal Quand Même, Pretty Boy, Dollar, Orphe-
lin, Mortemer, Trent et enfin le père de Plutus, Trumpeter.
A la Natural Barb mare remontent aussi Cobweb, mère de Bay
Middleton, Pilgrimage, gagnante des Deux Mille et des Mille
Guinées, Jannette, gagnante des Oaks et du Saint-Leger,
Queen Bertha et Spinaway.

1. —　　　PRINCIPAUX DESCENDANTS DE POETESS

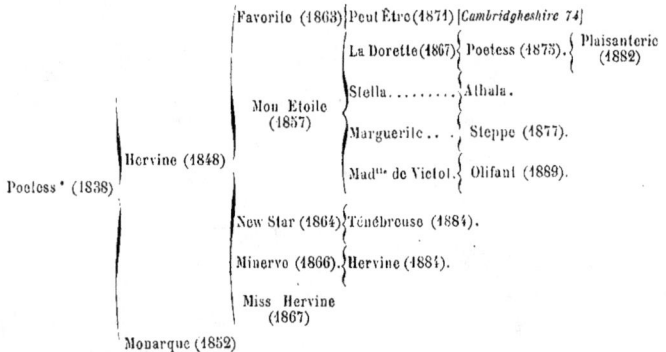

* Poetess a pour arrière-grand'mère The Drone mare (1797), aïeule également d'Isola Bella
mère d'Isonomy.

Slapdash[1] appartient à la famille de la mère de Young True
Blue, une Royal mare, qui a donné, elle aussi, six gagnants
du Derby, dont Saltram, West-Australian et Wild Dayrell,
puis Beningbro', Williamsons' Ditto, Coriander et Caterer.

Antonia[2], mère de Trocadéro et de Gabrielle d'Estrées,
descend de la Burton Barb mare dont la famille est bien,
comme je l'ai dit et comme on peut en juger, une des plus
illustres qu'on trouve au stud-book, les noms de Selim,
Castrel, Rubens, Catton, Blacklock, Crucifix et Surplice, ceux
de Sir Hercules, Whisky et Lord Clifden, pour ne citer que les
plus connus, en témoignent de nouveau.

Je pourrais continuer, mais ces exemples doivent suffire

1. — PEDIGREE DE SLAPDASH
Importée par M. Fould, en 1864.

SLAPDASH — 1855				
Annandale.	Touchstone	Camel.....	Whalebone.
			f. de Selim.
		Banter....	Master Henry.
			Boadicea.
	Rebecca...	Malek.....	Blacklock.
			f. de Juniper.
		Bessy.....	Y. Gouty.
			Grandiflora.
Messalina..	Bay Middleton..	Lottery....	Tramp.
			Mandane.
		Fille de....	Cervantes.
			Anticipation.
	Myrrha....	Sultan.....	Selim.
			Bacchante.
		Cobweb....	Phantom.
			Filagree.

2. — PEDIGREE D'ANTONIA

ANTONIA — 1851				
Epirus....	Langar....	Selim.....	Buzzard.
			f. d'Alexander.
		Fille de....	Walton.
			Y. Giantess.
	Olympia...	Sir Oliver..	Sir Peter.
			Fanny.
		Scotilla....	Anvil.
			Scota.
The Ward of Che p...	Colwick...	Filho da Puta	Haphazard.
			Mrs. Barnet.
		Stella.....	Sir Oliver.
			Scotilla.
	The Maid of Burghley	Sultan.....	Selim.
			Bacchante.
		Palais Royal	Blucher.
			f. d'Election.

pour confirmer ce que j'ai dit précédemment sur l'importance
du rôle des poulinières. Toutes les familles qui existent
aujourd'hui ont pour auteurs et pour chefs des juments aussi
bien que des mâles; ce n'est donc pas de ces derniers seuls
qu'on doit s'inquiéter dans la recherche des origines. J'ai
cherché à le prouver, et j'espère l'avoir établi. Le nombre des
premières étant, par la force des choses, sensiblement plus
grand que celui des étalons, le classement en est moins facile,
les familles sont moins nettement définies, les lignées sont
sans doute plus délicates à reconstituer que lorsqu'il s'agit
d'étalons dont les noms sont connus de tous. Mais le fait n'en
existe pas moins, et on aurait le plus grand tort de n'en pas
tenir compte. Rien n'est plus dangereux, d'ailleurs, que la
routine, qu'on ne doit pas confondre avec les principes fondamentaux de tout élevage normal et rationnel.

Une attention soutenue, des soins constants peuvent seuls,
avec l'expérience, permettre de réussir ; je ne parle pas de la
question d'argent qui est une des bases essentielles, et sans
laquelle, dans des proportions normales, on ne saurait avoir
aucune chance de succès. De temps à autre, on peut, par
accident, obtenir des animaux de valeur, la nature ayant
parfois des fantaisies qui déroutent toute prévision et tout
raisonnement. Mais cette exception ne saurait en aucune
façon infirmer la règle générale. Il est d'autant plus nécessaire aujourd'hui de rappeler aux éleveurs ces principes essentiels d'une entreprise très difficile, qu'on paraît de plus en plus
disposé à s'en écarter. Les uns, des débutants, semblent croire,
avec la confiance que leur donne leur jeunesse ou leur grosse
fortune, que l'argent suffit à tout ; les autres s'en rapportent
au hasard ; d'autres enfin, prétendent réussir sans argent et
sans expérience. Pour tous, l'échec est inévitable, et si on
n'y prenait garde, notre race elle-même souffrirait dans son
caractère et sa qualité de cette regrettable manière de faire.
C'est ce qu'il faut par dessus tout éviter, en rappelant à tous
que, sans esprit de méthode, sans études, sans bases sérieuses,

la réussite est impossible. Le passé est, à cet égard, le meilleur garant de l'avenir et le guide le plus sûr.

Alors que les éleveurs faisaient presque tous courir eux-mêmes les poulains qu'ils avaient fait naître, quand les ventes de yearlings étaient presque inconnues, on agissait tout autrement et avec bien plus de méthode qu'aujourd'hui. On choisissait avec soin l'étalon qui convenait à chaque jument dont on conservait les produits, les ventes de gré à gré étant également fort rares. On n'avait alors qu'une seule préoccupation : élever le mieux et avec le plus de soin possible, les prix que ces poulains pouvaient gagner sur les hippodromes représentant, avec les paris engagés sur eux, à peu près la seule indemnité à laquelle on était en droit de s'attendre. On a vu les résultats qu'une telle manière de faire a permis d'obtenir.

Aujourd'hui, en dehors de quelques grands établissements d'élevage, où les bonnes traditions sont restées intactes, — et ce serait une erreur de croire qu'il en est ainsi dans tous les haras importants, — on élève surtout en vue de la vente. Les prix élevés atteints par certains yearlings, les victoires remportées par d'autres qui avaient été achetés en vente publique, ont provoqué parmi certains éleveurs une émulation singulière ; on s'est appliqué à produire beaucoup, la question de la quantité paraissant primer toutes les autres. L'élevage s'est généralisé et dans cette fièvre de production, on s'est peu à peu écarté des principes dont l'adoption avait permis d'obtenir de si remarquables succès.

On élève donc un plus grand nombre de chevaux, mais la sélection des reproducteurs étant, en outre, moins sévère, la proportion des animaux mauvais ou médiocres est de plus en plus élevée. On ne prend plus guère la peine d'étudier les combinaisons de sang, il est vrai que souvent on ne saurait le faire avec profit. Quand on possède ou si on loue un étalon, on le donne à ses juments ; qu'elles aient ou non chance de bien rencontrer avec lui, peu importe. Lorsqu'on n'a pas d'étalon, on les envoie à celui qui est le plus à portée ou qui coûte le moins cher. Puis, on force les poulains pour leur donner le plus de taille et le plus de gros possible, pour en faire, en un mot, des bêtes de concours. On ne pense qu'au jour de la vente publique, au lieu d'observer la progression rationnelle indispensable à leur développement régulier et normal. On a pu juger des résultats, sur lesquels je préfère ne pas insister ici où toute polémique serait déplacée : ce qui vient d'être dit peut, en tous cas, d'une manière générale, s'appliquer à l'élevage anglais aussi bien qu'au nôtre.

Je ne puis donc, en terminant cette étude, que souhaiter un retour à un régime rationnel, conforme aux lois de la logique et aux leçons de l'expérience. Le sens commun ne perdant jamais ses droits en France, j'ai la ferme conviction qu'on reviendra bientôt aux saines doctrines dont on s'est un moment écarté. Je me suis efforcé de faire ressortir le soin et l'esprit de suite qui ont été apportés à la formation de notre race pure et ont permis d'assurer son avenir pendant de longues années. Il importe qu'on soit bien convaincu que la même attention est indispensable au maintien de sa prospérité.

Avril 1895

POETESS. — PAR ROYAL OAK ET ADA

D'après un portrait fait en 1841 la veille du prix du Jockey-Club.

CLASSEMENT

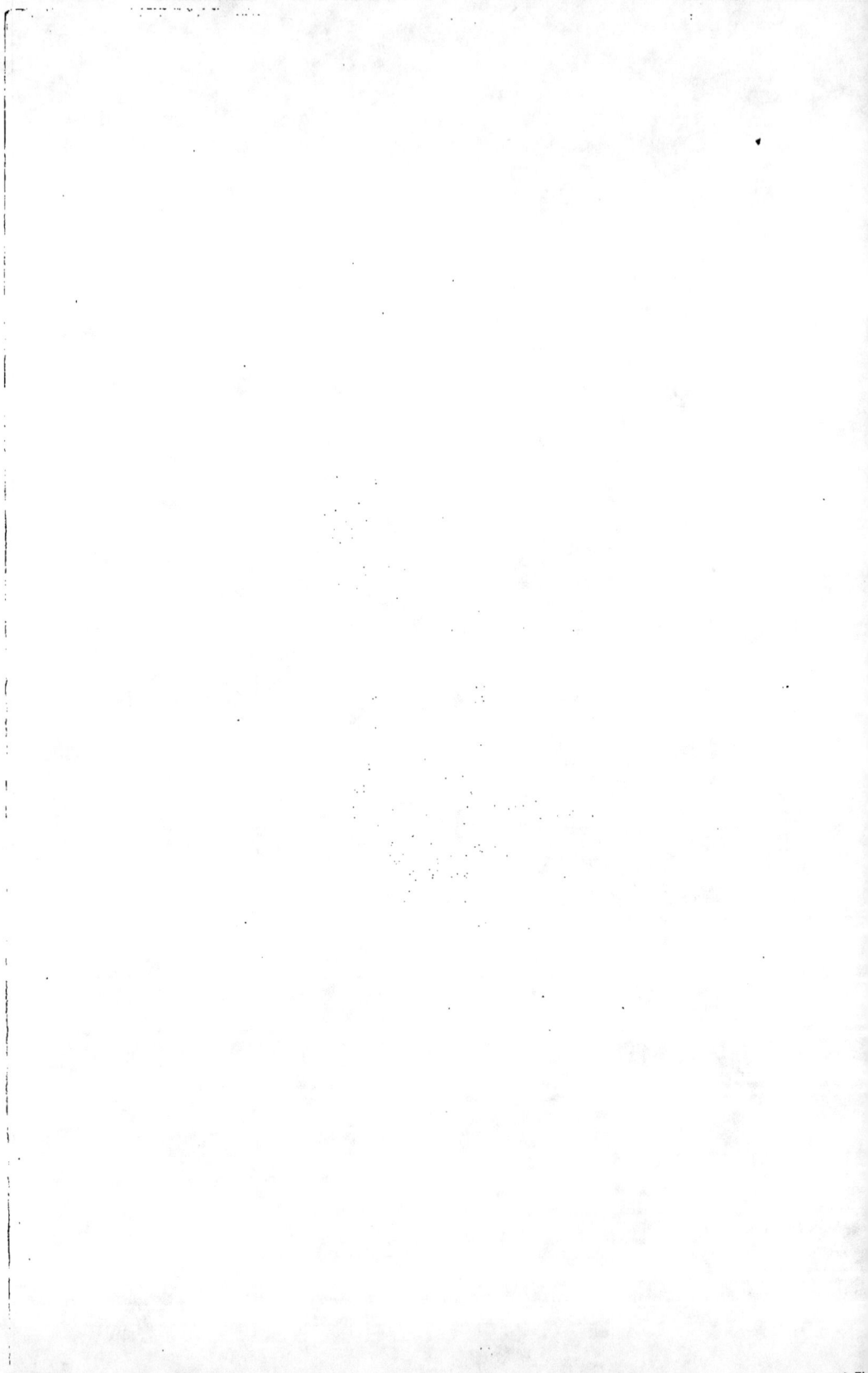

CLASSEMENT PAR ÉTALONS

DES POULINIÈRES

INSCRITES AUX ONZE PREMIERS VOLUMES

DU STUD-BOOK FRANÇAIS

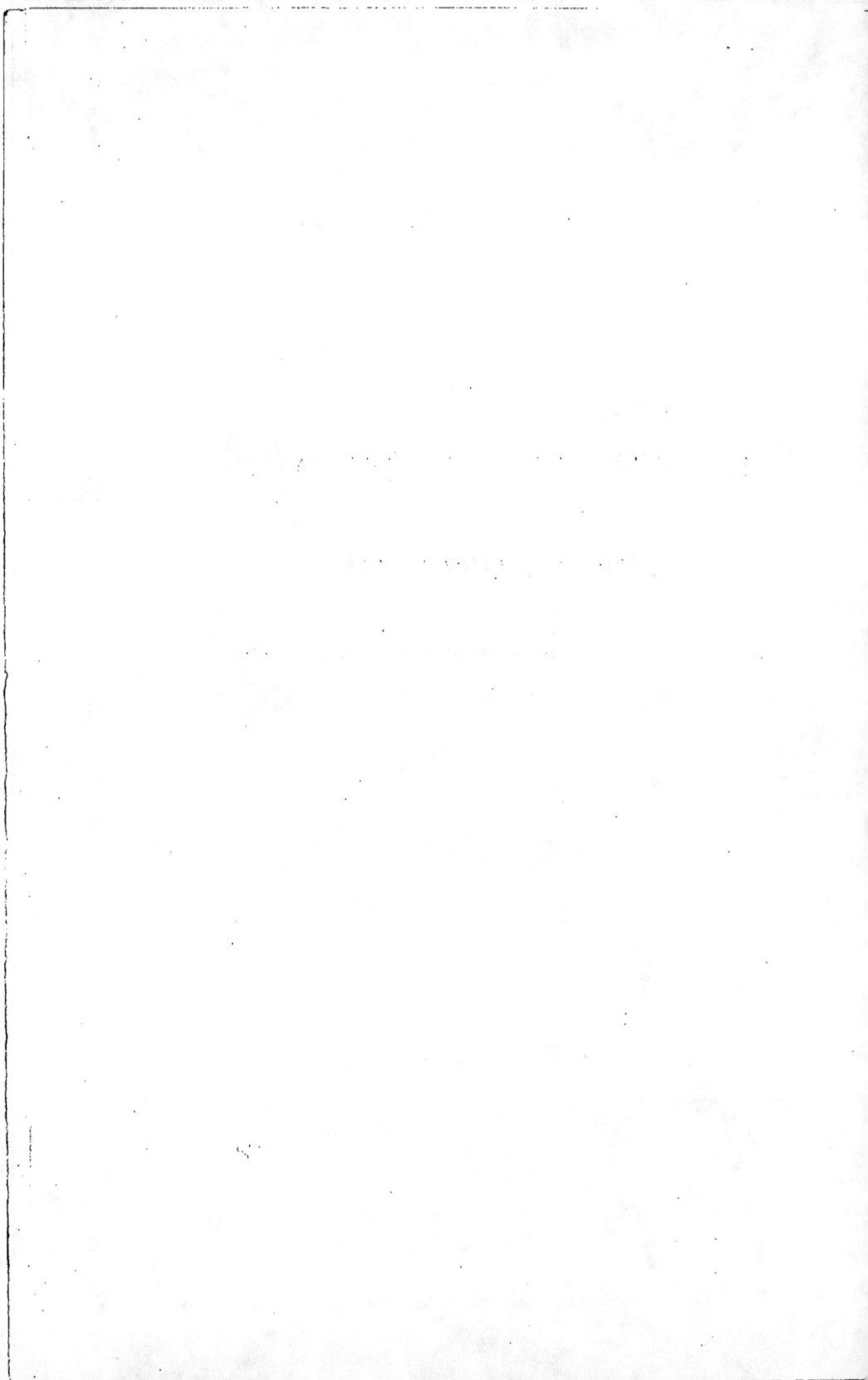

CLASSEMENT PAR ÉTALONS

DES POULINIÈRES

INSCRITES AUX ONZE PREMIERS VOLUMES DU STUD-BOOK FRANÇAIS[1]

ABJER, bai, par TRUFFLE et BRISEIS (a.)

1817 - 1828

	Date de la Naissance		Date de la Naissance
Abjer Mare (*Shuttle mare*)a ..	1826	Panope (*Shuttle mare*)a	1826

A BRITISH YEOMAN, bai, par LIVERPOOL et FANCY (a.)

1840

British Yeoman mare (*Harry mare*)a.................	1850	Rose Bird (*Stephanie*)a.......	1853
		Serena (*Anna the Third*)a....	1854

ABRON, bai, par WHISKER et ALTISIDORA (a.)

1820 — Importé en 1828.

Amazone (*Election mare*)	1833	Gaiety (*Rebecca*)............	1833
Enchanteresse (*Priestess*). ...	1829	Hébé (*Rubena*)a.............	1832

ABSALON, bai, par STENTOR et ARROGANTE

1870

Lidia (*Marie-Louise*)........	1887	Vérité (*True Blue*)..........	1880
Marguerite (*Marie-Louise*)....	1885	Wild (*Wild Girl*)	1878
Savonnette (*Grande Puissance*)	1879		

1. — Le nom composé en italique et placé entre parenthèses est celui de la mère de la poulinière.

ACE OF CLUBS, alezan, par STOCKWELL et IRISH QUEEN (a.)
1859

Odd Trick (*Thimblerig*)a.... 1866

ACROBAT, bai, par ITHURIEL et TOUR DE FORCE (a.)
1851

Gitanella (*Touchstone mare*)a. 1859

ACTÆON, alezan, par SCUD et DIANA (a.)
1822

Belvidere (*Belvoirina*)a......	1836	Primefit (*Chat*)a............	1828
Dona Sol (*Burden*).........	1838	Rebecca (*Rachel*)*...........	1838
Florence (*Sarah*)............	1838	Zibeline (*Y. Mouse*).........	1838

ADOLPHUS, bai, par ROYAL OAK et ANNA
1839 — 1865

Nancy (*Cassandre*)......... 1862

ADVENTURER, bai, par NEWMINSTER et PALMA (a.)
1859 — 1882

Accident (*Bric à Brac*)a......	1883	Kleptomania (*Gertrude*)a	1869
Adventure (*Kate Dayrell*)a...	1876	Lady de Nantes (*Lady Diana*).	1878
Ambassade (*Vive la Reine*)a..	1866	Marie Galante (*Guadeloupe*)a.	1874
Analogy (*Mandragora*)a.....	1874	Muriella (*Lady Newby*)a......	1880
Astrea (*Adeliz*)a............	1871	Parthenia (*Maid of the Glen*)a.	1875
Carita (*Charity*)a...........	1866	Pinnacle (*Minaret*)a.........	1876
Chance (*Evline*)a...........	1867	Tabor (*Rub à Dub*)a.........	1880
Contraband (*Constance*)a.....	1868	Travellers'Joy (*Wild Myrtle*)a.	1878
Dead Secret (*Eleusis*)a.......	1879	Venture (*Clianthus*)a........	1877
Enterprise (*Repulse*)a........	1876	Wheatsheaf (*Cognisaunce*)a..	1882
Estella(*Lucrecia*)a...........	1880	(21)	

ÆGYPTUS, bai, par CENTAUR et PASTILLE (a.)
1830 — Importé en 1834

Ægyptsy (*Filagree*)..........	1845	Jeannette (*Tapage*)..........	1845
Danaide* (*Bergère*).........	1836	Nina (*Bellina*)..............	1845
Eline (*Folla*)................	1846		

AFFIDAVIT, alezan, par JAVELOT et DAHLIA
1861

Etoile de l'Ouest (*Augusta*)...	1872	Pénélope (*Fanfare*)	1876
Ironie (*La Fortune*)	1880	Rose Mousse (*Miss Margot*)..	1868
La Romaine (*Royal Topaze*)...	1867		

AGREEABLE, bai, par EMILIUS et SURPRISE, (a.)
1827

Ablette (*Whisker mare*)a.....	1840	Miss Agreeable (Whisker mare)a....	1839

AGRICOLA, bai-brun, par SIR HARRY DIMSDALE et DRAGON MARE (a.)
1816
Agricola ou Egremont

Fair Forester (*Lancashire Witch*)a.. 1823

AGRICOLE, bai, par ARCHY et LANDRAIL
1854

Bienvenue (*Babiole*).........	1861	Medora (*Tyne*)...............	1860

AGUILA, bai, par GLADIATOR et CASSANDRA
1849

Aguillette (*Venisonnette*)....	1864	Sauterelle (*Miss Berthe*).....	1862
Bouton de Rose (*Illusion*)....	1868	**Aguila ou Womersley**	
Clarinette (*Orpheline*).......	1868	Aquarelle (*Esquisse*)........	1862
Mélanie (*Dame de Cœur*).....	1862		

AJAX, alezan, par JAVAN et FELICIA
1839

Ajaccio (*Fauvette*)...........	1843	Ritta (*Jacinthe*).............	1843

ALARM, bai, par VENISON et SOUTHDOWN (a.)
1842 - 1862

Alerte (*Aunt Phyllis*)........	1859	Mishap (*Miss Slane*)a........	1851
A Propos (*Glaucus mare*)a..	1851	Mitraille (*Volley*)a..	1854
Fear (*Cowslip*)a.............	1849	Panique (*Caveat*)......	1858
Frenzy (*Mulatto mare*)a......	1850	Whirl (*Distaffina*)a.........	1852
Honduras (*Jamaica*)a........	1855		

ALBANY, bai, par Whalebone et Gohanna Mare (a.)

1825

Papillotte (*Tiresias mare*).... 1830

ALBERMALE, bai, par Young Phantom et Cerberus Mare (a.)

1835 - 1843

Miss James (*Shoveler*)........ 1841

ALBERT EDWARD, alezan, par Marsyas et The Princess of Wales (a.)

1874

Claret Cup (*Mad. St-Julien*).. 1882   Miss Hutton (*Trottie*) 1881
Girandole (*Mrs. Gillam*)..... 1884

ALBERT VICTOR, alezan, par Marsyas et The Princess of Wales (a.)

1868

Germanie (*The White Lady*).. 1887   Victoria (*Newmarkette*)a...... 1889
Marmora (*Euxine*)a.......... 1882   **Albert Victor** ou **Camballo**
Pompa (*Pompano*)a 1884
Signorita (*Landlady*)a........ 1878   Canace (*Lady Dot*)......... 1878

ALBION, bai, par Consul et The Abbess

1878 — **J. C.**

Belle Dame (*Ambassadrice*) .. 1887   Paméla (*Minaudière*)........ 1888
Châtelaine (*Ambassadrice*) ... 1886   Parabole (*Doctrine*)......... 1886
Joyeuse (*Durandale*)........ 1888   Raïssa (*Cantinière*)......... 1885

ALFRED, bai, par Tramp et Francesca (a.)

1835

Anna Perenna (*Corinthian mare*)a.. 1841

ALGER, alezan, par Saxifrage et Australie

1883

Rang-Koul (*Rosée*).......... 1890

ALHAMBRA, bai, par Consul et The Abbess

1879

Claire (*Clairette*)........... 1889   Miss Margaret (*Guadix*)...... 1887
Étoile Filante (*Evening Star*). 1888

ALI-BABA*, bai, par HOLBEIN et CLOTON

1834

Actrice (*Daphné*)............ 1859
Albertine (*Lady Albert*)...... 1850
Alifry (*Frisure*)............. 1850
Aline (*Lady Emely*)......... 1840
Aline (*Sylvie*).............. 1845
Amanda (*Atalanta*)......... 1849
Aura (*Sylvie*)............... 1849
Bella* (*Venezia*)............ 1842
Célestine (*Céleste*).......... 1849
Emilia (*Lady of Normandie*).. 1847
Etoile (*Miss Blunt*)......... 1841
Euterpe (*Rubis*)............ 1846
Flavia (*Humbug*)............ 1840
Gipsy (*Y. Pasquinade*)....... 1848
Jenny Lind (*Valentine*)....... 1849
Liberté (*Clara*)............. 1848

Mlle Béjart (*Dolorosa*)....... 1847
Mlle Clairon (*Tragédie*)...... 1846
Mlle Dangeville (*Lady Albert*) 1846
Mlle de Brie (*Stella*)........ 1847
Miss Jenny (*Coqueluche*).... 1846
Miss Rubis (*Rubis*).......... 1845
Pointe-à-Pitre* (*Venezia*).... 1843
Réglisse (*Coqueluche*)....... 1849
Tyne (*Pious Jenny*)......... 1851
Victoire (*Valentine*)......... 1846

Ali-Baba ou Calderstone

Hébé (*Elégie*).............. 1859

Ali-Baba ou Commodor Napier

Orpheline (*Ingratitude*)...... 1862

. (26)

ALLEZ-Y-GAIMENT, bai, par THE EMPEROR et FRANCESCA

1852

Astrolabe (*Aganisia*)........ 1860
Aventure (*Agar*)............ 1853
Bonita (*La Boule*).......... 1872
Cantonnade (*Agar*)......... 1860
Conversion (*Aganisia*)....... 1861
Déclamation (*Démonstration*). 1864
Eva (*Junction*).............. 1861
Facilité (*Démonstration*)..... 1858
Instruction (*Wieillieska*)..... 1861

Judelle (*La Baleine*)........ 1872
La Gaîté (*La Baleine*)....... 1871
La Gendarme (*Démonstration*) 1859
La Zélée (*Démonstration*).... 1861
Neruda (*Sérénade*).......... 1868
Peggy (*Bee's Wing*)......... 1858
Ritournelle (*Petite Musique*).. 1863
Verberie (*Nettle*)............ 1859
Volupté (*Petite Musique*)..... 1862

(18)

ALL RIGHT, bai, par OXFORD ou STERLING et THALIA (a.)

1875

N..... par (*Kalmia*)a......... 1882

ALPENSTOCK, alezan, par RATAPLAN et MOUNTAIN FLOWER (a.)

1868

Alpine Maid (*Adelina*)a...... 1877

ALTERUTER, bai-brun, par LOTTERY ou FIGARO et ORVILLE MARE (a.)

1831 - 1846. — Importé en 1836

Chemisette (*Chevreuse*)	1843	Pénitente (*Camlet*)	1845
Eugénie* (*Dine*)	1837	Souvenir (*La Méprisée*)	1843
Fly Away (*Flighty*)	1845	Tragédie (*Sweetlips*)	1838
Giboulée (*Weeper*)	1842	**Alteruter ou Bizarre**	
Iris (*Anne Grey*)	1842	Emeraude (*Rubis*)	1842
Locomotive (*Weeper*)	1838		
Minette (*Crispine*)	1844	**Alteruter ou Physician**	
Nanetta (*Margarita*)	1845	Zantia (*Parasolina*)	1843

ALTYRE, noir. par BLAIR ATHOL et LOVELACE (a.)

1874

Zélandaise (*Astrea*) 1888

AMATO, bai, par VELOCIPEDE et JANE SHORE (a.)

1835 - 1843

Japan (*Miss Wilfred*)a 1843

AMBASSADEUR, bai, par BUCKTHORN et RAVIÈRES

1862

Ambassadrice (*Pastourelle*)	1873	Hirondelle (*Hyperbole*)	1880
Charmeuse (*Hyperbole*)	1886	Lutea Flora (*Hyperbole*)	1879

AMBERGRIS, bai. par HERMIT et FRANGIPANI (a.)

1873

Lola Montes (*Lady Speculum*)a . . . 1883

AMBROSE, bai-brun, par TOUCHSTONE et ANNETTE (a.)

1849

Araucaria (*Pocahontas*)a 1862

AMESBURY, alezan, par PHANTOM et EUPHRASIA (a.)

1829

Amesbury mare (*Edris*), pr . . . 1844

AMSTERDAM, bai, par The Flying Dutchman et Urania (a.)
1855 - 1879
Julia Peel (*Far Away*)........ 1864

ANDOVER, bai, par Bay Middleton et Defence Mare (a.)
1851 — **D.**
Test (the) (*Sleight of Hand*)... 1857

ANDRED, alezan, par Blair Athol et Woodcraft (a.)
1870

Adelina (*Lina*), it............	1887	Bradamante (*Victor Jane*), it.,	1886
Andreda (*Annie*), it.........	1883		

ANDROCLÈS, bai-brun, par Dollar et Alabama
1870

Bizerte (*La Tamise*)..........	1880	Kersage (*Margaret*)..........	1882
Comète(*Collerette*).........	1881	**Androclès ou Faublas**	
Daisy (*La Déchirée*).........	1883	L'Etoile (*Planète*)...........	1882
Discrète (*La Déchirée*).......	1882	La Marne (*Mlle Duchesnois*).	1884

ANGELUS, alezan, par Orpheus et Nutmeg (a.)
1860
Clorinda (*Miss Club*)........ 1865

ANGLESEA, alezan, par Sultan et Mona (a.)
1830 -- Importé en 1837

Coffin (*Eucharis*)............	1838	Melrose (*Fidelity*)...........	1839

ANGUS, bai-brun, par Castor et Nicotine
1858

Lampe (*Violente*)............	1870	Pasquine (*Egérie*)...........	1875
Mlle de Mouchan (*Originia*).	1873		

ANNANDALE, bai, par Touchstone et Rebecca (a.)
1842

Day Spring (*Aurora*)........	1855	Madame Ristori (*Revival*)a....	1855
Duplicity (*The Hind*)a.......	1853	Slapdash (*Messalina*)a.......	1855

5

APOLLON, alezan, par Vermout et Anecdote

1870

Bretonne (*Britannia*)........	1877	Scarpone (*Scapegrace*).......	1889
Brochette (*Bravade*).........	1881	Souris (*Scapegrace*).........	1880
Eglantine (*Demi-Lune*)......	1888	Variété (*Vérité*).............	1881
Epône (*Epopée*).............	1881	Vistule (*Vipère*)............	1882
Flûte III (*Fairminster*)......	1888	Viterbe (*Vipère*)............	1881
Kitty (*Keapsake*)............	1878		

ARBITRATOR, bai, par Solon et True Heart (a.)

1874 - 1888

Arbitratrix (*La Friponne*)a..... 1885

ARC (ex Grossouvre), alezan, par Vertugadin et L'Hirondelle

1877

Jeanne d'Arc (*Lady Harriet*) it. 1890

ARCHIDUC, bai, par Consul et The Abbess

1881

Absinthe (*Abbeville*)........	1887	Gloriande (*Frisette*).........	1888
Avilly (*Arbalète*)............	1888	Nini (*Finette*)...............	1888
Fatuité (*Formalité*)..........	1887	Sainte Alice (*Regardez*)......	1887
Florence (*Fleur des Champs*).	1889	Vitesse (*Vivacité*)...........	1888

ARCHIMANDRITE, bai, par Cathedral et Ionica (a.)

1870 — Importé en 1873

Licorne (*Timbale*)............ 1882

ARDROSSAN, bai, par John Bull et Miss Whip (a.)

1809 - 1827

Ardrossan ou **Whitworth**

Verona (*Hambletonian mare*)a...... 1819

ARGONAUT, bai, par Stockwell et Aphrodite (a.)

1859 — Importé en 1867

Attraction (*Nativity*).........	1869	Gothohama (Grande Mademoiselle)....	1873
Cérisolles (*France*)..........	1871	Jacqueline (*Whirl*)..........	1872

La Hague (*Postage*)........... 1869
La Nuit (*Volatile*)........... 1869
La Vallée (*Glauca*)........... 1868
Miss Bird (*Lady Bird*)........ 1871

Suzeraine (*Bravery*)...,...... 1869
Tourmente (*Belle Dupré*)..... 1871
Yokohama (Grande Mademoiselle)..... 1873

ARNOLD, alezan, par Marengo et Mathilde
1877

Cortada (*Catherine*)......... 1889
La Lande (*Lady Fly*) 1885

Magudas (*Malvirade*)........ 1887

ARTHUR, bai-brun, par Dick et Susan (a.)
1842 — Importé en 1848

Coquette (*Avant-Garde*)...... 1849
Fantaisie (*Bellina*).......... 1850
Garde à Vous (*Avant-Garde*). 1852
Helena (*Tapage*)............. 1849

Lady Arthur (*Longar marc*)... 1846
Palmyre (*Bella*)............. 1851
Pompeia (*Bellina*) 1852
Précieuse (*Bellina*).......... 1849

ARTHUR WELLESLEY, bai, par Melbourne et Lady Barbara (a.)
1851 - 1876

Arcadia (*Pauline*)........... 1859

ARTILLERY, bai, par Touchstone et Jeannette (a.)
1853 - 1872

Lady Douglas (*Chevy Chase*).. 1860

ARWED, bai, par Hercule et Queen Mab
1838

Manola (*Essler*)............. 1843

ASCOT, bai-brun, par Gaberlunzie et Ida (a.)
1835 — Importé en 1840

Céline (*Célestine*)........... 1854
Reine des Prés (Chercheuse d'Esprit).. 1854

Spirituelle (*Swallow*)......... 1853

ASHANTEE, bai, par Empire et Caravane
1873

Baronne (*Feuille d'Or*)....... 1879
Miss Ashantee (*Dépêche*)..... 1881

Mitraille (*Merveille*).......... 1879
Sabretache (*Sacoche*)....,... 1881

ASHTON, bai, par Beningborough et Mary Ann(a.)

1799

Effie Deans (*Harriet*)a........ 1815

ASMODEUS, bai, par Eagle et Florizel Mare(a.)

1807

Young Folly (*Folly*)a........ 1818

ASSASSIN, bai, par Taurus et Sneaker(a.)

1837 — Importé en 1845

Guilhaumette (*Judith*).......	1852	Mediana (*Miss Annette*).....	1850
Nine (*Ninette*)..............	1849	My Dear (*Monime*)..........	1849
Odette (*Miss Exile*)..........	1846	Picciola (*Eloa*)..............	1847
Pameline (*Pamela* bis).......	1847	Potence (*Juliette*)..........	1847
Pénitence (*Hornet*)..........	1848	Tauria (*Zamire*).............	1850
Sara (*Quirita*)..............	1853	**Assassin ou Minster**	
Victoria (*Camarine*).........	1847	Mea (*Oh! Don't*)	1847

ASSAULT, bai, par Touchstone et Ghuznee (a.)

1845. — Importé en 1851

Aganisia (*Stream*)	1853	**Assault ou Caravan**	
Lady Saddler (*Saddler mare*).	1851	La Belle Lisette (*Hippia*).....	1856
Palma (*Pet of the Fancy*).....	1851	Orea (*Mlle de la Veille*)......	1853
Passerose (*Anémone*)........	1857	**Assault ou The Baron**	
Passiflore (*Anémone*)........	1858	Erreur (*Holbein Filly*).......	1854
Assault ou Ballinkeele		Jeanne d'Arc (*Jew Girl*)	1854
La Fanchonnette (*Achaïa*)....	1856	Johanna (*Louisa*)............	1854

ASTEROID, bai, par Stockwell et Teetotum (a.)

1858

Astra (*Lady Raglan*)a........	1874	**Asteroïd ou Joskin**	
Jane (*Sweet Hawthorn*)a.....	1870	Etna (*Pretty Crater*)........	1878

ASTRE, alezan, par Ali-Baba et Stella

1846

Alice (*Mira*)................	1861	Périgueux (*Houry*)..........	1861
Aline (*Swallow*).............	1855		

ATHERSTONE, bai, par TOUCHSTONE et LADY MARY (a.)

1852

Abbess (the) (*Convent*)a...... 1872

ATLANTIC, alezan, par THORMANBY et HURRICANE (a.)

1872 - 1893. **—G.** — Importé en 1874

Adriatique (*Suzeraine*).......	1876	Léa (*La Leu*)...............	1884
Candelaria(*Lord Clifden mare*)	1885	Locmaria (*Nova*)............	1877
Djocjacarta (*Tyro*)..........	1884	Mlle de Bon Secours (*Margot*)	1883
Fisana (*Collada*)............	1880	Paradisia (*La Dauphine*).....	1887
Golconde (*Gem of Gems*)....	1889	Pierre de Lune (*Gem of Gems*)	1890
Grecian Maid (*Grecian Bride*).	1890	Polynia (*Mystical*)...........	1882
Kamtchatka (Brother to Strafford mare) .	1888	Puerta del Sol (Lord Clifden mare)...	1887
La Jungle (*Euréka*).........	1878	Terra Nova (*Nova*)..........	1879
La Pluie (*Rafale*)...........	1881	Vasounda (*Tyro*)............	1881
La Réole (*La Rochelle*)......	1879	Vipérine (*Vipère*)...........	1879
			(20)

ATLAS, bai, par THE NABOB et AGAR

1866

Alice (*Esméralda*)...........	1873	Gabrielle (*Ferraris*).........	1871
Angèle (*Esméralda*).........	1874	Pierrette (*Eva*)..	1874
Bellone (*Babiole*)...........	1873		

ATTILA`, bai-brun, par TERROR et JULIETTE

1838

Fleur de Marie (*Jenny*).......	1847	Maggie (*Olivia*).............	1847

AVICEPS. bai, par BIRDCATCHER et MAID OF HART

1853

Clémence Isaure (*Mariquita*).	1862	Reine du Sol (*Rayon de Soleil*).	1865
Fine Champagne (*Fiammina*).	1864	Valériane (*Valéria*).........	1862

AUGUSTE, bai, par MONARQUE et ÉTOILE DU NORD

1863

Augustine (*Dalilah*)......... 1873

AUGUSTUS, alezan, par SULTAN et AUGUSTA (a.)

1827 - 1839

Angèle (*Sweetlips*).......... 1834

BABIEGA, bai-brun, par Attila et Essler
1847 - 1864
Fine Champagne (*Carlotta*)..   1860

BACCHUS, bai, par Claret et Mona (a.)
1861 - 1872
Nymph (*Verona*)a...........   1871

BADINEAU, bai, par Mortemer et Batsaline
1876
Miss Bown (*Rivalité*)........   1887

BADPAY, bai, par Caravan et Miss Rainbow
1849
Mlle d'Estaing (*Amphitrite*)...   1862

BADSWORTH, bai-brun, par Carnival et Beresina (a.)
1866 — Importé en 1873

Comtesse (*Corinne*).........	1875	**Badsworth, Cymbal ou Pauvre Mignon**
Java (*Julie*)...............	1875	
Veloutine (*Vivandière*)......	1876	Miss Flora (*Navarre*)........ 1875

BAGDAD, bai, par West Australian et Young Lady
1862

Alexandrie (*Madame Angot*) .	1882	L'Irlandaise (*Ellingtonia*)....	1880
Angélique (*Persévérance*).....	1876	Lise (*Mlle Véraguet*).........	1869
Australienne (*Ellingtonia*)....	1876	Mlle Bagdad (*Apollonia*).....	1876
Bachelette (*Stella*)..........	1879	Mlle d'Agassac (*Ellingtonia*)	1878
Bague au doigt (*Bacchante*)...	1883	Maman (*Ellingtonia*)........	1879
Baladine (*Cantinière*).......	1875	Marcelle (*Mlle Véraguet*).....	1870
Balle Elastique (*Bagatelle*) ...	1880	Mormone (*Apollonia*)........	1879
Coqueluche (*Printanière*)	1874	Moscovienne (*Moscova*)......	1882
Courtisane (*Razzia*).........	1879	Parempuyre (*Ellingtonia*)	1872
Equité (*Equation*)...........	1879	Racaille (*Nunnykirka*)........	1877
Fernande (*Fredigonde*).......	1877	Sultane (*Persévérance*).......	1874
Fleur des Champs (Fleur d'Alizier)..	1875	**Bagdad, Diaz ou Longchamps**	
Gabrielle II (*Mathilde*)......	1878	Réac (*La Midouze*)...........	1871
Hélène (*Ellingtonia*)........	1875	**Bagdad ou Plutus**	
Jujube (*Jalousie*)...........	1874		
La Grecque (*Apollonia*)......	1875	Mme Pouffard (*Ellingtonia*)..	1882

(29)

BAKALOUM, bai. par THE BARON ou ION et SÉRÉNADE
1856 - 1864
Victorieuse (*Victoria*)........ 1863

BALAGNY, bai, par HENRY et NÉMÉA
1874

Bac Ninh (*Pasquette*)........ 1884
Catharina(*Princess Catherine*) 1885
Constantine (Mlle de Courteille)...... 1885
Courtisane (*Confiture*)....... 1884
Emma (*Eclaircie*)............ 1884
Golconde (*Garde Mobile*).... 1880
Gourgandine (*Galante*)...... 1881

Lorette (*La Lisière*).......... 1882
Médine (*Calypso*)............ 1884
Villeneuve (*Villageoise*)...... 1883

Balagny ou Beaurepaire

Niphone (*Cendrillon*)........ 1884

BALFE, bai-brun, par PLAUDIT et BOHEMIA (a.)
1872

Songstress (*Storm*)a.......... 1882
Tillie (*King Tom mare*)a...... 1884

BALIOL, alezan, par BLAIR ATHOL et MARIGOLD (a.)
1879
Monitress (*Example*)........ 1888

BALLINKEELE, bai-brun, par BIRDCATCHER
et PERDITA (a.)
1839 - 1861. — Importé en 1850

Danaé (*Zille*)............... 1855
Fleur de Mai (*Jessica*)....... 1855
Fleur de Souffrance (*Dalilah*). 1858
Sans Tache (*Zille*).......... 1856

Victoria II (*Victoria*)........ 1856

Ballinkeele ou Assault

La Fanchonnette (*Achaia*).... 1856

BALZAN, bai, par BALAGNY ou WELLINGTONIA
et QUEEN OF THE VALLEY
1883
Crust (*Chapelure*).......... 1890

BANKER, bai, par SMOLENSKO et QUAIL (a.)
1816 - 1832
Screw (the) (*Beningbro' mare*)a.. 1828

BARBILLON, bai, par Pretty-Boy et Scozzone

1869

Corbeille (*La Corniche*)...... 1881   Graminée (*Graziosa*)....... 1881

BARCALDINE, bai, par Solon et Ballyroe (a.)

1878 - 1893

Barcarolle (*Lady Gower*)a.....	1887	Liliane (*Rosicrucian mare*)...	1887
Cadeby Belle (*Lady Cadeby*)a.	1891	Proserpine II (*Mystery*)a.....	1886
Lady Clare (*Lady Ronald*)a...	1888		

BAREFOOT, bai, par Mandricardo et Vagary (a.)

1863

Barefoot Lass (*Good Lass*)a... 1885

BARIOLET, alezan, par Trocadéro et Bariolette

1878

Barioletta (*Comète*).........	1887	La Favorite (*La Flûte*).......	1886
Fadrineta (*Florence II*).......	1888	Sylvane (*Sleeping Beauty*)....	1885

BARON-GIL, bai, par Buckthorn ou Festival

et Grand Duchess

1861

Forget me Not (*Négrine*)..... 1866

BASILE, bai, par Ruy Blas et Basilia

1878

Banner (*Ambassade*)........	1882	Rose d'Automne (*Rose de Mai*)	1881
Bazilia (*Albertine*)..........	1888	Rosette (*Dispute*)...........	1883

BATACLAN, bai, par Lanercost et Bassinoire

1844

Austrasie (*Devine*)..........	1861	**Bataclan ou Nuncio**	
La Bise (*Constantia Ada*)....	1861	Ravières (*Coquette*).........	1851

BAY ARCHER, bai, par Toxophilite et Flurry (a.)

1876 — Importé en 1880

Aurore Boréale (*L'Africaine*) .	1889	Mousse (*Mousseline*)........	1886
Balle d'Or (*Blondette*)	1884	Moussette (*Modestie*)........	1883
Bay Archine (*Querelleuse*) ...	1882	Myosotis (*Momérienne*).......	1884
Belise (*Pyrénéenne*).........	1888	Nuit d'Eté (*Nuit de Mai*)....	1888
Belladone (*Nicotine*)........	1883	Primeira (*Diane III*)........	1885
Cabotine (*Caressante*)	1886	Princesse (*Picciola*)..........	1885
Capote (*Tunique*)............	1883	Rédaction (*Red*).............	1884
Cendrinette (*Ciboule*)........	1882	Riscle (*Rédemption*).........	1886
Chatte (*Caressante*)...........	1887	Rustic (*Régulière*)	1884
Civette (*Cymbale*)...........	1887	Saragosse (*Sagacité*)........	1885
Cossette (*Malle des Indes*)....	1883	Sélina II (*Souveraine*).......	1888
Constance (*Costanza*)........	1888	Serpentine II (*Stella*)	1885
Cyrène (*Cybèle*)	1886	Séville (*Serpolette*)	1888
Danaé (*Desdémone*).........	1887	S'Il Vous Plait (*Silencieuse*)..	1884
Donzelle (*Desdémone*).......	1890	Varsovie (*Vence Cagnes*)....	1885
Epoque (*Episode*)...........	1885	Virginie (*Vigilante II*).......	1889
Fanfare (*Familière*).........	1882	Viscontine (*Véturie*)........	1885
Fatima (*Malle des Indes*)....	1887	**Bay Archer** ou **Ladislas**	
Flèche (*Flamme*).............	1887	Der-A-Quila (*Eulalie*).......	1889
Fleurette (*Fleur de Thé*)......	1884	Frascuela (*Falbala*)	1889
Folichonne (*Folie Bergère*) ...	1888	**Bay Archer** ou **Mandrake**	
Gélinotte (*Gazelle*)...........	1886	Sylvanette (*Sylvie*)..........	1883
Grande Duchesse (*Chemise*)..	1886	**Bay Archer, Mandrake, Saint**	
Jacquette (*Jézabel*)...........	1888	**Leger** ou **Braconnier**	
Juive (*Jongleuse*)............	1884	Espérance (*Elisabeth*)........	1883
Kora (*Carmen*)	1883	**Bay Archer** ou **Trent**	
La Foudre (*Italienne*)........	1889	Rivale (*Rigolette*)...........	1883
La Montagne (*Laurencia*).....	1883	**Bay Archer** ou **Trombone**	
La Recluse (*La Rosière*).....	1886	Serpentine (*Serpolette*)......	1884
Laura (*Trompette*)..........	1887	**Bay Archer** ou **Vignemale**	
Lionnette (*Laurentine*).......	1882	Orphée (*Orfraie*)...........	1887
Lisette (*Lucienne*)...........	1884	(60)	
Lolle (*Lorette*)..............	1886		
Mandarine (*Momérienne*).....	1885		
Mascara (*Mousseline*)	1887		
Mignonnette (*Modestie*)......	1884		

BAYARD, alezan, par Nunnykirk et Babette

1861

Eau de Rose (*Eurydice*)	1869	Esther (*Eurydice*)...........	1868
Estelade (*Aidée*)	1869	Victoire (*Mimie*)............	1868

BAY MIDDLETON, bai, par SULTAN et CORWEN (a.)

1833 - 1857 — **G.**—**D.**

Ada Mary (*Tramp mare*)a	1846	Gaze (*Flycatcher*)a	1842
Alva (*Malvina*)a	1841	Illusion (*Exotic*)a	1850
Appleton (*Mangosteen*)a......	1850	Mora (*Malvina*)a	1842
Bay Middleton mare (*Arbis*)a .	1839	Neva (*Empress*)a	1855
Caladenia (*Hibernia*)........	1855	Postage (*Staffordshire mare*)a	1858
Eccola (*Arsenic*)a	1841	Pug (*Barbiche*)a	1842
Estrella (*Plenary*)a	1850		

BEADSMAN, bai-brun, par WEATHERBIT et MENDICANT (a.)

1855 - 1872 — **D.**

Dovedale (*Columba*)a	1871	Morna (*Madame Eglantine*)a .	1866
Gold Pen (*Steel Pen*)a........	1863	Merry Christian (Flower of Kent)a...	1864
Green Sleeve (*Mrs. Quickly*)a.	1865		

BEAU BRUMMEL, bai, par GEORGE FREDERICK et MABEL (a.)

1880

Camilla (*Court*)	1888	Témérité (*Temerity*)a	1887

BEAUCENS, bai-brun, par STING et ECCOLA

1849

Alma (*Zamire*)...............	1856	Julie (*Jeudiette*)............	1858
Angèle (*Miss Antiope*).......	1856	Miss Diversion (*Deer Chase*)..	1856
Bossenna (*Cornélie*).........	1856	Première Épreuve (*Mianie*)...	1856
Brillante (*Cameline*)	1856	Querida (*Qui Vive*).........	1858
Dear Beaucens (*Dear Filly*) ..	1856	Trébonaise (*Sontag*).........	1857
Fabiola (*Fanny*).............	1856	Yvonette (*Désespérée*)........	1859
Herminie (*Armide*)	1858		

BEAUCLERC, bai-brun, par ROSICRUCIAN et BONNY BELL (a.)

1875

Flower (*Fairy Queen*)a.......	1882	Old Bow (*Dresden China*)a ..	1883
Maria Agnesi (*Saint-Agnes*)a .	1884	Queen Mab (*Elf*)a	1881

BEAUDESERT, bai, par STERLING et SEA GULL (a.)

1877

Indiana (*Lowland Warbler*)..	1887	Viadana (*Venice*)a...........	1889

BEAU MERLE, alezan, par VICTORIOUS et MERLETTE (a.)

1872. — Importé en 1875

Albertine (*Armure*) 1882
Bonne Aventure (*Bianca*)..... 1878
Bouffarde (*Pasquinade*)....... 1884
Dragée (*Dahlia*) 1877
Etole (*Esther*) 1880
Frondeuse (*Friponne*)........ 1877
Gavotte (*Garde Mobile*)...... 1877
Iliade (*Inconnue*) 1881
Irlande (*Mlle de Fontenay*)... 1878

Mousquetaire (*Musette*)....... 1883
Palombe (*Percaline*) 1879
Remembrance (*La Française*). 1883
Révolte (*Vengeance*) 1883
Virago (*Vest*)............... 1878

Beau Merle ou Saint-Christophe

Surprise (*Silencieuse*) 1882

BEAUMESNIL, bai-brun, par BLENHEIM et BROWN ROSALIND

1882

Péri (*Pampelune*) 1888

BEAUMINET, bai, par FLAGEOLET et BEAUTY

1877 — **J. C.**

Beauminette (*Balayeuse*) 1884
Bar Maid (*Barrière*)......... 1887
Emma (*Mascara*) 1887
Isolée (*Isaure*)............... 1884
La Limagne (*La Lisière*) 1887
Pail (*Pride of Kildare*)...... 1884
Redingote (*Régine*) 1885
Simiane (*Sister Helen*)....... 1885

Trieste (*Trône*)............... 1887
Wagram (*West*)............. 1886
Whip (*West*)................ 1883

Beauminet ou Flageolet

Gaffe (*Gadfly*) 1884
Lunette (*Lorgnette*) 1886

BEAUREPAIRE, bai, par MORTEMER et BEAUTY

1874

Alouette (*Lady Anna*)........ 1885
Alphonsine (*Alpha*).......... 1883
Ardente (*Trompette*) 1884
Arma (*Henriette II*).......... 1885
Chantage (*Petite Etoile*)..... 1883
Charlotte (*Chersonnée*) 1886
Conciliante (*Conciliation*).... 1883
Corne d'Or (*Colline*) 1882
Fileuse (*Falbala*)............. 1884
Frigga (*Flamme*)............. 1884
Hautesse (*Henriette*) 1886
Haydée (*Toute Petite*)....... 1885
Hermione (*Henriette*) 1885
Judith (*Jézabel*)............. 1885

Loterie (*Graziella*)........... 1886
Madone (*Mariole*)........... 1885
Miss Turba (*Turbine*)........ 1884
Numène (*Nuncia jeune*)...... 1885
Pastourelle (*Pasquette*)...... 1882
Roquecombe (*Rosée*)........ 1887
Varagnes (*Vertubleu*) 1887

Beaurepaire ou Balagny

Niphone (*Cendrillon*)........ 1884

Beaurepaire ou Flavio

Etiennette (*Eolienne*)........ 1886

Beaurepaire ou Mirliflor

Incertaine (*Petite Etoile*)..... 1882

(24)

BEAU SIRE, bai-brun, par Womersley et Barricade

1858

Light (*Amphitrite*)	1871	**Beau Sire** ou **Mignon**	
Magicienne (*Terpsichore*)	1865	Héliotrope (*Arvernic*)	1871

BEAUVAIS, bai-brun, par Elthiron et Wirthschaft

1857 — **J. C.**

Eglantine (*Ronzi*)	1864	Malvina (*Duplicity*)	1865
La Grône (*Ronzi*)	186?	Nichette (*Trust*)	1866
La Prasle (*Trust*)	1869	Oriflamme (*Oramaïka*)	1872
Loralba (*Trust*)	1870	Pamina (*Duplicity*)	1865
Mlle de Saint Igny (*Ronzi*)	1866	Pierrette (*Ronzina*)	1865

BEDFORD, alezan, par California et The Colonel Mare (a.)

1817 — Importé en 1853

Anapa (*Wieillieska*)	1856	Bedforte (*Brocardine*)	1857

BEDLAMITE, alezan, par Welbeck et Maniac (a.)

1823 - 1839

Frantic (*Catherina*)a	1831	Pyrrha (*Abjer mare*)a	1833

BEGGARMAN, bai, par Zingaree et Adeline (a.)

1835 — Importé en 1841

Amie* (*Pétronille*)	1843	Syfax (*Biche*)	1844
Beggarly (*Judith*)	1848	Tartane (*Jane*)	1845
Girouette (*Myrtle*)	1849	Victorine (*Victoire*)	1846
Mlle Duparc (*Brise l'Air*)	1847	Well Come (*Calliope*)	1850
Mainada (*Bai-Brune*)	1847	**Beggarman** ou **Napoleon**	
Nerina (*Pandore*)	1847	Aveline (*Pamela*)	1843

BEIRAM, alezan, par Sultan et Miss Cantley (a.)

1829

Ruthful (*Ruth*)a	1840

BELMONT, bai-brun, par Thunderbolt et Fanina (a.)

1819 — Importé en 1831

Cocotte (*Iveline*)	1842	Venezia (*Vanity*)	1837
Iveline* (*Caracolle*)	1834		

BELSHAZZAR, alezan, par BLACKLOCK et MANUELLA (a.)

1830 - 1838

Victoria (*Prime Minister mare*). 1837

BELZONI, bai, par BLACKLOCK et MANUELLA (a.)

1823

Anne Grey (Anne of Geierstein)a..... 1834   Bride of Abydos (Anne of Geierstein)a. 1836

BEN BATTLE, alezan, par RATAPLAN et YOUNG ALICE(.)

1871

Bellina (*Balornock*)a........ 1888   Xema (*Sea Gull*)a.......... 1880
Patricia (*Greek Fire*)a....... 1880

BEND'OR, alezan, par DONCASTER et ROUGE ROSE (a.)

1877 — **D.**

Emu (*Queen's Land*)a....... 1884   Polydor (*Maryland*)a........ 1885
Oroya (*Freia*)a............. 1888   Sundew (*Still Water*)a....... 1886
Orris (*Jessie Agnes*)a........ 1887

BEN WEBSTER, bai, par BARNTON et BASSISSHAW (a.)

1857

Madame Céleste (*Excitement*)a. 1866   Miss Thompson (*Doorha*)a.... 1865

BÉRENGER', bai, par YOUNG EMILIUS et CLOTON

1844

Dione (*Hortense*)........... 1852

BERRYER, alezan, par WEST AUSTRALIAN et DULCINÉE

1869

Marimara (*Marmara*)........ 1884   Puicerda (*Palatine*).......... 1886
Ma Risette (*Marianine*)....... 1882

BERTRAM, bai, par THE DUKE et CONSTANCE (a.)

1869 — Importé par location en 1878

Berthona (*Doubtful*)a........ 1878   Clotilde (*Clytemnestre*)....... 1880
Bloucistan (*Bayonnette*)...... 1880   Déesse (*Deer Chase*)......... 1880

Flamme (*Feuille d'Or*)....... 1880
La Venette (*Villageoise*) 1884
Pandore (*Curiosity*)a 1881

Bertram ou **Trombone**

Belliqueuse (*Belle d'Ibos*).... 1880
Bérengère (*Béziade*).......... 1880

Javeline (*Jardinière*) 1880
Modone (*Modeste*)........... 188
Rédemption (*Chersonnée*) 1880

Bertram, Wenlock ou **Plebeian**

Trefoil (*Euphorbia*)a 1885

BIBERON, bai, par THE EMPEROR et XENODICE
1852

Miss Djali (*Djali*) 1862
Modestic (*Alba*)............. 1863

Veritas (*Carita*) 1863

BIGARREAU, bai, par LIGHT et BATAGLIA
1867 — **J. C.**

Alberte (*Orpheline*)......... 1870
Fenella (*Finisterre*)......... 1876
La Châtelaine (*Light Cloud*).. 1876
La Saône (*Apparition*) 1876
Mitra (*Menandrea*).......... 1878

Pervenche (*Jupiter*) 1875
Sirène (*Sycée*).............. 1877
Spa (*Spada*)................. 1877
Syléa (*Sycée*)............... 1878

BIG BEN, bai, par ETHELBERT et PHÆBE (a.)
1858

Julie (*Yellow Leaf*) 1866

BIJOU, bai, par ORVILLE et DUNGANNON MARE (a.)
1811 - 1836 — Importé en 1818

Kalma (*Priestess*)........... 1835

BILLY PIT, bai-brun, par PLUM PUDDING et FRAILTY (a.)
1865 - 1886

Sly Girl (*Wild Girl*)a........ 1877

BIRDCATCHER (IRISH), alezan, par SIR HERCULES et GUICCIOLI (a.)
1833 - 1860

Alls' Lost Now (Madame Vestris)a.. 1848
Baionnette (*Needle*) 1855

Beatrice (*Viviana*)........... 1854
Calcavella (*Caroline*)a........ 1844

Cantatrice (*Catherine Hayes*). 1858
Charmer (the)(*Little Cassino*)a 1855
Countess (*Echidna*)a 1848
Humming Bird (*Indianna*)a... 1859
Inspection (*Drill*)........... 1855
Kiss me Not (*Touch me Not*). 1855
Lady Bird (*Lady*)............ 1851
Partlet (*Gipsy*)a 1849

Rachetée (*Pantaloon mare*)a.. 1849
Reine Blanche (*Bilberry*)..... 1855
Songstress (*Cyprian*)a. — **O.** 1849
Start (*Surprise*)a 1850
Wren (*Zillah*)a............. 1844
Birdcatcher ou **Don John**
Miss Bird (*Image*)........... 1854
(18)

BISSEXTIL, bai-brun, par MALTON et SYLVANDIRE
1856

Espérance (*Fine Champagne*). 1868   Fleur de Mai (*Rosalie*)....... 1869

BIZARRE, bai-brun, par ORVILLE et BIZARRE (a.)
1820 — Importé en 1840

Anémone (*Fleur de Lys*)...... 1841
Angelina (*Anna Grey*)....... 1841
Bize (*Viola*)................ 1844
Camarine (*Camargo*) 1841
Chiquenaude (*Myrtle*)....... 1845
Clôture (*Cloton*)............ 1842
Désirée (*Camarine*)......... 1845
Fantaisie (*Meliora*)......... 1841
Fleet (*Flighty*).............. 1843
Fosse aux Loups (*Eva*)....... 1842
Gizelle (*Christabel*) 1841
Jessica * (*Rachel*).......... 1841
Julia (*Flighty*) 1842
Mlle Gibou (*Aspasie*)........ 1841
Medway (*La Tamise*) 1842

Mirabelle (Chercheuse d'Esprit)...... 1844
Misère (*La Méprisée*)........ 1842
Myszka (*Y. Mouse*)......... 1842
Nonette (*Lady Charlotte*).... 1842
Odette (*Elisabeth*).......... 1841
Oddity * (*Corysandre*)....... 1841
Pandore (*Camargo*) 1842
Rose (*Quirina*)............. 1845
Rosine (*Eglé*)............... 1841

Bizarre ou **Alteruter**
Emeraude (*Rubis*)........... 1842

Bizarre ou **Curé de Sully**
Marie-Louise (*Grenada*)...... 1847
(26)

BLACK EYES, alezan, par MALTON et ROSABELLE
1856

Bruyère (*The Princess*)....... 1864
La Dheune (*Furie*).......... 1865

Sonnette (*La Galanthe*)...... 1862
Tartane (*Yole*).............. 1865

BLACKLOCK, bai, par WHITELOCK et FILLE DE CORIANDER (a.)
1814 - 1831

Energy (*Juniper mare*)a...... 1830
Locket (*Miss Paul*)a 1825
Lunacy (*Maniac*)a 1824

Shirine (*Y. Rhoda*)a 1828
Ténériffe (*Moel Famma*)a 1825

BLAIR ATHOL, alezan, par STOCKWELL et BLINK BONNY (a.)

1861 - 1882 — D. — S. L.

Athol Brose (*Pampeluna*)a....	1882	Mary Queen of Scots (Philina)a .	1881
Athol Lass (Scythian Princess)a......	1876	Miss Alma (*Esther*)a.........	1870
Berceaunette (*Margery Daw*)a.	1877	Mountain Ash (*Euphorbia*)a..	1876
Bonnie Dundee (*Hester*)a	1875	Mountain Finch (*Goldfinch*)a.	1872
Byfleet (*Armada*)a..........	1876	Mons Meg (*Canonnière*)a	1881
Cinderella (*Chiffonnière*)a....	1874	My Wonder (*Papose*)a.......	1873
Couleur de Rose (Queens'head)a ...	1873	Petticoat (*Crinon*)a..........	1880
Cyclopedia (*The Martyr*)a....	1883	Queen of the Chase(*Nutbush*)a	1869
Duchess of Athol (Tunstall Maid)a..	1866	Red Start (Peggy White Throat)a......	1867
Ethel Blair (*Barbatula*)a......	1872	Rome (*Ortolan*).............	1880
Invicta (*Isilia*)a	1871	Rose of Athol (*Violet*)a	1868
Lady Atholstone (*Silkstone*)a .	1868	Skotzka (*Klarinska*)a	1872
Lady Clara (*Lady Soffie*).....	1880	Sulina (*Catherine*)a..........	1877
Lady of Mercia (Lady Coventry)a....	1875	**Blair Athol ou Saunterer**	
Lady Wing (*Albatross*)a......	1878	Queen of the North (*Bianca*)a.	1870
Margery (*Edith*)a	1869	(30)	

BLENHEIM, bai-brun, par OXFORD et MISS LIVINGSTONE (a.)

1868 — Importé en 1877

Atalanta (*Aureilhane*)........	1878	Morille (*Mlle de Maupas*)....	1881
Bouffarde (*Bianca*)..........	1881	**Blenheim ou Cymbal**	
Conquête *Contract*).........	1877		
Essai (*La Belène*)...........	1882	Belle Mimi (*Willis*)	1878
Gazelle (*Glaneuse*)..........	1878	Tulipe (*Thérèse*)............	1878
Lucette II (*Lucienne*)........	1878	·**Blenheim ou Trombone**	
Lutrone (*Lutea Flora*).......	1890	Coquette (*Miss Anna*)........	1878
Mondidier (*Modeste*)........	1873	Eva (*Emissa*)...............	1878

BLINKHOOLIE, bai, par RATAPLAN et QUEEN MARY (a.)

1864

Colombine (*Colette*)	1880	Portia (*Full Bloom*)a.........	1873
Miss-Zay (*Miss Vivian*)......	1874	Suzanne (*Suzette*)a..........	1881
Nom de Guerre (*No Name*)a..	1872	Teacher (*Lizzie*)a	1871
Patience (*Geoffreys'dam*)a....	1875		

BLUCHER, bai, par WAXY et PANTINA (a.)

1811

Burlesque (*Boadicea*)a.......	1824	Diametta (*Delta*)a	1822

BLUE GOWN, bai, par BEADSMAN et BAS BLEU (a.)
1865 - 1881 — D.

Faille (*Fairy Queen*)........ 1880   Nightgown (*Catherine*) 1879

BLUE MANTLE, bai, par KINGSTON et PARADIGM (a.)
1860 - 1881

Bluette (*Amina*)............ 1881

BLUE RIBBON, bai, par KNIGHT OF THE GARTER et ANONYMA (a.)
1878 — Importé en 1883

Avance (*Aveline*)........... 1886   Passe (*Pastèque*)........... 1885
Aventure (*Avoine*).......... 1885   Perce Neige (*Lady Ship*)..... 1886
Ninette (*Ninetta*)........... 1885

BOABDIL, alezan, par RUBENS et SKYSCRAPER MARE (a.)
1813

Jenny Vertpré (*Bella Dona*)a.. 1827

BOBTAIL, bai, par PRECIPITATE et BOBTAIL (a.)
1795 - 1822

Bobtail Filly (*Hécate*)a........ 1822

BOIADOR, bai, par VERMOUT et LA BOSSUE
1874

Barcelone (*Victorine*)....... 1887   Golden Mine (*Golden Age*) .. 1886
Bellecour (*Batsaline*) 1884   Jacqueline (*Jonvillaise*) 1887
Golden Crown (*Golden Age*). 1888

BOIARD, bai, par VERMOUT et LA BOSSUE
1870 — J. C. - G. P.

Bombonne (*Shepherds'Bush*) . 1882   La Sybille (*La Seine*)........ 1879
Cornaline (*Perla*) 1877   Léda (*Roma*) 1880
Didine (*Bijou*) 1881   L'Orne (*Lady Douglas*)...... 1880
Flandre (*Shepherds'Bush*) ... 1881   Mlle de la Vallière (*Laversine*) 1882
Guirlande (*Gwendoline*) 1881   Mauviette II (*Miss Bowstring*) 1883

6

Miss Interfere (Miss Bowstring)..... 1882   Sylvia (*Séréna*) 1883
Nadja (*Polly Perkins*) 1878   Syrène (*Sérénade*) 1877
Norah (*Cast Off*) 1878   Uranie (*Stella*) 1880
Romaine (*Roma*) 1879   Vapeur (*Maidens'Blush*).... 1881
Steppe (*Marguerite*) 1877   Volapuck (*Victory II*)........ 1885

                                                              (20)

BOIS ROUSSEL, bai, par The Nabob et Agar

1861 — J. C.

Clotho (*Lady Clocklo*) 1866   Walidda (*Wallflower*) 1866
Mlle de Fligny (*Millwood*).... 1866

BOLÉRO*, bai, par Young Emilius et Doris

1844 - 1868

Mariette (*Katinka*)........... 1862

Boléro ou Tipple Cider

Sola (*Gringalette*)........... 1852

BOLESLAS*, bai, par Eastham et Thalie

1833

Annette (*Berthe*)............. 1851

BOLINGBROKE, bai, par John o' Gaunt et Spangle (a.)

1847

Runaway (*Élopement*)a........ 1862

BONBON, alezan, par Garry Owen et Couette

1852

Hirondelle (*Swallow*)........... 1860

BONJOUR, bai, par Rosicrucian et Bonnie Katie (a.)

1880 — Importé en 1880

Chonchette (*Phryné III*)...... 1887

BON VIVANT, bai, par Sting et Lora

1858

Bergère (*Belle de Jour*) 1879   Bigorre (*La Déesse*).......... 1878

Egérie (*Hébé*) 1870

Italienne (*Florentine*) 1879

La Gamme (*Musicienne*)..... 1881

La Noce (*Fleur d'Oranger*)... 1877

Molina (*Sauntering Molly*)... 1882

Petite Comtesse (*Marionnette*). 1867

Sultane (*My Dream Lost*).... 1866

Vierge Folle(*Fleur d'Oranger*). 1878

Bon Vivant ou **Nunnykirk**

Baïonnette (*Victorine*)........ 1863

BORDER MINSTREL, alezan, par TYNEDALE et GLEE (a.)
1880 — Importé en 1885

Alerte (*Plaintive*)........... 1887

Brayman (*Faribole*)......... 1890

Corvette (*La Vague*)........ 1887

Dune (*Dunette*)............. 1889

Fille de Joie (*Gélinotte*)..... 1889

Fleur de Pêcher (*Luce*)....... 1889

Joyeuse (*Julie*) 1887

La Délivrande (*La Revanche*). 1888

Mme Copernic(*Mme le Diable*). 1888

Nazli (*Négresse*)............ 1887

Pro Patria (*Planète*)......... 1887

Royer (*Berbitaine*)........... 1889

Vigilante (*Patience*).......... 1890

BOULOUF, alezan, par CLOTAIRE ou BERRYER et NICE
1875

Berbitaine (*La Frileuse*)...... 1883

Miss Boufbouf (*Bonita*)....... 1884

BOURBON, bai, par SORCERER et PRECIPITATE MARE(a.)
1811 - 1821

Fleur de Lis (*Lady Rachel*)a.. 1822

BOXEUR, bai, par THE FLYING DUTCHMAN et DULCINÉE
1866

Graziella (*Espérance*)........ 1876

Merveille (*Espérance*)........ 1875

Préférée (*A la Fourchette*).... 1876

BRABANT, bai, par LAPDOG et BÉQUINE(a.)
1836 — Importé en 1843

Effie Deans (Anne of Geierstein)..... 1844

Free Trade (Anne of Geierstein)...... 1846

Geneviève de Brabant (Mantille).. 1847

Brabant ou **Physician**

Duchesse (*Mantille*) 1843

BRACONNIER, alezan, par CATERER et ISOLINE
1873

Braconelle (*Sérénade*)........ 1880

Braconnière (*La Vallière*).... 1880

Braconnière (*La Crème*)...... 1883
Cossette (*La Fanchonnette*)... 1880
Dunette (*My Lucy*).......... 1881
La Tessonnière (*La Tourbière*). 1880
Miss Roujos (*Harlequina*).... 1880
N.— par (*Négligente*)........ 1882
Putiphar (*Mlle du Plessis*) ... 1881
Pastille (*Pauvre Minette*)..... 1880
Réforme (*Rivale*)............. 1880

Sapho II (*Dragonne*)........ 1883
Valentine (*Vigilante II*)..... 1885
Verveine (*Vestale*).......... 1879

Braconnier ou Insulaire

Duchesse (*Wild Flower*) 1882

**Braconnier, Mandrake, St-Leger,
Trombone ou Bay Archer**

Espérance (*Elisabeth*) 1883

BRAHMA, bai, par LAMBTON et CHRISTABELLE(a.)

1862 - 1874

Benarès (*Wild Thyme*)a...... 1873
La Grêlée (*Lady Emma*)a..... 1873

Nectarine (*Lady Emma*)a..... 1871

BRAMBLE, bai, par BAY MIDDLETON et MOSS ROSE(a.)

1840

Catherina (*Achaïa*).......... 1846

BRAN, alezan, par HUMPHREY CLINKER et VELVET (a.)

1831

Deminus (*Kalmia*)a.......... 1839

Charming Polly (*Pandora*)a .. 1851

BRANDY FACE, bai-brun, par INHERITOR et TIFFANY (t.)

1844 — Importé en 1850

Miss Rachel (*Imperiale*)...... 1858

BREADALBANE, alezan, par STOCKWELL et BLINK BONNY (a.)

1862

Bella (*Armada*)a............. 1873
Cassiopeia (*Cynthia*)a........ 1872

Lady Glenorchy (Phantom Sail)a... 1872
The Garry (*Restless*)a 1872

BREST, bai, par ETHUS et BARONESS (a.)

1881 — Importé en 1884

La Feuillée (*Clarinette*)...... 1887
La Louve (*La Lisière*)........ 1888
N.— (*Selika*)............... 1886
Parisienne (*Mlle du Plessis*).. 1887

Brest ou Grandmaster

Pologne (*Mlle du Plessis*).... 1886
Cayenne (*Mlle de Charolais*). 1886

BRETIGNOLLES, alezan, par Caravan et Margaret
1851

Bonnette (*Lady Stowe*) 1858   Miss Ketty (*Lady Stowe*)...... 1856

BRIMSTONE, alezan, par Cotherstone et Allumette
1852

Fusée (*Snowdrop*)............ 1858   Plaisir (*Serpente*)............. 1858

BRINDISI, alezan, par Rataplan et Mistletoe (a.)
1861 — Importé en 1872

Amande (*Amazone*).......... 1876   Vera Cruz (*Victorine*)........ 1874
Eolienne (*Miss Compiègne*).. 1877   Ville d'Avray (*Villageoise*)... 1877

BROADSIDE, bai, par Brown Bread et Jane Eyre (a.)
1873

Guadaira (*Lemonade*)esp...... 1881

BROCARDO, bai-brun, par Touchstone et Brocade (a.)
1843 - 1867 — Importé en 1848

Agar (*Rachel*)..............	1850	Wavering (*Damophila*)......	1853
Bacchante (*Noema*)	1851	Worthy (*Viola*).............	1856
Bellone (*Miriam*)...........	1851	Zélia (*Pointe-à-Pître*)	1853
Bois Berthe (*Serpente*).......	1855	Zizanie (*Jane*)...............	1850
Brocardine (*Constantia Ada*).	1850	Zulma (*Prétendante*).........	1850
Brocatelle (*Flora*)...........	1850	**Brocardo ou Eperon**	
Claire (*Clémentine*)..........	1854	N.— par (*Printannière*)......	1862
Crinoline (*Déception*)........	1854	**Brocardo ou Mr d'Ecoville**	
Emeraude (*Bucolique*)........	1860	Lady Gorre (*Reine Margot*)...	1851
Fillette (*Isole*)	1861	Zulme (*Tanais*)..............	1851
Fine Lame (*Olympie*)........	1853	**Brocardo ou Nunnykirk**	
Qu'en-Dira-t-On (*Venezia*)...	1850	Suresnes (*Menalippe*)........	1854
Vanda (*Bénédiction*).........	1852		(22)
Vogue la Galère (*Muff*)......	1850		

BROMIELAW, bai, par Stockwell et Queen Mary (a.)
1862

Camera (*Hop Blossom*) 1875   Malmaire (*Miss Jolly*)........ 1871

BROTHER TO STRAFFORD, bai, par Y. Melbourne et Gameboy Mare (a.
1860 - 1883

Brother to Strafford mare (*Toxophilite mare*)a.   1874

BROWN BREAD, bai, par Weatherbit et Brown Agnes (a.)
1862

Ada Dyas (*Lady Audley*)a.....	1872	Sister to Toastmaster (Mayoress)a .	1879
Brown Bread mare (Creeping Jane)a	1874	Sleeping Beauty (*Voyageuse*)a	1878
Flour of Sulphur (*Sulphur*)a..	1872	Sophiette (*Lady Sophia*)......	1874
Frugality (*Woodnymph*)a.....	1872	Tartine (*Defamation*)........	1872

BROWN DAYRELL, bai-brun, par Wild Dayrell et Postulant (a.)
1862 — Importé en 1868

La Mésange (*Isabella*)........   1875

Fort à Bras ou **Brown Dayrell**

Euterpe (*Euréka*)............   1874

BRUCE, bai, par See Saw et Carine (a.)
1879 — **G. P.** — Importé en 1885

Abolition (*Gastonnette*)......	1888	La Jeunesse (*Jessie*)........	1888
Bougie (*La Lumière*)........	1887	La Lévrie (*Douillette*).......	1889
Cantonade (Princess Catherine).....	1887	La Vienne (*Vianna*).........	1890
Digoine (*Duchesse Anne*)....	1889	Scottish Princess (*Leona*)a	1884
Epopée (*Epinette*)...........	1887	Sylvia (*Suzon*)..............	1888
La Dhuis (*Dunette*)..........	1888	Véra II (*Feroza*)...........	1888
La Fanfare (*La Flûte*)........	1888	Wandora (*Windfall*)........	1887
La Haute Folie (*Révolte*)......	1887		

BRUTANDORF, bai, par Blacklock et Mandane (a.)
1821

Barbarina (*Whisker mare*)a..   1835   Despair (*Fanny Davies*)a..... 1835

BUCCANEER, bai, par Wild Dayrell et Fille de Little Red Rover (a.)
1857

Aïda (*Elgiva*) hon	1874	Formosa (*Eller*)a...... — **O.**	1865
Brenda (*Famine*)a	1865	Freudenau (*Lotti*) hon	1868
Brigantine (*Lady Macdonald*)a	1866	Mrs. Acton (*Recipe*)a........	1865

BUCHANAN, bai, par STRATHCONAN et FLURRY (a.)
1877

Aunt Sally (*Aunt Fanny*)a   1887   Brittle (*Ormulu*)a   1890

BUCKENHAM, bai. par VOLTIGEUR et ITHURIEL Mare (a.)
1859

Daisy Wreath (*Retreat*)a   1876

BUCKTHORN, bai. par VENISON et ZELIA (a.)
1849 — Importé en 1855

Afra (*Pharmacopeia*)........	1857	Lady John (*Miss Johnson*)....	1859
Amica (*Naïm*)..............	1857	Mégère (*Cammas*)	1862
Coincidence (*Emilia*)	1867	Miriam (*Monarch mare*)......	1857
Fille de l'Air II (*Coquette*)...	1860	Mutine (*Naphta*)............	1864
Génétyllis (*Guava*)..........	1863	Ronce (*Ronzi*)	1862
Girouette (*Marguerite*)......	1862	Trompette (*Miss Agreeable*)..	1860
Ivresse (*Bamboche*)	1869	**Buckthorn** ou **Festival**	
Jardinière (*Alma*)...........	1869	Par Hazard (*Scutari mare*)....	1861
Léda (*Lætitia*)..............	1864		

BURGUNDY, alezan, par USQUEBAUGH et CALENDULE (a.)
1822

Burgundy mare (*Victorine*)a ..   1829

BUSTARD, bai, par CASTREL et MISS HAP (a.)
1813

Lady Bird (*Brown Duchess*)..   1827

BUSTARD, alezan, par MACARONI et SONGSTRESS (a.)
1869

Gondola (*Pleasure Boat*)..... 1882   Vertu (*Shaft*)...............   1881

CADET, bai, par BUCCANEER et DAHLIA (a.)
1867

Stockholm (*Stockhausen*).....   1880

CADLAND, bai-brun, par ANDREW et SORCERY (a.)
1825 - 1837 — D. — Importé en 1834

Bellone (*Crotchet*)	1835	Miss Cadland (*Parasolina*)...	1837
Camille (*Camlet*)	1837	**Cadland ou Lottery**	
Dionnette (*Dionne*)	1836	Bellina (*Dubica*)	1836
Dudu (*Manœuvre*)	1837		
Essler (*Damietta*)	1836	**Cadland ou Royal Oak**	
Lelia (*Pasquinade*)	1837	Francesca (*Anna*)	1836

CAGLIOSTRO, alezan, par NUNNYKIRK et FAIR HELEN
1855

Nisida (*Reine des Indes*)	1868	Puysaleine (*Alésia*)	1871
Procida (*Françoise de Rimini*)	1868		

CAIN, bai, par PAULOWITZ et PAYNATOR MARE (a.)
1822

Cain mare (*Fairy*)a	1832	Lady Emely (*Lady Bird*)	1835
Elvina (*Mulcy mare*)a	1839	Languish (*Lydia*)a	1830

CALDERSTONE, bai, par TOUCHSTONE et CAROLINE (a.)
1846 - 1867. — Importé en 1851

Robinsonne (*Elise*)	1857	Hébé (*Elégie*)	1859

CALEB, bai, par NUTBOURNE et DIADEM (bel.)
1864

Coloquinte (*Cornaline*)bel ... 1876

CAMBALLO, bai, par CAMBUSCAN et LITTLE LADY (a.)
1872 — G.

Camlin (*Melinda*)a	1880	Singularity (*Strange Lady*)a	1887
Cocaine (*Cora*)a	1884	**Camballo ou Albert Victor**	
Miss Mortimer (*Lady Mortimer*) a	1889	Canace (*Lady Dot*)a	1878
Petunia (*Lobelia*)a	1888		
Silver String (*Silver Band*)a	1879		

CAMBUSCAN, par NEWMINSTER et THE ARROW (a.)
1861

Alexandra (*Dulcibella*)a	1871	Bowstring (*Red Riband*)a	1873

Dulce Domum (*Sweet Home*)a. 1869
Gloaming (the) (Summers'Eve)a.... 1870
Marie (*Emily*)a............. 1872

Penitent (*Penance*)a......... 1869
Vivacité (*Alerte*)............ 1872

CAMBUSLANG, bai, par CAMBUSCAN et HEPATICA(s.)
1870
Asta (*Lady Superior*)a....... 1877

CAMEL, bai, par WHALEBONE et SELIM MARE(a.)
1822 - 1844

Amelie (*Lady Bird*)a......... 1834
Bay Araby (*Bay Bess*)a....... 1836
Black'Bess (*Scud mare*)a..... 1837
Burden (*Maria*)a............ 1832
Camarine (*Woful mare*)a..... 1833
Camelia (*Y. Worry*)a......... 1841
Camelia (*Versatility*)a....... 1842
Camlet (*Fyldener mare*)a..... 1832
Cyprienne (*Albania*)a........ 1839

Festival (*Michaelmas*)a...... 1836
Kermesse (*Martha*)a......... 1832
Lampoon (*Banter*)a.......... 1838
Lucy Long (*Minikin*)a....... 1841
Miss Blunt (*Harmony*)a...... 1832
Reel (*La Danseuse*)a......... 1836
Regatta (*Boadicea*)a......... 1831
Sea Kale (*Sea-Breeze*)a....... 1835
Whist (*The Old Trick*)a...... 1837

(18)

CAMÉLÉON, bai. par CAMEL et CHRISTABEL
1840
Araris (*Doris*).............. 1845

CAMEMBERT, bai, par PARMESAN et CONTEMPT
1873
Jouvencelle (*La Cosaque*)..... 1882   La Bugiste (*L'Ariège*)........ 1883

CAMERINO, bai, par STOCKWELL et SYLPHINE(i.)
1858 - 1877
Camerino mare (*Klarnet*)a... 1878

CANARY, bai, par ORLANDO et PALMA(a.)
1858
Canary ou **Plum Pudding**
Pride of Kildare (*Hibernia*)a.. 1871

CANOTIER, alezan, par Diablotin et Corvette

1877

Canotier ou **Téléphone**

Mlle des Arras (*Evening Star*). 1886

CANTON, alezan, par Cain et Bustard mare (a.)

1840 — Importé en 1845

Polowska (*Skirmish*) 1850

CAPE FLYAWAY, bai, par the Flying Dutchman et Canezou (a.)

1857

Acid (*Acco*)a 1865   Red Leaf (*Repulse*)a 1870
Flippant (*Jocose*)a 1867

CAPHARNAUM, bai, par Touchstone et Sweetlips

1840

Fauvette (*Nerina*) 1854

CAPITALISTE, bai, par Tonnerre des Indes et Capucine

1865

First Love (*Bagatelle*) 1874   Normande (*Bagatelle*) 1876
Mlle de Biéville (*Lime Flower*) · 1877   Star (*Star and Garter*) 1878
Malachite (*Turquoise*) 1877   Walidé (*Walidda*) 1874

CAPRICE, bai, par Cornut et Marionnette

1866

Surprise (*N. — par Stentor*).. 1886

CAPTAIN CANDID, bai, par Cerberus et Mandane (a.)

1813 - 1838 — Importé en 1825

Ada (*Pénelope*) 1828   Lucette* (*Boil and Bubble*) ... 1831
Amazone (*Hélène*) 1832   Mandane* (*Fair Forester*).... 1833
Betzy (*My Lady*) 1833   Mérope* (*Cloton*) 1833
Bigottini (*Hélène*) 1834   Miss Allen (*Abjer mare*)...... 1834
Candeur (*Juliette*) 1836   Pamela (bis) (*Geane*)......... 1828
Fatime (*Hirondelle*).......... 1830   Veronaise (*Verona*) 1831
Flore (*Philomèle*) 1830

CARACTACUS, bai. par Kingston et Defenceless (1.)

1859 — D.

Bohemica (*Bohemia*)........ 1878

CARAVAN, bai-brun, par Camel et Wings (a.)

1834 - 1860 — Importé en 1848

Biche (*Lovely*)..............	1850	Quinteuse (*Emeraude*).......	1843
Brassia (*Julia*)..............	1854	Reine Pomaré (*Indiana*)......	1844
Charlotte Russe (Lady Charlotte)...	1854	Sagitta (*Dr Syntax mare*).....	1857
Contessina (*Lætitia*)........	1854	Sahara (*Rhinoplastic*)........	1855
Duchess (*Dorade*)..........	1854	Suprême Degré (*Suprema*)....	1854
Feuille de Rose (Dame de Cœur) ...	1859	**Caravan ou Assault**	
Illusion (*Olinga*)............	1856	La Belle Lisette (*Hippia*).....	1856
Juliette (*Midsummer*).......	1849	Orca (*Mlle de la Veille*).....	1853
Kézia (*Jew Girl*)............	1855		
Mlle Désirée (*Bees'Wing*)....	1854	**Caravan ou Lanercost**	
Mlle des Douze Traits (Miss d'Amont).	1859	Cœlia (*Plenipotentiary mare*).	1855
Mlle Mars (*Victorine*).......	1855	**Caravan ou Lutin**	
Marie-Rose (*Haïdée*)........	1858	Vaucluse (*Lauretta*).........	1847
Martinette (*Héritage*)..... ..	1857		
Négresse *Creeping Jenny*)...	1855	**Caravan ou Nuncio**	
Nomade (*Flirtation*)........	1853	Dahlia (*La Californie*).......	1855
Perle Fine (*The Probe*).......	1857	Trop Petite (Mamz'elle Pritchard).....	1855
		(28)	

CARBON, bai, par Waxy et Charcoal (a.)

1817 - 1837 — Importé en 1828

Hécube (*Alexandria*).......	1832	Lalagé (*Gertrude*)..........	1836
Koura (*Fenella*).:..........	1835	Méduse (*Felicia*)...........	1837
Jacinthe (*Philomèle*)........	1834	Mérope (*Doris*).............	1837

CARDINAL YORK, bai, par Newminster et Licence (a.)

1866

Gramerci (*Jeanie Deans*)a....	1877	Wild Wave (*Break Water*)a .	1877

CARNELION, bai, par Lecturer et Tourmalin (a.)

1872

Delight (*Delight mare*)......	1881	School Teacher (*Miss Marion*).	1883

CARNIVAL, bai, par Sweetmeat et Volatile (a.)

1860

Benedictine (*Curaçao*)a.......	1878	Calm (*Cauldron*)a..........	1878

Lent (*Antelope*)a............. 1877
Renée (*Attraction*)aut....... 1872
Tantrip (*Sweet Cicely*)a....... 1879

Carnival ou **Macaroni**

Mascherina (*Lorelei*)a........ 1867

CAROUGE, alezan, par NUNCIO et ANNETTA
1862

Fine Chartreuse (Fine Champagne).. 1874
Fleur de Lys (*Fire Fly*)...... 1871
Frémainville (*Fire Fly*)....... 1872

Nitouche (*Nisita*)........... 1873
Xénie (*La Renommée*)........ 1872

CASSIQUE, bai, par V. EMILIUS et CASSICA
1850

Arzal (*Velléda*)............. 1857

CASTILLON, bai, par GABIER et CHIMÈNE
1877

Arthémise (*Armandina*)...... 1885
Bagasse (*Baguenaude*)....... 1888
Bricou (*Baguenaude*)........ 1889
Carmen (*Cybèle*)............ 1889
Cassolette (*Mauresque*)....... 1890
Castagnette (*Rédaction*)...... 1890
Castillonne (*Henriette II*).... 1886
Castillonne (*Querelline*)..... 1888
Chloé (*Cendrinette*)......... 1886
Etoile (*Soyeuse*)............. 1886
Fidélité (*Feuille d'Or*)....... 1885
Fugitive (*Feuille d'Or*)....... 1889
Gastine (*Mélusine*).......... 1886
Gladia (*Lady Anna*)......... 1886
Helvétie (*Héritage*)......... 1885
Hermine (*Hermione*)........ 1884
Hydra (*Hymenée*)........... 1888
Indiana (*Indigotine*)........ 1889
La Douceur (*La Paix*)........ 1887
Louisette (*Fleur de Thé*)..... 1888

Lucrèce (*Lutine*)........... 1884
Lucrèce (*Cendrillon*)........ 1886
Numa (*Nicotine*)........... 1886
Olympiade (*Orpheline*)...... 1885
Particule (*Patrie*)........... 1884
Régalade (*Rigolette*)........ 1885
Reine Claude (*Rigolette*)..... 1887
Sainte Savine (*Syrène*)....... 1889
Satire (*Sagacité*)............ 1887

Castillon ou **Ladislas**

Lérida (*Foudrette*).......... 1888

Castillon ou **Milan**

Florissante (*Fair Helen*)...... 1888

Castillon ou **Vernet**

Libertine (*La Crême*)........ 1888

Castillon ou **Vignemale**

La Torpille (*La Tessonnière*).. 1890
(33)

CASTOR, bai-brun, par CARAVAN et PÉTRONILLE
1849

Castorine (*The Greek Slave*).. 1859
Gentille Annette (*Anna*)...... 1858

Hébé (*Iris*)................. 1857

CATARACT, bai, par HORNSEA et OXYGEN (a.)
1840 — Importé en 1852.

Lisbeth (*Suzette*)............ 1853   Orthie (*Uranie*)............. 1854

CATERER, bai, par STOCKWELL et SELINA (a.)
1859 — Importé en 1879

Athalie (*Stella*)............. 1881   Catspaw (*Non Pareille*)...... 1871
Carmosine (*Constance*)....... 1886   Justice (*Justitia*)........... 1876
Cassiopée (*Céréale*)......... 1883   La Finance (*La Fortune*)..... 1882
Caterer mare (*Simla*)a....... 1872   Mark-Over (*Feu de Joie*)..... 1872
Carthage II (*Miss Capucine*).. 1881   Pénélope (*Péripétie*)........ 1883

CATHEDRAL, alezan, par NEWMINSTER et STOLEN MOMENTS (a.)
1861 - 1883

Belfry (*La Naine*)a.......... 1877   The Tees (*Mother Neasham*)a. 1879
Censer (*Caustic*)a........... 1872   War Queen (*Belladrum*)a.... 1874
Fairminster (*Fête Day*)a..... 1873
Molly Cobroy (*Peg Fife*)a.... 1868   **Cathedral** ou **Chevron**
Reredos (*Worry*)a............ 1874   Pinaster (*Spruce*)a.......... 1881
St-Margaret (*Queen of York*)a 1874

CATO, alezan, par MULEY MOLOCH et MISS FOX (a.)
1808

Omphaly Filly (*Omphale*)a... 1821

CATS'PAW, bai-brun, par PAYMASTER et SYBIL (a.)
1856 — Importé en 1863

Surprise (*Trénice*)........... 1869

CATTON, bai, par GOLUMPUS et LUCY GREY (a.)
1809 - 1833

Anne of Geierstein (*Rebecca*)a. 1829   Sarah (*Sally*)a............... 1818
Miss Mirth (*Mirth*)a......... 1820   Zora (*Trotinda*)a............ 1832
Philips'Dam (*Dulcinea*)a...... 1828

CAVENDISH, bai, par VOLTIGEUR et COUNTESS OF BURLINGTON (a.)
1856

Light Cloud (*Maid of the Mist*)a. 1866

CAXTONIAN, bai-brun, par STERLING et COUNTESS AGNES (a.)

1875 — Importé en 1882

Bacchante (*Bignonia*)........ 1883

CECROPS, bai, par NEWCOURT et CAVRIANA (a.)

1863

Love Knot (*Cellina*)a........ 1876   Ponthieu (*Potash*)........... 1878

CEDAR, bai-brun, par TERROR et BURLESQUE

1838

Stella (*Doris*).............. 1843

CELLARIUS, alezan, par THE BARON et ERYCINA

1857

Cosette (*Rose of Sharon*)..... 1864   Fantine (*Rose of Sharon*)..... 1862

CENTAUR, bai, par CANOPUS et ORVILLE MARE (a.)

1818

Destiny (*Pawn Junior*)a....... 1829   Citron (*Rubens mare*)a....... 1827

CEYLON, bai, par IDLE BOY et PEARL (a.)

1863 — **G. P.** — Importé en 1872

Frégate (*Fragola*)...........	1877	Plaisance (*Mlle Patti*)........	1878
La Juive (*Aramis*)...........	1876	Satisfaction (*Stella*).........	1878
La Roulette (*Radegonde*)......	1878	Sensitive (*Sylvie*)............	1873
Lutine (*Lucrèce*)............	1873	Sister (*Gertrude*)...........	1877
Malle des Indes (*Nuncia*).....	1876	Soyeuse (*Silk*).............	1876
Miss Anna (*Miss Eris*).......	1874	Tunique (*Turbine*)..........	1876

CHACTAS, alezan, par MAMELUKE et NOEMI

1840

Atala (*Déception*)........... 1860   Sémillante (*Gasconnade*)..... 1863

CHANTICLEER, gris, par BIRDCATCHER et WHIM (a.)

1843

Chantress (*Ino*)a............. 1855   Moorhen (*Barbata*)a........ 1857

Lady Fly (*Tamarind*)a........ 1865

CHARIBERT, alezan, par THORMANBY et GERTRUDE (a.)

1876 — **G.**

Chariclée (*Skotzka*).......... 1886   Conchita (*Chiquita*)a........ 1887

CHARLATAN, bai, par CARAVAN et LADY CHARLOTTE

1855

Astarté (*Sans Cérémonie*).....	1865	New Star (*Hervine*)..........	1864
Barcarolle (*Marthile*)........	1868	Pantomime (*Frenzy*).........	1871
Belle Duchesse (*Valna*)......	1864	Rafale (*Belle Dupré*)........	1867
Colombine (*Mlle de la Veille*).	1862	Topaze (*Mlle de la Veille*)....	1867
Familière (*Fantaisie*)........	1873	Vaillante (*L'Annette*)........	1869
Glycère (*Glauca*)............	1867	**Charlatan** ou **Fort à Bras**	
Harriet (*Fulvie*)........,.....	1864	Formosa (*Pulchérie*).........	1863
Nell (*Bouteille à l'Encre*).....	1866		

CHARLES XII, bai, par VOLTAIRE et WAGTAIL (a.)

1836 - 1859

Christobel (*Lisbeth*)a........ 1845   Swede(the) (*Mangel Wurzel*)a. 1848
Forlorn Hope (*Baleine*)a...... 1848   **Charles XII** ou **Sir Hercules**
Hermosa (*Maria*)............ 1846   Julia (*Cassandra*)............ 1856

CHARLESTON, bas, par SOVEREIGN et MILLWOOD (c.u.)

1853

Callipolis (*Kalipyge*)a........ 1863.

CHARLEY BOY, alezan, par ACTÆON et ARDROSSAN MARE (a.)

1835

Charley Boy mare (*Marmion mare*)a. 1843

CHASSENON, bai, par GONTRAN et MARGUERITE D'ANJOU

1872

La Marjolaine (*La Morlaye*).. 1885

CHATEAU MARGAUX, bai, par WHALEBONE et WASP (a.)

1822

Moselle (*Smolensko mare*)a... 1830

Chateau Margaux ou Skim

Blanche (*Thalestris*)a 1834

CHATHAM, alezan, par THE COLONEL et HESTER (a.)
1839

Oxonia (*Land mare*)a........ 1850   Plumstead (*Estelle*)a 1849

CHATTANOOGA, bai, par ORLANDO et AYACANORA (a.)
1862

Dora (*Y. Desdemona*)a 1876   Printanière (*Summerside*) 1872
Mercédès (*Polly Finch*)a...... 1868

CHESTERFIELD JUNIOR, alezan, par CHESTERFIELD et GLAUCUS MARE (a.)
1844 — Importé en 1849

Elise (*Danaïde*)............. 1858   Mignonne (*Garde à vous*).... 1858

Chesterfield Junior, Tipple-Cider ou Polecat

Cérès (*Bathilde*)............ 1852

CHEVALIER D'INDUSTRIE, alezan, par ORLANDO et INDUSTRIE (a.)
1854

Aptitude (*Red Tape*)a 1865   La Tosa (*Bravery*) 1863

CHEVRON, bai-brun, par ROSICRUCIAN et COGNISAUNCE (a.)
1874

Abbeville (*Lady Audley*)...... 1882

Chevron ou Cathedral

Pinaster (*Spruce*)a 1881

CHILDERIC, bai, par SCOTTISH CHIEF et GERTRUDE (a.)
1875

Ardéa (*Verdict*) it........... 1881   Rubra (*Rose Bud*)a 1880
Lottie Smith (*Lottie*)a 1887   Spindrift (*Whirlwind*)a....... 1883
Plectrude (*Pandemonium*).... 1890   Vitalité (*Lady Bountiful*)a.... 1886

CHIPPENDALE, bai-brun, par ROCOCO et ADVERSITY (a.)
1876

Brunette (*Cathedral*)a........ 1885   D'Argent (*Silverheel*)a 1888

Chippendale ou **Clanronald**

Kilt (*Red Shank*)a............ 1884

CHURCHMAN, alezan, par PACE et CHURCH MILITANT (t.)
1872

Carmen (*Rayonnette*)......... 1888

CIMIER, bai-brun, par DOLLAR et GARDEVISURE
1879

Cimier ou **Danois**

La Chêteuse (*Baronne*)....... 1885

CITADEL, alezan, par STOCKWELL et SORTIE (a.)
1859

Catamount (*Catapulta*)a...... 1870   Passeport (*Alls'Well*)a........ 1874
Como (*Donna del Lago*)a..... 1878

CLANRONALD, bai, par BLAIR ATHOL et ISILIA (a.)
1873

Oatcake (*Cheese Cake*)a...... 1884   Hampton Court (Blushing Bride)a.. 1884

Clanronald ou **Chippendale**

Kilt (*Red Shank*)............ 1884

CLAREMONT, bai, par BLAIR ATHOL et COÏMBRA (a.)
1872

Visionary (*Vishnu*)a.......... 1882

CLAUDE, bai, par HAPHAZARD et LANDSCAPE (a.)
1819 — Importé en 1831

Cutendre (*Darthula*)........ 1832

7

CLAVILENO, alezan, par SORCERER et BONNY LASS (a.)

1813

Brunette (*Brunette*)a 1828

CLEVELAND, bai, par OVERTON et CHARMER

1802

Brow Susan (*Tawny*)a 1811

CLINKER, bai, par SIR PETER et HYALE (a.)

1805 - 1835

Clatter (*Nina*)a 1824

CLOCHER, bai, par CATHEDRAL et CONVENT (a.)

1875 - 1893

Banize (*Bataille*)	1887	Fresseline (*Flanelle*)	1889
Basvillaise (*Basilia*)	1883	Mlle de Darnet (*Dissidence*)..	1888
Buxerolle (*Bataille*)	1888	Mlle du Nozet (*Arsinoé*)......	1883
Dissidente (*Dissidence*)......	1884	La Nétange (*Nadège*)........	1884
Dunoise (*Dissidence*)........	1186	Lucie (*Lucienne*)	1880
Ecurette (*Etendue*)...........	1885		

CLODOMIR, alezan, par VERMOUT et LADY CLOCKLO

Clodomir ou **Foudre de Guerre**

1874

Féerie (*Fair Helen*) 1880

CLOTAIRE, bai, par VERMOUT et LADY CLOCKLO

1868

Crevette (*Condition*)........	1878	Victoire (*Voie Lactée*)	1880
Inspiration (*Isabella*)........	1876	**Clotaire, Perplexe** ou **Pompier**	
Iza II (*Isabella*).............	1876	Welcome (*Found Again*).....	1884
Mlle d'Aubergenville (La Demoiselle).	1886	**Clotaire** ou **Salmigondis**	
My Lucy (*Pretty Lucy*)	1876		
Pascaline (*Fille de Dollar*)...	1876	Dépêche (*Débutante*)........	1876
Red (*Romande*)	**1879**		

COBNUT, alezan, par Nutwith et Glenara (a.)

1850 - 1868 — Importé en 1864

Blondine (*Balzanée*).........	1867	Malheureuse (*Miss Ellen*).....	1867
Chicorée (*Chemisette*).......	1869	Maritorne (*Margaret*)........	1868
Elisabeth (*Emissa*)..........	1869	Mylady (*Mize*).............	1869
Esméralda (*Estrella*)........	1867	Patrie (*Candide*)............	1869
Fatima (*Violette*)............	1869	Pergola (*Prima*)	1866
Fraise (*Fragola*).............	1867	Preude (*Progné*)............	1869
Ingratitude (*Rhéa Sylvia*).....	1868	**Cobnut ou Nuncio**	
Léonie (*Lucrèce*)............	1869	Victoire (*Nuncia*)...........	1866
Lionne (*Lunette*)............	1866		

COCK-OYSTER, bai, par Duc-an-Dhurras et Spicey (a.)

1857

Veinarde, ex Cynthia (*Bibbery*)a.   1875

CŒRULEUS, bai, par Beadsman et Bas-Bleu (a.)

1872 - 1893

Blood Orange (*Tangerine*)a..	1885	Corniva (*Eva*)...............	1869
Blue Dye (*Restorative*)a......	1888	Eviction (*Confiscation*)a......	1879
Blue Stocking (*Mnemosyne*)a.	1886	Furbelow (*Queen Elisabeth*)a.	1889
Cœlia (*Galop*)a.............	1880	Mezzotint (*Angelica*)a........	1884

COLBERT, alezan, par The Baron et Holbein Filly

1856

Miss Paola (*Miss Bird*)....... 1876

COLLINGWOOD, bai-brun, par Sheet Anchor et Kalmia (a.)

1843 - 1866 — Importé en 1855

Admiralty (*Black Bird*)a.....	1855	Deception (*Buttress*)........	1855
Alerte (*Grey Tommine*).......	1862	Entre Deux (*Mlle Torchon*)...	1862
Annexion (*Orphana*)........	1860	Eritrina (*Spiletta*)...........	1857
Arbalète (*Arlette*)...........	1861	Espérance (*Miss Jenny*).......	1860
Balzanée (*Rivale*)...........	1862	Fitly (*Vanilla*)..............	1857
Baraque (*Empress*)..........	1861	Florence (*Orphana*).........	1859
Briska (*Floride*).............	1860	Frivole (*Betty*)..............	1862
Colline (*Catanno*)...........	1860	Fulvie (*Qu'en Dira-t-On*)....	1862
Deborah (*Drill*).............	1860	Gaëte (*Ymone*)..............	1861

Ginevra (*Olga*).............. 1858
Guirlande (*Betty*)........... 1861
Intervention (Good for Nothing)..... 1860
Isis (*Fatima*) 1859
La Begum (*Valérie*)......... 1859
Lady Nelson (*Marie Vincent*)a 1855
Madrilena (*Miss Anna*)....... 1861
Mahoura (*Margaret*)........ 1859
Marionnette (*Lyse*) 1862
Mieux que Ça (*Mianie*)....... 1860
Miss Stingwood (*Miss Anna*). 1859
Norma (*My Dear*)........... 1862

Péniche (*Yole*).............. 1858
Povera (*Babiole*)............ 1861
Quid Novi (*Qui Vive*)........ 1856
Quirina (*Qui Vive*).......... 1859
Rebecca (*Noemi*)............ 1858
Severina (*Medina*).......... 1859
Sologne (*Thérésa*).......... 1857
Train de Plaisir (*Sylvandire*).. 1858
Trinité (*Lilla*) 1860

Collingwood ou Malton

Kaoline (*Olympia*).......... 1858

(41)

COLSTERDALE, bai, par Lanercost et Tomboy mare(a.)

1848 - 1868

Honoria (*Alls' Well*)a........ 1866

COLWICK, bai, par Filho da Puta et Stella(a.)

1828

Cauliflower (*Ninny*)a........ 1845
Contessa (*Marchesina*)a...... 1845
Miss Colwick (*Moselle*)....... 1837

Queen of the May (*Gipsy*)a... 1844
Zulima (*Miss Scott*)......... 1837

COMMANDANT, bai-brun, par Le Petit Caporal et Marcella

1876

Alabama (*Arlésienne*) 1887
Aigues Mortes (*Ambassadrice*). 1884

Roquette (*Rosières*) 1885

COMMOTION, bai, par Alarm et Dina(a.)

1854

Géodésie (*Gitanella*)........ 1875

La Leorière (*Contract*)........ 1872

Commotion ou Defender

Alicia (*Miss Lucy*)a.......... 1864

COMMODOR NAPIER, bai, par Royal Oak et Flighty

1841

Aveline (*Olympie*)........... 1848
Barricade (*Arabelle*)......... 1849

Brigandine (*Cattleya*)........ 1860
Boléna (*Corinne*) 1849

Camilla (*Miriam*)............ 1855
Deception (*Quittance*)....... 1856
Dignity (*Tanaïs*)............ 1855
Fabiola (*Fringante*)......... 1859
Fantasia (*Arabelle*)......... 1853
Fille Unique (*All Right*)...... 1868
Fleur de Mai (*Phénice*)....... 1853
Fleurette (*Carita*).......... 1861
Flighty (*Alma*).............. 1861
Fuchsia (*Tulipe*)............ 1855
Gentille Annette (*Stella*)..... 1854
Héroïne (*Céline*)............ 1864
Jarretière (*Eva*)............ 1861
Ligoure (*Sylvandire*)........ 1851
Margot (*Miss Surplice*)...... 1860
Marthe (*Carita*)............. 1860
Miss Napier (*Spiletta*)....... 1851
Odette (*Miss Exile*)......... 1851
Peri * (*Betsy*). 1849
Reine de Navarre (Miss Surplice)... 1861

Sweetness (*Decency*)......... 1857
Sylvia (*Sylvina*)............ 1848
Uranie (*Rosabelle*).......... 1846
Urganda (*Lalage*)............ 1847
Vanilla (*Olga*).............. 1847
Velleda (*Suzette*)........... 1848
Wench (*Gaiety*)............. 1848
Xénodice (*Luna*)............ 1847
Yelva (*Lilia*)............... 1855

Commodor Napier ou **Ali-Baba**
Orpheline (*Ingratitude*)...... 1862

Commodor Napier ou **Erymus**
Euphrosine (*Eusebia*)........ 1845

Commodor Napier ou **Ethelwolf**
Pastorale (*Elégie*)........... 1862

Commodor Napier ou **Sauteret**
Sauterelle (*Ortuna*)......... 1862

Commodor Napier ou **Strongbow**
Pastourelle (*Lola*)........... 1865

(38)

COMTE OSCAR, bai, par PÉDAGOGUE et BAIONETTE
1865

Infortune (*Dalila*).......... 1874
Jeannette (*Espérance*)....... 1872

Margot (*Fine Champagne*).... 1872

COMUS, alezan, par SORCERER et HOUGHTON LASS (o.)
1809 - 1837

Alexandria (*Alexandria*)a..... 1818
Clotilde (*Anticipation*)a...... 1822

Comus mare (*Sancho mare*)a.. 1816

CONFEDERATE, bai, par COMUS et MARITORNES (a.)
1821 - 1845

Curl (*Ringlet*)a............. 1832

CONJECTURE*, alezan, par Y. ÉMILIUS et FAIR FORESTER
1841

Jectura (*Tetota*)............. 1851

CONSTANTINE, bai-brun, par THE RAKE
et FAIR AGNES (a.)

1874

Argentine (*Ratafia*)a 1889

CONSTELLATION, bai-brun, par LANERCOST
et MOONBEAM (a.)

1848 — Importé en 1852

Pandore (*Mi-Carême*) 1854

CONSUL, alezan, par MONARQUE et LADY LIFT

1866 - 1893 — J. C.

Active (*Alerte*)	1874	Ilda (*Instruction*)	1872
Activité (*Alerte*)	1877	Jacinthe (*Julie*)	1872
Adrienne (*Airelade*)	1874	La Rosière (*La Reine Berthe*).	1877
Baretta (*Bombarde*)	1876	Lavandière (*Liouba*)	1876
Belina (*Bombarde*)	1876	Lectrice (*La Reine Berthe*)	1878
Bianca (*Belle Etoile*)	1872	Lisière (*Linda*)	1872
Bichette (*Bonny Breast Knot*).	1880	Malibran (*Mark-Over*)	1880
Caressante (*Caroline*)	1881	Malle-Poste (*Ma Mie*)	1873
Charlotte (*Mlle de Champigny*).	1874	Marie-Thérèse (*Tolla*)	1878
Chevrotine (*Chevrette*)	1875	Mauresque (*Mark-Over*)	1881
Chinoise (*Coal Black Rose*). .	1873	Mimosa (*Bombarde*)	1884
Circé (*La Chatte*)	1879	Minorité (*Mignonnette*)	1878
Claironade (*La Chatte*)	1880	Noisette (*Nébuleuse*)	1873
Colette (*Mlle de Champigny*).	1876	Oriflamme (*Orpheline*)	1882
Constance (*Corinne*)	1873	Paola (*Batsaline*)	1872
Dague (*Dulce Domum*)	1881	Silencieuse (*Surprise*)	1874
Dispute (*Dahlia*)	1872	Talmouse (*Teacher*)	1878
Escapade (*Esther*)	1882	Thémis (*Teacher*)	1881
Fanchon (*Fanchonnette*)	1873	Vaucluse (*Voyageuse*)	1874
Fauvette (*Fille de l'Air*)	1875	Vengeance (*Vivid*)	1875
Finance (*Fille de l'Air*)	1874		
Flamande (*Fanchonnette*)	1876	**Consul ou Gabier**	
Flirt (*Fleurette*)bel	1884	Création (*Cremorne*)	1877
Florence (*Flaub*)	1875	**Consul ou Monarque**	
Fortunée (*Folle Avoine*)	1880	Falaise (*La Fronde*)	1874
Fusillade (*Flaub*)	1874	**Consul ou Pompier**	
Gentille (*Gentille Dame*)	1881	Molda (*Bombarde*)	1872
Héroïne (*Hallate*)	1881	(53)	
Honora (*Etoile du Nord*)	1873		

CONTROVERSY, bai, par LAMBTON ou THE MINER
et LADY CAROLINE (a.)

1871. — Importé en 1878

Gazelle (*Mandarine*)........ 1879   Orpheline (*Chicorée*)........ 1879

COPPER CAPTAIN, alezan, par BOABDIL et CERVANTES MARE (a.)

1829 — Importé en 1835

Miss Copper (*Almée*)........ 1850   Victory (*Almée*).............. 1849
Thtidette (*Doloride*).......... 1851

COTHERSTONE, bai, par TOUCHSTONE et EMMA (a.)

1840 - 1864 — **G.—D.**

Glauca (*Kalmia*)a........... 1846   Nightcap (*Cloak*)a........... 1847
Lucienne (*Auld Acquaintance*)a 1858   Termagant (*Virago*)a........ 1849

COQ DU VILLAGE, bai, par Y. TRUMPETER
et VILLAGE MAID (a.)

1877 — Importé en 1883

Augustine (*Mylène*).......... 1890   Douche (*Duchesse Anne*)..... 1887
Avignon (*Pâquerette*)........ 1887   Infanterie (*Irlande*).......... 1885
Division (*Duchesse Anne*).... 1886   N. — par (*Epave II*)........ 1886

COQUET, bai, par FITZ GLADIATOR et LADY SADDLER

1858

Palastdam (*Violette*) all....... 1870

CORAZON, bai, par SWINTON et DUET

1848

Little Dorrit (*Catastrophe*).... 1858

COUERON, alezan, par CARAVAN et PENANCE

1845

Mignonnette (*Betty*).......... 1864   Pénélope (*Hope Formerly*).... 1858
Ora (*Méduse*)............... 1862

COURONNE DE FER, bai, par MACARONI
et MISS AGNES (a.)
1871

Dalmatic (*Zara*)a............ 1877

COURLIS, alezan, par MARS et COUREUSE DE NUIT
1880

La Loutre (*Berbitaine*)........ 1888

COURTOIS, bai, par PARNASSE et COURTOISIE
1876

Elisabeth (*Eolienne*)......... 1884

COUNT PORRO, alezan, par LEOPOLD
et WATHCOTE LASS (a.)
1822

Miss Schneitz-Hoeffer (Primula)a. 1834   Stella (*Biondetta*)........... 1836

COWL, bai, par BAY MIDDLETON et CRUCIFIX (a.)
1842 - 1862

Caveat (*Cavatina*).......... 1852   Cowl mare (Sleight of Hand mare)a. 1851

CRAIG MILLAR, alezan, par BLAIR ATHOL et MISS ROLAND (a.)
1872

Mascotte (*Molly Cobroy*)..... 1881   Millers'Maid (*Rodel*)a........ 1883
Maid of the Mill (Maid of Harris) a.. 1883   Tisiphone (*Tragedy*)a........ 1880

CRATER, bai, par ORLANDO et VESUVIENNE (a.)
1857 - 1870

Nudity (*Petticoat*)a.......... 1867

CRECY, bai, par WALTON et CRESSIDA (a.)
1813

Fair Helen (*Morgiana*)....... 1823

CREMORNE, bai, par PARMESAN et RIGOLBOCHE (a.)

1869 - 1883 — **D.– G. P.**

Bagatelle (*Zee*)a...............	1881	Illumination (*Electric*)a.......	1876
Bonnie Bell (*Bellona*)a.......	1877	Lady Beatrice (*Lady Blanche*)a.	1876
Carmen (*Dona Julia*)a........	1877	Licencious (*Lady Gower*)a....	1883
Cremona (*Juliana*)	1881	Skating (*Voluptas*)..........	1876
Early Dawn (*Archduchess*)a ..	1880	Traviata (*The White Lady*)a ..	1881
Frisky Matron (the) (*May Fair*)	1879		

CRISPIN, bai, par LOTTERY et OCEANA (a.)

1828 — Importé en 1835

Magnelina (*Medea*).......... 1838

CROISSANT, bai-brun, par CARAVAN et DISCRÈTE

1847 - 1868

Atalanta (*Contessina*)........ 1867

CROWN PRINCE, bai, par NEWMINSTER
et PRINCESS ROYAL (a.)

1863 - 1884

Rosine (*Pauline*)a............ 1881

CUCUMBER, bai, par SACCHAROMETER et AMINETTE (a.)

1870

Esculent (*Effie Deans*)a...... 1879   Our Liz (*Flippant*)a.......... 1860

CURÉ DE SILLY, bai, par IBRAHIM et ANNE OF GEIERSTEIN

1840

Curé de Silly ou **Bizarre**

Marie Louise (*Grenada*)...... 1847

CYMBAL, alezan, par KETTLEDRUM et NELLY HILL. (a.)

1867 — Importé en 1873

Baronne (*Vest*)..............	1875	Crinoline (*Chemise*)..........	1877
Charbonnette (*Belle Etoile*)...	1875	Cymbale (*Souveraine*)........	1877
Citronelle (*Séminis*).........	1878	Dancing Girl (*Perea*)a........	1886

Dora (*Mariole*).............. 1877
Emilie (*Milady*)............. 1876
Espérance (*Mize*)............ 1876
Etoile du Matin (*Gaële*)..... 1877
Faïence (*Fidelity*)........... 1875
Florence deuxième (*Florence*). 1878
Girouette (*Mlle de Maupas*).. 1875
Jeannette II (*Reine*)......... 1874
Jointure (*Instruction*)....... 1875
Madame Lenglumé (*Mélusine*). 1878
Modène (*Modestie*) 1880
Nichette (*Navette*)........... 1875
Nuncia Jeune (*Fatima Jeune*). 1878
Pasquette (*Michelette*)....... 1878
Perce-Neige (Mlle de Fontenay) 1875
Porcelaine (*Planète*)......... 1875
Quarteronne (*Quarta*)....... 1878
Trop Petite (*Perfume*)a....... 1880

Valentine (*Viola*)........... 1876
Vigilante II (*Viola*)......... 1878

Cymbal, Badsworth ou Pauvre Mignon

Miss Flora (*Navarre*)........ 1875

Cymbal ou Blenheim

Belle Mimi (*Willis*)......... 1878
Tulipe (*Thérèse*) 1878

Cymbal ou Henry

Flatteuse (*Fatima Jeune*...... 1877
Rigolette (*Regalia*).......... 1876

Cymbal, Henry ou Eole II

Helena (*Hornet*)............. 1877

Cymbal ou Trombone

Tambourine (*Silk*)........... 1877
(33)

CZAR PETER, bai-brun, par Sir Peter et Xenia (a.)

1801

Pucelle (*Dragon mare*)a...... 1812

DALESMAN, alezan, par King Tom et Agnes (a.)

1863 - 1874

Division (*Lord of the Isles mare*)a. 1873

DALNACARDOCH, bai, par Rataplan et Mayonaise (a.)

1863

Sirena (*Sweet Water*)........ 1878

DANGEROUS, alezan, par Tramp et Defiance (t.)

1830 — **D.** — Importé en 1836

Circé (*Vestre*)a 1837
Eglantine (*Miss Mirth*) 1837
Junon (*Folla*)............... 1844
Madame Gibou* (*Thalie*).... 1837
Penultima (*Penultima*)....... 1841

Dangerous ou Napoleon

Bayadère* (*Sylphine*)........ 1839

Dangerous ou The Juggler

Nency (*Chesnut filly*)........ 1839

DAN GODFREY, bai, par MUSKET et ORCHESTRA (a.)

1879 - 1891

Dominante (*Discord*)a........ 1884

DANIEL O'ROURKE, alezan, par BIRDCATCHER et FORGET ME NOT (a.)

1849 — **D.**

Ericht (*Burgundy mare*)a..... 1862   Wake(*Sleight of Hand mare*)a. 1861

DANOIS, bai, par GABIER et DORDOGNE

1879

Cimier ou **Danois**

La Chêteuse (*Baronne*)...... 1885

DARLINGTON, bai-brun, par CLEVELAND et EOLINA (I.)

1829 — Importé en 1835

Ketty (*Effie Deans*)......... 1857

DARTAGNAN, bai, par SCHAMYL et CLARA FONTAINE

1856

Dulcinea (*Diana*)........... 1867   Kiss me Quick (*Lolotte*)...... 1864

Julia (*Potence*).............. 1862

DÉBUT, bai, par FITZ GLADIATOR et DUCHESS

1864

All Kind (*Amazone*)......... 1872   Lizzy (*Tragédie*)............ 1873

Blissful (*Blanche*)........... 1872   The Night (*Nivelle*)......... 1872

DE CLARE, bai, par TOUCHSTONE et MISS BOWE(a.)

1852

Cobra (*Venom*)a 1863   La Bossue (*Canezou*)........ 1861

Eloïse (*Lady Napier*)a........ 1859

DEERSWOOD, bai, par ORLANDO et THE ARROW(a.)

1860

Flying Cloud (*Meteora*)a...... 1870

DEFENCE, bai, par WHALEBONE et DEFIANCE (a.)
1821 - 1848

Deception (*Lady Stumps*)a .O.	1836		Georgette (*Effie Deans*).. ...	1836
Decrepit (Victoria Adélaïde Louisa)a ...	1846		Guile (*Lady Stumps*)a	1832
Defy (*Selim mare*)a	1838		Lammas Lass (the Monarch mare)a...	1847
Denique (*Layla*)a	1849		**Defence ou Venison**	
Eccentricity (*Albania*)a	1841		Diane (*Isabella*)a...........	1840
Empress (the) (*Chaos*)a	1846			

DEFENDER, bai. par MELBOURNE ou WINDHOUND et ELLEN HORNE (a.)
1856
Defender ou Commotion
Alicia (*Miss Lucy*)a......... 1864

DELIGHT, bai, par ELLINGTON et PLACID (a.)
1863
Delight mare (*Bay Rosalind*)a. 1872

D'ESTOURNEL, bai, par PARMESAN et CHANTICLEER MARE (a.)
1864

Anaconda (*Czarina*)a	1876	Pœonia (*Primula*)a..........	1880

DEUCALION, bai, par TRANCE et READING LASS
1828 - 1845

Jane (*Felicia*)...............	1834	Nikita (*Fauvette*)............	1833
Jocaste (*Calipso*)............	1834	Olympie (*Malvina*)..........	1840
Junon (*Alexandria*).........	1834	Omphale (*Julia*)............	1839
Kaymah (*Flore*).............	1835	Pallas (*Julia*)...............	1840
Kilis (*Felicia*)...............	1835	Pamela (*Fénella*)............	1840
Kirkora (*Doris*).............	1835	Phenice (*Gertrude*).........	1841

DIABLOTIN, bai, par BLACK EYES et DARLING
1865
Diablotin ou Parnasse
My Lady (*Evening Star*)...... 1880

DIAZ, bai, par PYRRHUS THE FIRST et MISS MALTON (a.)
1860

Faute de Mieux (*Mandoline*).. 1866   La Galanthe (*Evening Star*).. 1871

Diaz, Bagdad ou **Longchamps**
Réac (*La Midouze*) 1871

DICK ANDREWS, bai, par JOE ANDREWS et HIGHFLYER MARE (a.)
1797 - 1816

Eleonor (*Eleanor*)a 1814

DIRK HATTERAICK, bai-brun, par VAN TROMP et BLUE BONNET (a.)
1852. — Importé en 1855

Archiduchesse (Ellen Loraine)...... 1857   Miséricorde (*Strawberry Hill*). 1857
Bréviande (*Palatine*) 1864   Princesse Royale (Amesbury mare).. 1858

DISCORD, bai, par SEE SAW et ANTHEM (a.)
1876

Alarum (*Réveillée*)a 1884   Anthill (*Pic Nic*)a 1883

DISTIN, bai, par TRUMPETER et MISS BOWZER (a.)
1864 - 1882

Euterpe (*Sappho*)a 1873

DOCTOR EADY, alezan, par RUBENS et LAURA (a.)
1816

Oté (*Rigmarol*)a 1834

DOCTOR FAUSTUS, bai, par FILHO DA PUTA et MAID OF LORN (a.
1822 - 1845

Lauretta (*Cannon Ball mare*)a 1835

DOCTOR O'TOOLE, alezan, par BIRDCATCHER et DAHLIA (a.)
1851

Aunt Judy (*the Sphynx*)a...... 1861

DOCTOR SYNTAX, bai, par PAYNATOR et BENINGBOROUGH MARE (a.)

1811 - 1838

Bees'Wing (*Destiny*).........	1838	Snowdrop (Princess Victoria) a......	1838
Doctor Syntax mare (*Problem*)a	1838	Viola (*Tree*)a...............	1838

DOGE OF VENICE, alezan, par SIR OLIVER et MAID OF LORN (a.)

1818 - 1833 — Importé en 1825

Caracolle (Van Dyke Junior mare).....	1829	Venitienne* (*Eléonor*)........	1828
Vanity* (*Caprice*)...........	1828		

DOLLAR, bai, par THE FLYING DUTCHMAN et PAYMENT

1860 - 1886

Abigail (*Arrogante*).........	1871	La Créole (*Ninon de Lenclos*).	1875
Adalgise (*Arrogante*)........	1873	La Grenouillère (*Néréide*)....	1877
Almanza (*Bravade*)..........	1872	La Mignarde (*Jeune Première*).	1870
Ambassadrice (*Mondaine*)	1886	La Scala (*Pergola*)..........	1876
Amélia (*Arrogante*).........	1875	La Vague (*Schooner*).........	1877
Arabella (*Anderida*)........	1882	Lavandière (*Schooner*).......	1882
Arlésienne (*Arrogante*)......	1869	Lérida (*Soumise*)............	1872
Arsinoé (*Queen Mary*).......	1870	Linda (*Fidélia*)	1874
Astrée (*Etoile Filante*)	1874	L'Ingénue (*Jeune Première*)..	1869
Ballerine (*Miss Bird*)	1871	Little Beauty (*Annexion*)......	1873
Baptisma (*France*)...........	1875	Mme le Diable (Ninon de Lenclos) ...	1882
Bavolette (*Sensitive*)	1872	Mademoiselle (*Mondaine*)	1880
Bellah (*Constellation*).......	1869	Mlle Béjart (*Jeune Première*).	1883
Brigitte (*Châtelaine*).........	1874	Mlle Clairon (*Jeune Première*).	1876
Brienne (*Finlande*)..........	1877	Manon Lescaut (Ninon de Lenclos)...	1881
Cadichette (*Cornaline*)bel....	1874	Mantille II (*Duchess of Athol*).	1875
Cascatelle (*Néréide*).........	1872	Morgane (*Miss Lucy*)	1879
Castalie (*Néréide*)...........	1874	N.— par (*Spirite*)..........	1880
Catane (*Campêche*)	1881	Nanterre (*Rosière*)	1877
Chanterelle (*Sauvagine*)......	1882	Nérina II (*Isménie*)..........	1883
Chloris (*Clotho*).............	1880	Niobé (*Arrogante*)...........	1877
Clélie (*Clotho*)	1877	Noblesse (*Duchess of Athol*).	1876
Clio (*Clotho*)................	1879	Pavane (*Planète*).............	1879
Contredanse II (*Mondaine*)...	1884	Pellegrina (*Pergola*)..........	1874
Corolla (*Charmille*)..........	1883	Pensacola (*Pergola*)..........	1872
Corona (*Charmille*)..........	1881	Perçante (*Partlet*)............	1870
Crusade (*Cast Off*)..........	1875	Perla (*Pergola*)	1871
Distinction (*Grande Dame*)...	1873	Pristina (*Pergola*)............	1875
Dugazon (*Jeune Première*)...	1882	Riga (*Finlande*).............	1880

Dunette (*Schooner*).......... 1870

Dunette (*Bouton de Rose*).... 1872

Encantadora (*Charmille*)..... 1876

Ermeline (*Impérieuse*)........ 1868

Evening Star (*Constellation*).. 1871

Fabia (*Lysisca*).............. 1869

Fanchette (*Fleur de Lin*) 1870

Fideline (*Finlande*).......... 1871

Fille de Dollar (*Tirelire*)..... 1870

Fionie (*Finlande*) 1875

Folie (*Finisterre*) 1879

Forse (*Verte Allure*)........ 1884

Forteresse (*Victoire*) 1878

Gélinotte (*Sauvagine*)........ 1878

La Belle Aude (La Belle Péronnière).. 1871

La Beloue (*Kleptomania*)..... 1880

Rosière II (*Rosière*).......... 1880

Salva (*Sauvagine*) 1874

Satania (*La Maladetta*)....... 1874

Sauvegarde (*Sauvagine*)...... 1871

Tartane (*Lady Tartufe*)....... 1871

Urgence (*Promise*).......... 1884

Valereuse (*Euryanthe*)........ 1868

Verte Bonne (*Verte Allure*)**Di.** 1880

Verveine (*Vertpré*)........... 1877

Verveine II (*Vivienne*)....... 1885

Virginie (*Violette*) 1870

Voilette (*Gardevisure*)....... 1877

Dollar ou the Ranger

Fleur de Pêcher (*Forest du Lys*) 1868

(87)

DON CARLOS, alezan, par MONARQUE et NOÉLIE
1867 - 1889

Adelina (*Mrs. Acton*)........ 1880

Alzonne (*Mrs. Acton*)........ 1883

Antigone (*Aptitude*) 1878

Argonne (*Mrs. Acton*) 1878

Arista (*Aigrette*)............. 1888

Cabale (*Mlle de Saint-Igny*). 1876

Ça Va Bien (*Paste*) 1877

Fanny Lear (*Church Militant*). 1875

Gravette (*Volage II*) 1880

Gastonnette (*Ronce*)......... 1877

Hermosa (*Hortensia*)........ 1882

Journée (*Carpette*).......... 1884

Légitime (*Ecliptique*) 1879

L'Etoile (*Normandie*)........ 1876

Lolotte (*Sensitive*) 1881

Malvina (*Sée*).............. 1876

Miss Cecil (*Sensitive*) 1880

Partida (*Ronce*) 1875

Pastille (*Paste*).............. 1877

Pepa (*Perle Fine*)........... 1876

Plaintive (*Nichette*) 1882

Quêteuse (*Normandie*)....... 1879

Salada (*Sensitive*)........... 1876

Sensibility (*Sensitive*)........ 1879

(24)

DONCASTER, alezan, par STOCKWELL et MARIGOLD (a.)
1870 - 1892 — D.

Asphodel (*Fanscombe*)a....... 1881

Attraction (*Preference*)a...... 1880

Aveline (*Hazledean*)a 1882

Clementina (*Clemence*)a...... 1880

Dora (*Prinette*)a 1884

Escarboucle (*Gem of Gems*).. 1882

Fusberta (*Furiosa*)a 1877

Gratitude (*Lady Grace*)a 1885

La Dauphine (*Sly*) 1880

La Morlaye (*Macaroni mare*). 1877

Missouri (*Merevale*)a........ 1883

Queen of the Don (*Nutbush*)a. 1879

DON COSSACK, bai, par HAPHAZARD et ALDERNEY (a.)
1810

Pénélope (*Helen*)	1820	Geane (*Sorcière*)............	1819
Don Cossack mare (Buzzard mare)a.	1821	Nell (*Crystal*)..............	1819

DON JOHN, bai, par TRAMP ou WAVERLEY et COMUS MARE (a.)
1835

Brunette (*Dr Syntax mare*)a ..	1848	Lady Syntax's (*Dr.Syntax mare*)	1850
Claudine (*Physalis*)a.........	1850	**Don John ou Birdcatcher**	
Grist (*Meal*)a...............	1845	Miss Bird (*Image*)..........	1854
Juana (*Reminiscence*)a.......	1852		

DON JUAN, bai, par ORVILLE et PETEREA (a.)
1814

Mania (*Miss Fulford*)a....... 1828

DRAYTON, bai, par MULEY et PRIMA DONNA (a.)
1837

Margaret (*Switch*)a.......... 1845

DROGHEDA, bai, par MOUNTAIN DEER et JUANITA PEREZ (a.)
1856 - 1864

Andromeda (*Maid of Newton*).   1862

Drogheda ou Star of the West

Terre Promise (*Nativity*)......   1864

DRUMMOND, alezan, par RATAPLAN et EGLANTINE (a.)
1869 — Importé en 1876

Armide (*Aramis*)	1880	Lady Anna (*Gloriette*)	1876
Blondette (*Blondine*)........	1878	La France (*Patrie*)..........	1879
Diane (*Vestment*)	1877	La Taupe (*Gloriette*)........	1880
Drummontine (*Deer Filly II*)..	1881	Mlle de Labatut (*Miss Gloria*).	1880
Durandal (*Desdémone*)	1878	Mlle de Lartigole (*Conciliation*)	1878
Durandale (*Lorette*)	1880	Mesure (*Musicienne*)........	1879
Embuscade (*Épisode*)........	1877	Mignonne (*La Paix*)..........	1880
Fiancée (*Fleur d'Oranger*) ...	1880	Orpha (*Orpheline*)..........	1878
Fleurette (*Gauloise*)..........	1880	Seize Mai (*Reine de Navarre*).	1878
Folie Bergère (*Pergola*)	1879	Velleda (*Violente*)............	1878
Gascogne (*Patrie*)	1880	Voilette (*La Violette*)........	1878

(22)

DRUMOUR, alezan, par WEATHERBIT ou BIG JERRY
et ELSPETH (a.)

1854

Poésie II (*Princesse Alice*).... 1866

DUC D'AQUITAINE, alezan, par PLANTAGENET
et EVENING STAR

1874

Aurore (*Damiette*)........... 1884

DULCIMER, alezan, par MULEY et DULCAMARA (a.)

1836

Gold Dust (*Nubia*).......... 1850

DUNCAN GREY, gris, par GREY WALTON
et HAMBLETONIAN MARE (a.)

1825

Mab (*Macbeth mare*)........ 1833

DUNDEE, bai, par LORD OF THE ISLES et MARMALADE (a.)

1858

Dundee (*Changeable*)a....... 1868   Lass O'Gowrie (*The Belle*)a.. 1865

DUTCH SKATER, bai, par THE FLYING DUTCHMAN et FULVIE

1866

Basilique (*Basilia*).......... 1877   Piquette (*Régane*)........... 1876
Dona Paz (*Duchess of Parma*) 1891   Valse (*Vivandière*).......... 1877
Finette (*Finesse*)............ 1879   **Dutch Skater ou Mirliflor**
Goldenland (*Marca*)........ 1880   Méha (*Mendana*)............ 1877
Hollandaise (*Feu de Joie*).... 1875

EAGLE, bai, par VOLUNTEER et HIGHFLYER MARE (a.)

1796

Rebecca (*Stamford mare*)a.... 1811

8.

EARL OF DARTREY, bai, par THE EARL et RIGOLBOCHE (a.)

1872 — Importé en 1878

Makéda (*Cremorne*).......... 1880   Vallée d'Or (*Priestess*)....... 1880
Ninette (*La Bastide*)........ 1880

EASTHAM, bai-brun, par SIR OLIVER et COWSLIP (a.)

1818 - 1845. — Importé en 1825

Agar (*Danaé*)...............	1831	Dulcinée (*Danaé*)...........	1834
Bérénice (*Danaé*)...........	1833	Fleurette * (*Niobé*)...........	1834
Bergère (*Selim mare*)........	1828	Follette * (*Delphine*).........	1833
Biche (*Galathée*)	1831	Hélène (*Witch*).............	1827
Clotilde (*Mérope*)...........	1838	Mouche (*Miss Mirth*).......	1831
Cloton (*Selim mare*)	1826	Philomèle* (*Comus mare*)....	1830
Crispine (*Resemblance*).......	1832	Sapho* (*Sarah*).............	1830
Dine * (*Cloris*)..............	1831	Valentine* (*Eucharis*)........	1834
Discrète * (*Deer*)............	1833		

ECKMUHL, bai, par ORPHELIN et VICTORINE

1866

Agate (*Acid*)	1880	Miss Carter (N. par Dollar et Spirite)..	1884
Bagnères (*Baguenaude*)	1880	Tosca (*Malmaire*)...........	1883

EDMUND, bai, par ORVILLE et EMMELINE (a.)

1824 - 1846 — Importé en 1835

Manuela (*Rubena*)........... 1837   Margaret (*Medora*).......... 1831

EDWARD THE CONFESSOR, alezan, par HERMIT
et THE PRINCESS OF WALES (a.)

1878

Gift Agnes (Duchess of Connaught).... 1885   Swansdown (*Eiderdown*)a 1886
Negress II (*Sally Oaks*)a 1886

EDWIN, bai-brun, par ROYAL OAK et BEGUINE (a.)

1840

Medora (*Girafe*)............. 1851   Pasca (*Johannisberg*)........ 1852

EGREMONT, alezan, par SKIDAW et SIR PETER MARE (a.)
1815 - 1838. — Importé en 1819
Egremont ou **Agricola**
Fair Forester (*Lancashire Witch*)a.   1823

ELECTION, alezan, par GOHANNA et CHESNUT SKIM (a.)
1804 - 1821 — **D.**

Aimable (*Y. Whisker mare*)a.   1822   Election mare (*Amazon*)a 1815

ELECTRIQUE, bai, par Y. EMILIUS et KERMESSE
1848

Bruyère (*Mirage*)........... 1861   Horace (*Juliana*)a.......... 1857
Ernestine (*Hortense*)........ 1856   Thea (*Colombine*)........... 1854

ELIS, alezan, par LANGAR et OLYMPIA (a.)
1833 — **S. L.**

Achaia (*Miss Craven*)a....... 1843   Jew Girl (*Zipporah*)a........ 1844
Cuckoo (*Reel*)a............. 1843   **Elis** ou **Langar**
Elis mare (*Selim mare*)a...... 1842   Fatima (*Albania*) 1842

ELIZONDO, bai, par CAMEL et LEOPOLDINE (a.)
1832

Victoria (*Saracen mare*)bel....   1840

ELLAND, bai, par RATAPLAN et ELLERMIRA (a.)
1862 — Importé en 1874

Banderolle (*Bandière*)........ 1881   Duchess of Malfi (*Duchess*)a.. 1873
Blanche (*Pepita*)............ 1879   Gazette (*Irma*).............. 1879

ELLEVIOU, alezan, par DOLLAR et JEUNE PREMIÈRE
1875

Houlette II (*L'Huisne*)........ 1881

ELLINGTON, bai, par The Flying Dutchman et Ellerdale (a.)

1853 — **D.**

Apollonia (*Poesy*)	1861	Ellingtonia (*Mitraille*)a	1861

ELTHIRON, bai, par Pantaloon et Phryné (a.)

1846 — Importé en 1853

Alliance (*Discrétion*)	1856	**Elthiron ou Festival**	
Antelly (*Naphta*)	1856	Lilas (*Loïsa*)	1858
Favorite (*Favorita*)	1855	**Elthiron ou First Born**	
Fidelity (*Constance*)	1854		
Huguette (*Jessie*)	1855	Mijaurée (*Coquette*)	1859
Leone (*Marguerite*)	1857	Tiens-Toi-Bien (*Discrétion*)	1859
Mathilda (*Maid of Erin*)	1855	**Elthiron ou Freystrop**	
Miss Elthiron (*Coquette*)	1854	Last Born (*Florida*)	1854
Négrine (*Naphta*)	1854	**Elthiron, Freystrop ou Gladiator**	
Pàquerette (*Constance*)	1856	Garenne (*Jessie*)	1854
Péronnelle (*Breloque*)	1854	**Elthiron ou Nunnykirk**	
Place Verte (*Eoline*)	1854		
Seigneurie (*Discrétion*)	1855	Susannah (*Semiseria*)	1856

ELY, bai, par Kingston et The Bloomer (a.)

1861 - 1877

Ella (*Braxey*)a	1869	Swirling Water (*Phœbe*)a	1871
Lady Ingles (Heroine of Lucknow)a	1868		

EMANCIPATION, bai, par Whisker et Ardrossan mare (a.)

1827

Ebauche (*Morisco mare*)a	1836	Petronille* (*Whalebone*)	1835
Jessie (*Eliza*)a	1835		

EMILIO*, bai, par Y. Emilius et Delphine

1838

Emilie (*Bérézina*)	1845	Isma (*Paméla*)	1845

EMILIUS, bai, par Orville et Emily (a.)

1820 - 1847 — **D.**

Bassinoire (*Surprise*)a	1828	Malvina (*Héloïse*)a	1843

Earwig (*Shoveler*)a	1828	Penance (*Jane Shore*)a	1828
Ellipsus (*Maria*)a	1843	Princess Edwis (*Katherina*)	1833
Emelina (*Scornful*)a	1829	Princess Mary (*Duckling*)a	1830
Emiliana (*Whisker mare*)a	1829	Repeal (*Rint*)a	1843
Emilius mare (*Nannette*)a	1837	Roxanna (*Ménalippe*)	1845
Emotion (*Y. Maniac*)a	1838	Royalty (*Maria*)a	1833
Eusebia (*Mangel Wurzel*)a	1839	Sunrise (*Sunset*)a	1848
Example (*Maria*)a	1841	Sweetlips (*Sorcerer mare*)a	1828
Hermine (*Chinchilla*)a	1843	Viola (*the Gimmer*)	1835
Lady de Normandie (*Caleb Quotem mare*)a	1832	(21)	

EMPIRE, alezan, par THE BARON et ANNETTA

1856

Amability (*Brevetée*)	1866	Kate (*Katinka*)	1871
Annex (*Nice*)	1863	Lady-Like (*Chère Petite*)	1868
Arrogante (*Mijaurée*)	1866	Lady-Ship (*Jessamine*)	1868
Belle d'Ibos (*Bouillabaisse*)	1867	Prima Donna (*Miss Bateman*)	1873
Bountiful (*Anxiety*)	1864	Rule Britannia (*Illusion*)	1863
Condition (*Conversion*)	1873	Silencieuse (*Phœbé*)	1873
Dahomey (*Mireille*)	1874	**Empire ou Muscovite**	
Dona Sol (*Reine du Sol*)	1870	Modiste (*Callypige*)	1872
Fée des Grèves (*Séduction*)	1873		
Gentility (*Callypige*)	1874	**Empire ou Trumbler**	
Guarantee (*Brevetée*)	1872	Probity (*Integrity*)	1869
Honnêteté (*Brevetée*)	1873	(20)	

ENCHANTEUR II, bai, par KING TOM et CHANTRESS

1870

Aline (*Aline*)	1880	Fée (*Polly Perkins*)	1881
Barbe d'Or (*La Bastille*)	1882	Souplesse (*Scapegrace*)	1886

ENERGY, alezan, par STERLING et CHERRY DUCHESS (a.)

1880 - 1890 — Importé en 1886

Bigamie (*Bamboula*)	1888	Her Sister (*Rêverie*)	1890
C'est sa Sœur (*Rêverie*)	1889	Poésie (*Poetess*),	1890
Fourchette (*Flippant*)	1888	Trompette (*Titania II*)	1888
Garde à Vous (*Gladia*)	1889	Turlurette (*Toinette*)	1888
Gouvernante (*Gladia*)	1890	Vengoline (*Venture*)	1889

EOLE II, alezan, par WEST AUSTRALIAN et NOÉLIE

1868

Australie (*Colline*)........... 1877
Baronne (*Balbine*)........... 1877
Céréale (*Céramique*)......... 1876
Eolette (*Clytemnestre*) 1877

Full (*La Belène*)............. 1883
Laura (*Laurencia*)........... 1877

Eole II, Cymbal ou Henry

Helena (*Hornet*)............. 1877

EPERON, bai, par STING et THE MAID OF FEZ

1849 - 1884

Eperon ou Brocardo

N. — par (*Printanière*) 1862

EPHESUS, alezan, par EPIRUS et ENTERPRISE (all.)

1848

Miss Winter (*Paulina*)all..... 1864

EPIRUS, alezan, par LANGAR et OLYMPIA (a.)

1834 - 1855

Antonia (*the Ward of Cheap*)a 1851
Aunt Phillis (the Lady of Penydaran)a. 1850

Julia (*Monstruosity*)a........ 1848

EREMOS, alezan, par Y. EMILIUS et AGAR

1845

Moïna (*Biche*) 1850

ERYMUS, bai, par MOSES et ELIZA LEEDS (a.)

1827 - 1847

Lady Bangtail (*Empress*)a..... 1845
Miss Erymus (*Earwig*)........ 1845

Erymus ou Commodor Napier

Euphrosine (*Eusebia*)........ 1845

ERYX, bai, par MILO et BUZZARD MARE (a.)

1816

Elvira (*Coral*).............. 1829

ESPÉRANCE, bai, par GLADIATOR et NATIVA
1848

Gisa (*Lizzy*) 1857

ESTERLING, alezan, par STERLING et APOLOGY (a.)
1882

Violette (*Violet*) 1887

ETHELBERT, alezan, par FAUGH A BALLAGH et ESPOIR (a.)
1850

Frea (*Braemar*)a 1865   Isoline (*Bassishaw*)a 1860

ETHELWOLF, bai-brun, par FAUGH A BALLAGH et ESPOIR (a.)
1849 - 1867 — Importé en 1855

Amazis (*Fabiola*)	1864	Rosita (*Tapage*)	1860
Armoise (*Agnes Sorel*)	1866	Surprenante (*Miss Antiope*)...	1857
Cico (*Mlle de Brie*)	1860	Wolfrina (*Harlequine*)... ...	1858
Deer Aquila (*Deer Filly*)....	1857	**Ethelwolf ou Commodor Napier**	
Désirée (*Détresse*)	1863	Pastorale (*Elégie*)	1862
Etoile des Landes (*Styria*)....	1867	**Ethelwolf ou Garry Owen**	
Fée (*Miss Rubis*)	1857	Elegante (*Colette*)	1857
Jeanne (*Sans Nom*)	1857	**Ethelwolf ou Grey Tommy**	
Mlle Torchon (*Picciola*)......	1857	Graziella (*Eliata*)	1858
Magenta (*Victoria*)	1859	**Ethelwolf ou Marly**	
Mèche Allumée (*Teresina*)....	1857	Surprise (*Roxanna*)	1857
Nahina (*Agnes Sorel*)	1864		

ETENDARD, bai, par THE FLYING DUTCHMAN et TAPESTRY
1864

Cravache (*Corinne*) 1869

EUSÈBE, alezan, par FAVONIUS et EUPHORBIA
1878 — Importé en 1882

Déveine (*Jolie*)	1886	Gloxinia (*Guadix*)	1885
Canaretta (*Suzette*)	1884	Joyeuse (*Julie*)	1884
Cochinchine (Princess Catherine)	1884	Moulinaise (*Clémente*)........	1886
Colomba (*Carline*)	1886		

EYLAU*, bai, par Napoleon et Delphine
1835

Fortification* (*Whalebone*)... 1841
Iéna (*Niobé*),............... 1844
Lavinia (*Chesnut Filly*)...... 1842
Miss Eylau (*Pamela*)......... 1844
Rachel (*Lady*).............. 1843
Reine de Chypre (*Agar*)...... 1842

EXILE, alezan, par Emilius et Pigmy (a.)
1828

Miss Exile (*Sweet Moggy*).... 1859

EXMINSTER, bai, par Newminster et Stockings (c.)
1869

Ella (*Ethelinda*)a............ 1881

FA DIÈZE, bai, par Commodor Napier et Sylvina
1851

Harmonie (*Mariage*)........ 1868

Fa Dièze ou **Longchamps**

Mlle du Peck (*Séduction*)..... 1874

FAISAN, alezan, par Monitor II et Fluke
1875

Flèche (*Félicité*) 1889
Folie (*Feuille de Frêne*) 1885
Guigne (*Giboulée*).......... 1883
Jenny (*Jujube*).............. 1884
La Danaé (*Rosicrucian mare*). 1889
La Patronne (*La Prasle*)...... 1882

FALCON, noir, par Interpreter et Miss Newton (a.)
1822

Camarilla (*Waxy mare*)a...... 1834

FANTAISIE, bai, par Malton ou Collingwood
et Félonie
1858

Agnes (*Apollonia*).......... 1870
Célimène (*Cabriole*) 1867
Clarice (*Printanière*)......... 1870

FANTOME, bai-brun, par NUNCIO et BIENSÉANCE
1852

Miss Fantôme (*Nomade*)...... 1859   Roulette (*Fragoletta*)........ 1860
No-Luck (*Lætitia*)........... 1860

FARFADET, bai, par NOUGAT et LA FARANDOLE
1880

Babette (*Bowness*)........... 1889   Léa (*Léopoldine*)............ 1889
Baionnette (*Néruda*)........ 1888   Nancy (*Négligence*)......... 1888
Brise (*Ballerine*)........... 1887   Théodora (*Tombola*)........ 1889
Cora (*Potence*).............. 1887   Tomyris (*Tombola*).......... 1887
Emeraude (*Euterpe*)......... 1887   **Farfadet ou Gift**
Esclarmonde (*East Anglia*)... 1888   Marionnette (*Marion*)........ 1886
Gitana (*Gasconne*).......... 1887   **Farfadet ou Saint-Cyr**
Guirlande (*Guémenée*)...... 1889   Graziella (*Gravelotte*)........ 1886

FARMINGTON, alezan, par CAIN
et WHALEBONE MARE (a.)
1836 - 1849 — Importé en 1841

Philomèle (*Fine*)............ 1842   Quirita (*Sylvia*)............. 1843

FATALISTE, alezan, par LE SARRAZIN et MADEMOISELLE DE FLIGNY
1881

N. — par (*Suzette*).......... 1887

FATHER THAMES, alezan, par FAUGH A BALLAGH et BRAN MARE (a.)
1849 - 1866 — Importé en 1864

Anonyme (*Illusion*)......... 1858   **Father Thames ou Monarque**
Aunt Chloé (*Junction*)....... 1859   Pyramide (*Paste*)............ 1866
Comédienne (*Semiséria*)..... 1863   **Father Thames ou The Cossack**
L'Africaine (*Miss Shepherd*).. 1865   Stradella (*Creeping Jenny*).... 1859
Martha (*Margaret*).......... 1858   **Father Thames, The Flying**
Schooner (*Admiralty*)....... 1863   **Dutchman ou Pédagogue**
Surprise II (*Scratch*)........ 1867   Lia (*Shuffle*)................ 1856

FAUBLAS, alezan, par ORPHELIN et MISS FINCH
1869

Bergère (*Mercedès*).......... 1873   Brunilda (*Berthe*)............ 1877

Dosia (*Destinée*)............ 1877
Formose (*La Tamise*)........ 1884
Mosquée (*Dauphine*)........ 1878
Pâquerette (*Parisine*)........ 1880
Perle Noire (*Ione*)........... 1882
Providence (*Planète*)........ 1883
Tabarka (*Mercédès*).......... 1880

Titania (*Berthe*).............. 1881
Faublas ou **Androclès**
La Marne (*Mlle Duchesnois*).. 1884
L'Etoile (*Planète*)............ 1882
Petite Duchesse (*La Vénitienne*) 1879
Faublas ou **Vaucresson**
Marmara (*Perçante*).......... 1877

FAUGH A BALLAGH, bai-brun, par Sir Hercules et Guiccioli (a.)

1841 - 1862. — S.L. — Importé en 1855

Babette (*Barbarina*)a........ 1849
Bouteille à l'Encre (*Minuit*)... 1860
Chanoinesse (*Commelle*).... 1861
Conquête (*Victoria*)......... 1860
Eolire (*Gasconnade*)........ 1859
Faugh a Ballagh mare(Simoen mare)a 1850
Fille de l'Air (*Pauline*). **Di.-O.** 1861
Flamme de Punch (*The Probe*). 1859
Fortune Teller (*The Sybil*).... 1852
Fougères (*Miss Agreeable*).... 1857
Gavotte (*Genuine Dame*).... 1856
Géorgie (*Fenella*)........... 1860
Jeanne d'Arc (*Belle de Nuit*).. 1859
La Fanchenette (*Belle de Nuit*). 1861
Lavallière (*Alexandra*)........ 1861

Mlle de Champigny (*Bathilde*). 1859
Mlle de Maheru (*Gringalette*). 1861
Mlle de Piqu'Hardy (*Camélia*). 1857
Mlle du Bourg (*Cochlea*).... 1861
Miss Bowen (*Julia*).......... 1863
Ninon (*Emilie*).............. 1861
Palmeria (*Lady Fanny*)....... 1851
Ritournelle (*Ouverture*)...... 1860
Sans Cérémonie (*Silhouette*).. 1860
Silvange (*Bellah*)............ 1862
Faugh a Ballagh ou **Lanercost**
Elastique (*The Greek Slave*)... 1861
Faugh a Ballagh ou **Nuncio**
Yvonne (*Faustine*).......... 1857

(27)

FAUST, alezan, par Loutherbourg et Hamilton mare (a.)

1851 — Importé en 1856

Séréna (*Sérénade*)............ 1872

FAVEROLLES, bai. par Mr. Wags et Xenodice

1855

Grenoble (*Grenade*)......... 1862   Pretty Girl (*The Ballet Girl*). 1864

FAVONIUS, alezan, par Parmesan et Zephyr (a.)

1868 — D.

Favora (*Maid Marion*)a...... 1875   Folle Avoine (*Albani*)........ 1875

Galantine (*Christmas Fare*)a.. 1877   Quakeress (*Chère Amie*)a..... 1876
Madcap-Violet (*Wallflower*)a . 1877   Windfall (*Christmas Fare*)a.. 1875
Night-Wind (*Ethel*)a......... 1878

FAVORI, bai, par THE PRIME WARDEN et MYLADY
1858
Bienvenue (*Léontine*)........ 1863

FELIX, bai, par ACCIDENT et MAMELUKE MARE (a.)
1843 — Importé en 1847

Maid (*Maiden*)............. 1838   Quirita (*Leopoldine*)......... 1839
Nadegda (*Georgina*)........ 1836   Sainte Agnes (*Genuine*)...... 1837
Olivia (*Léopoldine*).......... 1837   Veronica (*Verona*).......... 1837

FERNANDEZ, bai, par STERLING et ISOLA BELLA (a.)
1877
Grizèle (*Abbess*)............ 1887

FERNHILL, bai, par ASCOT et ARETHUSA (.)
1845
Richmond Hill (*Young Phantom mare*)a... 1855

FERRAGUS, bai, par FITZ GLADIATOR et FINLANDE
1864

Bassy (*Battaglia*)............ 1877   Mignonnette (*Result*)........ 1882
Bataille (*Battaglia*)......... 1874   Miss Roquencourt (Queen of Crystal). 1878
Batavia (*Battaglia*)......... 1878   Missy (*Miss Margot*)........ 1880
Bleuette (*Blanche*).......... 1879   Quêteuse (*Queen of Eltham*).. 1879
Blonde (*Blanche*)............ 1880   Ravissante (*Red Hair*)bel..... 1879
Dynasty (*Ambassade*)........ 1875   Sardine (*Saccara*)........... 1879
Gauloise (*Gravelotte*)........ 1875   Violette (*Féronie*)........... 1876
Hortensis (*Hortentia*) 1878   **Ferragus ou Light**
Lola (*Ambassade*)............ 1876   Bamboula (*Banderolle*)....... 1873
Mascara (*Mathilde*).......... 1871   (18)

FERUK-KHAN, alezan, par The Baron et Annetta
1857

Mathilde (*Georgette*)........ 1868

FESTIVAL, bai-brun, par Nuncio et Bienséance
1851

Astéria (*Grand Duchess*).....	1858	**Festival** ou **Elthiron**	
Lyse (*Naphtha*).............	1858	Lilas (*Loïsa*)................	1858
Palme (*Eoline*).............	1859	**Festival** ou **Valbruant**	
Sahara (*Sauterelle*)..........	1865	Sybille (*Constance*)	1858
Sérénade (*Diggory Diddle*)...	1850	Tolla (*Miss Ion*).............	1858
Festival ou **Buckthorn**			
Par Hazard (*Scutari mare*) ...	1861		

FEU D'AMOUR, bai-brun, par Monarque et Fleurette
1871

Diane III (*Callypige*)........	1880	Océanie (*Orpheline*).........	1877
Herbette (*Humility*)..........	1880	Rosalie (*Rosée*)	1878

FIDDLER, bai, par Preakness et Music (a.)
1878

Air (*Storm Light*)a.......... 1888

FIDLER, bai-brun, par Mustachio et Lady
1832

Opalée (*Flore*).............. 1840

FIGARO, bai, par Haphazard et Selim mare (a.)
1819

Miss Ann (*Tramp mare*)a..... 1827

FIGHT AWAY, bai-brun, par Gladiator et Flighty
1848

Glissera (*Lantora*)...........	1857	Miss Clarisse (*Girouette*).....	1855

FIL EN QUATRE, alezan, par PLUTUS et FIDÉLITÉ
1877

Aquarelle (*Vignette*)	1884	**Fil en Quatre** ou **Vernet**
Asperge (*Aïda*)	1883	Favorite (*Mignonnette*) 1890
Mazarine (*Madone*)	1889	

FILHO DA PUTA, bai, par HAPHAZARD et MRS. BARNET(1)
1812 - 1835 — S. L.

Elephanta (*Shuttle mare*)a....	1823	Midsummer (*Stella*)a	1833
Gimmer (the) (*Calypso*)a	1824	Miss Ann (*Smolensko mare*)a.	1831

FIRMAMENT, bai, par SILVIO et ASTRÉE
1883 - 1893

Albigeoise (*Ambassadrice*)....	1889	**Firmament** ou **Vernet**	
Irène (*Inixa*)	1889	Fusée (*Fidélité*)	1889

FIRST BORN, bai-brun, par NUNCIO et BIENSÉANCE
1848

Belle Étoile (*Jessie*)	1859	La Cagnotte (*Chisel*)	1864
Bonté Parfaite (*Miss Agreeable*)	1862	Zephyrine (*Semiseria*)	1865
Flaub (*Maid of Erin*)	1859	**First Born** ou **Elthiron**	
Girgenti (*Guava*)	1859	Mijaurée (*Coquette*)	1859
Heroïne (*The Heiress*)	1862	Tiens-Toi-Bien (*Discrétion*)...	1859

FITZ EMILIUS, bai, par EMILIUS et MISS SOPHIA
1842 — J. C.

Colette (*Miss King*)	1852	Florine (*Miss Laurence*)	1850
Cornélie (*Catanno*)	1851	Lantara (*Paméla*)	1850
Deer Filly (*Deer Chase*)	1850	Mimi (*Deer Chase*)	1851
Emilia (*Zora*)	1850	Naïs (*Emma*)	1850

FITZ GLADIATOR, alezan, par GLADIATOR et ZARAH
1850 - 1873

Allons Donc (*Amie*)	1862	Andromaque (*Clorinde*)	1873
Alphonsine (*Thérèse*)	1871	Anecdote (*Agar*)	1862

Antonia (*Alerte*) 1871
Armandina (*Picciola*) 1873
Avalanche (*Annetta*) 1858
Avena (*Christina*) 1867
Babiole (*Péronelle*) 1860
Bella (*Australia*) 1867
Bienvenue (*Sauterelle*) 1866
Bruyère (*Monna Lisa*) 1869
Candidate (*Candida*) 1867
Cascade (*Colline*) 1873
Castagnette (*Mlle Cravachon*). 1863
Céramique (*Whirl*) 1863
Charmette (*Impérieuse*) 1863
Chimère (*Miss Napier*) 1867
Cigarette II (*Wedding*) 1869
Clémence (*Hervine*) 1858
Clochette (*Lady Clocklo*) 1864
Colophane (*Monna Lisa*) 1866
Conciliation (*Candida*) 1866
Courtoisie (*Taffrail*) 1862
Cybèle (*Nuncia*) 1870
Dame Blanche (*Oddity*) 1860
Deer Chase (*Deer Aquila*) 1868
Deer Filly (*Mize*) 1868
Denise (*Hortense*) 1859
Epingle (*Emilia*) 1869
Escampette (*Styria*) 1870
Estimée (*Stine*) 1868
Fanfreluche (*Fatima jenne*) . . . 1872
Felicia (*La Diva*) 1865
Feuille d'Or (*Colline*) 1870
Feuille de Mai (*Maïd of Hart*). 1860
Florentine (*Florence*) 1868
Fontanges (*Iones*) 1862
Francine (*Mimie*) 1871
Françoise de Rimini (Rose Bird). 1862
Fumée (*Belle de Nuit*) 1862
Furie (*Fracas*) 1863
Gabrielle d'Estrées (Antonia). **D**. 1858
Gasconne (*Espérance*) 1871
Gauloise (*Mlle Vercingétorix*) 1874
Gazelle (*Hélène*) 1870
Gladiare (*Graciosa*) 1869
Gladiatrice (*Clytemnestre*) 1868
Héléna (*Naïm*) . . . , ... 1864

Hirma (*Victorine*) 1859
Hyperbole (*Hypothèse*) 1864
Inès (*Owenia*) 1869
Inixa (*Ista*) 1871
Iphygénie (*Clytemnestre*) 1870
Jézabel (*Véturie*) 1869
La Bastille (*Castorine*) 1864
La Belle Hélène (Mlle de Mahéru) . . . 1865
La Fanchonnette (Diggory Biddle). . . 1862
La Fauvette (*Branch*) 1867
La Fortune (*Bathilde*) 1862
La Gloire (*Lilla*) 1866
La Mouche (*Aramis*) 1872
La Rochelle (*Paqueline*) 1864
La Samaritaine (*Mika*) 1862
Laurencia (*Laurentine*) 1867
La Vapeur (*Miss Cobden*) 1859
Lionne (*Emilia*) 1871
Mlle Antoinette (*Exploratrice*) 1870
Mlle Patti (British Yeoman mare) 1864
Marée Montante (*Mme Ristori*) 1869
Mariole (*Betty*) 1866
Madzja (*Mimie*) 1869
Magenta (*Odine*) 1860
Mentana (*Barbe d'Or*) 1868
Michelette (*Jane Eyre*) 1866
Miraculeuse (*Médina*)a 1868
Miss Compiègne (*Orphana*) . . 1868
Miss Ella (*Gaete*) 1870
Moissonneuse (*Marianne*) 1869
Mon Etoile (*Hervine*) 1857
Monime (*Tamise*) 1867
N. — par (*Sylvie*) 1870
Néméa (*Comtesse*) 1864
Némésis (*Nomade*) 1863
Névralgie (*Nicotine*) 1862
Nivelle (*Nicotine*) 1865
Noirette (*Sylvie*) 1870
Normandie (*Claudine*) 1864
Nuit d'Eté (*Belle de Nuit*) . . . 1864
Onesta (*Miss Cobden*) 1858
Oramaika (*Ouverture*) 1862
Orpheline (*Narcissa*) 1864
Pampelune (*Pepita*) 1871
Pascale (*Violente*) 1874

Pauvre Minette (*Sérénade*)....   1865
Pauvre Nini (*Florence*).......   1870
Pes-Ala (*Miss Anna*)........   1866
Peut-Être (*Benédicta*).......   1863
Planète (*La Douze*)..........   1872
Poutrelle (*Paqueline*)........   1862
Printanière (*Prima*).......   1867
Prouesse (*Picciola*).........   1874
Ranavalo (*Ruch Tra*)........   1868
Régate (*Styria*)..............   1869
Riveraine (*Rivale*)...........   1868
Sabine (*Boutique*)...........   1860
Séduction (*Espérance*).......   1866
Séminis (*Sélina*).............   1857
Sensitive (*Coquette*).........   1861
Serinette (*Ségréenne*)........   1869
Simonette (*Flora Mac Ivor*)...   1863
Sommo Sierra (*Séville*).......   1861

Souveraine (*Selina*).........   1868
Toinette (*Termagant*)........   1868
Trompe la Mort (*Clytemnestre*)   1869
Vapeur (*Miss Cobden*).......   1859
Vedette (*Aricie*)............   1864
Vera Cruz (*Victoria*).....   ...   1862
Volige (*Péronnelle*)........   1862
Willis (*Wedding*)...........   1868

Fitz Gladiator ou Balthazar

Dieu Merci (*Amie*)..........   1860

Fitz Gladiatar ou Nuncio

Aspasie (*Fulvie*)............   1862
La Palatine (*Lammas Lass*)...   1862

Fitz Gladiator, Sylvain, Radamah
ou Marcello

Miss Marie Stuart (Marie Stuart)...   1870

(124)

FITZ JAMES, bai, par SCOTTISH CHIEF et HAWTHORN-BLOOM (a.)

1875

Princess Lilian (*Princess Charles*)a..

Fitz James ou Tynedale

Tondina (*Extradition*)a.......   1885

FITZ PANTALOON, bai, par PANTALOON et REBUFF (a.)

1847-1863 — Importé en 1854

Printanière (*Elise*)...................   1858

FITZ PLUTUS, bai, par PLUTUS et NEW STAR

1875

Valentine (*Lancashire Lass*)..   1887

FITZ ROLAND, alezan, par ORLANDO et STAMP (a.)

1855

Beatrix Esmond (Becky Sharpe)a...   1871   Lady Diana (*The Chase*)a.....   1871
Jocosa (*Madame Eglentine*)a..   1868

FITZ TOUCHSTONE, bai-brun, par TOUCHSTONE et ROSE OF SHARON

1848

Draycatt (*La Czarine*)........ 1860

FLAGEOLET, alezan. par PLUTUS et LA FAVORITE

1870

Aigrette (*Nita*)..............	1876	Liria (*Almanza*).............	1881
Alphonsine (*Alma*)..........	1878	Lorenza (*Great Sadness*).....	1880
Belinda (*Déliane*)...........	1884	Louveciennes (*Latakia*)	1879
Belle Minette (*Beauty*).......	1887	Maîtresse (*Cerdagne*)........	1876
Belline (*Bellina*).............	1878	Murcie (*Almanza*)............	1885
Blanche (*Lady Henriette*)....	1878	Musette (*Gomera*)	1876
Blondinette (*Bête à Chagrins*).	1882	Négligente (*Négresse*)........	1878
Certitude (*Cerdagne*)..... ...	1877	Nina (*Mlle de Victot*)........	1881
Champêtre (*Contract*)........	1879	Nitrate (*Nita*)...............	1877
Confiture (*Contempt*)..... ...	1878	Ocarina (*Etoile Royale*).......	1878
Consigne (*Contempt*)........	1883	Octavie (*Océanie*)............	1885
Courbature (*La Coureuse*)... .	1884	Papillotte (*Pauvre Minette*)...	1879
Eolienne (*Graziosa*)..........	1876	Prenez Garde (*Péripétie*).....	1880
Epaulette (*Enéide*)............	1877	Raymonde (*My Emmy*)... ...	1878
Ermengarde (*Enguerrande*)...	1881	Région (*Regardez*)...........	1883
Fantine (*Miss Rovel*)........	1885	Regrettée (*Régane*)...........	1878
Gazette (*Giboulée*)...........	1881	Reine du Lac (*Queen of the North*)....	1880
Grégorienne (*Graziosa*)......	1883	Reine Isabelle (*Reine*)	1881
Grenade (*Gomera*)..........	1879	Roseraie (*Rose Leaf*)........	1877
Homélie (*Honora*)...........	1881	Sybille (*Syrie*).............	1880
Horloge (*Hortense*)..........	1884	Toinette (*Terre Promise*).....	1878
Issy (*Isoline*)...............	1881	Ultima (*Contempt*)..........	1876
Jeanne Hachette (*Joyeuse*)....	1881	Vence Cagnes (*Nubienne*).....	1881
La Bultée (*Lady Henriette*)...	1878	Versigny (*Verdure*)..........	1877
La Charmeraie (*La Demoiselle*)	1884	Westphalie (*West*)..........	1881
La Culture (*La Coureuse*)....	1880	Winetta (*Wild Flower*).......	1880
La Flûte (*La Revanche*).......	1881	**Flageolet ou Beauminet**	
La Revue (*La Revanche*)......	1884	Gaffe (*Gadfly*)	1884
La Valroy (*Lady Henriette*)...	1886	Lunette (*Lorguette*)	1886

(57)

FLATCATCHER, bai, par TOUCHSTONE et DECOY (u.)

1845 - 1862 — G.

Chère Petite (*Wet Pet*)a......	1853	Sylvia (*Woodnymph*)a........	1856
Lady of Lyons (*Bran mare*)a..	1852		

FLAVIO, alezan, par Consul et Fille de l'Air

1876

Ballerine (*Balbine*)	1887	Ultrix (*Ultima*)	1884
Brioche (*Beatrix*)	1887	Uxor (*Ultima*)	1886
Cassandre (*Incertaine*)	1889	Version (*Verdurette*)	1882
Chervis (*Chersonnée*)	1887	**Flavio ou Beaurepaire**	
D'Où Viens Tu (*Dotation*)	1884	Etiennette (*Eolienne*)	1886
Esther (*Esméralda*)	1888		
Fidèle (*Catherine*)	1890	**Flavio ou Grandmaster**	
Flaviette (*Dora*)	1890	Sézanne (*Seize Mai*)	1888
Jeannette (*Bac-Ninh*)	1889	**Flavio ou le Petit Caporal**	
Limite (*Lisbeth*)	1882	Rose en Feu (*Rose de Mai*)	1887
Lutesse (*Lutine*)	1887	**Flavio ou Ladislas**	
Malvina (*Miriam*)	1886	Fauvette (*Cymbale*)	1886
Mariette (*Drôlesse*)	1891	(21)	
Ossuna (*Bac-Ninh*)	1888		

FLEURET, bai, par Consul et Fleurette

1877

Comtesse Caro (*Old Maid*)	1885	Fulminate (*Friponne*),	1885
Fraxinelle (*Mlle de Fontenay*)	1886	Limonade (*Light Wing*)	1886

FLIBUSTIER, bai, par Nuncio et Forest du Lys

1860

Lucy (*Margot*) 1869

FLORENTIN, alezan, par Florin et Reine Blanche

1863 — **J. C.**

Grivette (*Grive*)	1883	Philis (*Puebla*)	1871
Limonade (*Limande*)	1887	Pauvrette (*Sauntering Molly*)	1887

FLORENTINE, alezan, par Petrarch et Hawthorndale (a.)

1884

Mégère (*Diablesse*) 1890

FLORESTAN, alezan, par Vermout et Deliane

1880

Lisette (*Mandolina*)	1889	Mlle Préfère (*Carmélite*)	1888

9.

FLORIN, alezan, par SURPLICE et PAYMENT

1851

Bartavelle (*Cuckoo*)	1861	Léopoldine (*Fleur de Lys*)....	1869
Belle Image (*Miss Bird*),....	1869	Mansarde (*Manille*)..........	1872
Blondine (*Miss Alarm*).......	1866	Mantille (*Manille*)..........	1875
Divane (*Sacoche*)...........	1878	Ninette II (*La Chatte*).......	1874
Fior d'Aliza (*Diane*)..........	1866	Noisette (*Ma Normandie*).....	1872
Florida (*Favorita*),..........	1863	Rosita (*Rosati*)...............	1867
Gondar (*Gondole*)...........	1875	**Florin** ou **The Flying Dutchman**	
La Cocarde (*Miss Bird*).....	1868	Lesczinska (*Myska*)..........	1861
L'Eclair (*Sacoche*),........ ...	1879		

FLORIST, bai, par FANCY BOY et MALAY (a.)

1850 — Importé en 1856

Divina (*Iris*)................   1858

FONTAINEBLEAU, bai-brun, par DOLLAR et FINLANDE

1874

Abyssinie (*Aïda*)............	1887	La Malmaison (*La Jonchère*)...	1884
Briséis (*Brava*).......	1888	La Souveraine (*Sorbe*)........	1887
Butte du Trésor (*Her Grace*) ..	1887	Mineure (*Michelette*)........	1882
Concordia (*Charmille*).......	1884	Nizette (*Nixette*)............	1889
Courbevoie (*Coureuse de Nuit*)	1883	Nymphea (*Printanière*)......	1887
Cresserelle (*Mavis*).....•.....	1887	Sarcelle (*Schooner*)..........	1886
Dahlia (*Directrice*)..........	1889	Sonora (*Serpentine*)	1886
Diavolina (*Isménie*)	1888	Visière II (*Gardevisure*)......	1885
Fontanas (*Charmille*)........	1886	**Fontainebleau** ou **Salvator**	
Guérande (*Guémenée*)........	1883	Aventurine (*Cornaline*).......	1885
La Chatte (*Chamarande*).....	1888		

FONTAINE HENRY, bai, par AUGUSTE et DALILAH

1874

Linotte (*Baliverne*)..........   1883

FORERUNNER, bai, par THE EARL ou THE PALMER et PREFACE (a.)

1873

Quick Thought (*Magnolia*)a..   1884

FORT A BRAS, bai, par THE BARON et SUPREMA

1855

Balançoire (*Anatolie*)........   1868   Belle Dame (*Belle Angevine*).   1874

Bradamante (*Miss Gladiator*). 1864
Fleur des Champs (Terre Promise).. 1870
Forte en Gueule (*Apparition*). 1876
Génuflexion (*Euréka*)........ 1873
Jonvillaise (*Joliette*)......... 1876
Mi-Jour (*Ténébreuse*)........ 1863
Marthile (*Miss Gladiator*).... 1863
Miss Fasquelle (*Erreur*) 1867

Olive (*Miss Neddy*)......... 1864
Picardie (*Warplot*).......... 1870
Succursale (*Clarinette*)...... 1863

Fort à Bras ou Brown Dayrell

Euterpe (*Euréka*)............ 1874

Fort à Bras ou Charlatan

Formosa (*Pulchérie*)......... 1863

FOSCARINI, bai, par CAPTAIN CANDID et CRYSTAL

1828

Héline (*Stella*)............... 1852   Miss Normandine (Lady de Normandie) 1841

FOUDRE DE GUERRE, bai, par MUSCOVITE
et FANTAISIE

1870

Amanda (*Héritage*)......... 1881
Calypso (*Fatima Jeune*)....... 1880
Foudrette (*Sac au Dos*)....... 1882
Foudrine (*Mélusine*)........ 1882
Hermine (*Pyrénéenne*)....... 1881
La Tarbaise (*Gertrude*)....... 1882
Léonore (*Laurentine*)........ 1880
Lina (*Lutine*).............. 1881
Lorida (*Lutine*) 1883
Pascaline II (*Pascale*) 1880
Popote (*Preude*)............. 1883
Symphonie (*Sylvie*).......... 1883
Syrienne (*Sensitive*)......... 1882

Victime (*Wola*)............. 1882
Violente (*Pascale*)......... .. 1883

Foudre de Guerre ou Clodomir

Féerie (*Fair Helen*) 1880

Foudre de Guerre ou Saint-Leger

Mitrailleuse (*Merveille*)...... 1885

Foudre de Guerre ou Trombone

Nuncia Jeune (*Fanfare*) 1879

**Foudre de Guerre, Valérien
ou Soussarin**

Fanfreluche (*Fanny*)......... 1881

FOXBERRY, bai, par VOLTAIRE et MATILDA (a.)

1839

Mlle Ketly (*Elvina*).......... 1851

FOXHALL, bai, par KING ALFONSO et JAMAICA

1878 — **G. P.**

Givre (*Winter Queen*)a 1887
Glimpse (*Vista*)a............ 1888

Valéria (*Water Lily*)a 1885

FRA DIAVOLO, bai, par Filho da Puta et Ténériffe
1830

Hélène (*Betsy*)	1839	Prétendante (*Lady*)	1841
Niobé (*Flore*)	1839	Sylvina (*Norma*)	1840

FRA DIAVOLO, bai, par Trocadéro et Orpheline
1881

Clairette (*Vanity Fair*)	1889	Thétis II (*Théonie*)	1888
Contrebande (*Bellah*)	1889		

FRANCK, bai, par Rainbow et Verona
1833 — J. C.

Dadionne (*Médaille*)	1842	Occipite (*Sephora*)	1841
Mylady (*Regatta*)	1840	Violetta (*Sola*)	1845
Ny (*Coquette*)	1840		

FRANC TIREUR, bai, par Tournament et Fleur des Bois
1870

Dorée (*Dora*)	1887	Valence II (*Vertubleu*)	1880
Esméralda (*Jezabel*)	1878	Verdale (*Vertubleu*)	1881
Minerve II (*Mimie*)	1878	**Franc Tireur** ou **Arif** (arabe)	
Razay (*Rose Bagot*)	1880	Noumma Hava (*Nisita*)	1879
Toute Petite (*Haydée*)	1878		

FREYSTROP, bai-brun, par Uncle Tom et Dinah (a.)
1841 — Importé en 1846

		Freystrop ou **Elthiron**	
Carmen (*Lady Fly*)	1853	Last Born (*Florida*)	1854
Frisette (*Lady Fly*)	1852	**Freystrop, Elthiron** ou **Gladiator**	
Mlle de Bellevue (*Faribole*)	1851	Garenne (*Jessie*)	1854

FRIAR TUCK, alezan, par Hermit et The Doe (a.)
1877

Véga (*Lola*) 1884

FRIEDLAND*, bai, par Napoléon et Cloton
1835

Biche (*Chloris*)............. 1844
Bienséance (*Miss Ann*)....... 1844
Lisa (*Ketty*)................. 1857

Royal mare* (*Baleine*)....... 1844
Zitte (*Bellone*).............. 1843

FRIPON, bai, par Consul et Folle Avoine
1883

Danseuse (*Dalmatic*)........ 1890
Jachère (*Juliette*)............ 1890

Reine du Sud (Queen of the North)... 1889

FRIPONNIER, alezan, par Chevalier d'Industrie et Tenison (n.)
1864

Agnès-la-Fière (*Fair Agnes*)a. 1875
Filoselle (*Wryneck*)a........ 1875

Folie (*Janeiro*)a............. 1877

FROLIC, bai, par Hedley et Frisky (a.)
1812

Rosina (*Otis*)a.............. 1832

FRONTIN, alezan, par George Frederick et Frolicsome
1880 — **J. C. - G. P.**

Arlésienne (*Andrella*)........ 1888
Balkis (*Blonde II*).......... 1887
Cypris (*Czarina*)............. 1889
Fidès (*Frugality*)........... 1887
Léda II (*Linotte*)............ 1888

Mlle de Malleret (*Lady Clara*) 1890
Mélusine (*Merry May*)....... 1888
Télésile (*Tea Rose*).......... 1889
Thyra (*Tea Rose*)............ 1886

FROSHDORFF, alezan, par Copper Captain et Almée
1851

Courlande (*La Révolte*)....... 1863

FROUVILLE, alezan, par Consul et Frisette
1883

Clarimonde (*Hollandaise*).... 1889

FULGUR, bai, par Y. Emilius et Candida
1853

Grisette (*Sylvia*)........... 1862   Vespérine (*Molokine*)........ 1862

GABERLUNZIE, bai, par Wanderer et Selim mare (a.)
1821

Hortense (*Shrimp*)a......... 1833   Médaille (*Hazardess*)a....... 1832
Mina (*Gohanna mare*)a...... 1833

GABIER, alezan, par Pretty Boy et Batwing
1867

Améthyste (*Comtesse de Paris*) 1883   La Bique (*Chevrette*)........ 1878
Bretonne II (*Bombarde*)...... 1878   La Cochère (*Brunilda*)....... 1885
Californie (*Mlle de Charolais*) 1876   La Fée (*Fire-Fly*)........... 1876
Catalape (*Pure Vérité*),..... 1884   Malines II (*Menandrea*)...... 1883
Comtesse Sarah (Comtesse de Paris).. 1884   Naiade (*Cascatelle*) 1884
Constituante (*Convention*).... 1888   Niniche (*Navette III*)....... 1884
Diligence (*Diaprée*)......... 1888   Orgueilleuse (*Obligation*).. . 1884
Energique (*Miss Aurore*).. .. 1882   Panique (*Princess*).......... 1878
Faneuse (*Fanchonnette*)...... 1876   Psyché (*Princesse de la Paix*) 1874
Flanelle (*Fleurette*).......... 1878   Rosita (*La Reine Elisabeth*)... 1879
Frisette (*Faribole*)......... 1878   Yellow Fly (*Liouba*)......... 1878
Gabare (*Miss Flirt*).......... 1883   **Gabier ou Consul**
Gentille Dame (Great Sadness)..... 1876
Innocente (*Ilda*)............. 1882   Création (*Cremorne*)........ 1877
Jeannine (*Jeanne Hachette*)... 1875   (33)

GAGE D'AMOUR, noir, par Fitz Gladiator et Mariage
1866

Louisette (*True Blue*)........ 1877   Victoria (*Comme Vous*).. . .. 1875
Rose d'Amour (*Equation*).... 1878

GAINSBOROUGH, bai, par Rubens et Tiny (a.)
1813 - 1837

Resemblance (*Williamsons'ditto mare*)a. 1823

GALANTHUS, bai, par Langar et Cast Steel (a.)
1839

Emma Donna (*Whisker mare*). 1848

GALLIARD, bai-brun, par GALOPIN et MAVIS (a.)
1880 — G.

Dot (*Stitchery*)a............ 1885   Sollicitude (*Princess Charlie*)a 1887

GALOPIN, bai, par VEDETTE et FLYING DUCHESS (a.)
1853 — D.

Alaska (*Agapanta*)a..........	1882	Galopade (*Læna*)a..........	1878
Araignée (*Money Spinner*)a...	1880	Rose d'Amour (*Agapanta*)a...	1880
Electrisante (*Leap Year*)......	1885	Simonne II (*Saint Angela*)...	1884
Fast Girl (*Black Mail*)a......	1887	Sunny Queen (*Sunnylocks*)...	1883

GAMBETTI, bai, par EMILIUS et TARENTELLA
1845 — J. C.

Nelly (*Darling*)............ 1856

GAMEBOY, bai, par TOMBOY et LADY MOORE CAREW (a.)
1842

Bravery (*Ennui*)a............ 1853

GAMESTER, bai, par THE COSSACK et GAIETY (a.)
1856 — S. L.

Kentish Fire (*Old Orange Girl*)a. 1866

GAMIN, alezan, par HERMIT et GRACE
1883 - 1894

Phalène (*La Papillonne*)..... 1889

GANTELET, bai, par TOURNAMENT et GARENNE
1868

Baroda (*Caravane*)..........	1875	Gantelet (*Brévetée*)..........	1875
Conception (*Eva*)...........	1878	La Bossue (*Sarcelle*)........	1875
Electrique (*Grande Dame*)....	1876	Neva (*Callypige*)...........	1877
Fine Lady (*Grande Dame*)....	1875	Porte Bonheur (*Mimouche*)...	1876
Follette II (*Mlle de la Romance*)	1876	Théonie (*Déclamation*).......	1878
Found Again (*Nobility*)......	1878	Victoria (*Good for Nothing*)a	1878
Glove (*Déclamation*).........	1875	**Gantelet ou Chief Baron**	
Grande Princesse (Grande Dame)...	1879		
Humility (*Callypige*).........	1875	Mlle de Mello (la Fanchonnette).....	1875

GARRICK, bai-brun, par DOLLAR et JEUNE PREMIÈRE
1880
Garrick ou **Pauls'Cray**

Sevillane (*Signorita*)........ 1886

GARRY OWEN, gris, par PATRICK et EXCITEMENT (a.)
1837 — Importé en 1849

Acerrine (*Candida*)..........	1856	Miss Layza (*Antiope*).........	1854
Aline (*Coqueluche*)..........	1856	Miss Owen (*Pénitence*).......	1853
Alma (*Nautila*).............	1855	My Dream Lost (*Molokine*)...	1851
Béziade (*Couette*)............	1856	Opulente (*Viola*)............	1853
Clary (*Coqueluche*)..........	1853	Owenia (*Skirmish*)..........	1855
Daphne (*Roxanna*)...........	1852	Palma (*Camarine*).........	1852
Dauphine (*Medora*)..........	1855	Panatella (*Isly*).............	1855
Eucharis (*Roxanna*).........	1853	Pincette (*Camelia*)..........	1852
Excitation (*Aquila*)..........	1851	Princesse (*Hope*)...........	1857
Fine (*Medora*)..............	1861	Rigolette (*Emilia*)...........	1854
Genty (*Coqueluche*).........	1855	Rivale (*Candida*)............	1854
Gracieuse (*Viola*)......... ..	1852	Roberte (*Mlle Duparc*)......	1855
Herodea (*Satisfaction*)......	1852	Sans Nom (*Couette*).........	1853
Jacqueline (*Monime*)........	1855	Tamise (*Monime*).........	1853
Lora (*Miss Laurence*)........	1853	Tharistone (*Nautila*).......	1853
Madamizella Tacanitasca (*Monime*)	1855	Valériane (*Ninette*)..........	1851
Maid (*Catastrophe*)	1856	Valérie (*Satisfaction*)........	1853
Mianie (*Deer Chase*)........	1852	**Garry Owen** ou **Ethelwolf**	
Miss Antiope (*Antiope*).......	1852		
Miss Garry (*Miss Laurence*)..	1851	Elégante (*Colette*)...........	1857
Miss Hornet (*Loterie*)........	1852		(39)

GEMMA DI VERGY, bai, par SIR HERCULES et SNOWDROP (a.)
1854 - 1873

Petticoat (*Petticoat*)a........ 1863

GENERAL MINA, alezan, par CAMILLUS et WILLIAMSONS'DITTO MARE (a.)
1820 - 1846 — Importé en 1839

Angiolina (*Van Dyke junior mare*).....	1838	Capricieuse (*Premia*)...... :.	1840
Aquila (*Iveline*)..............	1840	Caracoleuse (*Iveline*)........	1841
Avant Garde (*Tapage*).......	1859	Caramic (*Henrica*)..........	1837
Cachucha (*Caracole*)........	1838	Elzira* (*Elsy*)...............	1835

Filagrée* (*Elsy*)	1832	Melkine* (*Zoraïme*)	1833
Fiancée (*Calypso*)	1841	Minette (*Pulchra*)	1841
Follette* (*Folla*)	1841	Précieuse (*Vanity*)	1838
Ipsara* (*Y. Folly*)	1832	Primrose* (*Premia*)	1838
Julia (*Malvina*)	1834	Zoloé* (*Henrica*)	1836

GENERAL PEEL, bai, par Y. MELBOURNE et ORLANDO MARE (a.)

1861 — G.

Epave II (*Salvage*)a	1875	Peelite (*Battaglia*)a	1873
Mrs Gamp (*Candle*)a	1873	Sly Glance (*Bonny Black Eye*)a	1878

GENUINE, bai, par THE DUKE et WHISPER (a.)

1871

Genuine mare (*West End*)a...	1881	Lady Genuine (*West End*)a...	1882

GEOLOGIST, bai-brun, par STERLING et SILURIA (a.)
1878

Lady George (*Noble Duchess*)a.   1866

GEORGE FREDERICK, alezan, par MARSYAS et THE PRINCESS OF WALES (a.)

1871 — D.

Frederica (*Nella*)a	1882	Mildreda (*Kate Dayrell*)a	1885
Frivola (*Mme Eglantine*)	1877	Princess Louise (*Kentish Rose*)	1879
Grenadière (*Grenade*)a	1887	Queen of the Regiment (Trooper Lass)a	1884
Jessie Honore (*Golden Cross*)a.	1889	Rose Thé (*Tea Rose*)	1885

GERMANIQUE, bai-brun, par THE NABOB et KISS ME NOT

1863

Magicienne (*Ne M'oubliez pas*).   1871

GIBBON, bai, par SKIRMISHER et MADEMOISELLE DE BRIE

1851

Lady Charlotte (*Katinka*).....   1861

GIBRALTAR, bai, par MULEY et Y. SWEET PEA (a.)
1837

Charlotte (*Caveat*)..........   1857

GIFT, bai, par GITANO et FORNARINA

1875

La Glu (*Gasconne*)........... 1885
Minute (*Miss Thormanby*).... 1884

Gift ou Vertugadin

Félicia (*Frugality*)........... 1882

GIGES, bai, par PRIAM et EVA

1837

Cassandra (*Ebauche*)......... 1847
Faribole (*Fadaise*)........... 1847
Magnesia (*Anna*)............. 1846
Margaret (*Anna*)............. 1844
Péronette(*Papillotte*)........ 1848
Polyxène (*Ebauche*)........... 1846
Wirthschaft (*Weeper*).....**Di**. 1844

Wyla (*Léopoldine*).......... 1846

Gigès, Gladiator ou Sting

Dame de Cœur (*Destiny*)..... 1850

Gigès ou Y. Emilius

Boutique (*Belvidere*)........ 1848

GILBERT, bai, par LORD CLIFDEN et TOXOPHILITE MARE (a.)

1872. — Importé en 1875

Ayguelongue (*Hortensis*)..... 1888
Balançoire (*Balancelle*)....... 1878
Bonne Anse (*Bonne Aubaine*). 1888
Castagne *(Castella)*.......... 1885
Durandale (*Lutine*).......... 1886
Galanterie (*Lutine*)......... 1885
Gilberta (*Royale*),........... 1878
Gilbertine (*Argonne*)........ 1886
Gilly Flower (*Hélas*)........ 1881
Gourmette (*Fleur d'Alizier*).. 1882
Hallebarde (*Snalla*)......... 1882
La Dona e Mobile (*Vicomtesse*) 1885
La Goulue (*Lectrice*)........ 1887
Loterie (*Lutine*)............. 1878

Mlle de Ségur (*Virago*)....... 1886
Malibran II (*Lutine*)......... 1881
Marmotte (*Royale*).......... 1883
Minaudière (*Cantinière*)...... 1878
Monarchie (*Royale*)......... 1885
N. par (*Souvenance*)......... 1883
Nimbe (*Noirette*)............ 1887
Norvège (*Noirette*)........... 1886
Polka (*Action de Lens*)....... 1881
Printanière (*Oriflamme*)...... 1881
Salamandre (*Sathaniel*)....... 1883
Silène (*Pierrette*)........... 1879
Valouenne (*Briance*)......... 1881
Vienne (*Victoria Alexandra*). 1882

GITANO, bai, par TOURNAMENT et GISA

1866

Jolie (*Juanita*).............. 1879
La Demoiselle (*La Dheune*)... 1876
La Gavotte (*La Gaîté*)....... 1878
Mlle d'Anthie (*Marie Galante*) 1882

Pile ou Face (*Péronnelle*)..... 1874
Rosabelle (*Reine des Bois*)... 1880
Silk (*Succursale*).. 1879
Sonia (*Ricochet*)............ 1874

GLADIATEUR, bai, par MONARQUE et MISS GLADIATOR
1862 - 1876 — G. — D. — S. L. — G. P.

Brown Agnes (*Wild Agnes*)..	1870	Miss Lucy (*Rubrique*)........	1869
Escapade (*Entécade*)........	1870	Niche (*Étoile du Nord*)......	1870
Eude (*Euphorbia*)a..........	1874	Ninette (*Déliane*)...........	1871
Jeannette (*Stradella*)........	1870	Persévérance (*Flora Mac Ivor*)	1870
Keepsake (*Humming Bird*)..	1873	Planète (*La Reine Berthe*)....	1870
La Revanche (*Vivid*)........	1871	Pro Nihilo (*Happy Wife*)a...	1875
Marie Antoinette (*Margery*)a.	1874	Sensitive (*Sunrise*).....:....	1870

GLADIATOR, alezan, par PARTISAN et PAULINE (a.)
1833 - 1857 — Importé en 1846

Annette (*Annetta*)	1848	La Czarine (*Frétillon*)........	1855
Babiole (*Bride of Abydos*)....	1853	Lady Isa (*Muff*)	1849
Bonita (*Cassica*)............	1849	La Révolte (*Ménalippe*)......	1848
Breloque (*Rosa Langar*)......	1849	Lenity (*Flirtation*)	1851
Bucolique (*Bassinoire*).......	1848	Léocadie (*Miss Rainbow*).....	1853
Camisole (*Pauline*)..........	1857	Lola (*Cassandra*)............	1848
Capucine (*Bathilde*)	1857	Mlle de Chantilly (Maid of Mona)**Di**.	1854
Cendrillon (*Flirtation*).......	1850	Miss Anson (*Marchesina*)a ...	1847
Comédienne (*Tronquette*)....	1851	Miss Cath (*Georgette*)........	1853
Constance (*Lanterne*)........	1848	Miss Gladiator (*Berthe*)......	1852
Constantia Ada (*Frailty*)......	1843	Miss Gladiator (*Taffrail*).....	1854
Dacia (*Polyxena*)............	1845	Miss Lagrée (*Déjazet*)........	1853
Darling (*Miss Petworth*).....	1848	Moquette (*Cauliflower*).......	1856
Devine (*Creeping Jenny*).....	1854	Mouchette (*Bride of Abydos*).	1852
Dulcinée (*Oddity*)...........	1858	Mouse (*Margaret*)..........	1855
Elpinice (*Emilia*)............	1852	Musette (*The Maid of Fez*)..	1854
Eva (*Sweetlips*).............	1850	Nébuleuse (*Belle de Nuit*)....	1857
Fairy Queen (*Bathilde*)......	1856	Olivia (*Miss Rainbow*).......	1852
Faucille (*Fadaise*)...........	1848	Palatine (*Zibeline*)..........	1850
Flamberge (*Error*)	1857	Papillotte (*Agar*)............	1856
Fragola (*Frétillon*)..........	1856	Petite Musique (*Sérénade*)....	1854
Fulvie (*Boutique*)...........	1856	Pratelle (*Midsummer*)........	1853
Gladiole (*the Saddler mare*)..	1847	Princesse de la Paix (Gringalette).	1856
Heroine (*Moréna*)...........	1856	Regina (*Miss Fury*)..........	1853
Hippia (*Diversion*)a..........	1847	Regrettée (*Fatima*)..........	1852
Honesty (*Effie Deans*)....**Di**.	1851	Roma (*Brutandorf mare*)a....	1846
Illustration (*Flirtation*)......	1848	Rosati (*Cingara*)............	1856
Iris (*Miss Rainbow*)..........	1848	Stella (*Naim*)..............	1858
Justice (*Aspasie*)............	1851	Surprise (*Gringalette*) ....**Di**.	1857
Katinka (*Miss Fury*)........	1852	Valna (*Wirthschaft*).........	1854

Vésuvienne (*Diggory Diddle*) 1848
Yelva (*Georgina*)............ 1848
Ymone(*Déception*).......... 1848
Zerline (*Déception*).......... 1848

Gladiator, Elthiron ou Freystrop

Garenne (*Jessie*)............ 1854

Gladiator ou Iago

Dieu Merci (*The Probe*)...... 1856
Polémique (*The Maid of Fez*). 1856

Glaidator ou Ion

Léontine (*Milady*).......... 1853

Philiberte (*Margaret*)....... 1853
Voltigeuse (*Ipsara*)......... 1853

Gladiator ou Y. Emilius

Grenade (*Maria*)............ 1848
Miniature (*Silhouette*)....... 1848

Gladiator ou Sting

Demonstration (*Camélia*)..... 1849

Gladiator, Sting ou Gigès

Dame de Cœur (*Destiny*).... 1850
(80)

GLAIEUL, bai, par ZOUAVE et AURÉOLE

1866

Bacchante (*Zizi*)............ 1876
Castille (*Sevilla*)............ 1874

Eurydice (*The Princess*)...... 1876
Timbale (*The Princess*)....... 1874

GLAUCUS, bai, par PARTISAN et NANINE (a.)

1830

Edgworth Bess (*Emmelina*)a.. 1839
Forest Flower (*March First*)a. 1842

Refraction (*Prism*)a.......O. 1842
Scylla (*Whisk*)a............. 1838

GLEN ARTHUR, bai, par ADVENTURER et MAID OF THE GLEN (a.)

1874

Maman Berthe (*Bertha*)...... 1882

GLENCOE, alezan, par SULTAN et TRAMPOLINE (a.)

1831 — **G.**

Applause (*Tapage*).......... 1837

GLENGARRY, alezan, par SCOTTISH CHIEF et CROCUS (a.)

1875

Balizarda (*Ravigote*)it........ 1884   Giacometa (*Giaretta*)it....... 1884

GLENLYON, bai, par STOCKWELL et GLENGOWRIE (a.)

1866

Vallonia (*Vitala*)a............ 1876

GLENMASSON bai, par COTHERSTONE et ANNETTE (a.)
1854
Red Hair (*Scurdy Lass*)a..... 1869

GLORY, bai-brun, par GLYCON ou ASSASSIN et SOOTHSAYER MARE(a.)
1843 — Importé en 1847
Willow (*Rosabelle*).......... 1850   Xénia (*Suzette*)............. 1851

GODOLPHIN, bai, par PARTISAN et RIDICULE (a.)
1818
Anna (*Barrosa*)a............ 1826   Mouse (Young) (*Mouse*)a..... 1826

GOER, bai, par PYRRHUS THE FIRST et EMMY
1860
Bonne Aubaine (*Mariage*).... 1870

GOHANNA, bai, par MERCURY et HEROD MARE (a.)
1790 - 1815
Gohanna mare (Sir Peter mare)a.... 1814   Hirondelle (*Grey Skim*)a..... 1809

GONTRAN, alezan, par FITZ GLADIATOR et GOLCONDE
1862 — J. C.

Espérance (*Fausse Alarme*)... 1876	Mlle de la Cabourne (Bamboche).. 1874
Fermière (*Alma*)............ 1871	Marivaudage (*Mariage*)...... 1876
Feuille de Frêne (*Ivresse*)..... 1878	Nelly (N. — par Dollar et Tirelire)..... 1882
Frise (*Fausse Alarme*)........ 1874	Pomone (*Alma*)............. 1873
Gontrante (Marguerite d'Anjou)...... 1879	Prudence II (*Pretty Lucy*)..... 1883
Locomotive (*Lacryma*)........ 1882	Pure Vérité (*Bamboche*)...... 1875
Mlle de Gauchou (*La Loire*).. 1871	Villageoise (*Drusilla*)........ 1870

GOURGANDIN, bai, par BEAU MERLE et GALANTE
1878

Bellone (*Belladone*).......... 1887	Lobélie (*Lutea Flora*)........ 1886
Gourgandine (*Folie Bergère*). 1886	Miss Ryannette (*Miss Ryan*).. 1887
Gourme (*Malle des Indes*).... 1886	

GOVERNOR, bai-brun, par ROYAL OAK et LIDIA
1840

Clémentine (*Parasolina*)	1847	Sophia (*Héloïse*)............	1847
Eglé* (*Whalebona*)...........	1847	**Governor ou Royal Oak**	
Epicharis* (*Lady Fashion*)....	1847	O'Berson (*Hosanna*)........	1847
Fanfare (*Miss Hahnemann*)...	1851		

GRANDMASTER, alezan, par KINGCRAFT et QUEEN BERTHA (a.)
1880 — Importé en 1884

Bredouille (*Bernadette*).......	1889	Rondelette (*Rose de Mai*).....	1889
Candide (*Balayeuse*)........	1890	Rosette (*Rose de Mai*).......	1890
Esther (*Eminence*)............	1886	Simonne III (*Serpolette*)......	1887
Goutte d'Or (*Lutine*)........	1888	**Grandmaster ou Brest**	
Haute Futaie (*Hardiesse*).....	1889	Cayenne (*Mlle de Charolais*).	1886
Lorgnette (*Xénie*)...........	1886	Pologne (*Mlle du Plessis*) ...	1886
Orchidée (*Olympiade*)........	1890		
Réaction (*Rivale*)...........	1888	**Grandmaster ou Flavio**	
Rodogune (*Riante*)..........	1889	Sézanne (*Seize Mai*).........	1888

GREATHEART, alezan, par JEREED et PROGRESS (.)
1840

Braemar (*Highland Fling*)a... 1857

GREENBACK, bai, par DOLLAR et MUSIC
1875

L'Ange Ingrat (*Léoline*)	1881	Voici (*Verveine*)	1887

GREY TOMMY, gris, par SLEIGHT OF HAND et COMUS MARE (a.)
1849. — Importé en 1856

Adda (*Tamise*)..............	1859	Ourika (*Miss Jenny*)	1861
Consolation (*Catanno*).......	1861	Pilule (*Henriette*)...........	1862
Désirée (*Sontay*)............	1859	**Grey Tommy ou Ethelwolf**	
Miranda (*Eliata*).............	1862	Graziella (*Eliata*)a..........	1858
Miss Tommy (*Guilhaumette*)..	1870		

GREY WALTON, noir, par WALTON et LISETTE (a.)
1817

Chesnut Filly (*Governor mare*)a.. 1824

GRIMSTON, alezan, par VERULAM et MORSEL. (a.)
1843

Courtisan (*Thaïs*)a.......... 1870   Grief (*Woman in Black*)a..... 1868

GROSVENOR, bai, par TOUCHSTONE et MISS BEVERLEY (a.)
1848

Datestone (*Palm-Leaf*)a...... 1864

GUIGNOLET, bai, par GLADIATOR ou STING et DISCRÈTE
1849

Eglantine (*Fleur de Mai*)..... 1860

GUILLAUME LE TACITURNE, bai, par THE FLYING DUTCHMAN
et STRAWBERRY HILL
1860

Toquade (*Stella*)............ 1866

GULLIVER, bai, par ORVILLE et CANIDIA (a.)
1819

Gazelle (*Damietta*).......... 1826   Vanessa (*Quail*)a............ 1828

GUNBOAT, bai, par SIR HERCULES et YARD ARM (a.)
1854 - 1883

Corvette (*Emie*)a............ 1882   Rose Leaf (*Creeping Rose*)a.. 1864

GUSTAVE, bai-brun, par LANERCOST et BOUNTY (a.)
1857

Good for Nothing (*Annette*)... 1865   La Rose (*Villefranche*)....... 1867

GUY DAYRELL, bai, par WILD DAYRELL et REGINELLA (a.)
1867 — Importé en 1879

Chartreuse (Mlle de Champigny)..... 1882   Réflexion (*Julia Peel*)........ 1880
Katia (*Keepsake*)............ 1883   Régente II (*La Dauphine*).... 1880
La Napoule (*La Nuit*)........ 1885   **Rosa** (*Rosemary*)............ 1880

Satinette (*Bagatelle*)	1881	Tolède (*Hémione*)	1882
Séraphine (*Dalnamaine*)	1881	Vanda (*Queen*)	1884
Taglioni (*Giselle*)	1882	Véturie (*Optimia*)	1884

HACKTHORPE, bai, par CITADEL ou STRAFFORD et ROSARY (a.)
1875

Hop Bitters (*Antidote*)a....... 1884

HAGIOSCOPE, alezan, par SPECULUM et SOPHIA (a.)
1878

Scope (*Maide of the Isles*)a.. 1885

Hagioscope ou **Esterling**

Chicognette (*Suicide*)........ 1888

HAMPTON, bai, par LORD CLIFDEN et LADY LANGDEN (a.)
1872

Court (*Blood Red*)a	1882	Formality (*Lady Binks*)a	1885
Court Dame (Mistress of the Robes) a.	1889	Glimmer (*Wildfire*)a	1882
Diamond Agnes (Golden Agnes)a...	1890	Handkerchief (*Desdemona*)a..	1880
Duchess of Hampton (Cherry Duchess)a..	1883	Hysteria (*Hester*)a	1884
Euménide (*Eude*)	1885	Marshdale (*Lady Wassand*)a..	1885
Fontanille (*Eude*)	1884	Zibeline (*Rosemary*)	1888

HANNETON, bai, par POLECAT et FEUILLE DE CHÊNE
1850

Fleur de Chêne (*Attrappe qui Peut*). 1859

HAPHAZARD, bai, par SIR PETER et MISS HERVEY (a.)
1797 - 1821

Abigail (*Audrey*)a	1818	Haphazard filly (*Waxy mare*)a.	1818
Douce* (La) (*Selim mare*)	1821		

HARBINGER, bai, par TOUCHSTONE et CUCKOO (a.)
1849

Aurora (*Lady Emily*)a........ 1856

HARKAWAY, alezan, par ECONOMIST et FANNY DAWSON (a.)
1834 - 1859

Forfeta (*Agnes*)a	1846	Second Sight (*Toy*)a	1846
La Chasse (*Ruthful*)	1852	**Harkaway ou the Libel**	
Miss Harkaway (*Louisa*)	1852	Malmsey (*Malvoisie*)a	1851
Parchment (*Red Tape*)a	1852		

HARLEQUIN, alezan, par CERVANTES et FLORA (a.)
1825 - 1846 — Importé en 1831

Bella Dona* (*Miss Henry*)	1842	Loisa (*Doris*)	1842
Caroline (*Miss Anne*)	1845	Lovely (*Vigornia*)	1837
Césarine (*Chloris*)	1842	Magnolia (*Enchanteresse*)	1837
Chevrette* (*Crotchet*)	1842	Marquesita* (*Discrète*)	1845
Colombine (*Feuille de Chêne*)	1845	Miriam (*Priestess*)	1837
Dame Blanche (*Miss Ann*)	1846	Nérine (*Effy*)	1834
Djali* (*Scornful*)	1842	Ninon (*Eugenia*)	1836
Fly (*Lilly*)	1842	Saintongeoise (Young) (Brunette).	1842
Fraga* (*Crotchet*)	1839	Whalebone mare (*Baleine*)	1845
Illusion* (*Betzy*)	1842	**Harlequin ou Napoléon**	
Héloïse (*Rebecca*)	1834	Error (*Milady*)	1836
Héroïne* (Chercheuse d'Esprit)	1841	**Harlequin ou Quoniam**	
Isabelle* (*Didon*)	1842	Rachel Filly (*Héloïse*)	1845
Lady Maria* (*Clio*)	1842	(26)	
Lélia (*Lilly*)	1843		

HARRY, bai, par MASTER HENRY et YOUNG CHRYSEIS (a.)
1827

Miracle (Young) (*Miracle*)a... 1832

HEDLEY, bai, par GOHANNA et CATHERINE (a.)
1803

Léopoldine (*Gramarie*)a...... 1822   Maiden (*Selim mare*)a........ 1819

Hedley ou Seymour

Humbug (*Gramarie*)a........ 1824

HENRY, bai, par MONARQUE et MISS ION
1868

Brigantine (*Weather Bound*).	1875	Henriette II (*Séminis*)	1877
Henriette (*Balzanée*)	1877	Isole (*Isoline*)	1875

10

Lumineuse (*Laurentine*)...... 1876
Sacoche (*Sac au Dos*)........ 1876
Will (*Willis*)............... 1877

Cymbal ou Henry

Flatteuse (*Fatima Jeune*)..... 1877
Rigolette (*Regalia*).......... 1876

HERCULE, alezan, par RAINBOW et AIMABLE

1830

Ayouba (*Feuille de Chêne*)... 1843
Bellière (*Mrs Brady*)........ 1850
Déjazet (*Waverley mare*)..... 1846
Doloride (*Aimée*)............ 1847

Lanterne (*Elvira*).. J. C. - Di. 1841
Miss Flora (*Berthe*)......... 1849
Quiz (*Elvira*)............... 1839
Rosita (*Georgina*)........... 1840

HERMIT, alezan, par NEWMINSTER et SECLUSION (1.)

1864 - 1890 -- D.

Aida (*Ada Dyas*)............. 1882
Alicante (*Madeira*).......... 1887
Bavarde (*Basilique*)...... Di. 1884
Blue Serge (*Blue Sleeves*).... 1876
Cat (*Cats'paw*).............. 1884
Chérie (*Czarina*)............ 1884
Fair Dove (*Stockdove*)a...... 1883
Feroza (*Garnet*)a............ 1878
Formalité (*Formosa*)......... 1880
Gipsy Maiden (*Patchwork*)a... 1885
Grecian Bride (La Belle Hélène)a ... 1882

Hermita (*Affection*)a........ 1871
Jolie Agnes (*Belle Agnes*)a... 1886
Khabara (*Sultana*)a 1877
La Haye (*La Jonchère*)....... 1886
Lionne (*Léoline*) 1884
Little Sister (*Mrs Wood*)a.... 1875
Maravilla (*Seville*)a......... 1872
Radieuse (*Romping Girl*)a.... 1882
Rampage (*Romping Girl*)a.... 1873
Saint Cecilia (*Melody*)a...... 1876
Victory II (*Salamanca*)a...... 1879

(22)

HERNANDEZ, bai, par PANTALOON et BLACK BESS (1.)

1848 — G. — Importé en 1853

Carline (*Pug*)............... 1856

Mexicaine (*Tailed Comet*).... 1856

HERON, bai, par HUSTARD et ORVILLE MARE (a.)

1833

Angeline (*Ardelia*)a......... 1850

HETMAN PLATOFF, bai, par BRUTANDORF et COMUS MARE (a.)

1836 - 1852

Caloric (*Oxygen*)a 1849
Cosachia (*Galata*)a.......... 1844
Fanny Hill (*Miss Bowe*)a..... 1845

Rackety Girl (*Tomboy mare*)a. 1846
Scythia (*the Princess*)a....... 1846

HIGHBORN, bai. par GLADIATEUR et FILLE DE L'AIR
1870

Heirloom (*Legacy*)a	1880	Nobly Born (*Lady Rowena*)a..	1880
Hygiène (*Hygeia*)a	1883	Sarah III (*Camerino mare*)a..	1881

HIGHLAND CHIEF, bai. par HAMPTON et CORRIE (a.)
1880

Annie Laurie (*Cyclopædia*)a.. 1889

HILARIOUS, bai-brun, par BROWN BREAD et HYGEIA (a.)
1874

Athalie (*Gwendoline*)	1886	High Jinks (*Shatemuc*)a	1885
Cordelia (*Lady Lucas*)a	1884	Hilarité (*Claretto*)a	1884
Doll (*Dee*)a	1886	Mélodie (*Melia*)	1886

HOBBIE-NOBLE, bai, par PANTALOON et PHRYNE (a.)
1849

Miss Hobbie (*Flacatcher mare*)a. 1862

HŒMUS, bai-brun, par SULTAN et BESS (a.)
1828 - 1843 — Importé en 1834

Berthe (*Fatime*)	1839	Lady Macbeth (*Harriet*)	1842
Cadichonne (*Medea*)	1844	Laitza (*Indiana*)	1842
Cinq Sous (*Medea*)	1843	La Mecque (*Indiana*)	1840
Flaye (*Midsummer*)	1840	Vapeur (*Ipsara*)	1842
Georgette (*Lustre*)	1839	Violette (*Fatime*)	1840
Hœma (*Calliope*)	1843		

HOLBEIN, bai, par RUBENS et COLUMPUS MARE (a.)
1819 — Importé en 1826

Amélie* (*Miss Ann*)	1839	Clorinde (*Thalie*)	1834
Analie (*Miss Ann*)	1834	Corinne* (*Noemi*)	1834
Carline (*Zoraïme*)	1828	Corysandre (*Comus mare*)	1834
Chimère* (*Louise*)	1834	Elsy* (*Van Dyke Junior mare*)	1827

HOLY FRIAR, alezan, par Hermit et Thors'Day (a.)

1872

Modest Martha (*Mangosteen*)a. 1877

HONESTY, bai, par Voltigeur et Camiola (a.)

1864 — Importé en 1869

Honesty ou **Saucebox**

Honrada (*Miss Tessonieras*)..	1875	Hospitalité (*Ecossaise*)	1875
La Demeizelo (La Christmière).....	1879	**Honesty** ou **Optimist**	
Penny Worth (*Farthing*).....	1874	Heurtebise (*Styria*)..........	1873

HORACE, bai, par Mameluke et Bellone

1841

Mlle Nicolas (*Juliana*)........	1859	Mirage (*Bellah*).............	1855

HORNSEA, alezan, par Velocipede et Cerberus Mare (a.)

1832

Memoir (*Legend*)a........... 1840

HOSPODAR, bai, par Monarque et Sunrise

1860

Céramée (*Céramique*)........	1873	N. — par (*Lodi*).............	1875
Dordogne (*Emma Bowes*).....	1869	Parade (*La Vallière*)	1868
Fille de l'Orne (Princesse de la Paix).	1867	Pécore (*Péronelle*)...........	1873
Iphigénie (*Isabella*)..........	1867	Percaline (*Rivale*)...........	1869
La Clarence (M^le *de Mahéru*).	1867		

HUNTSMAN, bai, par Tupsley et the Abbess (a.)

1853 — Importé en 1862

Banknote (*Madame Ristori*)... 1864

IAGO, bai, par Don John et Scandal (a.)

1843-1865 — Importé en 1853

Belle Angevine (*Elvira*)......	1857	La Douze (*Zeta*)	1863
Miss d'Avenel (*Dame Blanche*)	1861	La Midouze (*Madame Ristori*)	1863
Bravade (*Lady Bird*).........	1860	Malice (*the (Warwick mare*)..	1850

Bravoure (*Lady Bird*)........ 1859
Damiette (*Honey Moon*)...... 1863
Dubica (Young) (*Pomare*)..... 1856
Eclair (*Balaclava*)........... 1858
Etoile du Forez (*Olinga*)..... 1859
Jalousie (*Uberty*)........... 1865
Jane Eyre (*Mrs. Anson*)...... 1857
La Chatte (*Miss Rainbow*).... 1858

Turlurette (*Lola*)............ 1863
Venise (*Plumeloup*).......... 1863
Iago ou Gladiator
Dieu Merci (*The Probe*)...... 1850
Polémique (*The Maid of Fez*). 1856
Iago ou Nunnykirk
Fete (*Festival*).............. 1855
(19)

IBIS, bai, par RAINBOW et LÉOPOLDINE
1831

Attrape qui Peut (*Cyprienne*).. 1847
Britannia (*Lavinia*).......... 1843
Flight (*Lavinia*)............. 1842
Gloria (*Sainte Agnes*)....... 1843
Isabella (*Genuine*).......... 1845

Isis (*Albania*)............... 1845
Juliana (*Sainte Agnes*)....... 1846
Kindness (*Helena*).......... 1847
Mary (*Genuine*)............. 1849

IBRAHIM, bai, par SULTAN et PHANTOM MARE (a.)
1832 - 1849. — G. — Importé en 1835

Annetta (*Miss Annette*)....... 1839
Amathonte (*Ablette*)........ 1847
Demi Fortune (*Dona Pilar*)... 1845
Effie Deans (Young) (Effie Deans). 1840
Egyptienne (*Antwerp*)....... 1839
Fadaise (*Sweetlips*).......... 1841
Logomachie (*Weeper*)...... .. 1840
Maida (*Lady Charlotte*)...... 1844
Marionnette (*Christabel*)..... 1844
Monime (*Crispine*).......... 1839
Nicette (*Mania*)............. 1844
Ninon (*Waverley mare*)...... 1844
Privauté (*Papillotte*)........ . 1847
Rigolette (*Clio*)............. 1845

Sabretache (*Sweetlips*)........ 1845
Sarah (*Antwerp*)............. 1838
Surprise (*Deception*)......... 1845
Tonadilla (*Vittoria*).......... 1839
Valentine (*Celeste*).......... 1840
Vergogne (*Vittoria*)......**Di.** 1846
Verveine (*Biondetta*)......... 1839
Zullah (*Monime*)............. 1844
Ibrahim ou Gigès
Baliverne (*Bassinoire*)........ 1845
Virgule (*Vittoria*)............ 1845
Ibrahim ou Physician
Pervenche (*Fleur de Lis*)..... 1844
(25)

IDUS, bai, par WILD DAYRELL et FREIGHT (a.)
1867 — Importé en 1877

Eglantine (*Anarchie*)........ 1883
Fortunée (*Forteresse*)........ 1888
Sévigné (*Versailles*)......... 1884

Splendeur (*Versailles*)........ 1883
Verdière (*Verte Allure*)....... 1883
Victorine (*Victime*)........... 1883

INHERITOR, noir, par LOTTERY et HANDMAIDEN (a.)
1831 - 1849. — Importé en 1849

Annuity (*Angelina*).........	1849	Frugality (*Flighty*)..........	1849
Bounty (*Annetta*).........**Di**.	1849	Héritage (*Margaret*)........	1850
Caramba (*Saracen mare*).....	1850	Jeopardy (*Beguine*).........	1849
Creeping Jenny (Maid of Erin) bel..	1847	Jollity (*Flirtation*)..........	1849
Fair Rosamond (Maid of Avenel)a...	1841	Magnanimity (*Jessie*)........	1849
Favorita (*Victoria*) bel	1847	Morena (*Victoria*)...........	1850
Fraternity (*Effie Deans*)......	1847	Quality (*Margarita*)..........	1849

INQUEST, bai, par CORONER et CREEPER (a.)
1863

Eolienne (*Summer Breeze*) bel..... 1867

INSULAIRE, noir, par DUTCH SKATER et GREEN SLEEVE
1875 — J. C.

Conférence (*Confiance*)......	1886	Lingerie (*Lina*)..............	1883
Gaudriole (*Gentille Dame*)....	1887	Pléiade (*Bertha*).............	1887
Gemmy (*Gem Royal*)........	1887	Raguse (*Reine*)...............	1887
Gina (*Bête à Chagrins*)......	1884	Welcome (*West*).............	1885
Idylle (*Iris*)................	1883	**Insulaire ou Beauminet**	
Ira (*Iris*)...................	1884	Duchesse (*Wild Flower*)......	1882
La Bouillie (*Rose of Eltham*)..	1887	Falaise (*Fille du Ciel*)........	1884

INVINCIBLE, bai-brun, par HOEMUS et REGATTA
1839

Ibra Detta (*Verveine*)........ 1848

ION, bai-brun, par CAIN et MARGARET (a.)
1835-1858 — Importé en 1851

Aglaure (*Emilia*)............	1855	Mariage (*Plume Loup*)........	1859
Bouche en Cœur (*Tomate*)....	1857	Mira (*Miss Rainbow*).........	1854
Bright Star (*Belle Poule*).....	1855	Miss Ion (*Miss Ann*)........	1853
Calpurnia (*Lysisca*)..........	1856	Narcissa (*Dame Blanche*).....	1855
Carmélite (*Discrète*).........	1853	Néréide (*Jelly Fish*).........	1856
Clarinette (*Tronquette*).......	1857	Nice (*Illustration*)...........	1858
Creusa (*Lady Flora*)a........	1852	Quinine (*Sir Hercules mare*)a	1846
Désespérée (*Glauca*).........	1857	Rebiscade (*Victorine*)........	1854
Finlande (*Fraudulent*)....**Di**.	1858	Rosière (*Queen of the May*)..	1857

Flavia (*Iris*)   1855
Fleur de Lys (*Miss Tarrare*). .   1853
Goëlette (*Georgette*)   1855
Haidée (*Ninon*)   1853
Hypothèse (*Nightcap*)   1858
Iodine (*Sir Hercules mare*)a .   1845
Ioness (*Lady Bangtail*)   1855
La Baleine (*Sérénade*)   1857
La Boule (*Espérance*)   1856
Lady Tartufe (*Mariquita*)   1853
La Filleule (*Eugénie*)   1858
Mlle Marco (*Lady Bangtail*) . .   1854

Sauvagine (*Cuckoo*)   1857
Somnambule (*Semiseria*)   1858
Tchernaia (*Darling*)   1855
Villefranche (*Illustration*)   1859
Violette (*Launcelot mare*)   1857
Zut (*Mariquita*)   1855

Ion ou **Gladiator**

Léontine (*Mylady*)   1853
Philiberte (*Margaret*)   1853
Voltigeuse (*Ipsara*)   1853

Ion ou **Lanercost**

Pantenne (*Fusion*)   1856

(40)

IONIAN, bai. par Ion et Malibran (a.)

1841 — Importé en 1847

Carabine (*Phenice*)   1858
Clair de Lune (*Defy*)   1855
Clœa (*Venezia*)   1855
Dainty (*Flora*)   1852
Epoch (*Olga*)   1856
Etoile de Mars (*Adeline*)   1852
Nanine (*Orpheline*)   1853
Nichette (*Sylvia*)   1855
Gartempe (*Jollity*)   1857
Georgette (*Magnelina*)   1853
Gitana (*Bohémienne*)   1855
Impériale (*Sylvandire*)   1852
Lady (Young) (*Prétendante*) . . .   1849
Lady Maud (*Defy*)   1852
Lima (*Agar*)   1861

Mlle du Bois Chaplaud (Vanilla) . .   1860
Marie Stuart (*Madame Ristori*)   1862
Mlle Ionian (*All Right*)   1860
Mimi (*Miss Wags*)   1850
Miss Ellen (*Clara Wendel*) . . .   1850
Musette (*Miss Wags*)   1851
Scozzone (*Image*)   1855
Victoria (*Adèle*)   1850
Yole (*Sylvandire*)   1849
Zulma (*Opale*)   1856

Ionian ou **Mokanna**

Ionienne (*Selima*)   1856

Ionian ou **Prospero**

Rosalie (*Reine Margot*)   1852

(27)

ISAAC, bai-brun, par Camel et Arachne (a.)

1831

Cingara (*Gipsy Queen*)   1846

ISHMAEL, bai, par Young Emilius et Galatée (a.)

1842 - 1849

Maïd of Erin (*Potteen*)a   1841

ISHMAEL, bai, par ADVENTURER et LINA (i.)
1878

Jenny Geddes (*Jenny Diver*)a.   1889

ISMAEL, alezan, par FLAGEOLET et VERDURE
1876

La Nouvelle II (*Céramique*)..   1884

ISOLIER, bai-brun, par NUNNYKIRK ou THE BARON et DECEPTION
1853

Isolier ou **The Cossack**

Bocca Nera (*Reel*)...........   1858

ISONOMY, bai, par STERLING et ISOLA BELLA (a.)
1875 - 1891

Autruche (*Arbalète*).........	1885	L'Eclair (*Lady Atholstone*)...	1883
Egalité (*Marielle*)a..	1889	Miss May (*Fusberta*)........	1884
Fanny (*Frivola*)....	1888	Retribution (*Ellangowan*)a....	1888
Fifine (*Filoselle*)...	1884	Vanille (*Ringdove*)....	1884

ITHURIEL, bai, par TOUCHSTONE et VERBENA (a.)
1841

Ianthe (*Belshazzar mare*)a....   1847

IVANHOFF, bai, par MUSCOVITE et BLACK (a.)
1858 — Importé en 1872

Fleur d'Avril (*Fleur des Loges*) 1874   Paquerette (*Fleur des Loges*). 1877

JACK ROBINSON, bai, par EPIRUS et ALIENA (a.)
1848

Dinah (*Mursling*)...........	1854	Mica (*Decrepit*).............	1854
Ennui (*Charley Boy mare*)....	1855	Pervenche (*Homeward Bound*)	1854
Meduline (*Hindoo mare*).....	1853	Spezzia (*Lammas Lass*).......	1859

JAQUES, bai, par TOUCHSTONE et PARTHENESSA (a.)
1839
Cigarette (*Curl*)............   1848

JARNAC, bai, par LE PETIT CAPORAL et JARDINIÈRE
1878
La Pie (*Miss Womersley*)....   1853

JARNICOTON, bai-brun, par FAUGH A BALLAGH et BELLE DE NUIT
1860 - 1867

Francine (*Miss Fantôme*).....   1868   Garde Mobile (*Girgenti*).....   1868
Galante (*Gentille Dame*).....   1868

JASON, bai, par RAINBOW et LÉOPOLDINE
1832
Etincelle (*Mérope*)...........   1842

JAVELOT, bai-brun, par GLADIATOR et RHINOPLASTIE
1850

Faula (*Miss Fantôme*).......   1867   Sentence (*Topaze*)...........   1861
Galanthis (*Guava*)..........   1866

JEAN SANS PEUR, bai, par TRAGEDIAN et OLINGA
1860
Altière (*Lady Pigot*)........   1868

JEREED, bai, par SULTAN et MY LADY (a.)
1834

Térésina (*Teresa*).a..........   1844   Yorkshire Lass(*Cadland mare*)a 1845

JERRY, noir, par SMOLENSKO et LOUISA (a.)
1821

Ingratitude (*Arethusa*)a......   1848   Pious Jenny (*Crazy Peggy*)a..   1843
Jessy (*Georgina*)a,..........   1845

JOCKO, bai, par HARLEQUIN et PRIESTESS

1834

Candor (*Piccolina*)	1846	Trompeuse (*Zille*)	1851
Jonquille (*Jessica*)	1850	Tulipe (*Rubena*)	1844
Nicotine (*Jessica*)	1851	Ursule (*Corine*)	1847
Spiletta (*Gaiety*)	1844	**Jocko** ou **Terror**	
Stella (*Huraca*)	1846	Urganda (*Noema*)	1845

JOE LOVELL, bai, par VELOCIPEDE et CYPRIAN (a.)

1841 - 1864

Prioress (*the Abbess*)a 1852

JOHN DAVIS, bai, par VOLTIGEUR et JAMAICA (a.)

1861

Brilliancy (*Bright Light*)a....	1877	Quiétude (*Solitude*)a.	1874
Moll Davis (*Cast Off*)a......	1878		

JOHN DAY, bai, par JOHN DAVIS et BREAKWATER (a.)

1873 — Importé en 1883

Ismène (*Idylle*) 1887   Pépa (*Pastille*) 1888

JOHN O'GAUNT, alezan, par TAURUS et MONA (a.)

1838 - 1861

Genista (*Vexation*)a	1854	Lady Joan (*Venus*)a	1854
Kate (*Omphale*)a	1851		

JONAS, bai, par WHALEBONE et RECTORY (a.)

1831 — Importé en 1835

Baleine (*Don Cossack mare*).. 1837

JONVILLE, bai, par FORT A BRAS et JENNY

1873

Galathée (*Guarantee*)	1885	**Jonville** ou **Boïador**	
Philiberte (*Phryné III*)	1881	Bellecour (*Batsaline*)	1884

JOSKIN, bai-brun, par WEST AUSTRALIAN et PEASANT GIRL (a.)

1856

Alumine (*Alruna*)a	1877	La Farandole (*Œtna*)	1874
Kate II (*Œtna*)a	1872	Tombola (*Mrs. Acton*)	1876

JULIUS, bai, par SAINT-ALBANS et JULIE (a.)

1864

Bowness (*Windermere*)a	1876	Mitylène (*Menandrea*)a	1875
Dame Janet (*Electra*)a	1870	Spinning Wheel (*Happy Wife*)a	1878
Juliana (*Contadina*)a	1870	**Julius ou Deucalion**	
Marcelle (*Cerintha*)a	1873	Espérance (*Coupon*)	1881

JULIUS CŒSAR, bai, par SAINT-ALBANS et JULIE (a.)

1873 — Importé en 1885

Boadicea (*Adventure*)a	1883	**Julius Cœsar ou Sansonnet**	
Pharsale (*Teacher*)	1886	Effraie (*Eolienne*)	1889
Sébastienne (*Séraphine*)	1887		

KAISER, bai, par SKIRMISHER et REGINA (a.)

1870

Rigodon (*Faux Pas*)a   1880

KAOLIN, bai-brun, par ZOUAVE et DAINTY

1868

Bohémienne (Mlle de la Seiglière)	1879	Mlle d'Héritot (*La Casaque*)	1880
Grisette (*Ganache*)	1877	N. — par (*Augustine*)	1879

KENDAL, alezan, par BEND'OR et WINDERMERE (a.)

1883

Mathona (*Niniche*)a   1889

KETTLEDRUM, alezan, par RATAPLAN et HYBLA (a.)

1858 — **D.**

Mrs. Gillam (*Industry*)   1873

KIDDERMINSTER, alezan, par NEWMINSTER et CAMEL MARE (a.)

1864 — Importé en 1876

Carpette (*Croix du Sud*)...... 1878   Serpolette (*Sauterelle*)........ 1878

KILT, alezan, par CONSUL et HIGHLAND SISTER

1873 — **J.C.**

Andromaque (*Bellone*)....... 1886   Fougère (*Timbale*)... 1886
Cocarde (*La Fourmi*)......... 1886

KIMBOLTON, alezan, par THE DUKE et LADY PARAMOUNT (a.)

1881

Violetta (*Rigolblague*)a...... 1888

KING ALFRED, bai, par KING TOM et FILLE DE BAY MIDDLETON (a.)

1867 — **D.**

Vapeur II (*Lady Wallace*).... 1882

King Alfred ou **North Lincoln**

Angelina (*Our Mary Ann*)a.. 1873

KINGCRAFT, bai, par KING TOM et WOODCRAFT (a.)

1867 — **D.**

Alouette (*Mauviette*)......... 1880   Parthénope (*Palmyre*)........ 1880
Board School (*Miss Becker*)a.. 1876   Sérénade (*Sleeping Beauty*)... 1883
Fridoline (*Renée*)............. 1878   Swift (*Sycée*).............. .. 1876
Leap Year (*Wheat Ear*)a..... 1876   Vesper (*Baroness*)a.......... 1877
Lilian Krone (*Jessica*)a...... 1881   Witchcraft (*Lady Lucas*)a.... 1876

KINGFISHER, alezan, par KING TOM et CHOPETTE (a.)

1876

Queenfisher (*Lady Mentmore*)e.u.... 1877

KING JOHN, bai, par KINGSTON et DINAH (a.

1861 - 1875

Peau d'Ane (*Palmeria*)..,,... 1867

KING LUD, bai, par King Tom et Qui Vive (a.)

1869-1894 — Importé en 1883

Ariel II (*Sorceress*)..........	1889	Hilda (*Hautaine*).........	1889
Arcade (*Tourterelle*)........	1889	Lady Lonsdale (*Hatty*)a.......	1879
Bécassine (*Ortolan*).........	1890	Piquepoule (*Vinaigrette*).. ..	1887
Bouaye (*Bossette*)...........	1885	Widgeon (*Ortolan*).........	1885
Charmante (*Bijou*)..........	1883	Xibalba (*Tyro*).............	1889
Crève-Cœur(*Collada*).......	1883	Yedda (*Hémione*)......... .	1887
Damask Rose (*Filoselle*)a.....	1884	Zénaïde (*Tourterelle*)........	1888
Gloriole (*Citronelle*)........	1886		

KING OF THE CASTLE, bai, par King Victor et Dame Alice (a.)

1875

Baucis (*Ninon*)a...... 1883

KING OF THE FOREST, bai, par Orlando et Forest Flower (a.)

1854 - 1878

Queen of the Valley (*Nimble*).   1867

KING OF THE FOREST, bai, par The Scottish Chief et Lioness (a.)

1868

Forest Beauty (*Anville*)a......	1881	Forest Queen (*Ammunition*)a.	1874
Forest Dance (*Catinka*)a......	1882	Romagna (*Soto da Roma*)a....	1879

KING O'SCOTS, bai, par King Tom et Catherine Logie (a.)

1867

Jessie (*Nelly Hill*)a..........	1874	Scotch Girl (*Eude*)a.........	1878
Marmalade (*Seville*)a........	1875	TheWhite Lady (*Blanchette*)a.	1875
Navette II (*Lady Bank*).......	1876	Tricksey (*Joan of Arc*)a......	1881

KING OF TRUMPS, alezan, par Velocipede et Mistress Gill (t.)

1849 - 1873

Flighty (*Fidget*)a...........	1870	Queen of Diamonds (Gentle Kitty)a.	1866

KINGSTON, bai, par Venison et Queen Anne (a.)

1849 - 1861

Cross Stitch (*Stitch*)a........	1858	Nova (*Mathilda*)............	1860
Eva (*Millwood*).............	1856	Poste (*Pastrycook*)a.........	1858

KING TOM, bai, par Harkaway et Pocahontas (a.)
1851 - 1878

Agnès Sorel (*Miss Agnes*)....	1873	King Tom mare(*Mincemeat*)a.	1866
Anderida (*Woodcraft*)a......	1871	Love Apple (*Mincemeat*)a....	1862
Botany Bay (*Botany*)........	1869	Mimosa (*Giraffe*)a..........	1868
Charlotte (*Carlotta*).........	1873	Miss Hannah (*Chopette*)a.....	1878
Contempt (*Sneer*)a..........	1865	Queen Anne (*La Bonne*)a.....	1857
Czarina (*Miss Lincoln*)a......	1871	Queen Bee (Fille de Fernhill ou Gleam)	1869
Euxine (*Varna*)a............	1870	Queen of Cyprus (*Cypriana*)a.	1873
Her Grace (*Duchess*)a.......	1869	Saint Angela (*Adeline*)a......	1865
Inquietude (*Torment*)a.......	1871	**King Tom ou Macaroni**	
Italian Queen (*Gondola*)a....	1877	Crosspatch (*Vex*)a...........	1878
			(19)

KISBER, bai, par Buccaneer et Mineral. (ko.)
1883-1895 — D.

Belimperia (*Ambassadress*)a..	1883	Risette (*Repose*)a............	1886
Clémente (*Carline*).........	1880	Tit for Tat (*Reparation*)a.....	1884
Czardas (*Lady of Mercia*)....	1883	Tombola (*Tomato*)a..........	1881
Gisela (*Queen Margaret*)a...	1880		

KNIGHT OF AVENEL, alezan, par The Doctor
et Blue Bonnet (a.)
1847

Hiccup (*Pinch*)a............. 1856

KNIGHT OF SAINT-GEORGE, bai, par Birdcatcher
et Maltese (a.)
1878 — S. L.

Lime Flower (*Nicotine*)a...... 1858

KNIGHT OF THE GARTER, bai, par Prime Minister
et Rosa Bonheur (a.)
1864 - 1882

Applause (*Triumph*)a........	1873	Majesty (*Honeycomb*)a........	1873
Countess of Salisbury (*Adelita*)a.	1875	Merry May (*May Queen*)a.....	1873
Gem Royal (*Miss Morris*)a...	1876	Old Maid (*Celibacy*)a........	1878
Ilkley (*Wharfdale*)a.........	1883	Rosia (*Tau*)a	1877
Laure (*Lady Hilda*)a........	1874		

KNOWSLEY, bai, par STOCKWELL et ORLANDO MARE (a.)
1859 - 1874

Beauty (*Bargain*)a   1865

LA CLOTURE, alezan, par MASTER WAGS et CLORINDE
1847

La Clôture, ou Prince Caradoc
Vexation (*Etincelle*)   1854

La Clôture, Prince Caradoc, ou M. d'Ecoville
Carlotta (*Tanais*)   1854   Jonquille (*Tulipe*).   1854

LADISLAS, bai, par HAMPTON et LADY SUPERIOR (a.)
1880 — Importé en 1884.

Alice (*Mlle Agnès*).	1880	Olympe (*Cybèle*).	1886
Chère Belle (*La Frileuse*)	1885	Omphale (*Orfraie*)	1888
Clairvoyante (*Clotilde*).	1887	Redowa (*Red*).	1886
Claudine (*Clotilde*)	1888	Salamandre (*Salette*)	1889
Confiance (*Cornemuse*)	1887	Vestale (*Viskotine*).	1889
Cythère (*Cybèle*)	1887	**Ladislas ou Bay Archer**	
Fleur de Mauve (Fleur des Champs). .	1889	Frascuela (*Falbala*)	1889
Hermine (*Henriette II*).	1888	Der-a-Quila (*Eulalie*).	1889
Hymette (*Hyménée*).	1889	**Ladislas ou Castillon**	
Lyda (*Red*).	1887	Lérida (*Foudrette*).	1888
Mésange (*Mauresque*).	1887	**Ladislas ou Flavio**	
Minotaure (*Mauresque*)	1888	Fauvette (*Cymbale*)	1886
Miss Sucky (*Hermine*).	1889	**Ladislas ou Vignemale**	
Nullité (*Noirette*)	1889	Violette II (*Vigilante II*).	1887

(24)

LAMARTINE, alezan, par EPIRUS et GRACE DARLING (a.)
1848 — Importé en 1854

Conchita (*Lola Montes*)	1862	Méditation (*Diletta*).	1858
Espérance (*Diletta*)	1863	Mignonne (*Rémude*).	1867
Léthargie (*Derline*)	1867		

LAMBTON, bai, par THE CURE et ELPHINE (a.)
1850 - 1874

Dart (*The Mersey*)a	1869	Roma (*Christabelle*)a	1867
Etoile Polaire (*Etoile du Nord*)a.	1871	Tyro (*Rappette*)a.	1870

LAMMERMOOR, bai, par Scottish Chief et Armada (a.)

1874

Sable (*Victorine*)............ 1887

LANCASTRIAN, bai, par Toxophilite et West Australian Mare (a.)

1876

Catherine Swinford (Gentle Mary)a. 1883

LANERCOST, bai, par Liverpool et Otis (a.)

1835 — Importé en 1853

Anxiety (*Security*)..........	1858	Magenta (*Princess Olga*).....	1859
Aprilis (*Mantle*).............	1855	Miranda (*Celia*)a...........	1851
Ariche (*The Maid of Fez*).....	1859	Miss Lanercost (*Whim*).......	1855
Bergeronnette (*Cuckoo*)......	1855	Miss May (*Camarine*)........	1860
Castagnette (*Atalanta*).......	1848	Needie (*Stitch*).............	1849
Catherine Hayes (Constance)a ..O.	1850	Nina (*Fenella*).............	1859
Cérès (*Bathilde*).............	1863	Phœbe (*Diane*).............	1858
Chevrette (*Nativa*)....	1855	Préface (*Papillotte*)	1844
Christina (*Victress*).........	1855	Prioress (*Pussy*)a...........	1844
Clarion (*Carlotta*)a	1850	Rapide (*Circassienne*)..... .	1862
Clemency (*Carlotta*)a	1849	Roxana (*Stream*)............	1850
Clorinde (*Faucille*)	1858	Simplette (*Officious*)	1855
Czarina (*Boutique*)...........	1859	Soubrette (*Royale Topaze*)	1862
Duchesse (*Victress*).........	1856	Taffarette (*Beauty*)..........	1855
Etoile Filante (*Rebisquade*) ...	1859	Trajane (*Myszka*)............	1855
Jessy (*Miss Lydia*)a	1844	Waterwitch (*Why Not*).......	1855
Juanita (*Betsy*).............	1859	**Lanercost ou Caravan**	
Lanercost mare (*Hampton*)a ..	1846	Cœlia (*Plenipotentiary mare*).	1855
Lanercost mare (Camp Follower a ..	1847	**Lanercost ou Faugh a Ballagh**	
La Senelle (*Heroïne*)........	1863	Elastique (*The Greek Slave*)..	1861
Lizzy (*Velocipede mare*)a.....	1849	**Lanercost ou Ion**	
Lucy (*Lucy Long*)	1858	Pantenne (*Fusion*)	1856

(41)

LANGAR, alezan, par Selim et Walton Mare (a.)

1817 - 1841

Etrennes (*Mantua*)a.........	1832	Miss Camarine (*Juniper mare*)a	1832
Image (*Tuft*)a..............	1838	Rosa Langar (*Wild Rose*)a....	1838
Lady Albert (*Lady Easby*)a....	1832	**Langar ou Elis**	
Maria (*Gohanna mare*)a......	1832	Fatima (*Albania*)............	1842
Miss Caroline (*Caroline*)a....	1833		

LANTARA, bai, par ROYAL OAK et NAIAD
1836

Margot (*Rose of Sharon*).... 1860   Pivoine (*Rose of Sharon*).... 1859

LAPDOG, bai, par WHALEBONE et CANOPUS MARE (a.)
1823 — **D**
Lapdog ou **Partisan**

Chevreuil (*Fawn*)a........... 1836

LAUNCELOT, bai, par CAMEL et BANTER (a.)
1837 - 1861

Launcelot mare (*Maria*)a..... 1847

LAZIO, bai, par HAMLET et REDPOLE (it.)
1884

Lara (*Blythesome*)it......... 1890   Lora (*Comète IV*)it.......... 1890
Lira (*Mascotte II*)it......... 1890

LEAMINGTON, bai, par FAUGH A BALLAGH
et PANTALOON MARE (a.)
1853

Bérénice (*Postage*).......... 1885   Little Lady (*All Black*)a...... 1863
Industrie (*Delaine*)a........ 1861   Queen of Crystal (Colly Queen)a... 1861

LECTURER, bai, par COLSTERDALE et ALGEBRA, (a.)
1853

Bannerol (*Panoply*)a........ 1878   Pommelo (*Tomato*)a.......... 1872
Lydia Becker (*Grizelle*)a..... 1882   Result (*Réaction*)a 1871

LE DARD, bai, par WINGRAVE et LA DHEUNE
1875
Le Dard ou **Alhambra**

Distraction (*Création*)........ 1890

11

LE DESTRIER, alezan, par FLAGEOLET et LA DHEUNE
1877

Brunette (*Brunehaut*)	1883	La Potinière (*Pile ou Face*)	1887
Caline (*Constance*)	1887	Korrigane (*Khabara*)	1886
Coppélia (*Clémentine*)	1885	Mlle de Lonray (*Clémentine*)	1889
Jactance (*Jessie*)	1885	Prédestinée (*Péripétie*)	1884
Jonciole (*Jessie*)	1886	Solitude (*Stockholm*)	1887
Joyeuse (*Jessie*)	1883	Véga (*Verveine*)	1884

LE DROLE, bai, par HOSPODAR et LA DHEUNE
1873

Amirauté (*Acid*)	1883	La Fleur (*La Paix*)	1886
Drôla (*Calypso*)	1886	Poupée (*Pythonisse*)	1880
Drôlesse (*Marie Rose II*)	1885	Tardive (*Déjanire*)	1883
Drôlette (*Calypso*)	1887	Violette (*La Crême*)	1886
Gazelle (*Isabel*)	1887		

LE GAMIN, bai-brun, par DIABLOTIN et HARMONIE
1876

Gaminerie (*Sultane*)......... 1886

LE GERS, alezan, par FITZ GLADIATOR et MLLE DE ROQUELAURE
1871

Pompon (*Orphana*)......... 1876

LE JAPONAIS, bai-brun, par THE PEER et MISS SHEPHERD
1879

Irma (*Irène*)................. 1889

LE KÉPI, alezan, par ZOUAVE et PÉNICHE
1872

Fleur d'Ajonc (*Fermière*)	1890	Servante (*Fermière*)	1889
Guirlande (*Fermière*)	1882		

LE LION, bai, par ANDROCLÈS et BARBILLONNE
1877

Cybèle (*Collada*) 1890

LE MAJOR, bai, par GLADIATEUR et DELIANE
1869

Balaclava (*Babiole*)	1875	Majorité (*Mariage*)	1878
Bluette (*True Blue*)	1879	Malvirade (*Mariage*)	1879
Castella (*Harmonie*)	1879		

LE MANDARIN, bai, par MONARQUE et LIOUBA
1862

Bayonnette (*Deer Chase*)	1874	Macaque (*Mlle de Couseix*)	1873
Bellone (*Bouillabaisse*)	1873	Ma Cousine (*Mlle de Couseix*)	1874
Bernadette (*Ruch Tra*)	1875	Mandarine (*Mize*)	1872
Cérisoles (*Camisole*)	1874	Mandarine (*Lady Bird*)	1868
Chemise (*Chemisette*)	1871	Marguerite (*Aurore*)	1871
Cotillon (*Chemisette*)	1872	Marie Rose II (*Florentine*)	1874
Croix du Sud (*Constellation*)	1868	Mélusine (*Mize*)	1873
Desdémone (*Deer Aquila*)	1871	Miss Annette (*Miss Gloria*)	1871
Dulcinée (*L'Ariège*)	1874	Modestie (*Modeste*)	1873
Espérance (*Sylvie*)	1871	Momérienne (*Emilia*)	1874
Eulalie (*Deer Chase*)	1873	Quarantaine (*Quarta*)	1871
Famine (*Fairy Queen*)	1871	Quenouille (*Quarta*)	1874
Fanfan (*Fatima jeune*)	1875	Querelleuse (*Queen Anne*)	1875
Fanny (*Alphonsine*)	1875	Qui-Va-Là (*Quarta*)	1872
Fleur de Montagne (*Fairy Queen*)	1875	Rosine (*Mme Ristori*)	1873
Gloriole (*Miss Gloria*)	1872	Sacoche (*Sac-au-Dos*)	1874
Héritage (*Quarta*)	1873	Servitude (*Ségréenne*)	1873
Hyrondine (*Fatima jeune*)	1873	**Le Mandarin** ou **Le Petit Caporal**	
La Déesse (*Virginie*)	1871	Charmeuse (*Charlotte*)	1871
La Jaunière (*Prima*)	1872	Marjolaine (*Maritorne*)	1872
Limande (*Lucienne*)	1871	**Le Mandarin** ou **Rémus**	
Lucienne (*Lucrèce*)	1871	Mira (*Merveille*)	1875

LEMNOS, bai, par THUNDERBOLT et LAURA (a.)
1871

Faerie II (*Celia*)a	1879	Lemnos mare (*Lady Kate*)a	1880

LE MONT-VALÉRIEN, alezan, par LIGHT et MEMPHIS
1871

Darling (*Préférée*)	1889	Fleur de Lys (*Espérance*)	1881

LÉON, alezan, par GALIER et LA FAVORITE
1878

Aubade (*Aurore*)	1889	La Violette (*Violet*)	1888
Isabelle (*Reine Isabelle*)	1888	Théodora (*Marie Thérèse*)	1885
La Diane (*Aurore*)	1887		

LE PETIT CAPORAL, bai, par MARIGNAN
et MLLE DÉSIRÉE
1864

Amandine (*Lucienne*)	1876	Mariette (*Diana*)	1871
Apothéose (*Apparition*)	1885	Marinette (*My Dear*)	1872
Ara (*the Abbess*)	1885	Marionnette (*Mouche*)	1883
Aureilhane (*La Pyramide*)	1871	Martingale (*La Mouche*)	1882
Belette (*Belle d'Ibos*)	1873	Micheline (*Michelette*)	1878
Bergère (*Babiole*)	1873	Miss Jenny (*Jenny*)	1880
Boule de Neige (*Jane Eyre*)	1870	Mouche (*Marjolaine*)	1885
Camélia (*Camomille*)	1871	Myrtile (*Mouse*)	1870
Carmélite (*Couvent*)	1881	N. — par (*Sac au Dos*)	1870
Chauve Souris (*Chemisette*)	1873	Pelote (*Pierrette*)	1880
Collerette (*Chemisette*)	1870	Perle (*Progne*)	1871
Colombe (*Tamise*)	1870	Prudente (*Preude*)	1874
Diane (*Fatima Jeune*)	1870	Rosemonde (*Riante*)	1887
Favorite (*Progné*)	1872	Saperlote (Sœur de Compromise)	1874
Félicité (*Fragola*)	1872	Sarcelle (*Sac au Dos*)	1870
Fleur de Pêcher (*Fair Helen*)	1871	Sorcière (*Cybèle*)	1873
Française (*Florentine*)	1873	Turbine (*Thérèse*)	1874
Graziella (*Hornet*)	1874	Turbulente (*Tamise*)	1873
Haydée (*Branch*)	1894	Victoire (*Virginie*)	1872
Jane (*Juanita*)	1877	Viola (*Babiole*)	1871
La Fontelaye (*La Belle Aude*)	1879	**Le Petit Caporal ou Flavio**	
La Noue (*Gertrude*)	1873	Rose en Feu (*Rose de Mai*)	1887
L'Andalouse (*La Boulaie*)	1878	**Le Petit Caporal ou Le Mandarin**	
La Scie (*La Belle Aude*)	1881	Charmeuse (*Charlotte*)	1871
La Violette (*Branch*)	1873	Marjolaine (*Maritorne*)	1872
Lisbonne (*Jenny*)	1881	**Le Petit Caporal ou Minos**	
Lodi (*Candida*)	1870	Finesse (*Fraise*)	1875
Mlle Agnès (*Pergola*)	1871	**Le Petit Caporal ou Remus**	
Mlle Cavé (*Florida*)	1878	Sacha (*Maritorne*)	1874
Mlle Jeanne (*Juanita*)	1877	Sylote (*Apparition*)	1871
Malheureuse (*Selina*)	1871	**Le Petit Caporal ou Vertugadin**	
Marie Louise (*True Blue*)	1876	Améthyste (*Attraction*)	1875

.(59)

LE SARRAZIN, bai, par Monarque et Constance
1865

Abeille (*Actress*)	1873	Jesabel (*Jeanne d'Arc*)	1873
Alice (*Faribole*)	1872	La Bastide (*La Bastille*)	1876
Angleterre (*Actress*)	1875	Margote (*Chevrette*)	1872
Armure (*Aricie*)	1874	Marguerite (*La Vallière*)	1873
Batterie (*La Bastille*)	1875	Mitrailleuse (*Britannia*)	1871
Ecosse (*Etoile du Nord*)	1877	Moissonneuse (*Glycère*)	1873
Espérance (*La Loire*)	1875	Prime (*Primevère*)	1876
Florida (*Flaub*)	1877	Renommée (*Rivale*)	1876
Forteresse (*Ricochet*)	1871	Rosette (*Aline*)	1873
Grive (*Glycère*)	1875	Sanction (*La Foudre*)	1873
Héléna (*La Belle Hélène*)	1875	Suzette (*Spirite*)	1873
Jemton (*Jeanne d'Arc*)	1874	Timbale (*Sunrise*)	1872

(24)

LIBERTINE, bai, par Filho da Puta et Sancho mare (a.)
1820 - 1844 — Importé en 1831

Erotica* (*Luna*)	1838	Odette* (*Tigresse*)	1832
Gipsy (*Grenada*)	1839		

LIEUTENANT, bai, par Royal Oak et Lydia
1845

Diane (*Velléda*) 1859

LIFEBOAT, bai, par Sir Hercules et Yard Arm (a.)
1855

Durham (*Honey Dear*)a 1867

LIGHT, bai, par The Prime Warden et Balaclava
1856

Battafiole (*Bataglia*)	1871	Périne (*Péronnelle*)	1868
Belle Etoile (*Bataglia*)	1866	Saccara (*Surprise*)	1871
Comète II (*Villefranche*)	1862	**Light ou Ferragus**	
Emmeline (*Généalogie*)	1867	Bamboula (*Banderolle*)	1873
Fleur des Bois (*Forest du Lys*)	1863	**Light ou Serious**	
Great Sadness (Pauvre Minette)	1871	Alabama (*Admiralty*)	1863
La Trinité (*Mitraille*)	1871	**Light ou Tournament.**	
Pérette (*Péronnelle*)	1864	Ya (*Industry*)	1869

LINGOT D'OR, alezan, par The Baron et Euseria

1851

Lingot d'Or ou **Tippler**

Miss Alarm (*A Propos*)....... 1857

LINSEY WOOLSEY, bai, par Blair Athol et Flax (a.)

1867 — Importé en 1873

Croisette (*Collerette*)........ 1875   Levrette (*Sorcière*).......... 1874

LIOUBLIOU, bai, par Alteruter et Jenny

1845

Golconde (*Energy*).......... 1851

Lioubliou ou **Nuncio**

Cammas (*Wirthschaft*)....... 1851   Rozières (*Loisa*)...... 1851

LITTLE DUCK, bai, par See Saw et Light Drum

1881 — **J. C. - G. P.**

Rose d'Or (*Rival*)........... 1887   Victoria II (*Victoria Alexandra*) 1887

LITTLE JOHN, noir, par Octavius et Grey Skim (a.)

1816 - 1830

Jane (*Reading Lass*)a........ 1824

LITTLE ROVER, bai, par Cydnus et Skim Mare (a.)

1831

Biche (*Hornet*)............. 1847   Swallow (*Chercheuse d'Esprit*) 1846
Fernande (*Bayadère*)........ 1847

LIVERPOOL, bai, par Tramp et Whisker Mare (a.)

1828 - 1844

Llanelly (*Albany mare*)a...... 1840   Robinia (*Catton mare*)a...... 1841
Oh ! Don't (*Jenny Vertpré*)... 1842

LIVERPOOL, bai, par LIVERPOOL et SHIRINE
1843

Adalgise (*Wren*)	1852	Rosa Bonheur (*Esméralda*)...	1853
Baraque (*Elvira*)	1855	School Mistress (Fanny Squeers)...	1845

LOADSTONE, bai-brun, par TOUCHSTONE et LATITUDE (a.)
1845 — Importé en 1854

La Magicienne (*Wallflower*)..	1856	Tragédie (*Coryphée*)	1858
Mlle Cravachon (*Lola Montes*)	1856		

LODIN, bai, par TERROR et EUGENIA
1841

Mimosa (*Edgworth Bess*)	1851	Ruthena (*Well Come*)	1855

LOGRONO, alezan, par TROCADÉRO et TROP PETITE
1875

Angélique (*Catherine*)	1886

LONGBOW, bai, par ITHURIEL et MISS BOWE (a.)
1841 - 1864

Feu de Joie(*Feu d'Esprit*)a..**O**	1859

LONGCHAMPS, alezan, par MONARQUE et ÉTOILE DU NORD (a.)
1864

Démoc (*Pampilia*)	1871	Vélocité (*Véga*)	1875
Fleur d'Oranger (*Mariage*)...	1872	**Longchamps ou Bagdad**	
Giletta (*Brigantine*)	1873	Réac (*La Midouze*)	1871
Lia Félix (*Faula*)	1876	**Longchamps ou Fa Dièze**	
Parisine (*Diavolina*)	1873	Mlle du Peck (*Séduction*)	1874
Stella (*Barbe d'Or*)	1874	**Lonchamps ou Pompier**	
Toinette (*Féronie*)	1872	Galantine (*Garde Mobile*)	1875

LORD CLIFDEN, bai, par NEWMINSTER et THE SLAVE (a,)
1860 - 1874 — S. L.

Acacia (*Bel Esperanza*)a	1874	Bonny Girl (*Bonny Blink*)a...	1874
Baroness Clifden (*Baroness*)a.	1873	Countess Clifden(*Schottische*)a	1869

Diana (*Kromeski*)a	1874	Lord Clifden mare (the Princess of Wales) a.	1873
Gwendoline (Groffreys'Dam) a	1871	Médora (*Microscope*)a	1873
Henrietta (*the Doe*)a	1872	Mirth (*Jollity*)a	1869
Lady Mary Clifden (Fully Noble)a.	1867	Miss Toto (*Baroness*)a	1871
La Méprisée (*the Pet*)a	1870	Ringdove (*Vimeira*)a	1870
Little Dorrit (*Lavinia*)a	1874	Shepherds Bush (*Doorha*)a	1869
Little Nell (*Lavinia*)a	1875	Topaze (*Graziosa*)a	1871

LORD CLIVE, alezan, par LORD CLIFDEN et PLUNDER (a.)

1875. — Importé en 1881

Chipolata (*Choppe*)	1887	Espingole (*Expectation*)	1887
Ciboulette (*Choppe*)	1888	Mailloche (*Madzja*)	1885
Croquette (*Catane*)	1887	Matelotte (*Majesty*)	1888
Croustade (*Choppe*)	1890	Padmana (*Pera*)	1886

LORD LYON, bai, par STOCKWELL et PARADIGM (a.)

1863 — 1887 — **G. — D. — S, L.**

Crann Tair (*White Squall*)a	1874	Letty Lyon (*Letty West*)a	1873
Energetic (*Perseverance*)a	1870	Menandrea (*Thaïs*)a	1870
Fair Lyonese (*Fairminster*)a	1875	Placida (*Pietas*)a O	1874
Falerne (*Favora*)	1880	**Lord Lyon,** ou The Earl	
Lady Kate (*Kentish Fire*)a	1874	Lyonnesse (*Revival*)a	1871

LORD MALDON, bai. par LORD CLIFDEN et FREAK (a.)

1873

Oribi (*Lady Mountain*)a...... 1879

LORD OF THE ISLES, bai. par TOUCHSTONE et FAIR HELEN (a.)

1852 - 1873 — **G.**

Amour Propre (*Savoir Faire*)a	1864	Miriam (*Jewish Maid*)a	1872
Lady Bank (*Marmalade*)a	1863		

LOT, bai, par LOTTERY et RHODACANTHA (a.)

1829

Portion (*Palmerin mare*)a.... 1839

LOTO, bai-brun, par LOTTERY et HURACA

1844

Industry (*Curl*)............ 1850

LOTTERY, bai-brun, par TRAMP et MANDANE (a.)

1820 - 1845 — Importé en 1834

Adeline* (*Rachel*)...........	1843	Miss Lot (*Xarifa*)...........	1843
Almée (*Almaida*)...........	1840	Miss Urganda (*Y. Urganda*)..	1840
Annette (*Miss Ann*).........	1838	Norma (*Destiny*).............	1840
Balsamine (*Fleur de Lis*).....	1839	Partisan Filly (*Flora*)........	1842
Bonne Chance (*Aspasie*).....	1842	Quirina (*Georgina*).........	1839
Branche d'Or (*Vénitienne*)....	1836	Roulette (*Y. Urganda*).......	1839
Céleste (*Colombine*)a........	1831	Tertullia (*Kermesse*).........	1842
Claret (*Moselle*).............	1838	Thélésile (*Léopoléine*)........	1842
Colombe (*Facella*)...........	1842	Tomate (*Elvira*).............	1842
Hosanna* (*Whalebona*).......	1840	Unique (*Fatime*)............	1837
Juanita* (*Xarifa*)...........	1839	Ursule (*Merlin mare*)........	1840
Juivalla* (*Rachel*............	1840	Vespérine (*Vesper*)...........	1840
Lelia (*Jeannette*)............	1837	Vestale* (*Vesta*)...........	1836
Loterie (*Hornet*)............	1842	Violette (*Miss Scott*)........	1838
Manchette (*Eva*).............	1841	**Lottery, ou Cadland**	
Maria (*Redgauntlet mare*)....	1840	Bellina (*Dubica*).............	1839
Mascarade (*Kermesse*).......	1843	**Lottery, ou Royal Oak**	
Miss Fury (*Frantic*).........	1838	Cacophonie (*Camarilla*).....	1843

(34)

LOUP GAROU, bai, par LANERCOST et MOONBEAM (a.)

1846 - 1865

Niobé (*Miserrima*)r.........	1861	Norma(*FaughaBallagh mare*)	1855

LOWLAND CHIEF, alezan, par LOWLANDER et BATHILDE (a.)

1878

Coryphée (*Merry Dance*)a ...	1887	Figlia (*Donzelle*)a...........	1888

LOWLANDER, alezan, par DALESMAN et LUFRA (a.)

1870

Camphène (*Camlet*)a........	1882	Lowland Warbler (Nightingale)a..	1879
Fedora (*Theodora*)a.........	1882	Wild Thyme (*Fragrance*)a ...	1881

LOZENGE, bai. par Sweetmeat et Down with Dust (a.)
1862 — Importé en 1875

Catherine (*Chinoise*)........ 1878   Nuit de Mai (*La Nuit*)........ 1877
Miss Lozenge (*Miss Bird*).... 1878

LUDOVIC, alezan, par Zut et La demoiselle
1883

La Mouche (*La Méprisée*).... 1889   Pâquerette (*Jacquette*) 1889
Ludovic ou **Patriarche**
White Héliotrope (*Vilna*) 1888

LULLY*, alezan, par Tipple Cider et Pecora
1850

Etincelle (*Alexandra*)........ 1858   Miss Floyrac (*Vesuvienne*).... 1865

LUSIGNAN, bai, par Vermout et Deliane
1875

Houpette (*Herbette*)......... 1887   **Lusignan** ou **San Stefano**
La Vigne (*La Veine*)!......... 1883   Courlande (*Coureuse de Nuit*) 1884
Numidie (*Nudity*)............ 1884

LUTIN, bai, par Lottery et Lustre
1838

Lutin ou **Caravan**
Vaucluse (*Lauretta*)......... 1847

LUTZEN, alezan, par Gustavus et Shrimp
1824 — Importé en 1829

Coquette (*Pythoness*) 1830   Jeannette (*Pythoness*)........ 1836
Emeraude (*Pythoness*)........ 1832   Jenny (*Sephora*) 1836
Fine (*Pythoness*)............ 1833

MACARONI, bai, par Sweetmeat et Jocose (a.)
1860 - 1887 — **G. — D.**

Alcedo (*Alcyone*)a....... 1872   Alute (*Sprightliness*)a 1870

Bertha (*Ethel*)a 1872
Camélia (*Araucaria*) 1873
Canteen (*Cantinière*)a 1866
Catalina (*Margaret of Anjou*)a 1868
Catherine (*Sélina*) 1869
Cocotte (*Anonyma*)a 1872
Deodara (*Simla*)a 1875
Dolly Pentreath (*Zingarella*)a 1877
Engadine (*Winter Queen*)a.. 1882
Fairy Land (*Queen Marion*)a.. 1882
Fog (*Maid of the Mist*)a 1869
Hirondelle (*Philomel*)a 1867
Isobel (*Isoline*)a 1870
Justicia (*Independencia*)a 1868
Lady Audley (*Secret*)a 1867
L'Etrangère (*Miss Thompson*). 1876
Macaroni mare (*Datestone*)a.. 1873

Madame Angot (Wensleydale)a..... 1872
Maritima (*Evergreen Pine*)n.. 1877
Martinique (*Curaçao*)a 1866
Massowah (*Annexation*)a 1882
Mavela (*Margaret of Ascot*)a. 1867
Mavis (*Merlette*)a 1874
Munificence (Lady Bountiful)a...... 1876
Pâte d'Italie (*Lampeto*)a 1880
Pompette (*Old Maid*)........ 1878
Salomé (*Duchess of Athol*).... 1881
Stephanotis (*Araucaria*)a..... 1867
Swansea (*Wild Swan*)a....... 1876
The Tinted Venus (*Beauty*)a.. 1867
Carnival ou Macaroni
Mascherina (*Lorelei*)a 1867
Macaroni ou King Tom
Crosspatch (*Vex*)a 1878
(34)

MACDONALD, bai, par LORD OF THE ISLES et MISS ANN (a.)
1862 - 1883
Highland Fling (Fiddler mare)a 1874

MAC GREGOR, bai, par MACARONI et NECKLACE (a.)
1867 - 1884 — **G.**

Black Mail (*Knavery*) a 1879
Honour Bright (*Honoria*)a.... 1879
Dunsdale (*Clifden Jewell*)a... 1881

Quinine (*Quakeress*)a 1883
Sweet Bite (*The Quail*)a..... 1879
Tea Gown (*Green Gown*)a... 1878

MACHEATH, bai-brun, par MACARONI et HEATHER BELLE (a.)
1880

Dinna Forget (Twine the Plaiden)a... 1887
Muriel (*Miss Hutton*)........ 1889

Grisette (*Jannette*)........... 1888

MAC IVOR, bai, par MACARONI et MOSS ROSE (a.)
1869
Lady Frances (*Gerty*)a....... 1876

MAC ORVILLE bai, par ORVILLE et WEATHERCOCK MARE (a.)
1814
Nanny Shanks (*Orville-mare*). 1823

MAGENTA, bai, par Lanercost et Corysandre

1859

May (*Kate*)................. 1873

MAGPIE, bai, par Y. Blacklock et Kitten (a.)

1834 - 1853

Wall Flower (*Remnant*)a...... 1846

MAINMAST, bai-brun, par Mainstone et Black Flag (a.)

1873

Evelina III (*Vendetta*)it...... 1880

MAKE HASTE, alezan, par Tom Bowling et Makeshift (a.)

1865

Miss Elma (*Miss Camerine*)a. 1879

MALCOLM, alezan, par The Doctor et Myrrha (a.

1843

Antelope (*Start*)........... .. 1855

MALLET, bai, par Magpie et Stonehewer (a.)

1848

Lady Erin (*Rose*)............ 1869

MALTON, bai, par Sheet Anchor et Fair Helen (a.)

1845 - 1859 — Importé en 1852

Adalgise (*Betzy*)........	1854	Miss Malton (*Rosabelle*)......	1855
Auréole (*Aurora*)...........	1852	Miss Zélie Malton (*Zélia*).....	1859
Equation (*Sylvina*)...........	1856	Parporello (*Quiver*).........	1856
Feuille de Rose (*Aveline*).....	1853	Ruth (*Epicharis*)............	1853
Finery (*Gipsy*).............	1853	Sauterelle (*Lady Gorre*)......	1859
Flora (*Lætitia*).........`....`	1859	Zingara (*Gipsy*).............	1850
Gipsy Girl (*Gipsy*)..........	1855	**Malton ou Collingwood**	
Mlle Malton (*Sylvandire*).....	1859	Kaoline (*Olympie*)..........	1858
Magenta (*Miss Flora*)........	1859		

MAMBRINO, bai, par CERVANTES et GOVERNANTE (a.)

1829

Duet (*Hydrogen*)a........... 1834

MAMELUKE, bai, par PARTISAN et MISS SOPHIA (a.)

1824 - 1849 — **D.** — Importé en 1837

Azurine (*Discrete*)...... ...	1840	Mrs Brady* (*Discrete*)........	1841
Cochlea* (*The Screw*)........	1840	Peri* (*Worry*)..............	1840
Désirée (*Clara Wendel*)......	1847	Urania* (*Thalie*)............	1840
Fleur d'Epine* (*Fair Forester*)	1858	**Mameluke ou Paradox**	
Goldfinch (*Benefit*)a.........	1833	Almée (*Pyrrha*).............	1840

MANDRAKE, alezan, par WEATHERBIT et MANDRAGORA (a.)

1864 — Importé en 1877

Amanda (*Fanny*)............	1882	Miss Clara (*Miss Cérès*)......	1882
Balayeuse (*Balzanée*)...	1883	Miss Krou Krou (*Normande*)..	1884
Béatrix (*Cerisolles*).........	1881	Miss Mandrake (*Marionnette*).	1880
Béatrix (*Florentine*)..........	1881	Querelline (*Querelleuse*).....	1881
Betsy Bac (*Blondine*)........	1883	Salette (*Sylvie*).............	1881
Celina (*Selika*).............	1880	Sauvagine (*Sarcelle*)........	1879
Charmeuse *Guirlande*)	1880	Scotch Thistle (*Touch Not*)a..	1871
Clémentine (*Pyrale*)........	1883	Serpolette (*Quarta*).........	1879
Constantine (*Cigale*)........	1881	Syrienne (*Sarcelle*)..........	1881
Costanza (*Pâquerette*).......	1889	Trompette (*Turbine*)........	1881
Cybèle (*Fatima*)............	1879	Tróne (*Turbine*)............	1879
Em (*Lady Flora*)a...........	1873	Valéda (*Viola*)..............	1884
Fleur des Champs(*Belle de Jour*)	1881	**Mandrake ou Bay Archer**	
Hyménée (*Hyperbole*).......	1881	Sylvinette (*Sylvie*)...........	1883
Indiana (*Sarcelle*)..........	1880	**Mandrake, Saint-Leger, Bracon-**	
Irène (*Isabelle*)..............	1880	**nier, Trombone ou Bay Archer**	
Lady Spark (*Sacha*)........	1880	Espérance (*Elisabeth*)..y.....	1883
		(31)	

MANFRED, bai, par ELECTION et MISS WASP (a.)

1814

Malvina (*Rachael*)........... 1826

MANGO, bai, par SORCERER et HORNBY LASS (a.)

1806

Annetta (*Ada*)bel............ 1845   Badinage (*Drab*)belg........ 1842

MANOEL, bai, par FLAGEOLET et VESTALE

1880

Gervaise (*Gem Royal*)....... 1886   Nébuleuse (*Navarre*)......... 1887
Narva (*Navarre*)............. 1889

MAPLE, bai. par PARTISAN et POMONA (a.)

1830 - 1841

Pimento (*Pepper*)........... 1841

MARCELLO, alezan, par PRÉTENDANT et MARGARET

1865

Chersonnée (*Bas Bleu*)....... 1873   **Marcello, Sylvain, Radamah**
Nana (*Néruda*) 1880   ou **Fitz Gladiator**
Servante (*Succursale*)........ 1877   Miss Marie Stuart (Marie Stuart)... 1870

MARCELLUS, bai, par SELIM et BRISÉIS (a.)

1819 - 1844. — Importé en 1828

Belle Poule (*Miss Ann*)....... 1840   Poule (*Y. Miracle*).......... 1842
Bouche (*Lustre*)............. 1842   Primerose (*Miss Caroline*)... 1844
Bougie (*Lustre*)............. 1842   Vision (*Frantic*)............. 1842
Iris (*Miss Rainbow*) 1841   **Marcellus ou Napoleon**
Janinette (*Jeannette*)........ 1835   Chimère (*Annette*).......... 1841
Marcelline (*Unique*)......... 1843   Marcella (*Frantic*).......... 1844

MARDEN, bai, par HERMIT et BARCHETTINA (a.)

1879

Malcy (*Miss Bowen*)........ 1887   Simple (*Scotch Thistle*)....... 1886

MARENGO*, alezan, par NAPOLÉON et CLORIS

1835

Jemma (*Flavia*)............. 1854

MARENGO, alezan, par MONARQUE et LIOUBA

1863

Amicie (*Mico*)............., 1875   La Faine (*Fille Unique*)...... 1878

Bruyère (*Sylvie*)............ 1875   Molda (*Place Verte*)......... 1873
Ginevra (*Snalla*)........... 1875   Tempête (*Pierrette*)......... 1872

MARIGNAN, bai, par WOMERSLEY et MARGARET
1859

Ganache (*Guava*)........... 1865   Miss Loulou (Dame de Compagnie).... 1871
Marana (*Débutante*)......... 1870   Oriflamme (*Mlle Désirée*).... 1868
Marion (*Aphrodite*).......... 1869   Rêverie (*Praxis*)............. 1873
Miss Krin (*Aphrodite*)....... 1871   Voltige (*Volige*)............. 1874

MARIN, bai-brun, par STING et SÉRÉNADE
1866
Trinquette (*Linda*)........ 1884

MARINER, bai-brun, par MERLIN et GOOSANDER (a.)
1825 — Importé en 1834 ·
Topaze (*Darthula*)........,.... 1833

MARK, alezan, par HERMIT et SWEET BRIAR (a.)
1877
Mrs Doddy (*Marie Agnes*)a... 1888

MARKSMAN, alezan, par DUNDEE et SHOT (a.)
1864. — Importé en 1870

Cunégonde (*Carline*)....... 1876   La Nonette (*Ocean Witch*)... 1872
Dissidence (*Discorde*)........ 1874   La Tamise (*Tapestry*)........ 1873
Dragonne (*Discorde*)......... 1875   Marion Delorme (*Carline*).... 1873
Epine Vinette (*Eponine*)...... 1874   Middlesex (*Rule Britannia*).. 1873
Epopée (*Eponine*)............ 1873   Pastèque (*Pastille*).......... 1874
Espérance (*La Parisienne*).... 1882   Reine des Bois (*Rainette*)bel.. 1871
Galante (*Marjolaine*)........ 1879   Sabine (*Egérie*)............. 1878
La Favorite (*Jeannette*)....... 1881   Voie Lactée (*Petite Etoile*).... 1871
La Lisière (*Bernerette*)....... 1873

MARLY, bai-brun, par ATTILA et MARIA
1847
Croquignole (*Chiquenaude*).. 1855   La Joyeuse (*Ennui*).......... 1870

Maria (*Molokine*)............ 1855
Pénélope (*Lantara*).......... 1855
Rosalie (*Antiope*)............ 1857

Marly ou **Ethelwolf**
Surprise (*Roxanna*).......... 1857

MARMOT, bai-brun, par LE PETIT CAPORAL et MARCELLA
1873

Micheline (*Miss Thormanby*). 1883

MARS, bai, par OPTIMIST et WOMAN IN RED
1867

Barrière (*Baroness Clifden*)... 1880
Bisque (*Bénédictine*)........ 1878
Bonne Chance (Queen of Eltham)... 1882
Citronelle (*Bijou*)........... 1880
Courbette (*Coureuse de Nuit*). 1881
Figurine (*Fida*)............. 1876
Fileuse (*Fida*).............. 1874
Guéménée (*Goelette*)........ 1874
La Grifferie (*Gladia*)........ 1883
La Lyre (*Villefranche*)...... 18.9
Mlle Mars (*Floranthe*)...... 1877
Marguerite (*Bijou*).......... 1878

Maintenon (*Menandrea*)...... 1879
Roscoff (*Rosita*)............ 1875
Rosée (*Rosila*).............. 1874
Rosporden (*Rosita*).......... 1877
Sabretache II (*Sagacité*)...... 1881
Savoyarde (*Stéphanotis*)...... 1882
Suzette (*Saccara*)............ 1883
Swordstick (*Poignant*)a....... 1879
Tarlatane (*Tartane*) 1877

Mars ou **Montargis**
Fleur de Bretagne (Fleur de Pêcher). 1879
(22)

MARSYAS, alezan, par ORLANDO et MALIBRAN (a.)
1851

Gomera (*Palma*)a........... 1862
Harmony (*July*)a............ 1871
Miss Bateman (*Curse Royal*)a. 1864
Novice (*Seclusion*)a 1863
Nugget (*Pearl*)a............. 1871

Queen of Eltham (*Queen Anne*)a 1870
Rose of Eltham (*Rose of Kent*)a 1869
Sissy (*Rose of Kent*)a........ 1871
Sycée (*Rose of Kent*)a........ 1864
Victoria Alexandra (the Princess of Wales)a 1870

MARTIN PÉCHEUR II, bai, par DOLLAR et SCHOONER
1881

Mandoline (*Miss Bowstring*).. 1889

MARTYRDOM, alezan, par SAINT-ALBANS et EULOGY
1866 - 1885

Flame (*the Moth*)a.......... 1883
Martyrdom mare (Saccharometer mare)a 1874

MARYLAND*, bai, par ROYAL OAK et PECORA
1848
Bistre (*Xénia*)   1855

MASANIELLO, bai, par FÉLIX et GEORGINA
1835
Fleur des Bois (*Miss Blunt*). . .   1843   Savenir (*Belina*)   1842

MASK, alezan, par CARNIVAL et METEOR (a.)
1877 - 1890
Mascarade (*Shepherds'Bush*). .   1886

MASKELYNE, bai, par ALBERT VICTOR et PALMISTRY (a.)
1878

Cross Bun (*Réflexion*)   1889   Miss Rockampton (Sugar Plum) . . .   1887
Hélyette (*Hollandaise*)   1886   Myrto (*Florida*)   1885
Maud (*Mandarine*)   1884   Solange (*Hollandaise*)   1885

MASTER BAGOT, noir, par FAUGH A BALLAGH et VICTORINE (a.)
1854 - 1874
Lady Alice (*Boomerang*)a   1874   Rose Bagot (*Mary Rose*)a   1869

MASTER FENTON, bai, par KING TOM et ANNE PAGE (a.)
1859 - 1879
Nonsense (*Ninny*)a   1874

MASTER HENRY, bai, par ORVILLE et MISS SOPHIA (u.)
1815

Christine (*Manœuvre*)a   1826   Genuine (*Libra*)a   1827
Shrew (the) (*Precipitate mare*)a   1825   Vigornia (*Valve*)a   1827

MASTER RICHARD, alezan, par TEDDINGTON et ENERGY (a.)
1861 - 1879
Land Breeze (*Sea Breeze*)a   1876

MASTER WAGS, bai, par LANGAR et PARTHENESSA (a.)
1833 — Importé en 1840

Agnes Sorel (*Shirine*)	1849	Prédestinée (*Destiny*)	1842
Alexandrine (*Zarah*)	1845	Reine Margot (*Shirine*)	1844
Catherine (*Princess Edwis*)	1846	Selina (*Samphire*)	1849
Commelle (*Mlle de la Veille*)	1854	Soubrette (*La Chasse*)	1855
Coquette (*Miranda*)	1846	Wagsine (*Zarah*)	1846
Ficelle (*Burden*)	1842	**Master Wags ou Minotaur**	
Holbein Filly (*Clorinde*)	1846	Lonla (*Crinoline*)	1858
Hervine (*Poetess*)	Di. 1848	Nora (*Isis*)	1858
Lady Harriet (*Plenty*)	1854	**Master Wags ou Ratopolis**	
Mlle de Cordeville (*Clorinde*)	1844	Floribanne (*Roxanna*)	1858
Maîtresse (*Jenny*)	1853	Wags Filly (*Martingale*)	1855
Marguerite (*Shirine*)	1847	**Master Wags ou the Baron**	
Miss Wags (*Destiny*)	1843	Léonora (*Lola*)	1854
Nancy (*Nativa*)	1851		24

MATE, alezan, par BLANDFORD et GRETNA (a.)
1879

Gomera (*Staffa*)a 1888

MATHEMATICIAN, bai, par EMILIUS et MARIA (a.)
1844

Antoinette (*Antonia*) 1857

MAUBOURGUET, bai, par FITZ GLADIATOR et FLORENCE
1874

Argentine (*Artémise*)	1888	L'Enjouée (*Chersonnée*)	1885
Barcarolle (*Baladine*)	1888	Palderas (*Albigeoise*)	1886
Drôlesse (*Aramis*)	1886	Vivandière (*Victoria*)	1886
Fleurette (*Fleur d'Oranger*)	1885		

MAXICO, alezan, par NARCISSE et MAB
1884

Kiew (*Kersage*) 1890

MEDORO, bai, par CERVANTES et MARIANNE (a.)

1824 - 1848

Balaclava (*Mosti*)........... 1842

MELBOURNE, bai-brun, par HUMPHREY CLINKER et FILLE de CERVANTES (a.)

1834 - 1859

Bataglia (*Black Bess*).......	1855	Poesy (*Eglogue*)a...........	1853
Geelony (*Lobelia*)a..........	1852	Rambling Kate (*Phryné*)a.....	1852
Glaucopis (*Bellona*)a........	1851	Tapestry (*Stitch*)a...........	1853
Hopeless (*Hope*)a..........	1851	Violet (*Snowdrop*)a..........	1851
Magie (*Prescription*)a.......	1851	**Melbourne ou Birdcatcher**	
Matilda (*Caroline*)a.........	1854	Lady Falconer (*Lady Lurewell*)	1857

MELTON, bai, par MASTER KILDARE et VIOLET MELROSE (a.)

1882

Micoulina (*Maximilia*)a...... 1890

MÉNARS, bai, par QUEENS' MESSENGER et MÉNANDRÉA

1876

Grim (*Grief*)..............	1886	Touraine (*Tourangelle*).......	1888
La Réole (*La Morlaye*).......	1884		

MENDICANT, alezan, par TRAMP et LUNACY

1833 - 1841 — Importé en 1840

Beggar Girl (*Viola*)................. 1842

MENTMORE, bai, par MELBOURNE et EMERALD (a.)

1855 - 1879

Mentmore ou Saint-Albans

Parade (*Bootland Saddle*).... 1878

MERCHANT, alezan, par MERLIN et QUAIL (a.)

1825

Emerald (*Zinc*)a..	1837	Messine (*Phantom mare*)a....	1838
Ménalippe (*Phantom mare*)a.	1837		

MERLIN, alezan, par CASTREL et MISS NEWTON (a.)

1815 - 1832

Merlin mare (*Adeline*)........	1828	**Merlin ou Scud**	
Vesper (*Vénus*).............	1828	Scud mare (Remembrancer mare)a....	1822

MÉROVÉE, bai, par ZOUAVE et MISADVENTURE

1876

Maytia (*Speedy*)............. 1882

MERRY MONARCH, bai, par SLANE et THE MARGRAVIN (a.)

1842 - 1860

Gouvernante (*Laurel mare*)a.. 1854

MÉTÉORE, bai, par JOCKO et JESSICA

1849

Jenny (*Aura*)................ 1863

MIDDLESEX, bai-brun, par MELBOURNE et EVENING (a.)

1851

Vest (*Vestal*)a 1860

MIGNON, noir, par STING et MÉDINA

1862

Mignardise (*Mlle Malton*)....	1878	**Mignon ou Beau Sire**	
Miniature (*Oriflamme*).......	1882	Héliotrope (*Arvernie*)........	1871

MILAN, bai, par LE SARRAZIN et MADEMOISELLE DE CHAMPIGNY

1877

Babette (*Bamboula*).........	1885	Russe (*Rédemption*).........	1887
Bombe (*Belliqueuse*)........	1888	Siloë (*Spada*)...............	1884
Glorieuse II (*Gladia*).......	1887	Syrène (*Cymbale*)...........	1888
Mlle de Villebon (*Sycée*).....	1884	Voûte (*Woinicka*)...........	1884
Marionnette (*Marinade*)......	1885	**Milan ou Castillon**	
Mirabelle (*Mitra*)...........	1887	Florissante (*Fair Helen*)......	1888

MILAN II, alezan, par Don Carlos et Sée
1877

Absala (*Absolution*)	1883	Malina (*Toupie*)	1886
Iris (*Isabel*)	1888	Plaisana (*Plaisance*)	1884
Love (*First Love*)	1885	Souveraine (*Seminis*)	1884

MILTON, bai, par Waxy et Miltonia (a.)
1810 - 1833 — Importé en 1820

Calipso (*Vénus*)	1833	Miltonia (*Brunette*)	1833
Calliope (*Elephanta*)	1831	Vittoria (*Geane*)	1823
Miltonia (*Sorcière*)	1821		

MINISTÈRE, bai, par Plutus et Mon Étoile
1875

La Belle (*Ritournelle*)........ 1885

MINOS, bai, par Sting et Margaret
1858

Lavande (*Laborieuse*)	1876	**Minos ou Le Petit Caporal**	
Linotte (*Laborieuse*)	1885	Finesse (*Fraise*)	1877

MINOTAUR, alezan, par Taurus et Lyrnessa (a.)
1840

Cigale (*Sauterelle*).......... 1855

Minotaur ou Master Wags

Lonla (*Crinoline*)	1858	Nora (*Isis*)	1858

MINSTER, bai, par Catton et Orville Mare (a.)
1829 — Importé en 1838

Aimée (*Veronica*)	1847	**Minster ou Assassin**	
Bellone (*Camarine*)	1848	Mea (*Oh! Don't*)	1845
Catanno (*Veronica*)	1846		

MIRLIFLOR, bai, par Soapstone et Beauty
1872

Anguille (*Albani*)	1879	Bayadère (*Ballerine*)........ 1879

Dimanche (*Vivandière*)......	1881	Rosières (*Rosée*).............	1881
Fatinitza (*Faïence*)..........	1879	Toinon (*Névralgie*)..........	1880
Innocente (*Isabelle*).........	1882	**Mirliflor** ou **Beaurepaire**	
La Folie (*La Fanchonnette*)...	1879	Incertaine (*Petite Etoile*).....	1882
Lisette (*Lisière*).............	1878	**Mirliflor** ou **Trent**	
Mirabelle (*Bigorre*)..........	1882	Laurentine (*Lucette II*).......	1882
Mirza (*Bernadette*)..........	1882		

MIRLITON, bai-brun, par The Flying Dutchman et Millwood

1861

Confiance (*Confidence II*)....	1879	Finette (*Belle des Prés*).......	1877
Emancipée (*Miss Ella*).......	1881	Vision (*Violente*)...........	1881

MR. WINKLE, alezan, par Saint-Albans et Peri (a.)

1871

Miss Wardle (*Strategy*)a..... 1880

MITHRIDATE, alezan, par Empire et La Belle Feronnière

1868

Mignonne (*Malice*)..........	1886	Pyramide (*Princesse*)........	1881

MOKANNA, alezan, par Gladiator et Zenobia (a.)

1847-1861 — Importé en 1854

Gabare (*Simoom Mare*).......	1856	**Mokanna** ou **Ionian**	
Gasconnade (Faugh a Ballagh mare)...	1856	Ionienne (*Selima*)...........	1856
Izilda (*Pointe à Pitre*).......	1857		

MOLOCK, bai, par Milton et Barthula

1831

Molokine (*Vesper*).......... 1841

MONARCH, bai, par Comus et Corinne (a.)

1823

Monarch Mare (*Marmion mare*)a...... 1844

MONARQUE, bai. par the BARON, the EMPEROR

ou STING et POETESS

1852 - 1873 — J. C.

Amourette (*Courtoisie*)	1868	Nisita (*Officious*)	1864
Apparition (*Adulation*)	1866	Ouvreuse (*Ouverture*)	1864
Arcole (*Amaranthe*)	1868	Poisson d'avril (*Miss Cobden*)	1862
Ariane (*Alerte*)	1867	Poudrière (Duchess of Newcastle)	1871
Beatrix (*Miss Ion*)	1861	Princess (*Soumise*)	1867
Belle des Prés (*Miss Ion*)	1865	Promise (*Mlle de Chantilly*)	1869
Bernerette (*Emma Donna*)	1865	Reine (*Fille de l'Air*)	1869
Blanche (*Constance*)	1866	Résistance (*Miss Shepherd*)	1871
Bourguignonne (*Antoinette*)	1870	Romanée (*Regrettée*)	1862
Brioche (*Voyageuse*)	1862	Sarah (*Flora Mac Ivor*)	1865
Cannebière (*Aurora*)	1870	Sauterelle (*La Reine Berthe*)	1867
Cendrillon (*Flora Mac Ivor*)	1867	Selika (*Julia*)	1865
Chimère (*Championnette*)	1873	Semiramis (*Comtesse*)	1860
Citadine (*Magenta*)	1866	Tendresse (*Tolla*)	1870
Confiance (*Cremorne*)	1872	Thérésa (*Britannia*)	1865
Confidente II (*Sweet-Lucy*)	1866	Tulipe (*Magenta*)	1867
Crêmière (*La Samaritaine*)	1867	Turquoise (*Stradella*)	1868
Dafné (*Thea*)	1866	Vendetta (*Vivid*)	1874
Dauphine (*Dame Blanche*)	1868	Venise (*Constance*)	1864
Didon (*Duchesse*)	1861	Villafranca (*Miss Gladiator*)	1860
Fiancée (*Hirma*)	1867	Vivandière (*Alerte*)	1868
Fidelity (*Constance*)	1861		
Fille du Ciel (*Fille de l'Air*)	1872	**Monarque ou Consul**	
Fleur des Bois (*Ravières*)	1864	Falaise (*La Fronde*)	1874
Fornarina (*Fraudulent*)	1860	**Monarque ou Father Thames**	
Gentille Dame (*Golconde*)	1863	Pyramide (*Poste*)	1866
Ines (*Thea*)	1865		
La Corniche (*Liouba*)	1870	**Monarque ou Mortemer**	
La Favorite (*Constance*)	1863	Lina (*Régalia*)	1873
La Reine Blanche (*Margaret*)	1861	Négresse (*Weatherbound*)	1873
La Reine Elisabeth (Miss Gladiator)	1867		
La Scarpe (*Cammas*)	1865	**Monarque ou Pompier**	
L'Aventurière (*Constance*)	1860	Bombe (*Bombarde*)	1873
Laversine (*Voluptas*)	1872		
La Victoire (*Victorine*)	1872	**Monarque ou Ventre Saint Gris**	
Ludovise (*Mlle de Champigny*)	1872	Georgina (*Géologie*)	1864
Mlle de Charolais (Mlle de Chantilly)	1866	La Maréchale (*Lady Lift*)	1864
Majesté (*Charley Boy mare*)	1860	Protégée (*Prédestinée*)	1864

(67)

MONARQUE, bai, par Saxifrage et Destinée
1884 — J. C.

Egalité (*Euxine*)	1890	Mélinite .(*Martyrdom mare*)	1890
Marcheuse (*Mutina*)	1890	Tentatrice (*Totote*)	1890

MONITOR II, alezan, par Monarque et Constance
1862

Ann (*Belle Etoile*)	1871	Ma Mie (*Miss Fantôme*)	1869
Cachemire (*Corinne*)	1871	Navette (*Nébuleuse*)	1870
Frantic (*Frenzy*)	1870	Patache (*Perette*)	1872
Friponne (*Miss Fantôme*)	1871	Princesse (*Violette*)	1869
Inconnue (*La Fronde*)	1870	Tatavola (*Theon Mare*)	1869
Léda (*Gourmande*)	1871	Vichsbury (*Va te Promener*)	1869
L'Huisne (*Dame d'Honneur*)	1873	Vignette (*Va te Promener*)	1870

MR. D'ECOVILLE, bai, par Tarrare et Princess Edwis
1841

Alicia (*Huraca*)	1848	Zora (*Miriam*)	1843
Betty (*Vanille*)	1853	**Mr. d'Ecoville ou Brocardo**	
Brenda (*Olga*)	1853	Lady Gorre (*Reine Margot*)a	185
Mademoiselle Brocard (*Diane*)	1851	Zulme (*Tanaïs*)	1851
Pepita (*Pointe à Pitre*)	1849	**Mr. d'Ecoville, La Clôture**	
Quittance (*Betzy*)	1850	**ou Prince Caradoc**	
Vesta (*Rosabelle*)	1851	Carlotta (*Tanaïs*)	1854
Zillah (*Sarah*)	1849	Jonquille (*Tulipe*)	1854

MR. PHILIPPE, bai, par Plutus et Miss Lucy
1876

Genèse (*Géodésie*) 1885

MONTAGNARD, bai, par Fitz Gladiador et Millwood
1864

Antigone (*Actress*)	1871	Jeanne la Folle (*Jeanne d'Arc*)	1871
Consolation (*Sérénade*)	1871	Vespasienne (*Vagabonde*)bel.	1870

MONTARGIS, alezan, par Orphelin et Woman in Red
1870

Armoirie (*Antipathie*)	1886	Nomologie (*Nice*)	1878

Barbacane (*Baroness Clifden*) 1884
Cachette (*Cachemire*)....... 1883
Chiquenaude (*Croix du Sud*). 1884
Constance II (*Convent*)...... 1878
Florence (*Voltigeuse*)....... 1881
Idalie (*Idalia*)............... 1882
Isola (*Isobel*)............... 1889
Lacassagne (*Navette*)........ 1881
Mouche (*Fog*).............. 1889
Nancy (*Ma Normandie*)...... 1882

Ophélie (*Tirelire*)........... 1877
Roussotte (*Red Start*)....... 1881
Tarantaise (*Tarlatane*)....... 1887
Wallonne (*Woïnicka*)........ 1881
Willegly (*Wild Girl*)........ 1880
Yvrande (*Ermeline*)......... 1881

Montargis ou Mars

Fleur de Bretagne (Fleur de Pêché). 1879

Montargis ou Ruy Blas

Navette III (*Nom de Guerre*). 1878

(20)

MONTFORT, bai, par Arc en Ciel et Fougères
1869

Bertrade de Montfort (Turlurette).. 1883
Estella (*Royale Topaze*)....... 1877

Stella (*La Romaine*)......... 1877

MONTGOMME, alezan, par Mortemer et Morna
1878

Symphonie (*Sonnette*)........ 1887

MOORLANDS, alezan, par Lord Clifden et Audrey
1867 — Importé en 1883

Bertrade (*Brigitte*).......... 1886
Iona (*Rails*)a............... 1882

Luzerne (*Loadstar*).......... 1887
Solange (*Séraphine*)......... 1886

MOROK, bai, par Beggarman et Vanda
1844 — **J. C.**

Adeline (*Yelva*)............. 1855
Alida (*Emma*)............... 1859
Bagnéraise (*Molokine*)....... 1861
Espérances (*Lyze*)........... 1864

Geneviève (*Molokine*)........ 1860
Hébé (*Pénélope*)............. 1863
Isabelle (*Lantara*)........... 1860
Vendetta (*Lyse*)............. 1865

MORS AUX DENTS, alezan, par Napier et Curl
1853

Victoria (*Eymerina*)........., 1861

MORTEMER, alezan. par COMPIÈGNE et COMTESSE

1865 - 1891

Ambassade (*Aurore*)	1879	La Mayenne (*Bernerette*)	1870
Arbalète (*Araucaria*)	1880	La Parisienne (*Miss Lucy*)	1877
Augusta (*Nita*)	1873	Last Love (*Berthe*)	1876
Belle-Croix (*Weatherbound*)	1874	Lionne (*Latakia*)	1880
Bergère (*Beatrix Esmond*)	1876	Maine (*Virginia*)a	1879
Carline (*Duchess of Newcastle*)	1873	Marinade (*Marinette*)	1876
Castille (*Cassiope*)	1880	Mirabelle (*Miss Toto*)	1880
Clémentine (*Régalia*)	1875	Miss Rovel (*Résistance*)	1875
Conserve (*Contract*)	1880	Pie Grièche (*Contempt*)	1875
Cornélie (*Régane*)	1875	Rallye Chamant (*Régalia*)	1881
Cornemuse (*Confiance*)	1880	Rainette (*Reine*)	1879
Doucereuse (*Cerdagne*)	1874	Regardez (*Régalia*)	1877
Duchesse (*Gomera*)	1875	Régine (*Régalade*)	1878
Duchesse Anne (*Maidens'Blush*)	1879	Risette (*Régulière*)	1880
Fille de l'Oise (*l'Oise*)	1879	Salade (*Sister Helen*)	1880
Fleurines (*Summerside*)	1874	Seine-et-Oise (*l'Oise*)	1878
Hallate (*Feu de Joie*)	1874	Tulipe (*Topaze*)	1876
Hortense II (*Honora*)	1880	Verdurette (*Verdure*)	1874
Iris (*Isoline*)	1878	West (*Weatherbound*)	1877
Isaure (*Isoline*)	1879	**Mortemer ou Monarque.**	
La Buzardière (*Belle Etoile*)	1876	Lina (*Régalia*)	1873
La Crème (*La Coureuse*)	1879	Négresse (*Weatherbound*)	1873
Lady Manton (*Highland Lassie*)a	1878	(44)	

MOSES, bai, par SEYMOUR ou WHALEBONE et GOHANNA MARE (a.)

1819 — D.

Xarifa (*Rubens mare*)a 1826

MOSQUITO, bai, par EMILIUS et BUTTERFLY (a.)

1831

Forest Fly (*Walfruna*)a 1841

MOULSEY, bai, par TEDDINGTON et SABRA (a.)

1861 - 1882

Majestic (*Queen of Trumps*)a . 1870   Sparkle (*Diadem*)a 1873

MOUNTAIN DEER, bai, par Touchstone et Mountain Sylph (a.)
1848
Mountain Maid (*Maid of Tyne*)a..   1862
Mountain Deer ou Longbow
Cavriana (*Calcavella*)a 1867

MOURLE, bai-brun, par Ruy Blas et Mademoiselle de Couzeix
1875

Caillette (*Camerino mare*)....	1886	**Mourle ou Saxifrage**	
Georgette (*Bariolette*)........	1887	Ténébreuse (*New Star*).......	1884
Hervine (*Minerve*)...........	1884	**Mourle ou Satory**	
Mosaïque (*La Mouche*)	1885	Chèvrefeuille (*Nina*)........	1886
Sensitive (*Sée*)...............	1885	**Mourle ou Salvator**	
Toute Seule (*La Dorette*).....	1885	Tempête (*Canebière*)	1884
Verveine (*Camerino mare*)...	1885		

MOUSQUETAIRE, bai, par Man-at-Arms et Cerise (a.)
1873 — Importé en 1879

Damoiselle (*Mlle de Maupas*)	1880	Vallée d'Auge (*Vest*)........	1880
Fontaine (*Mlle de Fontenay*)..	1880	Vivandière (*Mediatrix*).......	1887

MOUSTIQUE, bai-brun, par Sting et Essler
1850

Gazelle (*Pénitence*)..........	1858	Ninon (*Lady*)................	1859
Malvina (*Alabama*)..........	1860	Sultane (*Cameline*)..........	1856
Miss Gloria (*Medina*)	1858	Voilà (*Mea*).................	1858
Miss Hornet (*Pénitence*)......	1859	Weasel (*Kathleen*)..........	1858

MUEZZIN, bai, par Sultan et Miss Cantley (a.)
1833-1850 — Importé en 1837
Nora Creina (*Orvillina*) 1838

MULATTO, bai-brun, par Catton et Desdemona (a.)
1823
Florida (*Florence*)........... 1835

MULEY, bai, par Orville et Eleanor (a.)

1810

Grenada (*Bequest*)a......... 1835

MULEY MOLOCH, bai-brun, par Muley et Nancy (a.)

1830

Alice (*Days of Yore*)a.......	1852	Miss King (*Jubilee*)a	1840
Atalanta (*Lilla*)a............	1839	Molockine (*Miss Thomasina*)a	1842
Dolly Varden (*Pocahontas*)a..	1846	Muley Moloch mare(*Barbelle*)a	1842
Eoline (*Dryad*).............	1842	Velure (*Zenana*)a............	1845
Maid of Fez (the)(Streatham Sprite)a.	1841		

MUNCASTER, alezan, par Doncaster et Windermere (a.)

1877 - 1888

Ellen Muncaster (*Arista*) 1886

MUSCOVITE, bai, par Hetman Platoff et Camel Mare (a.)

1849. — Importé en 1865

Absolution (*Conversion*)	1867	Française (*Lilly of the Valley*).	1869
Agnès Sorel (*Aristocracy*)....	1872	Genius (*Nice*)...............	1871
Bérésina (*Hypothèse*)........	1867	Mlle de Varaville (*Claudine*)..	1863
Blanche de Castille (Grande Dame).	1869	Malicorne (*Mercédès*)	1869
Comtesse de Paris (*Nobility*)..	1870	Moscowa (*Tetotum*)a	1862
Déclaration (*Déclamation*)....	1871	Rose Thé (*Rosa Lee*)........	1871
Ecossaise (*Rule Britannia*) ...	1869	Terreur (*Fracas*)	1869
Faute de Mieux (*Fantaisie*)...	1872	Yes (*Industry*)	1868

MUSTACHIO, bai, par Whisker et Leon Forte (a.)

1821 - 1836. — Importé en 1828

Corinne (*Effy*).............	1836	Louise (*Deer*)...............	1829
Juliette* (*Poozy*)	1830	Mylady (*Comus mare*)........	1829
Little Girl (*Vigornia*)........	1836	Syrène* (*Poozy*).............	1829

MYTHÉME, bai-brun, par Shylock et Iris

1852

Lorraine (*Bella*)............. 1857

NAPIER, bai, par POLECAT et BELLA
1854

Alba (*Mlle de Brie*)	1855	Marthe (*Célestine*)	1858
Alina (*Alifri*)	1856	Minima (*Spiletta*)	1861
Babine (*Topaze*)	1858	Miss Napier (*Mlle Duparc*)	1854
Calypso (*Victoire*)	1858	Ortuna (*Miss Rubis*)	1854
Carita (*Mlle Clairon*)	1855	Pauvresse (*Castagnette*)	1853
Chica (*Comète*)	1853	Pierrette (*Ingratitude*)	1857
Clio (*Euterpe*)	1855	Pomponnette (*Djali*)	1859
Corinthe (*Iris*)	1852	Rameline (*Djali*)	1857
Elégie (*Curl*)	1854	Rigolette (*Mlle Dangeville*)	1853
Fidès (*Mlle Clairon*)	1857	Rosina (*Cigarette*)	1852
Fleur des Champs (Chercheuse d'Esprit)	1857	Sauterelle (*Coqueluche*)	1858
Friali (*Alifri*)	1858	Straniera (*Fraternity*)	1857
Hirma (*Wavering*)	1859	Surprise (*Sélina*)	1857
Mlle Napier (Mlle Dangeville)	1855	Tire Larigot (*Pious Jenny*)	1855
Mlle Napier (*All Right*)	1861	Tourelle (*Wavering*)	1858
Margot (*Marguerite*)	1859	Vaillance (*Stella*)	1860
Marion (*Pious Jenny*)	1853	(33)	

NAPOLEON, bai, par BOB-BOOTY et POPE MARE (a.)
1824 — Importé en 1834

Adrienne (*Miss Henry*)	1845	Europe* (*Miss Ann*)	1858
Agathe (*Moselle*)	1850	Folichonne (*Miss Fury*)	1846
Aïcha (*Biche*)	1840	Fusion (*Francesca*)	1851
Alcantara (*Galatea*)	1844	Glycine (*Belle Poule*)	1847
Alexandra (*Regatta*)	1845	Hortense* (*Deer*)	1835
Aménaide (*Agar*)	1843	Idalia* (*Bérénice*)	1842
Antonia* (*Jenny*)	1843	Iris* (*Dime*)	1842
Bresilia (*Danae*)	1835	Jonquille (*Violette*)	1844
Bayadère (*Venus*)	1836	Kalouga* (*Follette*)	1838
Belle Poule (*Bérénice*)	1841	Lœtitia (*Miss Ann*)	1845
Bérésina (*Philomèle*)	1835	Lodowiska* (*Chimère*)	1842
Betzy* (*Louise*)	1835	Luna (*Priestess*)	1836
Césarine* (*Follette*)	1840	Marie Louise (*Noémi*)	1835
Chanoinesse* (*Miss Henry*)	1836	Marie Louise* (*Fair Forester*)	1837
Chansonnette* (*Scornful*)	1836	Mazetta (*Gloire*)	1840
Clio (*Alexina*)	1836	Nelly (*Berthe*)	1845
Discrétion (*Mrs Brady*)	1845	Olinga (*Fantasmagorie*)	1841
Ea* (*Chloris*)	1838	Paméla (*Aurore*)	1842
Effrontée* (*Crotchet*)	1838	Pâquerette (*Moselle*)	1844
Egérie (*Miss Henry*)	1838	Pauline (*Lilly*)	1838
Elisa (*Miss Caroline*)	1845	Princesse Borghèse (*Bergère*)	1837
Emma* (*Citron*)	1838	Roxanna (*Bigottini*)	1841

Sainte Hélène* (*Comus mare*) 1835

Sarah (*Verona*)..... 1835

Satisfaction* (*Chimère*) 1841

Stella (*Midsummer*).......... 1844

Suavita* (*Gloire*)........Di. 1842

Sympathie (*Juliette*).......... 1842

Verveine (*Moselle*).......... 1846

Victoire (*Jenny*)............. 1839

Napoleon ou **Beggarman**

Aveline* (*Pamela*)........... 1843

Napoleon ou **Dangerous**

Bayadère (*Sylphine*).......... 1839

Napoleon ou **Karchane** (arabe)

Basquine (*Georgette*)........ 1846

Napoleon ou **Harlequin**

Error (*Milady*).............. 1836

Napoleon ou **Marcellus**

Chimère (*Annette*).......... 1841

Marcella (*Frantic*)........... 1844

(58)

NARCISSE, bai, par Trocadéro et Julia Peel
1876

Darc-Dare (*Urgence*)........ 1890

Kolga (*Kate II*)............. 1889

Targette (*Tarlatane*)........ 1886

Wilhelmine (*Suttee*)........ 1885

Xéranthème (*Rosemary*)...... 1886

Yolande (*Analogy*).......... 1887

Zama (*Rome*)............... 1888

NAUTILUS, bai, par Cadland et Vittoria
1835

Betty (*Ipsara*).............. 1831

Damophila (*Corysandre*)..... 1846

Giraffe (*Effrontée*) 1845

Kayla (*Veronica*)............ 1849

Nathalie (*Lady de Normandie*).. 1849

Nautila (*Veronica*).......... 1845

Nautilette (*Polyxène*)........ 1858

Pâquerette (*Marguerite*) 1856

Regatte (*Annette*) 1851

Roulette (*Bride of Abydos*)... 1850

Nautilus ou **Voyageur**

Ambulante (*Pratelle*)........ 1858

Nautilus, Worthless, Paillasse ou **Prospectus**

Farçeuse (*Césarine*).......... 1849

NEASHAM, bai, par Hetman Platoff et Wasp (a.)
1848 - 1864

Bigly (*Pantaloon mare*)a..... 1862

NELSON, bai-brun, par Dangerous et Nell
1837

Exhibition (*Redgauntlet mare*) 1851

Fille du Diable (Redgauntlet mare)... 1853

Loyauté (*Royauté*)........... 1850

Miss Kate (*Jalouse*) 1861

Prima Dona (*Suprema*)....... 1852

Vertu (*Hard Heart*).......... 1851

Vivacité (*Philips' dam*) 1850

NEOPHYTE, bai. par PERPLEXE et NICE
1879

Mlle Renée (*La Prasle*) 1888

NEPTUNUS, bai, par WEATHERBIT et ATHENA PALLAS (a.)
1859

Guadeloupe (*Curaçoa*)a 1869

NESTOR II, bai, par MATAMORE et NORA
1869

Amabilité (*Amandine*)........ 1887

NEVILLE, bai, par NAPIER et SALLY SNOBS
1851 - 1870

Eugénie (*Matrimony*)a 1863   Songstress (*Zitella*)a 1863

NEWCASTLE, alezan, par NEWMINSTER et MARY AISLABIE (a.)
1856 - 1874

Duchess of Newcastle (Capucine)a. 1863   Pretty Well (*How d'Ye Do*)a.. 1868

NEWMINSTER, bai, par TOUCHSTONE et BEESWING (a.)
1848 - 1868 — **S.L.**

Adulation (*Tomboy mare*)a ...	1856	Léonie (*Sister to Leaconfield*).a	1865
Anemone (*Hepatica*)a	1868	Limosina (*Charity*)a	1859
Cast Off (*The Lamb*)a	1856	Lucie Bertram (*Annie Laurie*)a.	1867
Cerdagne (*La Maladetta*)...	1866	Maidens' Blush (*Rose of Kent*)a	1867
Crinon (*Margery Daw*)a.....	1868	Miss Ida (*Sauntering Sally*)a.	1868
Emma Bowes (Emma Middleton) a ...	1858	Plantago (*Hepatica*)a........	1864
Hawthorn Blossom (Lady Hawthorn)a	1860	Sœur de Compromise (*Maria*)a	1864
La Calonne (*La Toucques*) ...	1867	(15)	

NICKLAUSE, alezan, par DRUMMOND et BLONDINE
1879

Nuit Close (*Nuit de Mai*)..... 1886

NIGEL, alezan, par ELECTION et ROWENA (a.)

1822

Orpheline (*Shuttle mare*)a ... 1830

NOBLE ÉTRANGER, bai, par WINSLOW et NECTARINE

1879

La Glace (*Lady Glenorchy*)... 1886

NONSENSE, alezan, par BEDLAMITE et ZORA (a.

1830

Pazza (*Mina*)............... 1858

NORTH LINCOLN, bai, par PYLADES et CHEROKEE (a.)

1856 - 1877

Cape Diamond (*Tourmalin*)a.	1873	**North Lincoln** ou **King Alfred**	
Cataract (*Réaction*)a	1873	Angelina (*Our Mary Ann*)a..	1873
West Kent (*Emerald*)a	1863		

NOTTINGHAM, bai, par KINGSTON et ATHOL BROSE (a.)

1859 - 1872

Altisidora (*Lambton mare*)a... 1867

NOUGAT, bai, par CONSUL et NÉBULEUSE

1872

Amazone (*Ambuscade*).......	1888	Landrecies (*Quakeress*).......	1885
Anita (*Athol Lass*)..........	1886	La Poudre (*Cartouche*).......	1885
Argentine (*Silverfield*).......	1889	Libéria (*Salva*)..............	1884
Armoricaine (*The Abbess*)....	1882	Mésange (*Bignonia*).........	1887
Béatrice (*Bathilde*)..........	1889	Muscade (*Marion*)	1883
Comtesse Renée (Countess Clifden)..	1889	N. — par (*Athol Lass*).......	1886
Confiance (*Crosspatch*)......	1886	Nougatine. (*Goneril*)........	1888
Dominante (*Dulce Domum*)..	1882	Nyanza (*Nina*)..............	1889
Douceur (*Douceuse*)........	1879	Omelette (*Orpheline*)........	1881
Ethérée (*Astrée*).............	1885	Onglette (*Orpheline*)........	1881
Fidès (*La Farandole*)........	1879	Régine (*Red Leaf*)..	1885
Florida (*Fleurines*)..........	1880	Sophie (*Lady Sophia*).......	1885
Foncière (*Frémainville*)......	1879	Tartelette (*Tantrip*).........	1887

Galopade (*Galantine*)........ 1881
Gelée (*Gentille Dame*)....... 1880
La Belle Hélène (*Bertha*).... 1885
La Dame Blanche (The White Lady). 1888

· Ténébreuse (*Tolla*).......... 1879
Voluntas (*Vienna*)........... 1887
Nougat ou **Bariolet.**
Whisper (*The White Lady*)... 1889

(33)

NOVELIST, bai, par WAVERLEY et AIGRETTE (a.)
1829 — Importé en 1835

Amine (*Rubis*)............. 1844
Antiope (*Lady Alberi*)....... 1844

Clara (*Camargo*) 1843
Comète (*Stella*)............. 1843

NUNCIO, bai, par PLENIPOTENTIARY et ALLY (a.)
1839 - 1863 — Importé en 1847

Arvernie (*Amphitrite*)....... 1863
Australie (*Essler*)........... 1853
Bamboche (*Lady Arthur*)..... 1856
Canonnade (*Démonstration*).. 1856
Clara (*Flirtation*)........... 1856
Decency (*Bienséance*)........ 1849
Duplicity (*Perjury*) 1856
Esméralda (*Lady Henriette*)... 1862
Espinasse (*Dacia*)........... 1860
Estafette (*Minuit*)........... 1852
Frénésie (*Miss Ellen*)........ 1859
Fusée (*Luche*)............... 1855
Keepsake (*Aspasie*)......... 1856
Liouba (*Eusebia*)........... 1856
Mlle Véraguet (*Silistric*)..... 1858
Mandoline (*Jouvence*)........ 1856
Miss Neddy (*Miss Burns*).... 1856
Modestie (*Marguerite*)....... 1852
Nuncia (*Fatima*)............. 1856
Nuncia (*Fatima*)............. 1857
Plume Loup (*Eoline*)........ 1852
Rocka (*Coquette*) 1852
Trust (*Loïsa*)............... 1849
Trust me Not (*Example*)...... 1860
Va-te-Promener (*Gladiole*)... 1856

Vénus (*Pulchérie*)........... 1856
Wedding (*Wedlock*)......... 1856
Nuncio ou **Bataclan**
Ravières (*Coquette*) 1857
Nuncio ou **Brandy Face**
Miss Rachel (*Impériale*)...... 1858
Nuncio ou **Caravan**
Dahlia (*La Californie*)........ 1855
Trop Petite (Mam'zelle Pritchard).... 1855
Nuncio ou **Cobnut**
Victoire (*Nuncia*)............ 1866
Nuncio ou **Faugh a Ballagh**
Yvonne (*Faustine*).......... 1857
Nuncio ou **Fitz Gladiator**
Aspasie (*Fulvie*)............. 1862
La Palatine (*Lammas Lass*)... 1862
Nuncio ou **Lioubliou**
Cammas (*Wirthschaft*) 1851
Rozières (*Loisa*)............. 1851
Nuncio ou **the Baron**
Alice (*Annette*).............. 1855
Comtesse (*Eusebia*)......... 1855
Nuncio, Sting ou **Nunnykirk**
Junction (*Margaret*)......... 1853

(50)

· NUNEHAM, bai, par OXFORD et AURICULA (a.)
1869

Amber Witch (*Sorceress*)a.... 1878
Guadix (*Veleta*)a............. 1879

Philomel (*Rebecca*)a.......... 1876

13

NUNNYKIRK, alezan, par TOUCHSTONE et BEESWING (a.)

1846 - 1863. — **G.** — Importé en 1850

Ballerina (*Annetta*)	1856	**Nunnykirk** ou **Brocardo**	
Cendrillon (*Noema*)	1852	Suresnes (*Ménalippe*)	1854
Citadelle (*Miriam*)	1852	**Nunnykirk** ou **Elthiron**	
Fille de Marbre (*Scythia*)	1855	Susannah (*Semiseria*)	1856
Hébé (*Camilla*)	1860	**Nunnykirk** ou **Iago**	
Hermione (*Spiletta*)	1860	Fête (*Festival*)	1853
Malgré Tout (*Sensitive*)	1858	**Nunnykirk** ou **the Cossack**	
Messinienne (*Fraternity*)	1858	Cérès (*Lady Henriette*)	1863
Namps (*Bruyère*)	1856	Favorite (*Hervine*)	1863
Nunnykirka (*Kate Nickleby*)	1857	**Nunnykirk** ou **the Baron**	
Sylvie (*Sylvia*)	1860	Tempête (*Tronquette*)	1856
Titinka (*Kate Nickleby*)	1858	**Nunnykirk, Nuncio** ou **Sting**	
Nunnykirk ou **Bon Vivant**		Junction (*Margaret*)	1853
Baïonnette (*Victorine*)	1863	(20)	

NUTWITH, bai, par TOMBOY et COMUS MARE (a.)

1840 - 1863

Anatolie (*Scutari mare*) 1854

OAKLEY, bai, par TAURUS et OAK APPLE (a.)

1838

Calliope (*Constance*)	1851	Liberty (*Jessie*)	1849
Hibernia (*Britannia*)a	1848		

OAK STICK, bai-brun, par ROYAL OAK et TÉNÉRIFFE

1835

Colombe (*Danaïde*)	1843	Oaks Fleet (*Niobé*)	1843
Darling (*Lucette*)	1843		

OCTAVIUS, bai, par ORVILLE et MARIANNE (a.)

1809 - 1831

Amabel (*Canopus mare*)a 1818

OLD ENGLAND, bai, par MULATTO et FORTRESS (a.

1842

Strawberry Hill (*Miss Twickenham*)a .. 1850

OPTIMIST, alezan, par LEXINGTON et FILLE DE GLENCOE (c. u.)

1857 — Importé en 1871

Fausse Alarme (*Frenzy*)...... 1867
La Tourbière (*La Couture*).... 1873
Lutèce (*Miss Lucy*) 1874

Optimist ou Honesty

Heurtebise (*Styria*).......... 1873

ORCHID, alezan, par HAMPTON et LADY LAVENDER (a.)

1882 — Importé en 1885.

Mon Espoir (*Mal Jugée*)...... 1889

OREST, bai, par ORESTES et LADY LOUISA (a.)

1857 - 1881

Eve (*Atonement*)............. 1871
Fairy Queen (*Queen Mab*)a... 1869

N. — par (*Perseverance*)a.... 1881

ORLANDO, bai, par TOUCHSTONE et VULTURE (a.)

1841-1868 — **D.**

Ætna (*Vesuvienne*)a.......... 1860
Carlotta (*Cytherea*)a......... 1856
Game Chicken (*Game Lass*)a. 1850
Impérieuse(Eulogy)a **O.—G.—S.L.** 1854
Miss Finch (*Little Finch*)a.... 1856

Nativity (*Venison mare*)a 1858
Postage (*Stamp*)a............ 1858
Yamouna (*Himalaya*)a....... 1861

Orlando ou Saint-Albans

Absolution (*Lady Melbourne*)a 1867

ORPHELIN, alezan, par FITZ GLADIATOR et ÉCHELLE

1859

Bariolette (*Babette*) 1867
Brigantine (*Goélette*)........ 1866
Eglantine II (*Esméralda*)..... 1866
Good Night (*Belle de Nuit*).. 1887
Haydée (*Hervine*) 1868
Jeanne d'Arc (*Wake*)........ 1869
La Périchole (*Gold Dust*) 1867
Mlle de Cabourg (*Mishap*) ... 1861
Malle des Indes (*Miranda*)... 1866
Michelette (*La Fanchonnette*). 1870
Minerve (*Hervine*) 1866
Miss Flirt (*Ile de France*) 1869

Miss Hervine (*Hervine*)....... 1867
Orpheline (*Bathilde*) 1866
Paladine (*Mishap*)........... 1869
Pallas (*Perle*)............... 1867
Palma (*Corysandre*).......... 1867
Pensée (*Eloïse*) 1870
Primevère (*Arta*) 1870
Reine de Saba (*Rubrique*).... 1870
Ritournelle (*La Paysanne*).... 1869
Sée (*Salamboo II*) 1869
Toss (*Cérès*)................ 1870
Zaïda (*Corysandre*).......... 1866

(24)

ORTOLAN, bai, par DOLLAR et BARTAVELLE
1874

Bathoude (*Mlle de la Cabourne*)	1882	Paulette (*Angleterre*)	1883
Bredouille (*Angleterre*)	1882	Sarcelle (*Serpentine*)	1884

ORVILLE, bai, par BENINGBOROUGH et EVELINA (a.)
1799 - 1826 — S. L.

Allegretta (*Allegretta*)a	1819	Manille (*Tredrille*)a	1825
Coral (*Fairing*)a	1816	Matilda (*Sorcerer mare*)a	1818
Elvira (*Beningbro' mare*)a	1817	Orvillina (*Driver mare*)a	1826
Evelina (*Canvas*)a	1825	Reading Lass (*Sigismunda*)a	1815

OSTREGER, bai, par STOCKWELL et VENISON MARE (a.)
1862

Amnéris (*Deception*)ho | 1874

PACE, alezan, par CATERER et LADY TRESPASS (a.)
1865 — Importé en 1869

La Paix (*Perle*)	1871	Merci (*Mercédès*)	1871
La Pastourelle (*Alliée*)	1871	Musicienne (*Music*)	1872
La Quêteuse (*Church Militant*)	1871	Star and Garter (Richmond Hill)	1872
La Vengeance (*Victorine*)	1871		

PAGAN, bai-brun, par MULEY MOLOCH et FANNY (a.)
1838 — Importé en 1846

Gaudriole (*Bride of Abydos*)	1849	Zuleika (*Lauretta*)	1848
Mylady Eugénie (*Fatima*)	1851	**Pagan ou Napoleon**	
Pagane (*Harriet*)	1849	Chesine (*Amazone*)	1848
Proserpine (*Harriet*)	1851		

PAGANINI, bai, par LIGHT et MUSIC (a.)
1871

Bravura (*Clianthus*)a	1878	N. — par (*Armistice*)a	1878
Cremona (*Ethel*)a	1874	Nina (*Nom de guerre*)	1876
Melodious (*Bonnie Katie*)a	1878	Stephanotis (*White Rose*)a	1874

PAILLASSE*, alezan, par CHANCE et IPSARA
1838

Couette (*Viola*) | 1845

Paillasse, Worthless, Nautilus ou **Prospectus**

Farceuse (*Césarine*)......... 1849

PALADIN, alezan, par FITZ ROLAND et QUEEN BERTHA (a.)

1870 — Importé en 1879

Fée II (*Frolicsome*)......... 1882   Ouida (*Corvette*)............ 1885
Fortunée (*Fog*)............. 1886   Tamise (*Terreur*)........... 1881
Hardiesse (*Harmonie*)........ 1885

PALESTRO, bai, par FITZ GLADIATOR et LADY SADDLER

1858

Bénédictine (*Bénédicta*)...... 1866   Vélocité (*Vapeur*)........... 1865
Palestrina (*Bravade*)........ 1864   **Palestro** ou **Pharaon**
Palestro ou **Coquet**   Grain de Sel (*Sagitta*)....... 1864
Palastdam (*Violette*)all....... 1870

PANTALOON, alezan, par CASTREL et IDALIA (a.)

1824 - 1850

Aurora (*Lady*)a............. 1848   Revival (*Linda*)a... 1839
Batwing (*Retort*)a........... 1846   Rose of Sharon (*Shiraz*)a..... 1843
Officious (*Balcine*)a......... 1847

PAPILLON, alezan, par GLADIATOR et EFFIE DEANS

1850

Berthe (Young) (*Biche*)....... 1863   Marquise (*Lady Charlotte*)... 1868
Fadette (*Julie*)............. 1864   Papillotte (*Liberté*).......... 1857

PARADOX, bai, par MERLIN et PAWN (a.)

1827 — Importé en 1834

Althea (*Dine*)............... 1839   Nina (*Chesnut Filly*)........ 1840
Amina (*Anne de Bretagne*)... 1843   Pasquinade (Young)(Pasquinade).. 1838
Arabella * (*Pamela* bis)...... 1838   Saffira* (*Elsy*)............. 1840
Flicca* (*Dine*)............. 1840   Silhouette (*Resemblance*)..... 1837
Impasse (*Miss Tandem*)...... 1842   Thalie (*Darthula*).......... 1838
Kate Nickleby (*Marie Louise*). 1840   **Paradox** ou **Mameluke**
Mamie (*Panope*)............ 1843   Almée (*Pyrrha*)............. 1840

PARAGONE, bai, par Touchstone et Hoyden (a.)

1843

Jessamine (*Jessy*)........... 1851

PARMESAN, bai, par Sweetmeat et Gruyère (a.)

1857 - 1877

Blue Vinny (*Brigantine*)a....	1877	North Wiltshire (Heather Belle)a...	1875
Brie (*Highland Sister*)....**Di.**	1875	Polly Perkins (*Vertumna*)a...	1863
Duchess of Parma (Queen of the Vale)a	1873	Repose (*Ringdove*)a..........	1876
Fair Star (*Lady of the Forest*)a	1874	Sagacité (*Clairvoyante*)a......	1871
Haquenée (*Haymarket*).......	1874	Sally Sutton (*Vertumna*)a.....	1867
Muriel (*Chevisaunce*)a.......	1877	Sweetest (*Sweetbriar*)a	1874

PARNASSE, bai-brun, par Plutus et Brown mare

1869

Bonne Etoile (*Bonne Aubaine*)	1885	Jugez Donc ! (*Judelle*).......	1880
Flaubette (*Flaub*)..........	1878	Louisiane (*Louisette*)........	1884
Giberne (*Glycère*)..........	1879	Marmite (*Marivaudage*)......	1884

PAROS, bai, par Papillon et Tyne

1857

Follette (*Bluette*)..........	1868	Quasimodo (*Quirina*)........	1869

PARTISAN, bai, par Walton et Parasol (a.)

1811 - 1835

Chloris (*Niobé*)a............	1824	Mary Gray (*Barbara*)a	1835
Crotchet (*Catgut*)a.........	1824	Poozy (*Pantina*)a...........	1819
Espagnolle (Young) (Espagnolle)a.	1828	Sola (*Whalebone mare*)a.....	1822
Flora (*Fatima*)a............	1829	Victorine (*Bustle*)a..........	1833
Gloriette (*Nanine*)a.........	1835	**Partisan ou Lapdog**	
Hornet (*Emma*)a............	1829	Chevreuil (*Fawn*)a..........	1836
Lilly (*Rhoda*)a.............	1829		

PARTISAN, bai, par Launcelot et Partlet

1859

Championnette (*Little Fawn*).	1868	La Bothellerie (*Bernerette*)...	1870

PATRIARCHE, alezan, par DOLLAR et PARTLET

1874

Atalante (*Armure*)	1885	Police (*Princesse*)	1885
Bellone (*Boulette*)	1888	Prophétie (*Princesse*)	1886
Bouffette (*Boulette*)	1890	Robertine (*Latone*)	1884
Cigarette (*Cornélie*)	1884	Tootsie (*Will*)	1886
Escarcelle (*Javeline*)	1888	Torpille (*Topaze*)	1884
Féodalité (*Mlle de Fontenay*)	1884	Vigneronne (*Vignette*)	1884
Frivole (*Friponne*)	1883	Wagonnette (*Vichsbury*)	1884
Louise (*Malmaire*)	1886	**Patriarche ou Ludovic**	
Montgeroult II (*Colombe*)	1886	White Heliotrope (*Vilna*)	1888
Ninette (*Navette II*)	1890		

PATRICIEN, bai, par MONARQUE et PAPILLOTTE

1864 — J. C.

Alicante (*Refuge*)	1885	Patricienne (*Célimène*)	1875
Avenante (*Aveline*)	1874	Phryné III (*Péronnelle*)	1871
Avoine (*Aveline*)	1879	Vérone (*Vermeille*)	1870
Bannale (*Bannière*)	1877	Verte Allure (*Vermeille*)	1872
Bossette (*La Bossue*)	1871	Vertpré (*Vertubleu*)	1873
Comète (*Altisidora*)	1881	Vestale (*Annette*)	1872
Déjà-là (*Déjanire*)	1878	Vinaigrette (*Virgule*)	1873
Mlle de la Hulinière (*Primevère*)	1875	Vipère (*Violet*)	1870
Marianine (*Marianne*)	1877	Virevolte (*Virgule*)	1871
Marmara (*Marianne*)	1885	**Patricien ou Mandrake**	
Nini (*Ninette*)	1878	Mandragore (*Patric*)	1881
Olgouriska (*Olga*)	1876		(22)

PABRICKS, noir, par FÉLIX et LÉOPOLDINE

1838

Marguerite (*Calipso*) 1849

PAUL JONES, bai, par BUCCANEER et QUEEN OF THE GIPSIES (a.)

1865

Angleterre (*Anémone*) ... 1876   Cataconia (*Damages*)a ... 1873

PAULS' CRAY, bai-brun, par PAUL JONES et SCINTILLA

1875 — Importé en 1879

Clémence (*Chimère*)	1883	**Pauls' Cray ou Garrick**	
Évora (*Eva*)	1887	Sevillane (*Signorita*)	1886
Gaité (*Joyeuse*)	1885		

PAUVRE MIGNON, bai, par FITZ GLADIATOR et NATIVA
1857

Isabel (*Épave*)	1876	La Vesgre (*Yellow Leaf*)	1871
La Belêne (*Genetyllis*)	1872	La Voisine (*Eugénie*)	1871

Pauvre Mignon, Cymbal ou **Badsworth**

Miss Flora (*Navarre*) 1875

PECKLETON, alezan, par GANTELET et GRANDE DAME
1878

Beauty (*La Belle Aude*) 1889

PÉDAGOGUE, bai, par NUNCIO et EOLINE
1851

Aphrodite (*Débutante*)	1861	Montretout (*Pancilla*)	1859
Babylone (*Appleton*)	1866	Parthénis (*Figurante*)	1864
Baresse (*Hopeless*)	1858	Peccadille (*Needle*)	1858
Chaperon (*Needle*)	1857	Perfidie (*Needle*)	1862
Cypris (*Rachetée*)	1863	Porte-Respect (*Ianthe*)	1857
Cythère (*Scythia*)	1859	Portia (*Appleton*)	1863
Dame de Compagnie (*Scythia*).	1857	Praxis (*Hopeless*)	1861
Fleuriste (*Giselle*)	1869	Séduction (*Figurante*)	1862
Fredaine (*Ianthe*)	1858	Sympathie (*Débutante*)	1862
Golgia (*Figurante*)	1861	Tentation (*Figurante*)	1858
Gouvernante (*Needle*)	1856	Vertu Facile (*Débutante*)	1859
La Belle Hélène (*Scythia*)	1864	**Pédagogue** ou **Father Thames**	
Langueur (*Hopeless*)	1862	Lia (*Shuffle*)	1856

(25)

PELION, bai, par ION et MA MIE (a.)
1850 - 1864

Gloria (*Geolony*) 1860

PELLEGRINO, bai, par THE PALMER et LADY AUDLEY (a.)
1874. — Importé en 1886

Cannepetière (*Castella*)	1888	Médéa (*Mirabelle*)	1880
Estelle (*Ethel Blair*)	1883	Miss Tyrrell (*Byfleet*)a	1888
Fairest (*Fusberta*)	1883	Queen (*Queen of the Regiment*)	1883
Gentiane (*Gentille Dame*)	1888	Tina (*Athol Lass*)	1888
Idalie (*Illumination*)	1889	Visitor (*Vicars' Daughter*)a	1888
La Belle Fatma (*Indiana*)	1883		

PELL MELL, bai, par Y. MELBOURNE et MAKESHIFT (a.)

1869

Headlong (*Miss Fortune*)a.... 1882   Park Lane (*Piccadilly*)a 1889
Pandemonium (*Electra*)a 1884

PENDULUM, bai, par ORVILLE et MOMENTILLA (a.)

1814

Pendulum mare(*Tuttle mare*)a. 1826

PEPPER AND SALT, gris, par THE RAKE et OXFORD MIXTURE (a.)

1882

Diana (*Dayspring*).......... 1889

PEREGRINE, bai-brun, par PERO GOMEZ et ADELAIDE (i.)

1878 — **G.** — Importé en 1886

Bourgogne (*Bigamy*)........ 1888   Marion Delorme (*Chloé*)...... 1890
Esbrouffe (*Ella*)............. 1888   Musical Ride (*Messagère II*).. 1888
Gironde (*Gargousse*)........ 1888   Witchery (*Analogy*).......... 1885
Hollandaise (*Elida*) 1890   **Peregrine** ou **Vignemale**
La Pernelle (The Frisky Matron)..... 1888   Victorine (*Victoire*)......... 1890
Loire (*Louveciennes*) 1888

PERO GOMEZ, bai, par BRADSMAN et SALAMANCA (a.)

1866

Augurey (*Charade*)a 1877   Pera (*Slipper*)a 1874
Mandolina (*Bag Pipe*)a....... 1881   Peroration II (*Comedy*)a...... 1876
Ortyx (*Cothurnix*)a.......... 1879   Titania II (*Charade*) 1875

PERPLEXE, bai, par VERMOUT et PÉRIPÉTIE

1872

Accalmie (*Rafale*)........... 1890   Macarena (*Agnes Sorel*)...... 1885
Althéa (*Mimosa*)............. 1883   Magie (*Majesty*)............. 1886
Blanchelande (*Mystical*).... .. 1885   Miss Bijou (*La Rosière*)....... 1888
Embellie (*Rafale*).......... 1885   Ninetta (*Némésis*)..... 1879
Estrella (*Pinnacle*).......... 1889   Olla Podrida (*Japonica*)...... 1884
Etendue (*Enéide*)............ 1878   Perpétuité (*La Tosa*)........ 1881
Evangeline II (*Ermeline*)..... 1879   Perplexité (*King Tom mare*).. 1878
Fénestrelle (*Vengeance*)...... 1889   Prééminence (*Tourmente*).... 1882
Hécla (*Little Sister*)......... 1886   Perspicacité (*Nova*).......... 1880

Irradiante (*North Wiltshire*) .   1888
Kandahar (Brother to Strafford mare)...   1886
La Brume (*Rafale*)...........   1886
La Horta (*Little Sister*)......   1887
La Giralda (*Agnes Sorel*).....   1886
La Jarretière (*North Wiltshire*)   1884

Prospérité (*Parempuyre*)......   1879
Rêveuse (*Rêverie*)...........   1880
Tourterelle (*Ortolan*).........   1882
Troublante (*Leap Year*).......   1888
Perplexe, Clotaire ou **Pompier**
Welcome (*Found Again*).....   1884

(29)

PETER, bai, par HERCULE et ELVIRA

1838

Rachel (Young) (*Rachel*)......   1845   Want (*Pamela*).............   1847

PETER, alezan, par HERMIT et LADY MASHAM (n.)

1876

Capua (*Capri*)a.   1888
Dark Flora (*Lady Flora*)a.....   1885
Lady Chelsea (Cremorne mare)a.....   1885
Lady Rover (*Lady Peregrine*)a   1887
Lady Teazle (*the Inch*)a.......   1884

Pauline (*Hackness*)a.........   1888
Pentecost (*Lady Kars*)a.......   1888
Peronelle (*Primavera*)a.......   1888
Sacha (*Scotch Mist*).........   1889

PETRARCH, bai, par LORD CLIFDEN et LAURA (a.)

1873 - Importé en 1893 — **G. — S. L.**

Devastation (*Deva*)a.........   1888
Fear Disgrace(*Lady Portland*)a   1887
Knightsbridge (*Piccadilly*)a...   1885
Peevish (*Vex*)a..............   1882

Presta (*Pristina*).........**Di.**   1885
Saga (*Napoli*)a..............   1886
Simagrée (*La Seine*).........   1885
Spondee (*Noblesse*)a.........   1881

PETWORTH, gris, par LITTLE JOHN et CANOPUS MARE (a.)

1825 - 1836 — Importé en 1835

Grisi (*Orpheline*)...........   1834

PEUT-ÉTRE, alezan, par VENTRE SAINT GRIS et FAVORITE

1871

Aubergine (*Marinade*).......   1885
Buissonnière (*Belle Croix*)...   1878
Calamine (*Charlotte*).......   1882
Fâcheuse (*Florence*).........   1879
Impéria (*Isole*)..............   1880
Langoureuse (*Lumineuse*).....   1880

Myrtille (*Miss Rovel*).........   1883
Réputation (*Miss Rovel*)......   1882
Verdoyante (*Printanière*).....   1883
Peut-Etre ou **Saint-Cristophe**
Futée (*Finance*)..............   1880

PEYRUSSE, alezan, par A British Yeoman et Decrepit (a.)
1852 — Importé en 1855

Effi (*Verulam mare*)......... 1857   Giralda (*Pharmacopeia*)...... 1858

PHANTOM, bai, par Walton et Julia (n.)
1808 - 1832 — D.

Acacia (*Augusta*)a........... 1826

Phantom ou **Centaur**

Boil and Bubble (*Witchery*)a. 1826

PHARAON, alezan, par Gladiator ou Nautilus et Destiny
1852

Cherine (*Flamme de Punch*).. 1867   La Puce (*Flamme de Punch*).. 1870
Fantaisie (*Sagitta*).......... 1865   N. — par (*Sagitta*)......... 1865
Fille de Pharaon (*Miss Berthe*) 1872   **Pharaon** ou **Palestro**
La Déchirée (*Sélika*)........ 1874   Grain de Sel (*Sagitta*)....... 1864
L'Africaine (*Sélika*)a........ 1872

PHENIX, alezan, par Cymbal et Belle Étoile
1875

Catacomb (*Catania*)........ 1882

PHILIP SHAH, bai, par The Shah et Philips'Dam
1843 - 1863

Bahia (*Brésilia*)............ 1850   Great Britain (*Chanoinesse*)... 1852

PHILOSOPHER, bai-brun, par Voltaire et Mine (a.)
1844 — Importé en 1850

Circée (*Rocka*)............. 1859   Philosophie (*Muff*).......... 1852
Minette (*Tertullia*).......... 1855   Tréval (*Californie*).......... 1856

PHLÉGON, bai, par Saltram ou Beiram et Lucetta (a.)
1840

Phrygia (*Merope*)a.......... 1850

PHYSICIAN, bai, par Brutandorf et Primette (a.)

1829 - 1846 — Importé en 1842

Aphra (*Miranda*)	1846	Panacea (*Phantom mare*)a	1837
Bénédiction* (*Frétillon*)	1844	Pantalonnade (*Papillotte*)	1846
Blanche (*Anna*)	1845	Pharmacopeia (*Muley mare*)	1839
Calembredaine (*Camarilla*)	1844	Physicie (*Monime*)	1846
Comète (*Ada*)	1843	Rosa-la-Rose (*Rosa Langar*)	1844
Dona Sol (*Miranda*)	1843	Sainte Nitouche (*Sweetlips*)	1843
Dulcamara (*Aspasie*)	1845	Suprema (*Slime*)	1846
Félonie (*Déception*)	1846	Weillieska (*Georgina*)	1846
Fragoletta (*Essler*)	1846	**Physician ou Alteruter**	
Girandole (*Gloriette*)	1844	Zantia (*Parasolina*)	1843
Hard Heart (*Cutendre*)	1844	**Physician ou Brabant**	
Isly (*Gipsy*)	1844	Duchesse de Brabant (Mantille)	1843
Jambette (*Jenny Vertpré*)	1845	**Physician ou Ibrahim**	
Johannisberg (*Camarilla*)	1845	Pervenche (*Fleur de Lys*)	1844
Mariquita (*Merlin mare*)	1843	**Physician ou Royal Oak**	
Midwife (*Slime*)	1845	Fiction (*Déception*)	1845
Miss Harneman* (*Hornsea*)	1845	Pomaré (*Dubica*)	1845
Miss Laurence (*Oté*)	1843	**Physician ou Y. Emilius**	
Miss Physicienne (*Regatta*)	1846	Lady Henriette (*Miss Tandem*)	1845
		(33)	

PICAROON, bai, par Voltaire et Handmaiden (a.)

1835

Bohémienne (*Gipsy*)	1850	Ethela (*Miss Mathews*)a	1850
Cintra (*Coimbra*)a	1850		

PICKPOCKET, bai, par Saint Patrick et Hedley mare (a.)

1828 - 1850. — Importé en 1836

Adamantine (*Paméla* bis)	1839	Dona Onesta* (*Juliette*)	1540
Aigline (*Arab*)	1840	Fanelly* (*Paméla*)	1841
Albertine (*Abjer mare*)	1839	Ginevra * (*Thalie*)	1838
Atala (*Corine*)	1840	Grisi * (*The Screw*)	1837
Aurore (*Whalebona*)	1837	Huraca * (*Paméla*)	1837
Clara Wendel* (*Paméla* bis)	1840	Miranda (*Comus mare*)	1838
Clématis (*Danaé*)	1841	Minette * (*Thalie*)	1839
Dansomanie (*The Gimmer*)	1838	Pilule (*Anna*)	1838
Doloride* (*Chimère*)	1839	Valérie * (*Elisabeth*)	1838

PICTON, bai, par Smolensko et Dick Andrews mare (a.)

1819 - 1834

Slime (*Castrella*)a 1832

PIERREFONDS, bai, par Buckthorn et Muley Moloch mare
1857

Juliette (*Auricula*)bel......... 1875   Pallas (*Polissonne*)bel........ 1877

PIERROT, bai, par Pierrefonds et Bonelle
1873

Belette (*Blanche*) 1885   Folette (*Folie*) 1885

PIETRO, alezan, par Pretty Boy et Huguette
1865

Clairette (*Comédienne*)...... 1874

PILGRIM, bai, par Barefoot et Matrimony (a.)
1878

Magicienne (*Myrtile*)........ 1888

PIONEER, bai, par Whiskey et Prunella (a.)
1804 - 1825

Queen Mab (*Discord*)a....... 1823

PIRATE, bai-brun, par Pickpocket et Hélène
1840

Ligature (*Rhinoplastic*)....... 1846

PIRATE KING, bai, par Buccaneer et Fairy Knowe (a.)
1866

Bice (*Queen*).............. 1881   Lady Harriet (*Jessie*)........ 1875

PLANET, bai, par Bay Middleton et Plenary (a.)
1844

Britannia (*Alice Bray*)a....... 1853

PLANTAGENET, bai, par Jago et Emilia
1857

Eleanor (*Equation*).......... 1874

PLAUDIT, bai, par THORMANBY et PLAUSIBLE (a.)
1864

Banquet (*Queen of Crystal*)a. 1872

PLAYFAIR, bai, par OXFORD et WHISPER (a.)
1869

Doctrine (*Plantago*)........ 1876　　Jewel (*Amaranth*)a......... 1878

PLEBEIAN, bai, par JOSKIN et QUEEN ÉLISABETH (a.)
1872

Fama (*Flour of Sulphur*)..... 1879
Plebeian, Bertram ou **Wenlock**
Trefoil (*Euphorbia*)a........ 1885

PLENIPOTENTIARY, bai, par EMILIUS et HARRIET (a.)
1831 - 1854 — **D.**

Fringe (*Valance*)a........... 1848　　Potentia (*Acacia*)a......G. O. 1838
Plenipotentiary mare (*Minima*)a 1844

PLOUGHBOY, bai-brun, par VAN GALEN et VILLAGE MAID (a.)
1864

Mysie (*Pinnacle*)a.......... 1875

PLUM PUDDING, bai, par SWEETMEAT et FOINNUALLA (a.)
1857 - 1880

Sugar Plum (*Whitelock*)a..... 1878　　　**Plum-Pudding** ou **Remorse**
Plum-Pudding ou **Canary**　　　Too Late (*Ellen*)a........... 1880
Pride of Kildare (*Hibernia*)a.. 1871

PLUTUS, bai, par TRUMPETER et FILLE DE PLANET (a.)
1853 - 1891 — Importé en 1865

Arkansas (*Admiralty*).......	1876	Caffa (*Cadichette*)..........	1886
Athala (*Stella*)..............	1879	Cambuse (*Campêche*)........	1877
Aurore (*Soumise*)..........	1871	Clarinette (*Convent*).........	1883
Biblis (*Castalie*).............	1880	Collerette (*Bernerette*)......	1871
Bordelaise (*Bourguignonne*)..	1873	Dictature (*Discorde*)........	1872

Discrétion (*Confidente*)	1872	Marennes (*Miss Krin*)	1884
Écliptique (*Mlle de Saint-Iguy*)	1874	Mélusine II (*Moissonneuse*)	1876
Éphèse (*Enéide*)	1880	Medyn (*Myette*)	1886
Épisode (*Eponine*)	1871	Miss Plutus (*Sick*)	1881
Fine Taille (*Bernerette*)	1877	Nanette (*Nell*)	1874
Folleville (*Folle Avoine*)	1884	Optimia (*Duchess of Athol*)	1877
Gazna (*Grenade*)	1886	Orfraie (*Hémione*)	1877
Grenelle (*Grenade*)	1887	Paume (*Pomponne*)	1878
Isménie (*Promise*)	1877	Primevère (*Poésie II*)	1871
Jetta (*Lutèce*)	1881	Queechy (*Duchess of Athol*)	1879
La Durance (*Dunette*)	1880	Queen (*La Dauphine*)	1879
La Française (*La Favorite*)	1877	Reine des Prés (*Lady Douglas*)	1880
La Marjolaine (*Miss Marguerite*)	1876	Retouche (*Rêveuse*)	1888
Lamballe (*La Fromentinière*)	1888	Ritournelle (*Résistance*)	1880
Le Nuit (*Princesse de la Paix*)	1869	Sorbe (*Styria*)	1877
Légende III (*Miss Lucy*)	1875	Vénétie (*Venise*)	1877
L'Estropiée (*Ninon*)	1873	Verona (*Vérone*)	1883
Marmelade (*Macaque*)	1884	**Plutus** ou **Bagdad**	
Mantes (*Middlesex*)	1880	Mme Pouffard (*Ellingtonia*)	1882
		(47)	

POLECAT, bai, par BAY MIDDLETON et PUSSY (a.)

1843 — Importé en 1846

Mlle de la Veille (*Earwig*)	1848	Princesse Belle Étoile (*Ritamosa*)	1848
Mika (*Bathilde*)	1849	**Polecat, Tipple Cider,**	
Nelly (*Vogue la Galère*)	1855	ou **Chesterfield Junior**	
Pauline (*Colombine*)	1851	Cérès (*Bathilde*)	1852

POLLIO, bai, par ORVILLE et BLUE STOCKINGS (a.)

1828

Tapage (*Clatter*)a | 1834

POLMOODIE, bai, par MELBOURNE et BURLESQUE (a.)

1853

Latakia (*The Gem*)a | 1862

POMPEY, bai, par ÉMILIUS et VARIATION a.

1840

Foreigner (the) (*Bretwalda*)a | 1853

POMPIER, bai, par Royal Quand Même et Lady Bird

1865

Eminence (*Miss Compiègne*)..	1878	Pasquinade (*Princess*).......	1875
Faveur (*La Favorite*).........	1874	Troglodyte (*Troïa*)..........	1882
Fileuse (*Jemton*)...........	1878	Valide (*Vichsbury*)..........	1876
Gargousse (*Galante*)........	1875	**Pompier, La Clôture ou Perplexe**	
Goguette (*Gentille Dame*)....	1876	Welcome (*Found Again*)....	1884
Gondole (*Garde Mobile*)	1874	**Pompier ou Consul**	
Ida (*Iphygénie*).............	1875	Molda (*Bombarde*)..........	1872
Iphigénie (*Lesbie*)...........	1871	**Pompier ou Longchamps**	
Lisbeth (*La Reine Elisabeth*)..	1875	Galantine (*Garde Mobile*)....	1875
Mélancolie (*La Favorite*)......	1871	**Pompier ou Monarque**	
Merveille (*Favorite*)..........	1873	Bombe (*Bombarde*)..........	1873
Michelette (*Maisonnette*).....	1877	**Pompier ou Young-Monarque**	
Négligence (*Courtoisie*)......	1873	Avenante (*Armide*)...........	1874
Niniche (*Nora*)	1878	(22)	

PONTCHARTRAIN, bai, par Wincliffe et Essler

1841

Ballerina (*Miranda*).......... 1844

PONTIFEX, bai, par Touchstone et Crucifix (a.)

1847

Priestess (*Countess*)a......... 1863

PORTO-RICO, bai, par Orlando et Bay Middleton mare (a.)

1853 - 1870

Silk (*Meter*)a............... 1865

POULET, bai, par Peut-Etre et Printanière

1877

Cochinchine (*Catania*).......	1886	Mme de Chateauroux (*Valentine*)a.	1890
Crapaudine (*Cantine*)	1889	Rapière (*Radieuse*)..........	1884
Lune Rousse (*Jenny*)........	1889		

POYNTON, bai, par Touchstone et Lady Stafford (a.)

1843

Charity (*The Squire mare*)a... 1855

PRATIQUE, bai, par Newminster et Patience (a.)

1862 — Importé en 1872

Discrète (*Miss Ella*)......... 1880

PRECIPITATE, alezan, par Mercury et Herod Mare (a.)

1787

Virtuosa (*Certhia*)a 1801

PREMIER AOUT, bai, par Physician et Princess Edwis

1843

Hope (*Fanny*)...............	1851	Ourika (*Fanny*).............	1850
Jeanne d'Arc (*Mea*)	1855	Victoria (*Impasse*)...........	1854

PREMIER MAI, alezan, par Fort a Bras ou Charlatan

et Taffarette

1871

Willye (*Wild Girl*)......... 1879

PREMIUM, alezan, par Aladdin et Gohanna Mare (a.)

1820 — Importé en 1825

Asfoura (*Renette*)	1837	Premia (*Caprice*)...........	1831
Desdemona (*Priestess*)	1828	Prima Dona (*Jane*)...........	1841
Elfrida (*Nanny Shanks*).......	1829	Pulchra (*Y. Folly*)...........	1831
Folla * (*Y. Folly*)...........	1833	Quand Même ! (*Gaiety*)	1842
Noema (*Rubena*)	1838	Zydia (*Vigornia*)...........	1839
Marina (*Enchanteresse*).......	1838	**Premium ou Terror**	
Olga (*Gaiety*)	1840	Rosabelle (*Rubena*)..........	1842
Parasol (*Enchanteresse*)	1840		

PRÉTENDANT, bai, par Faugh a Ballagh et Prédestinée

1857

Alerte (*Adda*)...............	1864	Emissa (*Elise*)	1864
Anisette (*Miss Anna*).......	1863	Fair Helen (*Fairy Queen*)....	1865
Annette (*Miss Anna*)........	1865	Fatima Jeune (*Nuncia*)	1863
Bergeronnette (*Babiole*)	1863	Girondine (*Alice*)...........	1864
Courageuse (*Qui Vive ?*).....	1863	Guillaumette (*Gourmette*)....	1864
Diana (*Dulcinea*)	1863	Hélène (*Nuncia*).............	1865
Emilia (*Jane Eyre*)	1863	Hornet (*Glaneuse*)..........	1865

14

Irma (*Iris*)................... 1865
Ista (*Progne*) 1863
Léda (*Lucienne*)..... 1864
Lucrèce (*Lucy Long*)......... 1864
Mlle de Roquelaure (*Carabine*). 1864
Marion (*Medina*)............. 1865
Merveille (*Miss Anna*)........ 1864
Modeste (*Mousse*)........ ... 1864
Ophelia (*Orphana*) 1863

Peytonna (*Roxanna*)......... 1864
Quand je Pourrai (*Miss Jenny*) 1863
Quand je Voudrai (*Miss Jenny*) 1865
Telle Quelle (*Progne*)........ 1864
Vénus (*Elise*)............. .. 1863
Véturie (*Miss Anna*)........ 1863
Victoria (*Miss Anna*)........ 1865
Violette (*Aurore*) 1865
Zamire (*Tauria*) 1863

(32)

PRETTY BOY, alezan, par IDLE BOY et LÉNA (a.)
1853 — Importé en 1859

Bannière (*Batwing*).......... 1860
Cérès (*Warplot*) 1866
Débutante (*Ioness*).......... 1867
Eliane (*Bellière*)............ 1869
Elven (*Olivia*)............... 1864
Estampe (*Esquisse*).......... 1865
Fabiola (*Salambô*)........... 1874
Fleur de Lys (*Miss*).......... 1872
Gouache (*Esquisse*)......... 1867
Grelotte (*Lady Isabel*)....... 1861
Hermine (*Zerbine*).......... 1860
La Couture (*Bas Bleu*)....... 1865
La Fromentinière (*Fluke*)..... 1876
La Giraffe (*Little Fawn*)....... 1866
La Loire (*Emilia*)........ ... 1866

La Pyramide (*Olivia*)........ 1866
Margaret (*Surprise*)........ 1871
Miss Marguerite (*Clair de Lune*) 1871
Mousie (*Bravade*)............ 1865
Peau d'Ane (*Bellière*)........ 1867
Pimpondore (*Dame de Trèfle*). 1865
Pretty Lucy (*Esquisse*)........ 1871
Prime Rose (*Sophie*)......... 1870
Sorcière (*The Little Fawn*).... 1861
Soumise (*Lady Bird*)........ 1861
Tirelire (*Emilius mare*)...... 1861
Pretty Boy ou Womersey
Constellation (*Clair de Lune*). 1861
Mlle de La Rivière (*Zut*)...... 1862
Suzon (*Lady Bangtail*)....... 1865

(28)

PRIAM, bai, par EMILIUS et CRESSIDA (a.)
1827 — D.

Cassandra (*Manto*)a........ 1834
Creusa (*Varna*)a............ 1834

Fair Helen (*Dirce*)a.......... 1837

PRIAPE, bai, par TERROR et MISS SCHNEITZ HŒFFER
1844

Délia (*Fadaise*)............. 1860

PRIME MINISTER, bai, par MELBOURNE et PANTALONADE (a.)
.1848 - 1871

~~Princess Alice~~ (*Happy Queen*)a 1857

PRINCE CARADOC, bai, par The Colonel et Queen of Trumps (a.)

1838-1855 — Importé en 1847

Aella (*Pointe à Pitre*)....... 1854
Isole (*Corysandre*).......... 1850
 Prince Caradoc ou La Clôture
Vexation (*Etincelle*).......... 1854

**Prince Caradoc, La Clôture
ou Mr. d'Ecoville**

Carlotta (*Tanais*)............ 1854

PRINCE CHARLIE, alezan, par Blair Athol et Eastern Princess (a.)

1869 — G.

Bonnie Lassie (*Liaison*)a..... 1878
Ethel-Maries (*Merevale*)a..... 1877
Love Match (*Lovelock*)a....... 1876
PrincessCatherine (*Catherine*)a 1874

Princess Mathilde (*Matilda*)a. 1876
Princess Victoria (*Victory*)a... 1882
Queen Eleanor (*Eleanor*)a.... 1882
Roselite (*Aerolite*)a.......... 1879

PRINCE RUPERT, alezan, par Prince Charlie et Lady Hester (a.)

1882

Glee (*Glendarley*)........... 1890

PRIVILÈGE, alezan, par Sterling et Isola Bella (a.)

1879

Octagon (*Granite*).......... 1884

Tor Royal (*Granite*)a........ 1885

PROBLÈME II, bai, par Ruy Blas et Fleur de Lin

1876

Léda (*Little Beauty*)......... 1886
Pervenche (*Pyramide*)....... 1888

Thémis (*La Trinité*).......... 1886

PROLOGUE, alezan, par Dollar et Planète

1876

Brunette (*Bruyère*)....... ... 1885
Place d'Armes (*Versailles*).... 1885

Rosine (*Raymonde*).......... 1884

PROMÉTHÉE, alezan, par Mars et Postérité

1878

Fleurette (*Ginevra*)..........: 1886
Gazelle (*Hallebarde*)......... 1887
Rigolette (*Timbale*)........... 1884

Tartanne (*Tardive*)........... 1889
Théodora (*Carmen*)........... 1887

PROSPECTUS, bai, par CAMEL et JENNY VERTPRÉ

1839

Aidée (*Emma*)	1849	Gabrielle (*Judith*)	1856
Bolena (*Julietta*)	1849	**Prospectus, Paillasse, Worthless**	
Candida (*Paméla* bis)	1848	**ou Nautilus**.	
Fauvette (*Adamantine*)	1847	Farceuse (*Césarine*)	1849

PROSPÉRO, bai, par ROYAL GEORGE et PRINCESS EDWIS

1840

Qualité (*Didon*)............ 1850

Prospero ou Ionian

Rosalie(*Reine Margot*)....... 1852

PRUDHOMME, alezan, par CYMBAL et PREUDE

1877

Amérique (*Strésa*)	1887	Prudence (*Pallas*)	1885
Drapeau Blanc (*Bugle March*)	1887	Wild Goose (*Winesome*)	1885

PURSEBEARER, bai, par THE SCOTTISH CHIEF et THRIFT (a.)

1879

Mme Judas (*Umbria*)a	1886	Mosel (*Muscatel*)a	1887

PYRRHUS THE FIRST, alezan, par EPIRUS et FORTRESS (a.)

1843-1862 — **D.** — Importé en 1859

Arta (*Ellen Middleton*)a	1854	Miss Tanflute (*Ada Mary*)	1862
Attica (*Ellipsis*)	1855	Petite Etoile (*Dainty*)	1861
Bohême (*Gipsy Girl*)	1861	Princess (The) (*The Empress*)	1855
Chelsea (Faugh a Ballagh mare)	1860	Printanière (*Miss Malton*)	1861
Clotilde (*Faithful*)a	1856	Pyrrhus the First mare (Hetman Platoff mare)	1853
Corvette (*Yole*)	1861	Reine de Naples (*Ada Mary*)	1861
Curiosity (*Finery*)	1862	Sans Parole (*Coquette*)	1863
Débutante (*Figurante*)	1855	Sauterelle (*Coryphée*)	1855
Forest du Lys (*Fraudulent*)	1854	Warplot (*Burletta*)a	1857
La Comète (*Inspection*)	1861	Willis (*Wall Flower*)	1863
La Fourmi (*Emmy*)	1862	Zizi (*Darling*)	1862
		(22)	

QUADRILATÈRE, bai, par MAMELUKE et NOÉMI

1842

Surprise (*La Tamise*)........ 1853

QUAKER, alezan. par West Australian et Quiz

1862

Almée (*Dalilah*)............ 1869

QUEEN'S MESSENGER, bai, par Trumpeter et Queen Bertha (a)

1869

Glencara (*Glenholme*)a.......	1879	Reata (*Retty*)a..............	1880
Glendarley (*Glenholme*)a.....	1880	Tamise (*May*)a..............	1877
Olive Branch (*Palm Flower*)a.	1871		

QUICKLIME, bai, par Wenlock et Duvernay (a.)

1879

Temerity (*Téméraire*)a........ 1888

QUINE, bai, par Lottery et Galatée

1836 - 1842

Fauvette (*Adamantine*)....... 1843   Rigolette (*Ninette*).......... 1843

QUONIAM, bai, par Royal Oak et Noema

1837

Clématite (*Arabelle*).........	1845	Virago (*Jocaste*).....	1487
Fleur de Marie (*Bellone*)......	1845	Waltonia (*Flora*)............	1840
Honeymoon* (*Frétillon*)......	1845	Xarifa (*Rosabelle*)...........	1847
Rigoletta (*Y. Miracle*).......	1843	**Quoniam** ou **Harlequin**	
Rigolette (*Indiana*)..........	1843	Rachel Filly (*Héloïse*)........	1845
Tailed Comet (*Miss Scott*)....	1843		
Uberty (*Jocaste*)............	1846	**Quoniam** ou **Terror**	
Victorine (*Regatta*)..........	1843	Opale (*Hécube*).............	1846

RABELAIS, bai, par Royal Oak et Emelina

1848

Dalilah (*Zille*).............. 1853

RADAMA, alezan, par The Heir of Linne et Henriette

1863

Radama, Fitz Gladiator, Sylvain ou **Marcello**

Miss Marie Stuart (*Marie Stuart*)... 1870

RAINBOW, bai, par WALTON et IRIS (a.)
1808 - 1834 — Importé en 1823

Biondetta (*Jannetta*)a	1819	Harriet (*Léopoldine*)	1830
Calistó (*Haphazard Filly*)	1825	Helena (*Y. Urganda*)	1830
Dona Maria (*Ténériffe*)	1834	Isabella (*Aimable*)	1831
Dionne (*Y. Urganda*)	1826	Jeannette (*Brown-Susan*)	1825
Eglé (*Y. Urganda*)	1827	Lavinia (*Y. Urganda*)	1834
Félicia (*Wizardess*)	1828	Lydia (*Léopoldine*)	1834
Georgina (*Léopoldine*)	1829	Miss Rainbow (*Y. Urganda*)	1835

RAMADAN, alezan, par GARRY OWEN et RHODANTE
1853

Jeanne d'Arc (*Alida*)	1858	Stinga (*Bagneraise*)	1858

RAMSAY*, bai, par SYLVIO et EMELINA
1845

Miss Ann (*Odine*), ... 1858

RATAN, alezan, par BUZZARD et PICTON MARE (a.)
1841

Greek Slave (the) (The Prairie Bird)a.	1850	Voyageuse (Sultan Junior mare)a	1850

RATAPLAN, alezan, par the BARON et POCAHONTAS (a.)
1850 - 1874

Ambuscade (*Lioness*)a	1870	Milliner (*Manganese*)a	1869
Dundrum (*Trinket*)a	1871	Pas de Chance (*Frenzy*)a	1863
Gong (*Hybla*)a	1863	Pas de Charge (*Scalade*)	1863
Graziosa (*Zoé-Mou*)a	1864	Rigolboche (*Gardham mare*)a.	1861
Light Drum (*Trinket*)a	1870		

RATOPOLIS, bai, par LOTTERY et Y. MOUSE
1840

Fadette (*Isabella*) 1852

Ratopolis ou Mr. Wags

Floribanne (*Roxanna*)	1855	Wags Filly (*Martingale*)	1855

RATTLE, alezan, par THE FALLOW BUCK et THE HAMBLE (a.)
1850
Parenthèse (*Parchment*)...... 1865

RATTLE, bai, par RATAPLAN et MARIGOLD (a.)
1851
Glitter (*Fille d'Or*)a......... 1887

RAYON D'OR, alezan, par FLAGEOLET et ARAUCARIA
1876 — **S. L.**

Belle Image (*Belle Croix*)	1883	Florès (*La Farandole*)	1882
Brava (*Batterie*).............	1883	Omelette (*Océanie*)..........	1883
Diaprée (*Doucereuse*)........	1882	Rayonnette (*Californie*)......	1881
Diction (*Dordogne*)	1883	Riante (*La Rosière*)..........	1882

RECORD, alezan, par EMILIUS et FARCE (a.)
1837
Miss Johnson (*Miss Eliza*)a... 1847

RED DEER, bai, par VENISON et THE SOLDIERS'DAUGHTER (a.)
1841 - 1856
Rubra (*Emilia*)a............. 1849

REDGAUNTLET, bai, par SCUD et DULCINEA (a.)
1822
Redgauntlet mare (*Varna*)a ... 1835

RED HART, bai, par VENISON et THE SOLDIERS'DAUGHTER (a.)
1844 - 1858
Fugitive (*Officious*)......... 1854   Katinka (*Ban-Eausal*)a....... 1858

REDSHANK, bai, par SANDBECK et JOHANNA (a.)
1833
Cherokee (*Middlesex mare*)a.. 1843

REGENT, alezan, par ELECTION et STAMFORD MARE (a.)

1846

Princess (*Bichette*) 1856

REMORSE, bai, par MACARONI et REPENTANCE (a.)

1872

Remorse ou Plum Pudding

Too Late (*Ellen*)a 1880

RÉMUS, bai, par ROYAL OAK et RESEMBLANCE

1838

Steam (*Vespérienne*) 1846

REMUS, alezan, par GARRY OWEN et RHODANTHE

1852

Alésia (*Alerte*)	1868	Sansonnette (*Fragola*)	1863
Arthémise (*Alma*)	1868	Sans Raison (*Ségréenne*)	1868
Aurore (*Banknote*)	1868	Sans Tache (*Jane Eyre*)	1867
Belette (*Good for Stud*)	1865	Sylvanie (*Iodine*)	1864
Cybèle (*Courageuse*)	1869	Taurine (*Stile*)	1862
Delphine (*Drill*)	1864	Tard Venue (*Jambette*)	1859
Gitana (*Alma*)	1863	Valteline (*Roxanna*)	1859
Goëlette (*Good for Stud*)	1867	Viola (*Violette*)	1871
Juliana (*Sauterelle*)	1867	Why Not (*Whim*)	1863
Junon (*Nuncia*)	1868	**Remus ou Le Mandarin**	
La Calle (*Qui Vive*)	1881	Mira (*Merveille*)	1875
Marnié (*Roxanna*)	1861	**Remus ou Le Petit Caporal**	
Modestine (*Modeste*)	1868	Sacha (*Maritorne*)	1874
Picciola (*Graciosa*)	1867	Sylote (*Apparition*)	1871
Rhéa-Silvia (*Pierrette*)	1862	**Remus ou Sting**	
Rose de Mai (*Rose Young*)	1876	Léonora (*Lucy Long*)	1862
Salambô II (*Qui Vive*)	1862	(29)	

RENONCE, bai, par Y. EMILIUS et MISS TANDEM

1840 — **J. C.**

Constance (*Lady de Normandie*)	1854	Satisfaction (*Chiquenaude*)	1853
Disette (*Chiquenaude*)	1854	**Renonce ou Beggarman**	
Hirondelle (*Camarine*)	1846	Nanine (*Zora*)	1846
Hope Formerly (*Molokine*)	1853	**Renonce ou Worthless**	
Lady (*Ninette*)	1855	Méduse (*Beggar Girl*)	1848

RESTITUTION, bai, par KING TOM et SLANE MARE (a.)

1865 - 1877

Choppe (*Chopette*)a.......... 1875   Herzegovine (*Black Bird*)a... 1876
Extradition (*Bounce Away*)a... 1876

RÉUSSI, alezan, par FLAGEOLET et REGALIA

1877

Fine Normande (Fine Chartreuse)... 1888

REVELLER, bai, par COMUS et ROSETTE (a.)

1815 — **S. L.**

Lady Charlotte(*Rubens mare*)a. 1836   Retamosa (*Manjane*)a........ 1836
Mantle (*Green Mantle*)a...... 1837   Zarah (*Rubens mare*)a........ 1813
Miss Annette (*Ada*).......... 1830   Zitella (*Evens*)a.............. 1835

REVERBERATION, bai. par THUNDERBOLT et THE GOLDEN HORN (a.)

1871

Mrs. Siddons (*Melpomène*)a .. 1877   Spoliation (*Reprise*)a........ 1886
Rigolblague (*Mabille*)........ 1881

RÉVIGNY, alezan, par ORPHELIN et WOMAN IN RED

1869 — **J. C.**

Damietta (*Cannebière*)........ 1876   Perle Noire (*Esméralda*)...... 1877
Lazarine (*Mlle de Juvigny*).... 1877   Virginie II (*Fornarina*)....... 1876

REVOLVER, bai, par ARTILLERY et MICHAELMAS DAISY (a.)

1860

Oubliette(*Ne m'oubliez pas*)bel. 1875   Steady Cavalry (*Satin*)a....... 1877
Parodie (*Par Hazard*)bel..... 1870   Wilhelmine (*Willis*)bel...... 1876

RICHELIEU, alezan, par TROCADÉRO et REINE DE SABA

1881

Bartavelle (*Bigamy*).......... 1889

RICHMOND, bai, par MELBOURNE et LA FEMME SAGE (u.)

1849 - 1856 — Importé en 1853

Alma (*Bellone*) 1855   Léonie (*Cinq Sous*).......... 1855
Arlette (*Méduse*)............. 1855   Phosphorina (*Viola*)........ 1855
Aurore (*Progne*)............. 1855

RIFLEMAN, bai, par TOUCHSTONE et CAMP FOLLOWER (a.)
1852

Missfire (*Troica*)............ 1859

RINGLEADER, alezan, par ADVENTURER et SILVER RING (a.)
1876

Ringlet (*Duchess Marie*)..... 1886

ROBERT DE GORHAM, bai, par SIR HERCULES et DUVERNEY (a.)
1839

Coal Black Rose (*Percularia*)a 1853   Old Maid (*Governess*)a....... 1863
Marionnette (*Mary*)a......... 1852   Squaw (the) (*Mary*)a....... 1848

ROBERT HOUDIN, alezan, par SAINT-GERMAIN et GRENADE
1860

Du Barry (*Betty*)............ 1875   Pélerine (*Palatine*)........... 1867
Floribanne (*Fraise*)......... 1880   Sagesse (*Betty*).............. 1876
La Tache (*Médora*).......... 1868

ROBERT THE DEVIL, bai, par BERTRAM et CAST OFF (a.)
1877 - 1888 — **G. P.**

Cheat (*La Friponne*)a......... 1887   Her Majesty (*Peace*).......... 1885
Crinière (*Crinon*) ....**Di.** 1886   Persica (*Atossa*)a............ 1884
Effie (*Dolly Hogg*)........... 1887

ROBIN ADAIR, bai, par WALTON et CANIDIA (a.)
1811

Lamia Filly (*Lamia*)a........ 1822

ROCHESTER, bai, par ROCKINGHAM et ROSABEL (a.)
1839

Ocean Witch (*Mermaid*)a.... 1856

ROCOCO, alezan, par CETUS et BLACKLOCK MARE (a.)
1834

Flirtation (*Flirt*)a........... 1840

ROCOCO, bai, par GEMMA DI VERGY et ROWENA
1863
Bienfaisante (*Bignonia*)...... 1881

ROI DE CHYPRE*, bai, par ROMAGNESI et REINE DE CHYPRE
1851
Cigale (*Cinara*)............. 1866

ROI DE LA MONTAGNE, alezan, par LE MANDARIN et LAURENCIA
1874

Faribole (*Faute de Mieux*)....	1882	Noche (*Nonette*)............	1886
Jacquette (*Fleur des Champs*).	1883	Reine de la Vallée (*Orpheline*)	1880
La Tortue (*The Frisky Matron*)	1885	Rivalité (*Rivulet*)............	1881
Mandarine (*Nonette*)........	1889	**Roi de la Montagne ou Senator**	
Ninon (*Nonette*)............	1888	Reine des Prés (*Miss Stockwell*)	1880

ROMULUS, bai, par THE FLYING DUTCHMAN et PRIESTESS (a.)
1858
Lupa (*Jocose*)a.............. 1864   Lady Soffie (*Lady Harriet*)a.. 1868

ROMULUS, alezan, par GARRY OWEN et ZÉLIA
1860
Mlle de la Braie (*Sauterelle*).. 1869

ROSAS, bai, par MAMELUKE et NOÉMI
1841
Babiole (*Iris*).............. 1853   Susanna (*Iris*).............. 1854

ROSEBERY, bai, par SPECULUM et LADYLIKE (a.)
1872
Primevère (*Lady Geraldine*)a. 1884

ROSICRUCIAN, bai, par BEADSMAN et MADAME EGLENTINE (a.)
1865 - 1891

Belle Henriette (*Bell Heather*)a	1880	Fennel (*Fenella*)a...........	1886
Distingué (*Lizzie Distin*)a....	1887	Florence (*Gentian*)a.........	1875
Doreuse (*Dolus*)a...........	1886	Fontanges (*Fairminster*)......	1877

Gaudeloupe (*Lady Sophia*)a.. 1880
Gipsy Queen (*Zenobia*)a...... 1875
Gula (*Clianthus*)a........... 1880
Hautaine (*Hawthorndale*)a.... 1882
Hauteur (*Hawthorndale*)a..... 1880
Heliotrope (*Lady Flora*)a..... 1884
Honeymoon (*Hue and Cry*)a.. 1883
Lady Dorothy (*The Tees*)..... 1887
Lent Lily (*Crucifixion*)a...... 1874
Little Lady (*Dark Blue*)a..... 1883
Moss Rose (*Leila*)a........... 1877
Mystical (*Anderida*).......... 1876

N. — par (*Merino*)a......... 1881
Rachel (*Lady Betty*)a........ 1873
Rival (*Wee-Wee*)a........... 1874
Rosalind (*Fair Rosalind*)..... 1876
Rosicrucian mare (Lizzie Distin)a.. 1881
Rosicrucian mare(*Birthright*)a 1886
Rosie (*Themis*)a............. 1878
Rosyport (*Sally Port*)a...... 1884
Saint Lucia (*Rose of Tralee*)a. 1880
Sorceress (*Bas Bleu*)a........ 1873

Rosicrucian ou Y. Dutchman

Kitty-Sprightly (*Nike*)........ 1874

ROTHERILL, bai, par LORD CLIFDEN et LAURA
1872

Rosedale (*Moss Rose*)........ 1883

ROYAL FORT, bai, par ROYAL QUAND MEME et DALILAH
1862

Baliverne(*Crinoline*)........ 1871   Bayadère (*Crinoline*)........ 1869

ROYAL GEORGE, bai, par ROYAL OAK et MARIA
1834

Catastrophe (*Calypso*)....... 1846   Julia Sacqui (*Lucette*)....... 1841
Fanny Essler (*Dona Maria*)... 1841

ROYAL OAK, bai-brun, par CATTON et SMOLENSKO MARE (a.)
1823-1849 — Importé en 1833

Aspasie (*Waverley mare*)..... 1836
Clara Fontaine (*Cochlea*)..... 1847
Confiture (*Etrennes*)......... 1837
Consuela (*Meliora*).......... 1843
Coqueluche (*Anna*).......... 1840
Créole (*Clatter*)............. 1837
Déception (*Georgina*)....... 1837
Défiance (*Fraga*)............ 1849
Defiance (*Vesper*).......... 1845
Djali(*Terpsichore*).......... 1840
Dona Isabella(*Béguine*)...... 1840

Dona Julia (*Manille*)......... 1836
Dona Pilar (*Vittoria*)........ 1837
Dorade (*Naiad*)............. 1843
Dragée (*Etrennes*)........... 1838
Echo* (*Frétillon*)............ 1847
Economie (*Etrennes*)........ 1839
Egeste (*Chimère*)........... 1847
Elfride (*Doris*)............. 1847
Etincelle (*Miss Ann*)........ 1847
Exquisite (*Arabelle*)......... 1847
Feuille de Chêne (*The Shrew*). 1837

Fiancée (La) (*Eglé*).......... 1834
Folly (*Burlesque*)........... 1841
Forest Lass (*Vanessa*)a....... 1845
Galopade (*Indiana*)........... 1838
Gasconnade (*Jenny Vertpré*) . 1840
Gloria (*Gloriette*)........... 1845
Gringalette (*Amic*)........... 1848
Grippe (La) (*Indiana*)........ 1837
Hermione (*Adeline*).......... 1848
Jenny (*Kermesse*) 1837
Julietta (*Mantua*)............ 1834
Judith (*Maria*)............... 1839
Languish (*Lydia*)............. 1843
Lady Fly (*Lady Bird*)......... 1837
Louise (*Terpsichore*)......... 1838
Luche (*Kermesse*) 1846
Mam'zelle Amanda (*Weeper*). 1840
Mam'zelle Pritchard (*Princess Edwis*) 1845
Mantille (*Manille*)........... 1838
Margarita (*Manille*) 1835
Mi-Carême (*Kermesse*)....... 1844
Miss Villefelix (*La Tamise*).... 1844
Nativa (*Naiad*) ....**Di**. 1840
Piccolina (*Cain mare*)........ 1838
Podargo (*Chimère*).......... 1848

Poetess (*Ada*) ....**Di**. 1838
Qui-Vive (*Bénédiction*)...... 1850
Quo Usque (*Noema*)......... 1838
Regina (*Fair Helen*)... 1834
Rhinoplastic (*Noema*). 1839
Royauté (*Philips'Dam*)... ... 1845
Sauterelle (*Adeline*)......... 1849
Sérénade (*Georgina*) .....**Di**. 1845
Shadow (*Silhouette*).... 1845
Tronquette (*Redgauntlet mare*) 1844
Vanité (*Vanessa*)............ 1843
Varla (*Harriet*).... 1838
Victoria (*Kermesse*)......... 1838
Victoria (*Héloïse*).......... 1846
Wirthschaft (*Weeper*)... 1845

Royal Oak ou Cadland
Francesca (*Anna*) 1836

Royal Oak ou Lottery
Cacophonie (*Camarilla*)...... 1843

Royal Oak ou Physician
Fiction (*Deception*)......... 1845
Pomaré (*Dubica*)............ 1844

Royal Oak ou Terror
Eloa (*Contribution*)......... 1838

(66)

ROYAL QUAND MÊME, alezan, par GIGÈS et EUSEBIA

1850

Antipathie (*Sympathie*)....... 1874
Bébé (*Defiance*)............. 1859
Etoile Royale (*Catherina*)..... 1863
Giselle (*Flavia*)............. 1857
Lady Clocklo (*Catherina*)..... 1859
La Noisette (*Aveline*)........ 1872
La Paysanne (*Catherina*)..... 1861
Mlle de Boisgrimont (*Achaia*) 1858
Mlle de Maupas (*Lady Bird*).. 1866

Miss Margot (*The Charmer*)... 1866
Miss Amélie (*Selika*)......... 1874
Miss Aurore (*Lady Crampton*). 1863
Nicotine (*Nicotine*) 1862
Regalia (*Nicotine*)........... 1861
Royale (*Hermione*).......... 1868
Royale Dorée (*Sans Tache*)... 1861
Royale Topaze (*Achaia*)...... 1857
Sans Remission (*Vaillante*)... 1869

ROWLSTON, gris, par CAMILLUS et MISS ZILIA TEAZLE (a.)

1819 — Importé en 1827

Allarock (*Elvira*)............ 1834   Citadelle (*Geane*)........... 1833

Noema (*Vittoria*)........... 1830   Woodnymph (*Crystal*)...... 1835
Taglioni (*Geane*)........... 1829   Zétulbé (*Pénélope*).......... 1832
Volante (*Geane*)........... 1832

RUBENS, alezan, par Buzzard et Alexander mare (a.)

1805 - 1829

Canvas (*Gohanna mare*)a 1814   Manœuvre (*Finesse*)a........ 1821
Hebe (*Virtuosa*)a 1819   Rachael (*Waxy mare*)a........ 1821

RUSSBOROUGH, bai, par Tearaway et Cruisken (a.)

1840

Bonne Aventure (The Colonel mare).. 1855   Scratch (*Itch*)a.............. 1860
Dentelle (*School Mistress*) ... 1855

RUY BLAS, bai, par West Autralian et Rosati

1864 - 1886

Amazone (*Amélia*).......... 1883   Emerance (*Esméralda*) 1871
Analogie (*Land Breeze*) 1884   Enjoleuse (*Eponine*)......... 1876
Baguenaude (*La Boule*)....... 1877   Epinglette (*Epopée*)......... 1882
Bannière (*Brigantine*)........ 1872   Fleur de Tilleul (*Lime Flower*) 1878
Baronne (*Baroness Clifden*).. 1879   Fraxinelle (*Fleur de Lin*) 1874
Basquine (*Claudine*) 1873   Frivolité (*Cérès*)............. 1872
Betty (*Bagatelle*)............ 1875   Futaine (*Fréa*)............... 1876
Bohême (*Bluette*)............ 1882   Géométrie (*Gitanella*)....... 1876
Brandy (*Acid*)............... 1886   Germaine (*Mlle de Juvigny*).. 1878
Carmen (*Camomille*)......... 1875   Giboulée (*Mlle de Juvisy*).... 1878
Casilda (*Saturnale*) 1886   Gondole II (*Giboulée*)........ 1882
Célimène (*Mlle de la Seiglière*) 1873   Habana (*Senorita*).......... 1876
Cent Sous (*Cantine*) 1879   Hermione (*Hélène*).......... 1875
Ciboule (*Cybèle*)............. 1878   Jacometta (*Columbine*)....... 1876
Cigale (*Cybèle*) 1875   Jongleuse (*Jardinière*)....... 1880
Clara Soleil (*Arsinoé*)........ 1885   La Chaussée (*Mi-Jour*)....... 1870
Colombe (*Estampe*) 1876   Lagune (*Light Cloud*)........ 1877
Convention (Comtesse de Paris) 1881   La Retraite (*La Dorette*)...... 1878
Coquille (*Miss Capucine*) 1873   Mlle de Courteille (Miss Capucine).. 1872
Corne d'Or (*Perle*)........... 1878   Mal Jugée (*Ile de France*)..... 1872
Coureuse de Nuit (*Gold Dust*) 1870   Mandane (*Manille*).......... 1876
Couronne (*Convent*)......... 1879   Marcelette (*Marcella*)........ 1875
Destinée (*Claudine*) ......**Di.** 1871   Maria (*Mishap*).............. 1871
Eclaircie (*Eponine*).......... 1878   Mariannette (*Marianne*)...... 1875

Mélodie II (*Orpheline*)	1872	Sita (*Séc*)	1878
Mina (*Vest*)	1873	Solliciteuse (*Ségréeune*)	1875
Moselle (*Rubra*)	1870	Théonie (*New Star*)	1872
Niçoise (*Natte*)	1882	Totote (*Titania II*)	1883
Ninon (*Braemar*)	1872	Tourangelle (*Tartane*)	1876
Notabilité (*Nom de Guerre*)	1879	Trébizonde (*Tyrolienne*)	1883
Nubienne (*Nice*).**Di. — G. P.**	1876	Versilia (*Belle Image*)	1881
Pampelune (*Entécade*)	1876	Vestale (*Vestment*)	1879
Peau d'Ane II (*Silistrie*)	1872	Vilna (*Victima*)	1876
Pomponne (*La Paysanne*)	1874	**Ruy Blas ou Montargis**	
Pyrénéenne (*Miss Diversion*)	1875	Navette III (*Nom de Guerre*)	1878
Questure (*Dictature*)	1879	**Ruy Blas ou Tonnerre des Indes**	
Renée (*Louise*)	1883	Nonette (*Miss Bowen*)	1871
Rêve Doré (*Belle de Jour*)	1875	**Ruy Blas ou Trocadéro**	
Rose des Pyrénées (*Rose Young*)	1875	Colomba (*Bonne Chance*)	1878
Roxelane (*Etoile Royale*)	1874	Castagnette (*La Dorette*)	1874
Ruy Blanc (*Balzanée*)	1875	Chimère (*Favorite*)	1873
Sandale (*Sagacité*)	1879	(77)	

SACCHAROMETER, bai, par SWEETMEAT et DEFAMATION (a.)

1862

Sweet Agnes (*Ethel*) 1871

SACRIPANT, bai, par LIGHT et SOMNAMBULE

1866

Cabidoule (*Cascade*)	1884	Thémis (*Troïa*)	1874
Cocodette (*Cascade*)	1880	Tombola (*Troïa*)	1875
Méfiance (*Mandoline*)	1875	Trombe (*Troïa*)	1878
Miniature (*Mandoline*)	1874		

SAINT-AIGNAN, bai-brun, par IAGO et EMILIA

1858

Aïda (*Crinoline*)	1876	Brise d'Eté (*Aguilette*)	1875

SAINT-ALBANS, alezan, par STOCKWELL et BRIBERY (a.)

1857 - 1878 — **S. L.**

Albania (*Lady of the Manor*)a	1876	Valley (*Vallation*)a	1871
Augusta (*Julie*)a	1872	Vestment (*Nettle*)a	1866
Gleam (*Merry Sunshine*)a	1869	**Saint Albans ou Mentmore**	
Queen Anne (*Queen Elisabeth*)	1874	Parade (*Bootland Saddle*)a	1878

Seville (*Donna Maria*)a...... 1858

Stitchery (*Patchwork*)a 1876

True Blue (*Flame*)a.......... 1863

Saint Albans ou **Orlando**

Absolution (*Lady Melbourne*)a 1867

SAINT-CLOUD, alezan, par VERMOUT et CLOTHO
1874

Clotilde (*Clairette*).......... 1883

SAINT-CHRISTOPHE, alezan, par MORTEMER et ISOLINE
1874 — G. P.

Saint-Christophe ou **Beau Merle**

Surprise (*Silencieuse*) 1882

Saint-Christophe ou **Peut Etre**

Futée (*Finance*)............. 1880

SAINT-CYR, bai-brun, par DOLLAR et FINLANDE
1872

Antonida (*Nora*).............	1879	Mascotte (*Marianine*)	1888
Arquebuse (*Alpha*)...	1882	Mousseuse (*Soubrette*).......	1880
Ave (*Avoine*)	1887	Néris (*Négligence*)..........	1885
For Ever (*Flour of Sulphur*)..	1880	Pacotille (*Pythonisse*)	1878
Garance (*Ganache*)..........	1880	Panoplie (*Patrie*)............	1883
Giselle (*Great Sadness*)......	1879	Pimbêche (*Péronelle*)........	1878
La Morlaye (*La Midouze*).....	1878	Pompadour (*Péripétie*)......	1878
La Piqûre (*Abeille*)..........	1881	Primerolle (*Péripétie*)......	1876
Marinière (*Marianine*).......	1889	Réjouissance (*Rosée*)........	1878
Marion (*Marianine*).........	1890	Suzon (*Suzette*)..............	1878
Maritorne (*Mlle Risette*)......	1888	**Saint Cyr** ou **Farfadet**	
Marmoréenne (*Marmara*)....	1888	Graziella (*Gravelotte*)........	1886
		(23)	

SAINT-FRANCIS, bai, par SAINT-PATRICK et SURPRISE (a.)
1835

Pet of the Fancy (*Yaratilda*)a. 1845

Serpente (*Timbria*)a.......... 1846

SAINT-GERMAIN, alezan, par ATTILA et CURRENCY
1847

Bobine (*Reel*)...............	1855	Titania (*Fugitive*)...........	1858
Bouillabaisse (*Wits'End*).....	1858	**Saint-Germain** ou **The Baron**	
Fleur des Loges (*Anémone*)...	1854	Adalvy (*Zibeline*)...........	1856
Gigelle (*Théodora*)..........	1859	La Parisina (*Refraction*)......	1856

SAINT-GATIEN, bai, par ROTHERILL ou THE ROVER et SAINT-EDITHA (a.)

1881 — **D.**

Bijou (*Thora*)a.............. 1890   Cléopatra (*Astarté*)a........ 1890

SAINT-JAMES, bai, par LE PETIT CAPORAL et APPARITION

1879 — **J. C.**

Grimace (*Grive*)............ 1887

SAINT-LEGER, alezan, par TRUMPETER et MARIGOLD (a.)

1872 — Importé en 1881

Fleurence (*Malle des Indes*).. 1885   **Saint-Leger** ou **Foudre de Guerre**
Lola (*Lumineuse*)........... 1886   Mitrailleuse (*Merveille*)...... 1885
Mitylène (*Modestie*)......... 1885   **Saint-Leger, Mandrake, Bracon-**
Orpheline (*Apollonia*)....... 1883   **nier, Trombone** ou **Bay Archer**
Primevère (*Protection*)...... 1885   Espérance (*Elisabeth*)........ 1883

SAINT-LÉON, alezan, par FRONTIN et FAIR LYONESE

1885

Bonsoir (*Good Night*)........ 1889

SAINT-LOUIS, alezan, par HERMIT et LADY AUDLEY (a.)

1878 — Importé en 1882

Allée d'Amour (*Fredigonde*).. 1884   Miss Ellen (*Hélène*)......... 1888
Aquitaine (*Hélène*).......... 1887   Musaraigne (*Marivaudage*)... 1888
Croix Blanche (*Racaille*)..... 1887   Ninon (*Australienne*) 1885
La Chaumière (*Championnette*) 1886   Raymonde (*Vénus*)........... 1885
Mlle de Capeyron (*L'Africaine*).... 1886   Sainte Cécile (*Razzia*)........ 1886
Mine d'Or (*Catherine*)....... 1888

SAINT-MARTIN, bai, par ACTÆON et GALENA (a.)

1835

Erycina (*Venus*)............. 1850

SAINT-PATRICK, alezan, par WALTON et DICK ANDREWS MARE (a.

1817 - 1843 — **S. L.**

Currency (*Oxygen*)a 1837   Saint Patrick mare (*Eloisa*)a.. 1840

SAINT-SIMON, bai, par GLADIATOR et SWEETLIPS
1848

Lady Bird (*Giselle*):......... 1854   Victoria (*Sola*).............. 1859

SALMIGONDIS, bai-brun, par DOLLAR ou STENTOR et PERGOLA
1870

Fantaisie (*Flamande*)......... 1883   Rosière (*Rosporden*)......... 1885
Fougère (*Fanchon*).......... 1882   Vergogne (*Voie Lactée*)...... 1885
Mimi (*Mons Meg*).......... 1889   **Salmigondis** ou **Clotaire**
Miss Fanny (*Miss Wardle*)... 1889   Dépêche (*Débutante*)......... 1876
Rita (*Rosporden*)............ 1883

SALTÉADOR, alezan, par VERTUGADIN et SLAPDASH
1876

Alouette (*Alute*)............. 1885   Messaline (*Mme Pouffard*) ... 1890
Antiope (*Victoria Alexandra*). 1885   Miss Gipsy (*Mrs. Gillam*).... 1886
Gloria (*Renommée*).......... 1888   Pampelune (*Pastourelle*)..... 1883
Glycine II (*The Garry*)...... 1890   Salomé (*L'Africaine*)........ 1887
La Goulue (*La Grône*)....... 1885   Varsovie (*Virginie*)......... 1886
Linotte II (*L'Hirondelle*)..... 1888   Vénus (*La Veine*)............ 1884

SALVATOR, alezan, par DOLLAR et SAUVAGINE
1872 — **J. C.** — **G. P.**

Barcelone (*Basquine*) 1884   Mandoline (*Musette II*)...... 1885
Bérengère (*Queen of Cyprus*)a 1880   Pâquerette II (*Bariolette*)..... 1883
Chartreuse (*Orpheline*)....... 1886   Régina II (*Reine de Saba*).... 1884
Election (*Bonne Chance*)..... 1884   Souveraine (*Source*)......... 1883
Fair Trade (*Miss Somerset*)a.. 1880   **Salvator** ou **Fontainebleau**
Farceuse (*Fair Lyonese*)...... 1882   Aventurine (*Cornaline*)....... 1885
Hubie (*La Jonchère*)......... 1883   **Salvator** ou **Mourle**
Luce (*Miss Lucy*)............ 1878   Tempête (*Canebière*)........ 1884

SAMPSON, alezan, par SOOTHSAYER et BENINGBOROUGH MARE (a.)
1818

Sampson mare (*Striking Beauty*)a.. 1822

SAMPSON, alezan, par Y. EMILIUS et BELLA DONA
1852

Bluette (*Miss Normandine*)... 1858

SANSONNET, bai, par DOLLAR et ORTOLAN
1881

Cigogne (*Cambuse*).......... 1889

Sansonnet ou **Prince Caradoc**

Effraie (*Eolienne*)............ 1889

SAN STEFANO, alezan, par FAUBLAS et DAUPHINE
1877

Dora II (*Little Dorrit*).......	1888	**San Stefano** ou **Lusignan**	
Guerra (*Guéménée*)..........	1884	Courlande (*Coureuse de Nuit*).	1884
Pergame (*Péroration II*)......	1886		

SARACEN, bai, par SELIM et TRUMPATOR MARE (a.)
1823

Elisabeth (*Juniper mare*)a 1832   Saracen Mare (*Pawn Junior*)a. 1833

SATORY, alezan, par TROCADÉRO et REINE DE SABA
1880

Grenade (*Stella*)............	1889	**Satory** ou **Mourle**	
Namouna (*L'Irlandaise*)......	1889	Chèvrefeuille (*Nina*)	1886

SATRAPE, alezan, par MARENGO et SNALLA
1873

Anisette (*Borny*)............ 1883

SAUCEBOX, bai, par SAINT-LAWRENCE et PRISCILLA TOMBOY (a.)
1852 — S. L. — Importé en 1856

Bagatelle (*Ingratitude*)..	1860	Mlle Thérèse (*Start*)	1862
Barbara (*Plume Loup*)........	1865		

SAUMUR, bai-brun, par DOLLAR et FINLANDE
1878

Galette (*Galathée*)	1886	Nathalie (*Nérina*)............	1885
Masles (*Champêtre*)..........	1884		

SAUNTERER, bai, par BIRDCATCHER et ENNUI (a.)
1854-1878

Aida (*Fluke*) 1873   Amina (*Chilham*)a.......... 1876

Fair Saunterer (*Fairminster*)a. 1872
Harlequina (*Actress*)a........ 1868
Incurable (*Leprosy*)a........ 1867
Kenilworth (*Kentish Fire*).... 1877
Load Star (*Bess Lyon*)a...... 1868
Ortolan (*Swallow*)a 1868

Sauntering Molly (*Alma*)a.... 1869
Scapegrace (*Governess*)a.... 1873
Slow Match (*Touch and Go*)a. 1875
Virgule (*Violet*) 1865

Saunterer ou Blair Athol

Queen of the North (*Bianca*). 1870

SAUTERET, bai, par NAPIER et CÉLESTE
1856

Sotte (*Ortuna*) 1863

Sauteret ou Commodor Napier

Sauterelle (*Ortuna*)......... 1862

SAWCUTTER, bai. par IDLE BOY et TITACA (a.)
1858

Numéro II (Rose of Annandale)a.... 1865

SAXIFRAGE, alezan, par VERTUGADIN et SLAPDASH
1872

Ada (*Stella*)................ 1880
Algérie (*Australie*).......... 1886
Alméria (*Almanza*).......... 1888
Bathilde (*Basquine*)......... 1883
Birmanie (*Berline*).......... 1886
Chamarande (*Nouméa*) 1882
Coccinelle (*Camerino mare*).. 1883
Corinthe (*Camerino mare*).... 1881
Cythare (*Mlle Clairon*)...... 1885
Déception (*Destinée*)........ 1882
Fée des Grèves (Bouteille à l'Encre).. 1880
Fleur de Mai (*Fleur de Lin*)... 1879
Fleur de Rose (*Camerino mare*) 1884
France (*Australie*) 1887
Franche Comté (*Frivolité*).... 1888
Frégate (*Canotière*)....... **Di.** 1881
Galathée (*Dulcinée*).......... 1879
Gamme (*Grace*)............. 1884
Gazette (*Graziella*) 1884
Idylle (*Iphigénie*) 1888
La Désirade (*Rosicrucian mare*) 1888
Mlle de Beuvron (*La Dorette*). 1886

Manille (*Marionnette*)........ 1885
Manon (*Muriel*)............. 1887
Mauviette III (*Muriel*) 1886
Messagère II (*Miss Capucine*). 1883
Minuit (*Musette*)............ 1884
Miss Catherine (Miss Capucine).... 1884
Nativa (*Orpheline*).......... 1887
Perpétuité (*Postérité*)........ 1889
Philippine (*Prospérité*)....... 1889
Pise (*Pristina*).............. 1887
Reine des Prés (*Reine de Saba*). 1889
Reine Marguerite (Camerino mare).. 1888
Sauterelle (*Solliciteuse*)....... 1883
Sauvageonne (*Fleurette*) 1888
Sermoise (*Reine de Saba*).... 1889
Suzanne (*Navarre*) 1883
Toupie (*Turlurette*).......... 1881
Viviane (*Reine de Saba*)...... 1887

Saxifrage ou Mourle

Ténébreuse (*New Star*)..**G. P.** 1884

Saxifrage ou Trocadéro

Genève (*Mlle de Juvigny*).... 1881

SCAMANDRE, bai-brun, par Trajan ou Pédagogue et Fair Helen
1860

Troïa (*Scythia*) 1866

SCHAMYL, bai, par Rough Robin et Kate Kearney (a.)
1844 - 1868. — Importé en 1851

Circassienne (*Morena*)...... 1857   Lola (*Loris*)............... 1864
Corysandre (*Zaïda*)......... 1853   Ondine (*Want*)............. 1858
Danaïde (*Bathilde*) 1853   **Schamyl ou Tipple Cider**
Fenella (*Alexandra*)......... 1853   Georgienne (*Whalebona*)..... 1853

SCHEDONY, bai-brun, par Milton et Darthula
1825

Chantilly (*Pasquinade*)....... 1834

SCHEIK, bai, par Oxford Arabian et Selina (n.)
1826

Lady Crompton (Brulandorf mare)a. 1848

SCUD, bai, par Beningborough et Élisa (a.)
1804 - 1825

Darthula (*Topaz*)a 1815

Scud ou Merlin

Scud mare (Remembrancer mare)a.... 1822

SCUTARI, bai, par Sultan et Velvet (a.)
1837

Scutari mare (*Amaryllis*)a.... 1851

SEDAN, bai, par West Australian et Silistrie
1865

Mile de Machecoul (*Fermière*). 1879   N.— par (*Tyrolienne*)... 1884
N.— par (*Titania II*)........ 1884

SEE SAW, bai, par BUCCANEER et MARGERY DAW (a.)

1865 - 1888

Balance (*Sylvia*)a	1875	Lady Help (*Area Belle*)a	1881
Balançoire (*Applause*)........	1881	Sea Foam (*Blanchette*)a	1878
Infidèle (*Incognita*).........	1881	See See (*Fairyland*)a........	1881
Japonica (*Jeannette*)	1876		

SEFTON, bai, par SPECULUM et LADY SEFTON (a.)

1875 — **D.**

Lady Sefton (*Lady Emily*)a ... 1884

SELIM, alezan, par BUZZARD et ALEXANDER MARE (a.)

1802 - 1825

Selim mare (*Y. Camilla*) 1810

SENATOR, bai, par VERMOUT et CLOTHO

1872

La Maladetta (*Orpheline*).....	1882	**Senator ou Roi de la Montagne**	
La Tourmente (*Orpheline*).. .	1885	Reine des Prés (Miss Stockwell)....	1880
Régina (*Miss Stockwell*)	1879		

SERIOUS, bai-brun, par TORY et SEMISERIA

1854

Fantaisie (*Fraudulent*)	1862	Fidelia (*Fidelity*)	1865

SEYMOUR, bai, par DELPINI et BAY JAVELIN (a.)

1807

Lady (*Lady of the Lake*)a..... 1818

Seymour ou Hedley

Humbug (*Gramarie*)a........ 1821

SHAKESPEARE, bai, par SMOLENSKO et CHARMING MOLLY (a.)

1823

Matilda (*Maud*)a............	1832	Ophelia (*Waterloo mare*)a....	1836
Miss Sophia (*Maud*)a........	1836	Tamise (la) (*Twatty*)a........	1834

SHARAVOGUE, bai, par FRENEY et SKYLARK MARE (a.)

1849 — Importé en 1856

Consolation (*Victoria*)........ 1861

SHAVER, bai, par WHISKER et CASTRELLA (a.)

1820

Sweet Moggy (*Cesario mare*)a.   1828

SHEET ANCHOR, bai, par LOTTERY et MORGIANA (a.)

1832

Stream (*L'Hirondelle*)a....... 1842   Taffrail (*The Warwick mare*)a.   1845
Symmetry (*Octavius mare*)a..   1842

SHUTTLE, bai, par Y. MARSKE et VAUXHALL SNAP MARE (a.)

1793

Shuttle mare (*Drone mare*)a...   1811

SHUTTLE POPE, bai, par SHUTTLE et JAVELIN MARE (a.)

1807

Pythoness (*Pythoness*)a....... 1821

SILÈNE, bai-brun, par BOIARD et SHEPHERDS BUSH

1884

Astrée (*Aveline*)..... 1890

SILVESTER, bai, par SAINT-ALBANS et SILVERHAIR (u.)

1869

Islande (*Lady Help*).......... 1887   Persist (*Persistence*)a........ 1885
Miss Jennie (*Miss Nellie*)a.... 1876   Silvestry (*Henbane*)a......... 1885

SILVIO, bai, par BLAIR ATHOL et SILVERHAIR (a.)

1874 - 1890 — Importé en 1881 — **D. — S. L.**

Abbesse (*The Abbess*)....... 1889   Carlotta (*Perla*)............. 1884
Aida II (*Alexandra*)......... 1883   Cendrillon (*Czarina*)........ 1888
Ariane (*Madame Angot*)...... 1887   Donzelle (*Dotation*)......... 1886
Archiduchesse (*The Abbess*).. 1888   Filly Motherless (*Faille*)..... 1886
Biskra II (*Black Corrie*)...... 1889   Flirt (*Frugality*)............. 1884

Frileuse (*Frugality*).......... 1883
Iza (*Juliana*)............... 1888
Kake (*Kitty Sprightly*)....... 1881
Légende (*Lent Lily*).......... 1888
Livie II (*Louveciennes*)...... 1887
May Pole (*Merry May*)....... 1886

Molly (*Merry May*)......... 1884
Perfide (*Peelite*)............ 1886
Petite (*Peelite*)............. 1885
Protection (*Pro Nihilo*)a...... 1881
Técla (*Tea Rose*)............ 1883
Volante (*La Veine*).......... 1888

SIMOOM, bai, par CAMEL et SEA BREEZE (a.)

1838

Simoon mare (*Cassandra*)a... 1845

SINCERITY, bai, par RED HART et INTEGRITY (a.)

1858

Vianna (*Volatile*)........... 1876

SIR BEVYS, bai, par FAVONIUS et LADY LANGDEN (a.)

1876 — **D.**

Antinoë (*Ocyroë*)a........... 1883
Dancing Lady (*Tantrip*)a..... 1884
Elisabeth (*Euterpe*)a........ 1886

Lady Bird (*Cockchaffer*)a..... 1884
Oxonia (*Devonia*)a.......... 1886

SIR DAVID, bai, par TRUMPATOR et WOODPECKER MARE (a.)

1801

Sir David mare (*Stamford mare*) 1818

SIRE, bai-brun, par Y. MONARQUE et SÉRÉNADE

1870

Bamboula (*Bandière*)....... 1885
Bandelette (*Bandière*)....... 1886
Baronie (*Bébé*).............. 1880

Maramara (*Marmara*)........ 1889
Marmotte (*Marmara*)........ 1886

SIR HARRY DIMSDALE, bai-brun, par SIR PETER et CONTESSINA (i.)

1800

Rosina (*Mary*).............. 1817

SIR HERCULES, noir, par WHALEBONE et PERI (a.)

1826 - 1855

Gipsy (*The Witch*)a.......... 1833
Lady Lift (*Sylph*)a........... 1844

Landrail (*The Margravine*)a.. 1845
Milwood (*Miss Betzy*)........ 1844

Perjury (*Passion*)a.......... 1847

Queen of the May (*Myrrha*)a. 1845

Sally (*Ulrica*)a.............. 1838

Topsail (*Yard Arm*)a........ 1856

Sir Hercules ou **Charles VII**

Julia (*Cassandra*)........... 1846

SIR JOHN, bai, par TRAMP et WAXY MARE (a.)

1828

Duchess (*Rachel*)a........... 1842

SIR SOLOMON, bai, par SIR PETER et MATRON (a.)

1796 - 1819

Peggy (*Off she Goes*)a....... 1813

SIR TATTON SYKES, bai, par MELBOURNE et MARGRAVE MARE (a.)

1843 - 1860 — **G. — S. L.**

Préférée (*Grist*) 1853

Ronzi (*Florida*)............. 1852

SKAVOUP, bai, par TOURNAMENT et SOMNAMBULE

1874

Martiale (*Munificence*)........ 1886

SKIFF, bai, par PARTISAN et GOHANNA MARE (i.)

1821

Catalina (*Sancho mare*)a...... 1832

SKIM, gris, par GOHANNA et GREY SKIM (a.)

1813

Skim ou **Chateau Margaux**

Blanche (*Thalestris*)a......... 1834

SKIRMISHER, bai, par THE COLONEL et LUNA (a.)

1833 — Importé en 1837

Djali (*Comète*).............. 1851

Lune de Miel (Chercheuse d'Esprit)... 1852

Mira (*Chercheuse d'Esprit*)... 1851

Oneida (*Iris*) 1850

Skirmish (*Viola*)............ 1843

Topaze (*Rubis*)............. 1850

Zamire (*Zora*) 1844

SKIRMISHER, bai, par VOLTIGEUR et GARDHAM MARE (a.)
1854 - 1872

Fredigonde (*La Méchante*)....	1868	Miss Polly (*Polly Perkins*)....	1872
Lady Lyon (*Ithuriel mare*)....	1865	Rosemary (*Vertumna*)a........	1870

SKYLARK, bai, par KING TOM et WHEAT EAR (a.)
1873

Caroler (*Pilgrimage*).........	1885	Olive (*Olive Branch*)	1885
Larkspur (*Petal*)a...........	1884	The Swallow (*Restless*)a......	1886

SLANE, bai, par ROYAL OAK et NAÏAD
1839

Actress (*Pauline*)a...........	1857	Joyeuse (*Jovial*)a...........	1856
Alma (*Potence*)	1856	Lola Montes (*Hester*)a........	1845
Bletia (*Twilight*)............	1854	Naphta (*Sir Hercules mare*)a..	1848
Christmas Eve (*Mistletoe*)a...	1857	Payment (*Receipt*)a..........	1848
Emmy (*Lady Emily*)a.........	1852	Samphire (*Sea-Kale*)a	1843

SLEIGHT OF HAND, bai, par PANTALOON et DECOY (a.)
1836

Shaffle (*Hampton mare*)a.....	1845	Trick (*Emma Middleton*)a....	1851

SMOLENSKO, bai, par STAMFORD et PEGASUS MARE (a.)
1810 - 1829 — G. — D.

Venus (*Delenda*)a............	1823

SOBER ROBIN, bai, par CRAMLINGTON et FLOYERKIN (a.)
1819

Bellone (*Pasquinade*)........	1830

SOLIMAN, alezan, par ZOUAVE et SULTANE
1877

Epautre (*Episode*)...........	1883

SOLO, bai, par TOURNAMENT et SOMNAMBULE (a.)
1872

Fine Lady (*Lady Charlotte*)..	1878	Solette (*Lisette*)...........	1889
Musette (*Symphonie*)........	1889		

SOLON, bai, par West Australian et Birdcatcher Mare (a.)

1861

Phryné (*Magdalene*)........ 1881

SOMNO, bai, par Tournament et Somnambule

1868

Arthémise (*Pilule*).......... 1876   Estafilade (*Alma*)........... 1875
Asphodèle (*Petite Etoile*)..... 1880   Noema (*Annexion*).......... 1879

SOOTHSAYER, alezan, par Sorcerer et Goldenlocks (a.)

1808 - 1823 — **S. L.**

Cantaloupe (*Waxy mare*)a.... 1818

SORCERER, noir, par Trumpator et Y. Giantess (a.)

1796 - 1821

Sorcière (*Highflyer mare*)a... 1807   Witch (*Skyscraper mare*)a.... 1818

SOUCAR, bai, par Dollar et Agra (a.)

1867

Susan (*Country Girl*)a....... 1879

SOUCI, bai, par Dollar et Saltarelle

1883

Bizantine (*Bizerte*).......... 1889

SOUKARAS, alezan, par Faublas et Perçante

1880

Fine Lame (*Freudenau*)...... 1887   Norma (*Nubienne*).......... 1887
Julia (*Julienne*)............. 1887   Ouvrière (*Orpheline*)....... 1889
Mlle de Chambray (Mlle de Charolais) 1889

SOUSSARIN, bai, par Vertugadin et Slapdash

1873

Soussarin ou Valérien

Nouveauté (*Génétyllis*)...... 1880

Soussarin, Valérien ou Foudre de Guerre

Fanfreluche (*Fanny*)......... 1881

SOUTHAMPTON, alezan, par HERMIT et PREFACE (a.)

1879

Hythe *(Théodora)*a.......... 1888

SOUVENIR, bai-brun, par CARAVAN et EMILIA

1859 — **J.C.**

Bramine *(Reine des Prés)*.....	1871	Pepita *(Lune de Miel)*........	1868
Cavigny *(Constance)*........	1881	Sapho *(Sansonnette)*	1867
Cernières *(Constance)*.......	1882	Souvenance *(Tire Larigot)*....	1872
La Basquaise *(Reine des Prés)*.	1868	Souvenance *(Sélika)*.........	1875
Lacryma *(Mélanie)*..........	1873	Speedy *(Reine des Prés)*.....	1869
La Romanerie *(Scozzone)*.....	1875	Tartarine *(Amica)*..........	1868
Linda *(Reine des Prés)*.......	1872	Zibeline *(Zelia)*.............	1871
Malvina II *(Praxis)*	1875		

SOVEREIGN, bai, par THUNDERBOLT et FADLADINIDA (a.)

1816

Pasquinade *(Passamaquoddi)*. 1823

SPECTRE, bai, par PHANTOM et PHILLIKINS (a.)

1815 - 1841. — Importé en 1834

Fantasmagorie * *(Thalie)*	1836	Nonne Sanglante (la) *(Vanessa)*	1837

SPECULUM, bai, par VEDETTE et DORALICE (a.)

1865 - 1888

Catalina *(Ruperta)*a	1882	On Spec *(Censer)*a..........	1875
Exportation *(Progress)*a......	1875	Orphan Agnes *(Polly Agnes)*.	1881
Hazlenut *(Nutbush)*a........	1875	Rose of York *(Rouge Rose)*a...	1880
Isolina *(Maggiore)*a.........	1876	Spec *(Martyrdom mare)*a.....	1882

SPENNITHORNE, bai, par THE COUNT et ZOÉ (a.)

1868

Maythorn *(May Queen)*a...... 1877

SPOSO, bai, par PLUTUS et PROMISE

1883

Constantine *(Robertine)*...... 1889

SPRINGFIELD, bai, par SAINT-ALBANS et VIRIDIS
1873

Capri (*Napoli*)a	1883	Missy Baba (*Gunga-Jee*)a	1885
Cymbalaria (*Ivy*)a	1882	Passion Flower (*Furiosa*)a	1885
Dayspring (*Acme*)a	1886	Snowball (*Séréna*)	1880
Figurante (*Finette*)	1884	Sunshower (*Sunshine*)a	1888
Misfortune (*Calisto*)a	1883	Violin (*Violette*)a	1889
Miss Ryan (*Furiosa*)a	1880	Watermark (*Lands'End*)	1885

SPY, bai, par WALTON et CHRYSÉIS (a.)
1813 - 1836 — Importé en 1818
Amanda (*Vandyke junior mare*)...... 1823

STAR OF THE WEST, bai, par WEST AUSTRALIAN et HOP BINE (a.)
1859
Star of the West ou Drogheda
Terre Promise (*Nativity*)...... 1864

STATESMAN, bai, par Y. MELBOURNE et ORLANDO MARE (a.)
1869
Bitter Sweet (*Amara*)a....... 1885

STENTOR, bai, par DE CLARE et SONGSTRESS
1860

Catherine (*Mélanie*)	1869	N. — par (*Ferronnière*)	1870
Corvette (*Batwing*)	1869	Paralytique (*Dame de Cœur*)	1869
Dragonne (*Tirelire*)	1869	Peccadille (*Pergola*)	1867
Esclandre (*Entécade*)	1871	Pythonisse (*Amulette*)	1867
N. — par (*Tirelire*)	1869		

STERLING, bai, par OXFORD et WHISPER (a.)
1868 - 1891

Black-Corrie (Wild Dayrell mare)a	1879	Meliœ (*Mirella*)a	1880
Cherry Ripe (*Mirella*)a	1882	Osberga (*King Tom mare*)a	1882
Fragoletta (*Fraulein*)a	1881	Sterling mare (*The Duke mare*)a	1878
Lady Elsie (*Elise Mary*)a	1886	Sublime (*Highland Fling*)a	1885
Light House (*Beachy Head*)a	1875	Westeria (*Premature*)a	1876

STING, bai-brun, par SLANE et ECHO (a.)

1843 - 1868 — Importé en 1847

Abigail (*Skirmish*)	1856	Golconde (*Mlle Torchon*)	1864
Adda (*Skirmish*)	1859	Gold Cup (*Bella Dona*)	1856
Agar (*Georgina*)	1859	Gourmande (*Béziade*)	1863
Alerte (*Aquila*)	1851	Jalouse (*Physicie*)	1854
Alice (*Ebauche*)	1851	Jouvence (*Currency*). **J.C.Di.**	1850
Ammany (*Eliata*)	1861	La Boulangère (*Miss Napier*)	1858
Aramis (*Faribole*)	1860	Laurentine (*Miss Laurence*)	1861
Arlette (*My Dear*)	1850	Lilia (*Castagnette*)	1854
Artémise (*Catanno*)	1854	Lorida (*Miss Laurence*)	1857
Augusta (*Térésina*)	1849	Loris (*Lora*)	1857
Bagatelle (*Babiole*)	1868	Lyska (*Avalanche*)	1866
Bagneraise (*Pénitence*)	1854	Lysisca (*Cassica*)	1851
Bellah (*Ablette*)	1850	Mme Putiphar (Sister to Filius)	1864
Betty (*Ymone*)	1851	Mlle de Lartigole (*Betty*)	1862
Bigote (*Béziade*)	1862	Mlle Mignon (*Henriette*)	1861
Bonne Chance (*Dulcinée*)	1867	Mathilde (*Margaret*)	1864
Branch (*Miss King*)	1855	Marguerite (*Alabama*)	1861
Camomille (*Camisole*)	1864	Miss Poque (*Miss Antiope*)	1859
Cantinière (*Vésuvienne*)	1857	Marianne (*Margaret*)	1856
Céleris (*Aurore*)	1864	Marcella (*Margaret*)	1863
Cendrillon (*Atalanta*)	1854	Misadventure (*Partisan Filly*)	1849
Chemisette (*Camisole*)	1862	Miss Anna (*Medina*)	1854
Clytemnestre (*Aimée*)	1858	Miss Anna (*Piccola*)	1854
Comme Vous (*MlleTorchon*)	1863	Miss Lys (*Miss Laysa*)	1859
Coquette (*Duet*)	1857	Miss Sting (*Couette*)	1855
Cordoue (*Quiz*)	1853	Mize (*Miss Diversion*)	1863
Crinoline (*Polowska*)	1856	Naim (*Regatta*)	1849
Discorde (*Brown mare*)	1866	Nettle (*Jessie*)	1850
Echelle (*Eusebia*)	1849	Nicotine (*Déception*)	1851
Echo (*Catanno*)	1859	Paquita (*Réglisse*)	1856
Eglantine (*Kathleen*)	1856	Peau d'Ane (*Bonita*)	1856
Eliata (*Bellone*)	1854	Péripétie (*Péronnelle*). **Di.**	1866
Elise (*Fatima*)	1858	Petite Vertu (*Sister to Filius*)	1865
Emilia (*Derline*)	1862	Philiberte (*My Dear*)	1855
Esquisse (*Ebauche*)	1849	Pièce d'Alarme (*Inspection*)	1863
Eymerina (*Gipsy*)	1855	Pompilia (*Medina*)	1860
Fabiola (*Alice*)	1860	Prima (*Rivale*)	1858
Fatma (*Nadegda*)	1852	Quarta (*Harlequine*)	1861
Félicie (*Miss Flora*)	1860	Queen Bee (*Kathleen*)	1854
Fortunée (*Candida*)	1857	Qu'en Dira-t-On (*Valérie*)	1857
Fuyante (*Fugitive*)	1865	Rustique (*Rigolette*)	1860
Glaneuse (*Loterie*)	1859	Sac au Dos (*Candida*)	1859

Scrozone (*Antiope*) 1858
Stella (*Lolotte*) 1854
Stile (*Tauria*) 1858
Stine (*Eloa*) 1855
Sting Filly (*My Dream Lost*). 1855
Têta (*Valérienne*) 1856
Thérèse (*Mianie*) 1863
Valéria (*Zibeline*) 1851
Violente (*Strawberry Hill*) . . . 1861
Violette (*Jeanne*) 1861
Zodine (*Rivale*) 1860

Sting ou Gladiator
Démonstration (*Camelia*) 1849

Sting, Nunnykirk ou Nuncio
Junction (*Margaret*) 1853
Sting ou Remus
Leonora (*Lucy Long*) 1862
Sting ou the Cossack
Lavinia (*Lucienne*) 1862
Sting ou the Baron
Amulette (*Déception*) 1852
Sting ou Trouville
Mlle d'Ecajeul (*Lady Syntax*).. 1868
Sting ou West Australian
Augusta (*Clara Fontaine*) 1867
(102)

STOCKPORT, bai, par LANGAR et OLYMPIA (a.)

1832

Frisure (*Ringlet*)a 1843   Miss Cobden (*Blacklock mare*)a 1854

STOCKWELL, alezan, par THE BARON et POCAHONTAS (a.)
1849 - 1870 — G. — S. L.

Audrey (*As You Like it*)a 1866
Contract (*Fandango*)a 1862
Cotton Velvet (*Flush*)a 1862
Duchess of Devonshire (*Countess of Burlington*)a 1867
Highland Sister (*Glengowrie*)a 1864
La Coureuse (*Weatherbound*)a 1871
La Dauphine (*Braxey*)a 1863
Lady Sophia (*Frolic*)a 1867
Marsala (*Chère Amie*)a 1867
Mathilde (*Prédestinée*) 1862
Memento (*Vergiss mein nicht*)a 1866
Miss Stockwell (*Duty*)a 1870

Music (*One Act*)a 1866
Poetry (*Leila*)a 1866
Regalia (*The Gem*)a . . . . O. 1862
Rosary (*Moss Rose*)a 1860
Stockhausen (*Ernestine*)a 1867
Stockwell mare (*Vlie*)a 1870
Styria (*Picaroon mare*) 1858
Sugarstick (*Ratlagoom*)a 1865
Thrift (*Braxey*)a 1865
Tooi-Tooi (*Cypriana*)a 1861
Voiture (*Patience*)a 1865
Voluptas (*Extasy*)a 1860
(24)

STOKER, bai-brun, par STEAMER et MOTLEY (a)
1842 - 1866 — Importé en 1852

Crinoline (*Hortense*) 1857   Roxana (*Miss Cobden*) 1857
Emilie (*Suzette*) 1854

STRACCHINO, bai-brun, par PARMESAN et OLD MAID
1874

Balançoire (*Kleptomania*) 1885   Barberine (*Baretta*) . . . . . . Di. 1882

Chopine (*Chauve-Souris*)..... 1886
Cour d'Amour (*Versailles*) ... 1887
Directrice (*Kleptomania*) 1881
Eudeline (*Eude*).............. 1886
Grisette (*Chartreuse*)........ 1881
Jojotte (*Jujube*) 1886
Marsala (N. par Zut et Marguerite)..... 1889
Mousse II (*Mosquée*) 1886
N. — par (*Steppe*) 1881

Saturnale (*Stella*)........... 1887
Speranza (*Roma*)............. 1884
Spika (*Stella*)............... 1882
Stresa (*Chartreuse*) 1880
Trève (*Peace*) 1886
Tunisie (*Barbillonne*) 1880
Verte Allée (*Vertpré*)........ 1883
Yvonne (*Victoire*)............ 1883

STRADBROKE, bai, par THORMANBY et VIOLET
1864
Stradbroke ou **Wild Moor**
Gadfly (*Mme Walton*)a........ 1875

STRAFFORD, bai, par YOUNG MELBOURNE et GAMEBOY MARE (a.)
1861 - 1881
Miss Bowstring (Miss Bowman)a.... 1875

STRATHCONAN, gris, par NEWMINSTER et SOUVENIR (a.)
1863 - 1882

Divorced (*Queen Catharine*)a. 1886
Ellangowan (*Poinsettia*)..... 1876
Garnet (*Mine*)a 1874
Gem of Gems (*Poinsettia*)a... 1873
Mab (*Post Haste*)a.......... 1875
Mrs Allen (*Alice*)a........... 1878

Myrica (*Fragrance*)a 1878
Scotch Pearl (*Emerald*)a...... 1880
Sly (*Slut*)a................. 1874
Strathcarron (*Vimiera*)a...... 1876
The Sphinx (*The Sybil*)a..... 1875
Vanity Fair (*Vanity*)a........ 1882

STRATHERN, bai, par STRATHCONAN et CHARMIONE (a.)
1876
La Pieuvre (*Poinsettia*)....... 1888

STRONGBOW, bai, par TOUCHSTONE et MISS BOWE (a.)
1846 - 1868 — Importé en 1852

Ambroisie (*Fanie*)........... 1865
Antigone (*Reine des Prés*).... 1867
Baléare (*Lola*) 1867
Batsaline (*Reine des Prés*).... 1865
Daphné (*Thalie*)............. 1857
Didon (*Willow*) 1857
Espérance (*Stella*)........... 1864
Glauca (*Clématite*).......... 1860

Marionnette (*Cendrillon*)..... 1862
Ninette (*Ninon*)............. 1854
Pepita (*Mme Ristori*)........ 1865
Strongbow ou **Commodor Napier**
Pastourelle (*Lola*) 1865
Strongbow ou **The Prime Warden**
Bas Bleu (*Doctor Syntax mare*) 1855

STRUAN, alezan, par BLAIR ATHOL et TERRIFIC (a.)
1869

Perçante (*Ely mare*)......... 1884

STULTZ, alezan, par HORNSEA et INDUSTRY (a.)
1844

Elisabeth (*Bay Araby*)........ 1854

SUCCÈS, bai, par WILD DAYRELL et MY PLEASURE (a)
1869

Tulipe Orageuse (*Tempête*)... 1883

SUFFOLK, bai-brun, par NORTH LINCOLN et PROTECTION (a.)
1865 — Importé en 1877

Corolla (*Fuchsia*)a.......... 1877   East Anglia (*Bay Rosalind*)a.. 1873

SUGARPLUM, bai-brun, par SACCHAROMETER et LIME FLOWER (a.)
1869

Sweet Blossom (*Blossom*)a.... 1885

SULTAN, bai, par SELIM et BACCHANTE (a.)
1816 - 1839

Albania (*Marinella*)a........ 1832   Eva (*Eliza Leeds*)a........... 1832
Destiny (*Fanny Davies*)a.O.G. 1833   Sultan mare (*Marinella*)a..... 1833

SULTAN JUNIOR, bai, par SULTAN et MARGELLINA (a.)
1834

Wedlock (*Monimia*)a........ 1851

SUNDEELAH, noir, par JEREMY DIDDLER et MADELINE (a.)
1861

Brown Rosalind (*Rosalind*)a.. 1871   Irène (*Eléonora*)a........... 1875

SURPLICE, bai, par TOUCHSTONE et CRUCIFIX (a.)
1845 - 1871 — D. — S. L.

Fanscombe (*Ianthe*)	1856	Princess (the) (*The Queen*)a		1868
Joliette (*Jessamine*)	1860	Silistrie (*Snowdrop*)		1854
Miss Surplice (*Christobel*)	1852			

SUZERAIN, bai-brun, par THE NABOB et BRAVERY
1865 — J. C.

Albigeoise (*La Rochelle*)	1874	Giboulée (*Belle Dupré*)	1874
Amourette (*Kiss me Not*)	1873	La Blessée (*Rafale*)	1877
Bédouine (*Brown mare*)	1875	La Frileuse (*Rafale*)	1876
Belle Mimi (*Paqueline*)	1870	L'Hirondelle (*Postage*)	1870
Calcéole (*Céramique*)	1875	La Leu (*Eureka*)	1875
Castille (*Bourg-la-Reine*)	1870	Margot (*Vivace*)	1870
Dolorès (*Lady Bird*)	1873		

SWEETMEAT, bai, par GLADIATOR et LOLLYPOP (a.)
1842 - 1861

Amy Robsart (*Muley Moloch mare*)a	1852	Hypermnestra (*Surge*)a	1860
Bridecake (*First Rate*)a	1855	Jujube (*Camphine*)	1851
Dulcinea (*Creusa*)a	1856	Pauline (*Bon Logic mare*)a	1854
Guava (*Gadfly*)a	1850	Sweet Lucy (*Coquette*)a	1857

SWISS, bai, par WHISKER et SHUTTLE MARE (a.)
1821

Lustre (*Lunettes*)a............ 1830

SYLVAIN, bai, par MALTON et SYLVIA
1854

Alpha (*Zêta*)	1870	Sylvia (*Miss Antique*)	1870
Fusillade (*Pièce d'Alarme*)	1870	Sylvina (*Mignonnette*)	1869
Gloriette (*Miss Gloria*)	1870	**Sylvain, Fitz Gladiator, Radamah**	
Mlle de Couscix (*Mlle Désirée*)	1865	**ou Marcello**	
Pantomime (*Panoplie*)	1867	Miss Marie Stuart (*Marie Stuart*)	1870
Sylvia (*Helvia*)	1868		

SYLVIO, bai-brun, par TRANCE et HÉBÉ
1826 - 1854

Antigone (*Amazone*)	1839	Esméralda (*Geane*)	1834
Dolorosa (*Sweetlips*)	1835	Frétillon * (*Emelina*)	1835

Lady Fashion * (*Emelina*).... 1842
Marionnette (*Burlesque*)...... 1834
Médora* (*Adeline*).......... 1850
Méduse * (*Chesnut Filly*)..... 1835
Norma (*Verona*)............. 1834
Picciola* (*Clématite*)........ 1851
Pimperinette * (*Emelina*)..... 1846
Rachel (*Zicka*)............. 1842
Rubis (*Resemblance*)........ 1834
Spark (*Don Cossack mare*)... 1840
Sylvia* (*Worry*)............. 1835

Sylvie (*Syrène*)............. 1835
Ultima (*Fraga*).............. 1851
Sylvio ou Mameluke
Pecora (*Bergère*)............ 1840
Sylvio ou Napoleon
Antoinette (*Cléopâtre*)....... 1840
Sylvio ou Y. Emilius
Good Forester (*Fleur d'Epine*) 1843
Sylvio ou Tipple Cider
Ouverture (*Georgina*)........ 1852
(21)

SYRIAN, alezan, par MENTMORE et PRINCESS (a.)
1867

Astarte (*Sunshine*)a......... 1884
Sulphorline (*Fluid*)a......... 1881

SYSTÈME, bai, par RUY BLAS et SENTENCE
1874

Follette (*La Favorite*)....... 1887
Picciola (*Graziella*)......... 1881

TABAC, noir, par ORPHELIN et MIRANDA
1869

Banizette (*Bataille*). 1881
Cuisinière (*Keepsake*)....... 1880
Jahel (*Judith*)............... 1879
Kyrielle (*Miss Krin*)........ 1877

La Douairière (*Lady Douglas*) 1876
Lady Day (*Lady Douglas*).... 1877
Tabatière (*Haymarket*)....... 1885

TADMOR, bai-brun, par ION et PALMYRA (a.)
1846

Rosa Lee (*Saint Rosalia*)..... 1861

TAMBERLICK, alezan, par FITZ GLADIATOR et MAID OF HART
1859

Bellina (*Bellah*)............. 1866
Scabieuse (*Trust me Not*).... 1870

TANCRED, bai, par SELIM et HAMBLETONIAN MARE (a.)
1820 - 1841 — Importé en 1834

Brise l'Air (*Crystal*)........ 1832
Camargo (*Crystal*)......... 1834
Emelia (*Nell*)............... 1833

Lavinia (*Rosina*)............ 1830
Thélésia (*Médéa*)........... 1830
Vitesse (*Pénélope*).......... 1831

TANDEM, alezan, par Rubens et Jeannette (a.)
1816 - 1841 — Importé en 1836

Bélida (*Ténériffe*)	1833	Miss Tandem (*Arab*)	1830
Caprice (*Noémi*)	1836	Taglioni (*Verona*)	1830
Indiana (*Ténériffe*)	1832		

TARDIF, alezan, par Montargis et Tartane
1882

Lorraine (*Nanette*) 1889

TARRARE, bai, par Catton et Henrietta (a.)
1823-1847 — Importé en 1839. — S. L.

Cavatine (*Destiny*)	1841	Miss Tarrare (*Harriet*)	1841
Comtesse (*Sylvie*)	1840	Victoria (*Harriet*)	1840
Décision (*Ketty*)	1840	Why Not (*Ida*)	1844
Dinah (*Sarah*)	1847		

TAURUS, alezan, par Phantom et Katherine (a.)
1826 - 1850

Allumette (*Orville mare*)a	1840	Taurus mare (*Mysie*)a	1837
Io (*Problem*)a	1836		

TEDDINGTON, alezan, par Orlando et Miss Twickenham (a.)
1878 — D.

Etoile du Midi (*Mme Ristori*).	1861	Julia (*Miss Kate*)	1855

TELEPHONE, bai, par Mirliflor et Timbale
1878

Canotier ou Téléphone
Mlle des Arras (*Evening Star*) 1886

TENIERS, alezan, par Rubens et Snowdrop (a.)
1816

Sarcasm (*Banter*) 1833

TERROR, bai-brun, par MAGISTRATE et TORELLI (a.)
1825 - 1850 — Importé en 1839

Adeline (*Adèle*)	1848	Rigolette (*Flicca*)	1846
Bai-Brune (*Dionne*)	1838	Ritta (*Jane*)	1843
Camilla (Miss Schneitz Hoeller)	1843	Rosamonde (*NannyShanks*)	1842
Danaé (*Alexina*)	1837	Sarah (*Hébé*)	1843
Didon * (*Cybèle*)	1837	Selima (*Flora*)	1843
Doris * (*Chloris*)	1837	Sylvandire (*Jane*)	1844
Eclipse (*Wanderer mare*)	1836	Tanaïs (*Gaiety*)	1845
Fortunata * (*Brunette*)	1839	Terrora (*Miltonia*)	1850
Fringante * (*Louise*)	1839	Thérésa (*Humbug*)	1838
Gabrielle (*Crotchet*)	1840	Thérésa (*Miriam*)	1844
Gavotte (*Eglé*)	1838	Urania (*Hébé*)	1845
Gemma (*Miss Henry*)	1840	Upis (*Miriam*)	1845
Good for Nothing (*Medea*)	1846	**Terror ou Jocko**	
Haydée (*Mam'zelle Amanda*)	1847	Urganda (*Noema*)	1845
Katinka * (*Kalouga*)	1844	**Terror ou Premium**	
Loisa (*Vigornia*)	1841	Rosabelle (*Rubena*)	1842
Minuit (*Nell*)	1838	**Terror ou Quoniam**	
Nelly (*Jane*)	1839	Opale (*Hécube*)	1846
Premula (*Héloïse*)	1841	**Terror ou Royal Oak**	
Rachel (*Hébé*)	1842	Eloa (*Contribution*)	1838
Rebecca (*Enchanteresse*)	1842	(37)	

TERTIUS, alezan, par MARQUIS OF CARABAS et LITTLE JANE (a.)
1877

Thrice (*Almond*)a 1888

TETOTUM, bai, par LOTTERY et SMOLENSKO MARE (a.)
1828 — Importé en 1834

Adèle (*Calliope*)	1840	Peine (*Penance*)	1844
Calix (*Venus*)	1839	Pénitence (*Penance*)	1843
Lolotte (*Harriet*)	1844	Rachel (*Grisi*)	1841
Marinette (*Bees'Wing*)	1844	Tetota (*Brunette*)	1835
Miss Alice (*Harriet*)	1843	Tontine (*Odette*) .... J.C.	1837
Miss d'Amont (*Bees'Wing*)	1845		

THE ABBOT, alezan, par HERMIT et BARCHETTINA (a.)
1877

Strolling mare (*La Flamme*) ... 1887

THE BAN, alezan, par Don John et Y. Defiance (a.)

1848 — Importé en 1852

Albina (*Miona*)............. 1854

THE BARD, bai, par Waverley et Castrellina (a.)

1833

Miss Burns (*Velocipede mare*)a 1840

THE BARD, alezan, par Petrarch et Magdalene (a.)

1883 — Importé en 1887

Dentelle (*Stitchery*).......... 1889   Swallow (*Finette*)............ 1889

Maribey (*Sweet Agnes*)....... 1888   Ulva (*Versigny*)............. 1889

Midget (*Nugget*)............ 1889

THE BARON, alezan, par I. Birdcatcher et Echidna (a.)

1842 - 1862 — Importé en 1849 — **S. L.**

Amphitrite (*Jelly Fish*).......	1855	La Michelette (*Francesca*)....	1854
Annexion (*Annette*).........	1858	La Reine Berthe (Creeping Jenny)..	1860
Audacieuse (*Bay Araby*).....	1858	La Toucques (Tapestry). **J.C.**— **Di**.	1860
Baroness (*Dorade*)..........	1851	Mme la Baronne (*Rackety Girl*)	1857
Baronne (*Victoria*)..........	1853	Mlle de la Romanerie (*Warplot*)	1860
Cattleya (*Twilight*)..........	1855	Mlle Diggory (*Diggory Diddle*)	1851
Châtelaine (*Deception*)......	1854	Marie Shah (*Elfride*)........	1853
Conférence (*Error*)..........	1854	Marquise (*Diggory Diddle*)..	1855
Crinoline (*Xénodice*).........	1854	Merlette (*Cuckoo*)...........	1858
Dame d'Honneur (*Annetta*). **Di**.	1853	Minouche (*Fiction*)..........	1856
Etoile du Nord (Maid of Hart). . **Di.**	1855	Nobility (*Effie Deans*)........	1860
Euryanthe (*Allumette*).......	1858	Noélie (*Dacia*)..............	1859
Ferraris (*Victress*)..........	1858	Obligation (*Effie Deans*)....	1861
Fiammina (*Holbein Filly*)...	1857	Paqueline (*Saddler mare*)....	1856
Flammèche (*Allumette*)......	1854	Pensez à Moi (*Theon mare*)...	1859
Fraction (*Fiction*)...........	1860	Pergola (*Officious*)..........	1860
Gertrude (*Gazelle*)..........	1860	Phosphorée (*Allumette*)......	1853
Grande Dame (*Annetta*).....	1860	Primula (*Dame Blanche*).....	1851
Hepzibah (*Rhinoplastie*)....	1853	Rainette (*Regrettée*)..........	1861
Isabella (*Regrettée*)..........	1858	Reine (*Rackety Girl*)........	1860
Je n'y Compte Pas (*Eugénie*).	1858	Reine (*Nancy*)..............	1863
La Dame (*Sérénade*).........	1853	Reine des Indes (*Flirtation*)..	1858
Lady Isabel (*Red Rose*)a.....	1849	Rigolboche (*Suprema*)........	1859
La Maladetta (*Refraction*)....	1855	Security (*Margarita*)........	1853

Séville (*Cassandra*)......... 1853
Uranie (*Isole*)............... 1854
Vapeur (*Wedlock*).......... 1858
Vermeille (*Fair Helen*)...... 1853
The Baron ou Assault
Erreur (*Holbein filly*)........ 1854
Jeanne d'Arc (*Jew Girl*)..... 1854
Johanna (*Louisa*)........... 1854
The Baron ou Master Wags
Leonora (*Lola*).............. 1854
The Baron ou Nuncio
Alice (*Annette*).............. 1855

Comtesse (*Eusebia*)......... 1855
The Baron ou Nunnykirk
Tempête (*Tronquette*)........ 1856
The Baron ou Saint-Germain
Adalvy (*Zibeline*)........... 1856
La Parisina (*Refraction*)..... 1856
The Baron ou Sting
Amulette (*Deception*)........ 1852
The Baron ou The Emperor
Opulence (*Jessie*)........... 1852
(63)

THE BARON, bai, par KING TOM et BAY CELIA (a.)
1867
Helen (*Ally*)................. 1872

THE COLONEL, alezan, par WHISKER et DELPINI MARE (a.)
1825 — **S. L.**
Colonel mare (the) (Mary Ann)a.. 1837   Heiress (*Codicil*)a.......... 1833

THE CONDOR, bai, par DOLLAR et CHARMILLE
1882
Boulogne (*Brown Rosalind*).. 1888

THE CONFESSOR, bai, par COWL et FOREST FLY (a.)
1848
Fire Fly (*Mary O'Toole*)a..... 1861   Lady Little (*Strife*)a......... 1858

THE COSSACK, alezan, par HETMAN PLATOFF et JOANNINA (a.)
1844. — Importé en 1856 — **D.**

Alézia (*Ne m'Oubliez Pas*).... 1861
Amarante (*Taffrail*).......... 1859
Arrogante (*Impérieuse*)....... 1861
Brévetée (*Honesty*)........... 1859
Bourg-la-Reine (Plenipotentiary mare) 1858
Camelotte (*Ursule*).......... 1865
Châtelaine (*Exquisite*)....... 1764
Croisade (*Honeymoon*)....... 1860

Drusilla (*Lysisca*)........... 1861
Julia (*Anatolie*)............. 1861
Kazine (*Mlle Désirée*)........ 1866
La Diva (*Refraction*)........ 1858
Lise (*Vermeille*)............. 1859
Marquise (*Hervine*).......... 1862
Ninon de Lenclos (*The Swede*) 1861
Nonette (*Noemi*)............. 1858

Obole (*Payment*)............ 1859

Pervenche (*Tanaïs*)......... 1866

Quinquina (*Quinine*)........ 1861

Rayon de Soleil (*Fringe*)..... 1859

Sibérie (*Lady Arthur*)....... 1861

Siboulette (*Silhouette*)....... 1858

Sina (*Allumette*)............ 1859

Tamara (*Cingara*)........... 1858

Tartare (*Diggory Diddle*).... 1858

Veronaise (*Yelva*)........... 1861

Victoire (*Victoria*).......... 1858

Virginie (*Wedlock*)......... 1860

Volga (*Illustration*)......... 1860

Zibeline (*Cingara*).......... 1860

The Cossack ou Father Thames

Stradella (*Creeping Jenny*).**Di.** 1859

The Cossack ou Isolier

Bocca Nera (*Reel*)........... 1858

The Cossack ou Nunnykirk

Cérès (*Lady Henriette*)....... 1865

Favorite (*Hervine*).......... 1863

The Cossack ou Sting

Lavinia (*Lucienne*).......... 1862

THE CURE, bai, par Physician et Morsel (a.)

1841

Ile de France (*Cherokee*)...... 1859

Light Heart (*Gaiety*)a........ 1862

Syren (*Sybil*)a.............. 1861

THE DART, bai, par Lord Fauconberg et Newminster Mare (a.)

1863

The Quiver (*Polly Avenel*)a... 1886

THE DEAN, bai-brun, par Voltaire et Trampina (a.)

1836

Vixen (*Field Fare*)a.......... 1857

Yellow Leaf (*Duvernay*)a..... 1855

THE DRUMMER, bai, par Rataplan et My Niece (a.)

1866

Lancashire Lass (*Gazzinia*)a.. 1873

THE DUKE, bai, par Stockwell et Bay Celia (a.)

1862

Colleen Rhue (*Bithyæ*)a...... 1885

Florida (*Blushing Bride*)a.... 1880

Rivulet (*Isis*)a............. 1874

THE EARL, bai, par Y. Melbourne et Bay Celia (a.)

1865 — **G. P.**

The Earl ou Lord Lyon

Lyonesse (*Revival*)a.......... 1871

The Earl ou The Palmer

May Bell (*Baliverne*)a........ 1874

THE EARL OF RICHMOND, bai, par TOUCHSTONE
et QUEEN OF THE TRUMPS (a.)
1840

Ballet Girl (the) (Glaucus mare)a... 1847   May Queen (*Recreation*)a..... 1850

THE EMPEROR, alezan, par DEFENCE et REVELLER MARE (a.)
1841 - 1851 — Importé en 1850

Empress (*Tronquette*)........	1852	Théodora (*Quiz*)............	1852
Grand Duchess (*Spangle*)....	1849	**The Emperor** ou **The Baron**	
Prima Donna (*Minaret*)a.....	1848	Opulence (*Jessie*)..........	1852
Princesse Olga (*Adeline*).....	1852		

THE ERA, bai, par PLENIPOTENTIARY et WHISKER MARE (a.)
1840

Leading Article (Sr. de Currency)... 1848

THE FALLOW BUCK, bai, par VENISON et PLENARY (a.)
1845

Polypody (*Defence mare*)a.... 1859

THE FLYER, bai, par VAN DYKE JUNIOR et AZALIA (a.)
1814

Icaria (*Parma*)a............. 1824   Wings (*Oleander*)a......... 1822
Luna (*Moonshine*)a.......... 1825

THE FLYING DUTCHMAN, bai-brun, par BAY MIDDLETON
et BARBELLE (a.)
1846 - 1870 — Importé en 1859 - **D. — S. L.**

Alphonsine (*Ténébreuse*).....	1862	Cendrillon (*Denique*)	1860
Aspasie (*Belle Etoile*)........	1868	Cendrillon (*Sauterelle*).......	1861
Aveline (*Antilope*).........	1865	Civility (*Honesty*)............	1861
Ballon (*Plenary*)a..	1857	Compagnie (*Drusilla*)	1866
Belle de Jour (*Philiberte*)....	1862	Cornélia (*Diletta*)...........	1861
Birette (*Amulette*)..........	1861	Corysandre (*Uranie*)........	1860
Brunehaut (*Bataglia*)........	1864	Deliane (*Impérieuse*)......**Di.**	1862
Callipyge (*Alice*)............	1862	Diane de Poitiers (*Iodine*)....	1862
Canotière (*Néréide*).........	1862	Emilia (Young) (*Philiberte*)...	1863

Eponine (*Fringe*) 1864
Farthing (*Payment*) 1865
Flying Gipsy (*Bohémienne*)... 1860
Fracas (*Emeute*)a 1853
Garsande (*Impérieuse*) 1865
Graciosa (*Picciola*) 1862
Industrie (*Tapestry*) 1865
La Lutte (*Miss Gladiator*) ... 1862
Lexovienne (*Amazon*) 1864
Little Duck (*Nightcap*) 1860
Magique (*Lanterne*) 1861
Ma Normandie (*Slapdash*).... 1866
Martha (*Benedicta*) 1864
Méduse (*Médora*) 1860
Miss du Fay (*Maid of Mona*).. 1864
Mouche (*Avalanche*) 1865
Osine (*Châtelaine*) 1865
Panoplie (*Papillotte*) 1863

Postérité (*Partlet*) 1863
Poupée (*Blétia*) 1861
Régalia (*Regrettée*) 1864
Sarcelle (*Cuckoo*) 1860
Saturnale (*California*) 1864
Senorita (*Lola Montes*) 1861
Sevilla (*Agar*) 1863
Tarlatane (*the Greek Slave*).. 1860
Vaucluse (*Néréide*) 1863
Véga (*Gitana*) 1864
Vérité (*Vermeille*) 1863
Vierge (*Euryanthe*) 1867

The Flying Dutchman
ou **Fitz Gladiator**

Entécade (*La Maladetta*) 1865

The Flying Dutchman ou **Florin**

Lesczinska (*Myska*) 1861

(50)

THE HEIR OF LINNE, alezan, par GALAOR et MRS WALKER (a.)
1853 — Importé en 1859

Emeraude (*Turquoise*) 1860
Fantasque (*Dalila*) 1865
Fleur de Mai (*Lisette*) 1858
Gabrielle (*Monna Lisa*) 1872
Hirondelle (*Aimée*) 1860
La Lumière (Grande Mademoiselle).... 1871
Linda (*Miss Gloria*) 1863
Mlle de Fontenay (*Twilight*) .. 1864

Marionnette (*Miss Sting*) 1869
Miss Eris (*Miss Anna*) 1860
Miss of Linne (*Catherina*)... 1867
Noémi (*Elégante*) 1861
Pauvrette (*La Fanchonnette*).. 1871
Ruch-Tra (*Aurore*) 1863
Valérie (*Derline*) 1860

THE HUNTSMAN, bai, par TUPSLEY et THE ABBESS (a.)
1853 — Importé en 1862

Marguerite (*Guilhaumette*)... 1867   Marceline (*Dolorès*) 1867

THE JUGGLER, bai-brun, par WAMBA et PANTECHNETHECA (a.)
1832. — Importé en 1837

Coalition (*Cloris*) 1839
Edith* (*Mandane*) 1839
Ida (*Vanda*) 1838

The Juggler ou **Dangerous**

Nency (*Chesnut filly*) 1839

THE LIBEL, bai-brun, par PANTALOON et PASQUINADE (a.)
1842
The Libel ou **Harkaway**
Malmsey (*Malvoisie*)........ 1851

THE LITTLE KNOWN, bai, par MULEY et LACERTA (a.)
1836
Balk (*Libusa*)a.............. 1860

THE LORD MAYOR, alezan, par PANTALOON et HONEYMOON (a.)
1836
Ellen Loraine (*Lady Mary*)a.. 1854

THE MARQUIS, bai, par STOCKWELL et CINIZELLI (a.)
1859 — **G. — S. L.**
Marchioness (*Miss Birch*)a... 1869   Marquis mare (Queen of Crystal)a ... 1868

THE MINER, alezan, par RATAPLAN et MANGANESE (a.)
1861
Domiduca (*Interdicta*)a...... 1873   Levern (*Lady Eston*)a........ 1875

THE MISER, alezan, par HERMIT et LA BELLE HÉLÈNE (a.)
1877 - 1887
Avarice (*Pauline*)a 1886   Golden Dream (Tangible mare)a..... 1886
Devonian (*Arqua*)a......... 1886

THE MOOR, bai-brun, par MULEY et BLACK BEAUTY (a.)
1822
Anne de Bretagne (Hirondelle).... 1833   Malvina (*La Douce*).......... 1833

THE MOUNTAIN DEER, bai, par TOUCHSTONE et MOUNTAIN SYLPH (a.)
1848
Airedale (*Chaperon*)a........ 1860

THE NABOB, bai, par THE NOB et HESTER (a.)
1849 — Importé en 1857

Amanda (*Bérénice*)	1870	Judith (*Duchess*)	1872
Aranjuez (*Bourg-La-Reine*)	1866	Lalla Rookh (*Whirl*)	1862
Bonelle (*Bataglia*)	1861	Mlle de Chevilly (*Glauca*)	1859
Cassiope (*Fracas*)	1860	Mlle Duchesnois (*Semiseria*)	1861
Charmille (*Chantress*)	1868	Meadow (*Mon Etoile*)	1870
Fantasia (*Fraudulent*)	1861	Médée (*Creusa*)	1868
Fille du Diable (*Fracas*)	1861	Perle (*Partlet*)	1861
France (*Gabble*)	1865	Poudrière (*Gabble*)	1861
Grande Mademoiselle (*Error*)	1860	Prétendante (*Alice*)	1861
Grande Puissance (The Abbess)	1859	Sauterelle (*Second Sight*)	1859
Hémione (*Whirl*)	1870	Vertubleu (*Vermeille*)	1866
Immortelle (*Kiss me Not*)	1862	Via-Mala (*La Tosa*)	1870
Jeanne d'Arc (*Miss Johnson*)	1861		(26)

THEOBALD, alezan, par STOCKWELL et RED HART MARE (a.)
1863

Théodora (*First Fruit*)a 1873

THEODORE, bai, par WOFUL et CORIANDER MARE (a.)
1819 — Importé en 1838 — S. L.

Dulcinée (*Woodbine*)	1842	Miss Flora (*La Douce*)	1839
Héloïse (*Penance*)a	1835	Sylphide (*Sola*)	1841
Mlle Louise (*Sola*)a	1839	Théodorine (*Tancreda*)	1836

THÉODOROS, alezan, par FLORIN et DAME DE CŒUR
1867

Légation (*Ambassadrice*)	1880	N. — par (*Selika*)	1881
Mauresque (*Black Bess*)	1880		

THEOLOGIAN, bai, par UNCAS et MISS THEO (a.)
1886

Idylle (*Islip*)a 1886

THEON, bai, par EMILIUS et MARIA (a.)
1837 - 1860

Theon mare (*Lady Love*)a 1848

THE PALMER, bai, par BEADSMAN et MADAME EGLANTINE (a.)

1864

Admiration (*Lady Harcourt*)a.	1877	Peronnette (*Tau*)a............	1876
Edith Plantagenet (Edith of Lorn)a.	1875	Prologue (*Promptess*)a.......	1874
Lady Meiden (*Opoponax*)a....	1876	**The Palmer ou The Earl**	
Millicent (*Milliner*)a........	1875	May Bell (*Baliverne*)........	1874

THE PEER, bai, par NEWMINSTER et MAINBRACE (a.)

1863 — Importé en 1872

Berline (*Basquine*)..........	1878	Marquise (*Mlle de Couseix*)bel.	1881
Cantatrice (*Miss Bateman*)...	1879	Rose Noble (*Rose Leaf*).....	1879
Fusion (*Ronzina*)............	1873	Ségréenne (*Solliciteuse*)......	1880
Hypothèse (*Ronce*)..........	1873	Tina (*Pierrette*).............	1873
Jugulaire (*Justicia*).........	1878	Volage II (*Nichette*).........	1873

THE PREACHER, alezan, par LECTURER et HOMELY (a.)

1870

Hester Prynne (*Tom Tit mare*)a.   1885

THE PRIME MINISTER, bai, par MELBOURNE et PANTALONADE (a.)

1848 - 1871

Dalila (*Dulcinea*)............   1862

THE PRIME WARDEN, bai, par CADLAND et ZARINA (a.)

1834 — Importé en 1847

All Right (*Norma*)..........	1853	Miss Berthe (*Berthe*)........	1856
Alma (*Berthe*)..............	1854	Musette (*Emilius mare*)......	1856
Catherine (*Camel mare*)a.....	1863	Sophie (*Milady*)............	1854
Dame de Trèfle (*Belle Poule*).	1856	Stella (*Ninon*)..............	1856
Fracture (*Lady Tartufe*)......	1859	Surprise (*Vision*)...........	1854
Géologie (*Georgette*).... Di.	1856	**The Prime Warden ou Womersley**	
Ghebel (*Annette*)...........	1856	Mon Amic (*Miss d'Amont*)...	1861
Maxence (*Creusa*)..........	1855	Ségréenne (*Caveat*).........	1861
Mme César (*Discrète*).......	1854	**The Prime Warden ou Strongbow**	
Miss (*Leontine*)............	1857	Bas Bleu (*Dr. Syntax mare*)..	1855

THE PROVOST, bai, par THE SADDLER et REBECCA (a.)

1836

Maid of Hart (*Martha Lynn*)a.   1846

THE RAKE, bai, par Wild Dayrell et Englands'Beauty (a.)

1864

Half-Caste (*Vishnu*)a	1874	Nesta (*Clairette*)	1884
Lime Light (*Illumination*)	1883	Spécialité (*Silversand*)	1879

THE RANGER, bai, par Voltigeur et Gardham Mare (a.)

1860 - 1873 — **G. P.**

Bryony (*Vertumna*)a	1875	**The Ranger ou Dollar**
La Dorette (*Mon Etoile*)	1867	Fleur de Pêché (*Forest du Lys*) 1868
Miss Capucine (*Capucine*)	1867	

THE SADDLER, bai, par Waverley et Castrellina (a.)

1828 - 1847

Abbess (the) (*Blacklock mare*)a	1839	Saddler mare (Smolensko mare)a	1836
Corbeau (*Peggy*)a	1847	Saddler mare (*Partisan mare*)a	1838
Goualeuse (*Langar mare*)a	1843	Titbit (*Joanna*)a	1843
Martingale (*Barbakin*)a	1844		

THE SCAVENGER, alozan. par Slane et Vulture (a.)

1840 — Importé en 1846

Conquête (*Victoire*)	1848	**The Scavenger ou Worthless**
Harlequine (*Ninon*)	1851	Dudu (*Miss King*) 1848
Sensitive (*Aline*)	1853	

THE SCOTTISH CHIEF, bai, par Lord of the Isles et Miss Ann (a.)

1861 - 1886 — En France de 1880 à 1885

Andrella (*Lady Dot*)a	1876	La Foudre (*La Noue*)	1886
Eviction (*Atrocity*)	1881	Norma (*Kleptomania*)	1876
Fasting Girl (*Galantine*)	1883	Raker (*Fravolina*)	1881
Fourmi (*Fairminster*)	1885	Riposte (*Rêveuse*)	1886
Grace (*Virtue*)a	1875	Scotch Mist (*Bawbee*)	1879
Helen Mac Gregor (*Chance*)	1882	Stella (*Gong*)a	1873
Kiss (*Czarina*)	1881	Tamponne (*Tourangelle*)	1886
Lady Wallace (*Cynthia*)a	1873	Torgnole (*Tyrolienne*)	1885

THE UGLY BUCK, bai, par Venison et Monstrosity (a.)

1844 — **G.**

Banshee (*The Elect*)a 1849

THORMANBY, alezan, par Melbourne ou Windhound
et Alice Hawthorn (a.)

1857 - 1875 — **D**.

Albany (*Catherine Hayes*)a...	1870	Mayflower (*Sunflower*)a......	1864
Aquila (*Siberia*)a...........	1875	Mer de Glace (Wild Dayrell mare)a...	1864
Dalnamaine (*Mayonaise*)a....	1871	Miss Thormanby (*Miss Fife*)a.	1873
Fairy Queen (*Durbar*)a.......	1865	Silverfield(*Madeleine*)a.......	1875
Lady Coventry (*Lady Roden*)a.	1865	Violet (*Woodbine*)a..........	1863
Little Princess (*Alexandra*)a..	1868		

THUNDERBOLT, alezan, par Stockwell et Cordelia (a.)

1857 - 1885

Aucuba (*the Flower Safety*)a..	1877	Madeira (*Léoville*)a	1873
Cloud (*So Leicht*)a..........	1881	Mitraille (*So Leicht*)a........	1880
Coturnix (*Fravolina*)a.......	1871	Nérina (*Ninna*)a.............	1875
Covert Coat (*Little Coates*)a..	1882	Nina (*Ninna*)a...............	1874
Electricity (*Lady Kingston*)a..	1866	Peace (*Concordia*)a..........	1876
Goneril (*Cordelia*)a..........	1876	Sister Helen (*Lady Sister*)a...	1868
Hot and Cold (*Icigle*)a.......	1879	Sprite (*Stradella*)...........	1866
Idalia (*Dulcibella*)a.........	1865	The Quail (*Fravolina*)a.......	1868
Little Difference (*Miss Bertha*)a	1879		

THUNDERSTONE, alezan, par Thunderbolt et La Belle Jeanne (a.)

1874

Quiloa (*Queen*)esp 1888

THURINGIAN PRINCE, alezan, par Thormanby
et Eastern princess (a.)

1871

Thuringian Countess (*Electra*)a. 1887

THURIO, bai-brun, par Tibthorpe ou Cremorne et Verona (a.)

1875 — **G. P.**

Nounou (*Négresse*).......... 1882

TIBTHORPE, bai, par Voltigeur et Little Agnes (a.)

1864 - 1890

Cravate (*Sash*)a............. 1883

TIC-TAC, bai, par CARAVAN et MISS RAINBOW
1850

Corinne (*Guilhaumette*).....	1868	Czarine (*Daphné*)..........	1861

TIGRIS, alezan, par QUIZ et PERSEPOLIS (a.)
1812 - 1836 — Importé en 1818 — G.

Almaida (*Tramp mare*).......	1829	Odine * (*Miss Ann*)........	1832
Calipso (*Hirondelle*)........	1827	Pamela * (*Deer*).............	1826
Capitane (*Citron*)...........	1836	Préférée (*Pasquinade*).......	1833
Chercheuse d'Esprit (*Cloris*).	1836	Thalie * (*Deer*).............	1827
Cybèle (*Cloris*).............	1829	Tigresse (*Hirondelle*)........	1822
Eucharis * (*Sir David mare*)..	1829	Zaida (*Arab*)................	1832
Noémi * (*Sarah*).............	1829		

TILHAC, bai, par BON VIVANT et ALMA
1874

Dunette (*Gelée*).............	1886

TIM, alezan, par MIDDLETON et MERLIN MARE (a.)
1830 — Importé en 1836

Rigolette (*Thérésa*).........	1844

TINKER JUNIOR, bai, par LOTTERY et FLORA
1841 - 1863

Henriette (*Calipso*).........	1851

TIPPLE CIDER, alezan, par DEFENCE et DEPOSIT (a.)
1833 — Importé en 1846

Anna (*Aigline*).............	1854	Pluie d'Or (*Eusebia*)........	1852
Betzy (*Regatta*).............	1854	**Tipple Cider, Polecat** ou	
Cara (*Rosita*)...............	1854	**Chesterfield junior**	
Clara (*Aigline*).............	1852	Cérès (*Bathilde*)............	1852
Hortense (*Danaide*).........	1848	**Tipple Cider** ou **Schamyl**	
Jenny (*Darling*).............	1849	Georgienne (*Whalebona*)....	1853
Lady Stowe (*Darling*).......	1852	**Tipple Cider** ou **Sylvio**	
Ne m'Oubliez Pas (*Marcella*).	1853	Ouverture (*Georgina*)........	1852

TIPPLER, alezan, par TIPPLE CIDER et EMELINA
1850

Etincelle (*Ophelia*)..........	1869	**Tippler ou Lingot d'Or**	
Toison d'Or (*Mandoline*).....	1871	Miss Alarm (*A-Propos*)........	1857

TIRESIAS, bai, par SOOTHSAYER et PLEDGE (a.)
1816 — **D.**

Contrition (*Thereza Panza*)a..	1824	Lisette (*Poozy*).............	1828
Dubica (*Aimable*)...........	1826	Miss Henry (*Silvertail*)a......	1828
Lady Julia (*The Fairy Queen*)a	1831	Parasolina (*Poozy*)..........	1827

TITUS*, alezan, par DANGEROUS et BÉRÉNICE
1839

Friguen (*Anne de Bretagne*)..	1845	Tertia (*Miss Flora*)..........	1864

TOISON D'OR*, alezan, par PRINCE CARADOC et HONEYMOON
1850

Julie (*Fanny*)............... 1855

TOMAHAWK, bai, par KING TOM et MINCEMEAT (a.)
1863

Ocyroë (*Magdala*)a......... 1875

TOMBOY, alezan, par IDLE BOY et ALEXINA
1856

Louisa (*Catalane*)a.......... 1841

TONNERRE DES INDES, alezan, par THE BARON et SÉRÉNADE
1855

Blaviette (*Orpheline*).........	1871	Nora (*La Belle Hélène*).......	1870
Fortuna (*Harriet*)...........	1871	Olga (*La Fanchonnette*)......	1870
Graziella (*La Fortune*).......	1869	Pamela (*Palmeria*)..........	1871
La Foudre (*Aricie*)..........	1866	**Tonnerre des Indes ou Ruy Blas**	
Marionnette (*Babette*)........	1872	Nonette (*Miss Bowen*)........	1871
Nita (*Fulvie*)...............	1865		

17

TOOLEY, bai-brun, par WALTON et PHANTASMAGORIA (a.)

1809 — Importé en 18..

Brunette (*Peggy*)............ 1826   Lucy (*Peggy*).............. 1820
Effy (*Rebecca*) 1821   Ourika (*Peggy*)............. 1824

TORY BOY, bai, par TOMBOY et BESSY BEDLAM (a.)

1838

Maid of Mona (*Kite*)a........ 1845

TOUCHET, bai-brun, par LORD LYON et LADY AUDLEY (a.)

1874 - 1888

Cascade (*Strathdown*)a 1882   Sérénade (*Castalia*)a. 1884
Chambertin (*Chartreuse*)..... 1886

TOUCHSTONE, bai-brun, par CAMEL et BANTER (a.)

1831 - 1861 — **S. L.**

Bilberry (*Lady Sarah*)a....... 1849   Fandango (*Sequedilla*)a....... 1845
Cassica (*Laura*)a............ 1842   Frolic (*The Saddler mare*)a... 1848
Chisel (*Lady Emily*)a........ 1847   Perea Nena (The Duchess of Kent)a... 1854
Drill (*Parade*)a............. 1848   Touch me Not (The Lady of Silverkeldwell) a. 1848
Eugénie (*Gipsy*)a............ 1846   Touch me Not (*Triangle*)a.... 1858

TOUCHWOOD, bai, par TOUCHSTONE et BONNIE BEE (a.)

1856

Rose Young (*Mrs. Croft*)a.... 1867

TOURMALET, bai-brun, par THE FLYING DUTCHMAN et LA MALADETTA

1862

Déjazet (*Déjanire*).......... 1875   Palatine (*Palestrina*)........ 1875
La Nine (*Ninette*)........... 1876   Victoria (*Cosette*)........... 1878

TOURLOUROU, alezan, par ZOUAVE et MISADVENTURE

1864

Dragée (*Zizi*)............... 1871

TOURNAMENT, bai, par TOUCHSTONE et HAPPY QUEEN (a.)
1854 — Importé en 1864

Balayeuse (*Pretty-Well*)	1874	Gravelotte (*Géologie*)	1870
Banderolle (*Bataglia*)	1868	Jeanne d'Arc (*La Toucques*)	1875
Borny (*Bataglia*)	1870	La Hauteville (*Memphis*)	1872
Collada (*France*)	1874	La Seine (*La Toucques*)	1873
Déception (*Blondine*)	1881	Malaga (*Mathilde*)	1873
Faisane (*Fluke*)	1874	Mireille (*Mousie*)	1874
Finistère (*Finlande*)	1867	Mouche (*Julia Peel*)	1875
Foudroyante (*Fantaisie*)	1871	Noceuse (*La Noce*)	1881
Gardénia (*Garenne*)	1870	Sonnette (*Somnambule*)	1870
Géorgique (*Géorgie*)	1869	Spada (*Susannah*)	1870
Gig (*Gleam*)	1874	Tyrolienne (*Tartane*)......**Di**.	1872
Gladia (*Garenne*)	1874	**Tournament** ou **Light**	
Glos (*Georgina*)	1868	Ya (*Industry*)	1869

(25)

TRAGEDIAN, bai, par SIR ISAAC et FANNY KEMBLE (a.)
1845. — Importé en 1847

Lady (*Uranie*)	1852	Silistrie (*Clara Wendel*)	1854

TRAMP, bai, par DICK ANDREWS et GOHANNA MARE (a.)
1810 - 1835

Ketty (*Sir David mare*)a	1827	Tarantella (*Catherine*)a..**G.O.**	1830
Maniac (Young) (*Maniac*)a	1826	Tramp mare (*Harpham Lass*)a	1822
Meliora (*Octavia*)a	1833		

TRANBY, bai-brun, par BLACKLOCK et ORVILLE MARE (a.)
1826

Sylphide* (*Abjer mare*) 1834

TRANCE, bai, par PHANTOM et POPE JOAN (a.)
1817 - 1846. — Importé en 1831

Doris (*Peggy*)	1828	Fauvette (*Capella*)	1830
Eloïse (*Hirondelle*)	1829	Fenella (*Sephora*)	1830
Eugénia (*Effy*)	1829	Gertrude (*Elvira*)	1831

TRAPÈZE, alezan, par HERMIT et THRIFT (a.)
1881

Loose Strife (*Pink Thorn*)a	1888	Néva (*Olive Branch*)	1889

TRAPPIST, bai, par Hermit et Bunch (a.)

1872

Bloodstreak (*Blodstain*)a..... 1887

TREASURER, gris, par Stamford et Mercury Mare (a.)

1807

Urganda (Young) (*Urganda*)a. 1819

TRENT, bai-brun, par Broomielaw et The Mersey (a.)

1871 — Importé en 1879 — **G. P.**

Aramis II (*La Juive*) 1882	Sélina (*Henriette II*)........ 1882
Diversion (*Mixe*)............ 1882	Tria (*Bayonnette*)........... 1881
Indigotine (*Cassiopée*) 1881	Varletta (*Velléda*)........... 1882
Lœtitia (*Nuncia jeune*) 1883	**Trent** ou **Bay Archer**
Lorgnette (*Lorette*)........... 1881	Rivale (*Rigolette*)........... 1883
Maggie (*Seminis*)............ 1881	**Trent** ou **Mirliflor**
Maiden Head (*Boutade*)...... 1887	Laurentine (*Lucette II*)....... 1882
Marquise II (*Mitrailleuse*).... 1880	**Trent** ou **Valérien**
Mousseline (*Modeste*)........ 1881	Pauvre Petite (*Willis*)........ 1881

TRÉSORIER, bai, par Le Petit Caporal et Thécla

1872

Victorieuse (*Lady Pigot*)...... 1883

TRIBOULET, alezan, par Marengo et Mico

1872

Nanette (*Yokohama*) 1883   Petite Amie (*Héritage*)....... 1889

TRIUMVIR, bai, par Volunteer et Highflyer Mare (a.)

1798

Crystal (*Woodnymph*)a....... 1814

TRISTAN, alezan, par Hermit et Thrift (a.)

1878 - 1894

Blanchette (*Bête à Chagrins*). 1886   Karadja (Brother to Strafford mare)..... 1887

Félicie II (*Filoselle*) 1887   La Négligente (*La Noue*)..... 1887

Fine Mouche (*Frivola*) 1889
Haute-Saône (*Hauteur*) 1888
Himalaya (*Hortense II*) 1887
Iroquoise (*Iris*) 1887
Iseult (*Ermeline*) 1888

Rose des Alpes (*Risette*) 1886
Strawberry (*Océanie*) 1888
Vallée d'Or (*Vallée d'Auge*) . . 1888
Wimereux (*Wild Thyme*) 1888

TROCADÉRO, alezan, par MONARQUE et ANTONIA
1864 - 1881

Argentine (*Good Night*) 1877
Australie (*Dulcinée*) 1877
Bouvines (*Bohémienne*) 1877
Boutade (*Ballerine*) 1877
Charmeuse (*Voltigeuse*) 1880
Echelle (*Orpheline*) 1875
Eusébia (*Esméralda*) 1875
Fleur des Alpes (*Braemar*) . . . 1876
Georgina (*Gladia*) 1881
Grenade (*Salamboô II*) 1873
Joyeuse (*Stella*) 1873
La Casaque (*La Cocarde*) 1875
La Cigale (*La Fortune*) 1875
L'Africaine (*Orpheline*) 1880
La Muette (*Orpheline*) 1876
La Papillonne (*Dulcinée*) 1880
Lisbeth (*Léopoldine*) 1877
Mlle de Senlis (Mlle de Juvigny) . . . **Di.** 1879
Mondaine (*Ile de France*) 1874
Musette II (*Orpheline*) 1877
Myette (*Orpheline*) 1874
Nouméa (*Braemar*) 1874

Odile (*Odd Trick*) 1882
Péronne (*The Princess*) 1879
Poetess (*La Dorette*) 1875
Quarantaine (*Julia Peel*) 1879
Riquette (*Trop Petite*) 1876
St-Cyrienne (*The Princess*) . . . 1881
Sapristi (*Stockhausen*) 1881
Soledad (*Silistrie*) 1878
Soubrette (*Silistrie*) 1873
Source (*La Fortune*) 1873
Statira (*Julia Peel*) 1881
Thétis (*Syren*) 1882
Tocquade (*Voluptas*) 1873
Trocadisette (*Cérès*) 1880
Vignette (*Belle Image*) 1875

Trocadéro ou Ruy Blas

Chimère (*Favorite*) 1873
Castagnette (*La Dorette*) 1874
Colomba (*Bonne Chance*) 1878

Trocadéro ou Saxifrage

Genève (*Mlle de Juvigny*) 1881

(41)

TROMBONE, bai, par KETTLEDRUM et TUBEROSE (a.)
1870 — Importé en 1876

Araignée (*Aureilhane*) 1879
Bagnéraise (*Cassiopée*) 1880
Banquise (*Bouillabaisse*) 1886
Bousqueline (*Bayonnette*) 1883
Bréviande (*Baleine*) 1878
Calypso (*Fanny*) 1879
Cendrillon (*Béziade*) 1879
Chapelure (*Chemise*) 1880
Colombine (*Deer Filly II*) 1880

Egalité (*Eglantine II*) 1880
Epopée (*Eolienne*) 1881
Espérance (*La Crême*) 1884
Falbala (*Fair Helen*) 1879
L'Union (*La Paix*) 1884
Pauvrette (*Iphygénie*) 1880
Progne (*Ista*) 1879
Pyrale (*Graziella*) 1879
Régulière (*Regalia*) 1878

Sagesse (*Sauterelle*).......... 1883

Salette (*Sac au Dos*)........ 1879

Souveraine (*Sauterelle*)...... 1879

Syrène (*Sylote*)............. 1884

Trombole (*Séminis*)......... 1879

Trombonne (*Trompette*)...... 1879

Trombone ou **Bay Archer**

Serpentine (*Serpolette*)....... 1884

Trombone ou **Bertram**

Belliqueuse (*Belle d'Ibos*).... 1880

Bérengère (*Béziade*)........ 1880

Javeline (*Jardinière*)........ 1880

Modone (*Modeste*).......... 1880

Rédemption (*Chersonnée*).... 1880

Trombone ou **Bleinheim**

Coquette (*Miss Anna*)....... 1878

Eva (*Emissa*)............... 1878

Trombone, Mandrake, St-Leger Braconnier ou **Bay Archer**

Espérance (*Elisabeth*)........ 1883

Trombone ou **Cymbal**

Tambourine (*Silk*).......... 1877

Trombone ou **Foudre de Guerre**

Nuncia jeune (*Fanfare*)...... 1879

(33)

TRUEBOY, bai, par TOMBOY et MULEY MARE (a.)

1840 - 1852

Miona (*Lalnelly*)............ 1848

TROUVILLE, bai, par FITZ GLADIATOR ou TIPPLE CIDER et CLÉMENTINE

1860

Trouville ou **Sting**

Mlle d'Ecajeul (*Lady Syntax*). 1868

TRUFFLE, bai, par SORCERER et HORNBY LASS (a.)

1808 — En France de 1817 à 1829

Medea (*Crystal*)............ 1823   Vanda (*Rosina*)............. 1827

TRUMPETER, alezan, par ORLANDO et CAVATINA (a.)

1856

Basilia (*Energy*)a........... 1866

Bignonia (*Catawba*)a........ 1871

Bijou (*Regalia*)a............ 1869

Bugle March (*Quick March*)a. 1871

Dentelle (*Chiffonnière*)a...... 1866

Fame (*Queen Bertha*)a....... 1873

Lady Elisabeth (*Miss Bowzer*)a 1865

Régalade (*Regalia*).......... 1872

Trot (*Chocolate*)a........... 1874

TUMBLER, bai-brun, par THE NOB et PREMATURE (a.)

1852 — Importé en 1865

Aristocracy (*Grande Dame*).. 1867

Asperge (*Diane de Poitiers*).. 1867

Clotilde (*Anxiety*)........... 1865

La France (*Slapdash*)....... 1865

Mauresque (*The Squaw*)...... 1865

Peace (*Chère Petite*)........ 1866

Tumbler ou **Empire**

Probity (*Integrity*).......... 1866

TURNUS, bai, par TAURUS et CLARISSA (all.)

1846 - 1863

Amy Scott (*Barbara Young*)a. 1857   Fluke (*Pomme de Terre*)a.... 1860

TYNEDALE, bai, par WARLOCK et QUEEN OF TYNE (a.)

1864

Columbine (*Performer*)a..... 1885   **Tynedale** ou **Fitz James**
Minstrel Maid (*Glee*)a........ 1881   Tondina (*Extradition*)a....... 1885
Tea Tray (*Miss Bella*)a....... 1886

UHLAN, bai-brun, par THE RANGER et LA MÉCHANTE (a.)

1869 — Importé en 1874

Blonde II (*Dentelle*)......... 1881   Nadine (*Nadège*)............ 1880
Glace (*Pure Vérité*)......... 1880   Papillonne (*Mondaine*)....... 1881
Houlette (*Mlle Ionian*)....... 1879   Sapho II (*Saltarelle*)........ 1882
La Nouaille (*Nadège*)........ 1882   Sartarelle (*Saltarelle*) 1878
Lily (*Apollonia*)............ 1880   Sémillante (*Sathaniel*)....... 1881
Mandolinata (*Mentana*)....... 1876   Tototte (*L'Hirondelle*)....... 1878
Minute (*Marguerite*)........ 1880   Villaire (*Vigogne*)........... 1879
Mitry (*Mignonnette*) 1882   **Uhlan** ou **Vertugadin**
Montre en Or (Merry Christian) 1876   N... — par (*Astrolabe*)...... 1878

UMPIRE, alezan, par LECOMPTE et ALICE CARNEAL (e. u.)

1857

Débonnaire (*Tit-Bit*)a........ 1873

UMPIRE, bai, par KING TOM et ACCEPTANCE (a.)

1873

Decisive (*Quick Step*)a....... 1881   Queen of the Vixens (Wild Vixen)a 1882
O'Flaherty (*Solon mare*)a.... 1883   Vexation (*Tantrum*)a........ 1883

UNCAS, bai, par STOCKWELL et NIGHTINGALE (a.)

1865

Indian Summer(*Eastern Lily*)a. 1887   Miss O'Rourke (*Miss Edie*)a.. 1877
Banna (*Namouna*)a 1878   Refuge (*Madeline*)a......... 1876
Lady Uncas (*Infula*)a........ 1885   War Paint (*Piracy*)a........ 1878
Mavourneen (*Brunette*)a...... 1883

URBANO, bai, par CLARIONET......
Né en Hollande vers 1845
Charybde *(Scylla)*........... 1854

UTRECHT, alezan, par KING LUD et ORTOLAN
1883
Sédune *(S'il Vous Plait)*..... 1890

VALBRUANT, bai-brun, par NUNCIO et WIRTHSCHAFT
1852
Stella *(Omphale)*........... 1859
Valbruant ou **Festival**
Sybille *(Constance)*......... 1858   Tolla *(Miss Ion)*,............. 1858

VALENTIN, alezan, par MANDRAKE et VIOLA
1882
Henriade *(Honrada)*......... 1888   La Personnerie *(La Périchole)* 1883

VALENTINO, bai, par SUFFOLK et MABILLE (a)
1877 — Importé en 1883
Valentino *(Pèlerine)*......... 1885

VALÉRIEN, bai, par GITANO et VALERIANE
1874
Elida *(Carmen)*............. 1881
Valérien ou **Soussarin**   **Valérien** ou **Trent**
Nouveauté *(Génuflexion)*..... 1880   Pauvre Petite *(Willis)*........ 1881
Valérien, Soussarin ou **Foudre de Guerre**
Fanfreluche *(Fanny)*......... 1881

VAMPYRE, bai, par WAXY et VESTAL (a.)
1817 - 1838 — Importé en 1830
Sephora *(Mushroom)*a....... 1826   Elvire*(Alexina)*............. 1832

VANDERDECKEN, bai, par Saccharometer et Stolen Moments (a.)

1869

Marguerite Ire (*Milliner*)..... 1881

VANDERMULIN, bai-brun, par Van Tromp et Miss julia Bennett (a.)

1858 — Importé en 1862

Miss Shepherd (*Tabby*)a...... 1861   Rose de Luchon (Fleur des Loges)... 1863

VAN DYKE JUNIOR, bai, par Walton et Darchick (a.)

1809

Deer (*Black Beauty*)a........ 1817   Van Dyke Junior mare (Aquilina)a. 1817
Priestess (*Polymmia*)a........ 1822

VAN GALEN, bai, par Van Tromp et Little Casino (a.)

1853

Pill Box (*Rance*)a........... 1864

VAN LOO, bai, par Rubens et Louisa (a.)

1817

Facelia (*Vittoria*)........... 1831

VAN TROMP, bai, par Lanercost et Barbelle (a.)

1844 — **S. L.**

Alabama (*Ohio*)a........... 1851   Zéta (*Maid of Newton*)a...... 1853
Diane (*Miss Martin*)a........ 1851

VA-NU-PIEDS, bai, par Physician ou Royal Oak et Vittoria

1843

Plenty (*Em*)................ 1849

VAUCRESSON, alezan, par Warlock et Impérieuse

1860

Demi-Lune (*Mlle Duchesnois*) 1870   Vaucressonnette (*Aguilette*).. 1871
Ione (*Périne*)............... 1876

VEDETTE, bai-bruu, par Voltigeur et Mrs. Ridgway (a.)

1854 — **G.**

Amelia (*Glenochty*)a	1863	Vedette mare (*Tapestry*)a	1882
Gardevisure (*Paradigm*)a	1862	Vivid (*Daisy*)a	1860
Maid of Wye (*Euxine*)a	1875		

VEGETARIAN, bai, par Cucumber et Salliet (a.)

1870 — Importé en 1883

Chartreuse Verte (*Chartreuse*)　1886

VELOCIPEDE, alezan, par Blacklock et Juniper Mare (a.)

1825 - 1850

Diggory Diddle (*Countess*)a	1841	Quiver (*Aspen*)a	1846
Lady Charlotte (*Miss Wilfred*)a	1841	Rhodante (*Roseleaf*)a	1837
Méprisée (la) (*Zenobia*)a	1834	Topaz (*Marinella*)a	1842
Muff (*Louisa*)a	1841	Twilight (*Miss Gosforth*)a	1839

VELOX, alezan, par Velocipede et Whisker Mare (a.)

1846 — Importé en 1852

Gourmette (*Martingale*)　1860

VENDREDI, bai, par Cain et Naïad

1835 — **J. C.**

Camélia (*Juliette*)	1845	Naiade (*Adamantine*)	1844
Jeudiette (*Cesarine*)	1847	Rebecca (*Chiquenaude*)	1850

VENISON, bai, par Partisan et Fawn (a.)

1833 - 1852

Coryphée (*Duvernay*)a	1843	Jelly Fish (*Baleine*)a	1846
Deer Chase (*Diversion*)a	1843	Little Fawn (the) (*Lady Sarah*)a	1845
Figurante (*Duvernay*)	1849	Sister to Filius (*Birthday*)a	1851
Flora Mac Ivor (*Witticism*)a	1848	Venisonnette (*Lady Bangtail*)	1853
Fraudulent (*Deceitful*)a	1843	Wet Nurse (*Wedlock*)a	1846
Gabble (*Flycatcher*)a	1845	Wits'End (*Victoria*)a	1843

VENTRE-SAINT-GRIS, bai, par GLADIATOR et BELLE DE NUIT (a.)

1855 — J. C.

Amazone (*Voyageuse*)	1866	Jemmapes (*Julia*)	1867
Armide (*Malice*)	1864	La Belle Féronnière (*Iulia*)...	1861
Atalante (*Admiralty*)	1864	La Chatte (*La Belle Bélène*)..	1873
Aubade (*Sérénade*)	1873	Laitière (*La Vallière*)	1866
Bombarde (*Arcadia*)	1867	La Veine (*Valériane*)	1870
Bouquetière (*La Vallière*)....	1867	L'Oise (*Préférée*)	1870
Bretoline (*Lesbie*)	1863	Natte (*Négligence*)	1877
Caméristc (*Célimène*)	1878	Navarre (*Noélie*)	1870
Comète (*Aricie*)	1872	Paquita (*Percaline*)	1878
Cordialité (*Théa*)	1863	Pélerine (*Percaline*)	1875
Dotation (*Dordogne*)	1874	Plaisir d'Amour (*Ballerina*)..	1864
Fanchonnette (*Julia*)	1866	Puebla (*Miss Ion*)	1863
Fleurette (*Lady Nelson*)	1863	Villageoise (*Mlle du Bourg*)..	1873
Floranthc (*Fête*)	1864	**Ventre Saint Gris ou Monarque**	
Hortentia (*Richmond Hill*)...	1870	Georgina (*Géologie*)	1864
Incertitude (*Iphigénie*)	1874	La Maréchale (*Lady Lift*)	1864
Javanaise (*Clémence Isaure*)..	1872	Protégée (*Prédestinée*)	1864
Jeanne d'Albret (*Comtesse*)...	1861	(34)	

VERDUN, bai, par RUY BLAS et WOMAN IN RED

1871

Barbiche (*Bianca*)	1880	La Madeleine (*La Mignarde*).	1883
Boulette (*Belle Etoile*)	1880	Lady Pigot (*Olinga*)	1862
Douillette (*Dragée*)	1885	Malice (*Mlle de Maupas*)	1879
Fatty (*Faula*)	1882	Mascara (*Malicorne*)	1887
Fragile (*Francine*)	1880	Mirabelle (*La Mignarde*)	1882
Framboise (*Francine*)	1882	Myline (*La Mignarde*)	1886
Glaneuse (*Gourmande*)	1880	Nérina (*Nébuleuse*)	1881
Goutière (*Garde Mobile*)	1885	Réussite (*Réclame*)	1883
Gélinotte (*GardeMobile*)	1884	Sarigue (*Sentence*)	1879
Gentille Dame (*GardeMobile*)	1880	Silencieuse (*Sentence*)	1881
Judith (*Jemmapes*)	1888	Trompeuse (*Tatavola*)	1879
Julienne (*Julie*)	1882	(23)	

VERDURON, alezan, par PLUTUS et VERTE ALLURE

1878

La Tosca (*La Grecque*)a...... 1888

VERMOUT, bai, par THE NABOB et VERMEILLE

1861 - 1889 — G. P.

Anarchic (*Anecdote*)........ 1873   Anicroche (*Anecdote*)........ 1869

Bérénice (*Bianca*)............ 1875
Bruyère (*Bravade*).......... 1876
Cadence (*Cantonnade*)...... 1881
Campêche (*Cantonnade*). **Di**. 1870
Cancale (*Cantonnade*)...... 1876
Cantine (*Cantonnade*)...... 1871
Capitale (*Cantonnade*)...... 1883
Carcassonne (*Cantonnade*)... 1877
Carissima (*Carita*) 1884
Cartouche (*Cantonnade*)..... 1874
Chartreuse (*Villefranche*).... 1873
Chloé (*Lady Clocklo*)....... 1875
Claymore (*Lady Clocklo*).... 1873
Complainte (*Conquête*)...... 1870
Cravache (*Mlle Cravachon*).. 1869
Echalotte (*Her Grace*) 1881
Enguerrande (*Déliane*)...... 1873
Filoselle (*Fidélité*).......... 1873
Fine Mouche (*Fidélité*)....... 1880
Fleur de Thé (*Topaze*)...... 1876
Fraîcheur (*Forest Queen*).... 1882
Friandise (*Fidélité*)......... 1879
Hirondelle (*Her Grace*)..... 1882
Homonyme (*Honduras*)...... 1868
Joca (*Jocose*).............. 1884
Jonquille (*Joliette*)......... 1873
Kadine (*Kitty Sprightly*)..... 1883
La Boulaie (*Soumise*)....... 1873
La Cloche (*Lady Clocklo*).... 1877
La Courtille (*Lady Clocklo*).. 1879
La Jonchère (*Déliane*) ... **Di**. 1874
La Mode (*Véra Cruz*)....... 1874
La Reyna (*Bourg la Reine*)... 1877
La Risle (*Whirl*)............ 1867

Léoline (*Léonie*)a........... 1875
Léonide (*Léonie*)............ 1873
Louise (*Syren*) 1874
Mlle de Juvigny (*La Fortune*). 1870
Mlle de Victot (*Mon Etoile*).. 1873
Marjolaine (*Malle des Indes*). 1876
Mauviette (*Bartavelle*)... ... 1873
Merveilleuse (*Ninon de Lenclos*) 1873
Millie Amy (*Miss Ahna*)..... 1886
Palmyre (*Papillotte*)......... 1872
Panache (*Panoplie*)......... 1871
Pastille (*Papillotte*).......... 1868
Pimpette (*Postérité*)........ 1875
Précieuse (*Princess Christian*) 1881
Primauté (*Princess Christian*) 1882
Réclame (*Reine Blanche*).... 1878
Rosace (*Rose Bagot*)........ 1875
Rose de Mai (*Maidens' Blush*) 1875
Sentinelle (*Serinette*)........ 1882
Torpille (*Véra Cruz*)........ 1877
Trinidad (*Pensacola*)........ 1883
Véranda (*Véra Cruz*)........ 1868
Versailles (*Véra Cruz*)....... 1875
Viciosa (*Victorieuse*)......... 1881
Vicomtesse (*Victorine*)....... 1874
Victime (*Victorieuse*)........ 1871
Vignole (*Vinaigrette*)........ 1880
Vigogne (*Violet*) 1868
Vitaline (*Victorieuse*)......... 1876
Vive (*Vinaigrette*)........... 1883
Vivienne (*Victorieuse*)....... 1873
Woïnicka (*Récompense*)...... 1871

Vermout ou **Wingrave**

Serpentine (*Serinette*)...... 1875

(67)

VERNET, alezan, par KINGCRAFT et VERONE

1880

Courageuse (*Sorcière*)....... 1889
Horoscope (*Houlette*) 1890
Tourterelle (*Turbulente*)...... 1888

Vernet ou **Castillon**

Libertine (*La Crême*)........ 1888

Vernet ou **Firmament**

Fusée (*Fidélité*)............. 1889

Vernet ou **Fil en Quatre**

Favorite (*Mignonnette*)....... 1890

VERNEUIL, alezan, par MORTEMER et REGALIA

1874 - 1890

Véga (*Violante*) 1886

VERT GALANT, alezan, par THE PRIME WARDEN et FANNY HILL

1855

Forézienne (*Etoile du Forez*)..	1870	Pas de Chance (Bourguignonne)	1875
Marie Vernon (*Fracture*)	1863	Petite Reine (*Reine de Saba*)..	1875
Marinette (*La Magicienne*) ...	1872	Piquette (*Fracture*)	1864

VERTUGADIN, alezan, par FITZ GLADIATOR et VERMEILLE

1862 - 1884

Ardente (*La Créole*),........	1881	Mondaine (*La Magicienne*)**Di.**	1873
Baboune (*L'Hirondelle*)	1876	Patricienne (*Passiflore*)......	1870
Bellegarde (*Sauvegarde*).....	1880	Pharaïde (*Parenthèse*)........	1870
Belle Petite (*Bigote*)	1875	Nadège (*Miss Neddy*)........	1873
Bête à Chagrins (*La Baleine*).	1875	Onagra (*Ouvreuse*)..........	1876
Bienveillante (*La Baleine*)....	1878	Opportune (*Ouvreuse*).......	1874
Bourbonnaise (*La Baleine*)....	1877	Queen of Avermes (Queen of the Chase)	1883
Couleuvre (*Cythère*).........	1874	Ravenelle (*Reine*)	1872
Dentelle (*Mousse*)	1876	Régane (*Reine*).............	1869
Laborieuse (*Lucy*)...........	1870	Saltarelle (*Slapdash*)........	1871
La Flandric (*Slapdash*)	1877	Sarah (*Spada*)..............	1879
Latone (*Lass O'Gowrie*).....	1877	Satanelle (*Sathaniel*)........	1874
Levantine (*Lucy*)	1876	**Vertugadin** ou **Le Petit Caporal**	
Lucette (*Lucy*)..............	1871	Améthyste (*Attraction*).......	1875
Mab II (*La Magicienne*)......	1874	**Vertugadin** ou **Gift**	
Mignonnette (*Marguerite*)....	1871	Félicia (*Frugality*)..........	1882

(29)

VERULAM, bai, par LOTTERY et WIRE (a.)

1833

Verulam mare (*Revival*)a 1852

VESPASIAN, bai, par NEWMINSTER et VESTA (a.)

1868

Cœnis (*Benefactress*)a	1873	Lucrecia (*Stuff and Nonsense*)a	1873
Gipsy (*Brown Agnes*)a	1877		

VESTMENT, bai, par LONGWAIST et DULCAMARA (a.)

1831

Heiress (the) (*Honey Moon*)a.. 1842

VESTMINSTER, bai-brun, par GLENMASSON et FIGTREE (a.)

1866

Ardeur (*The Abbess*)	1877	La Fronde (*Frondeuse*)	1885
Frosine (*Fanchonnette*)	1880	Nature (*Nudity*)	1877
Golden Age (*Olden Times*)	1879	Tafna (*Teacher*)	1877

VICTOR, bai, par VINDEX et SCROGGINS MARE (a.)

1859

Butte des Morts (*La Friponne*), 1880   Victoire II (*Lady Miltown*)a .. 1881

VICTOR-EMANUEL, bai, par ALBERT VICTOR et TIME TEST (a.)

1877 - 1891

Vesta (*Feroza*) 1890

VICTORIOUS, bai, par NEWMINSTER et JEREMY DIDDLER MARE (a.)

1862

Mutina (*Modena*)a 1876

VICTOT, bai-brun, par MASTER WAGS et DESTINY

1846

Moon (the) (*Jollity*) 1862   Victoria (*Rigolette*) 1853

VIGILANT, bai, par VERMOUT et VIRGULE

1879

Chlamyde (*Chloris*)	1885	Prunelle (*Princess Christian*).	1887
Discipline (*Division*)	1888	Sciacca (*Scapegrace*)	1887
Dogaresse (*Dovedale*)	1887	Vindicte (*Victorieuse*)	1885

VIGNEMALE, bai, par DOLLAR et LA MALADETTA

1876

Bigorre (*Bergère*)............	1887	Marguerite (*Progné*).........	1890
Faléric (*Fanny*)	1887	Odyssée (*Orfraie*)	1889
Fatinitza (*Florence*)..........	1882	Sultane (*Séminis*)...........	1887
Glicérine (*Graziella*)........	1887	Veldora (*Pascale*)...........	1887
Glycère (*Graziella*).........	1888	**Vignemale ou Bay Archer**	
Gravelotte (*Bernadette*)......	1888	Orphée (*Orfraie*)...........	1887
Horizontale (*Serpolette*).....	1887	**Vignemale ou Castillon**	
Léontine (*Laura*)	1887	La Torpille (*La Tessonnière*)..	1890
Lisette II (*Lucienne*).........	1888	**Vignemale ou Ladislas**	
Lumière (*Ludovise*)..........	1885	Violette II (*Vigilante II*).....	1887

VINDEX, bai, par TOUCHSTONE et GARLAND (a.)

1850

Marguerite (*Malmsey*)........ 1860

VISCOUNT, noir, par STAMFORD et BOURDEAUX MARE (a.)

1809 - 1828

Dodo (*Brillante*)........... 1819

VOLCANO, bai-brun, par VULCAN et MANSFIELD LASS (a.)

1846 - 1852 — Importé en 1849

Frédigonde (*Syfax*).........	1851	Pauline (*Bathilde*)..........	1851
Gazelle (*Cochlea*)...........	1851	Victorine (*Colombine*).......	1852

VOLONTAIRE, alezan, par MARENGO et SNALLA

1870

La Croutelle (*Trop Petite*).... 1888

VOLTAIRE, bai-brun, par BLACKLOCK et FILLE DE PHANTOM (a.)

1826 - 1848

Azora (*Minikin*)a...........	1843	Victress (*Virginia*)a..........	1844
Jessy Hammond (*Adriana*)a..	1842	Voltaire mare (*Doubtful*)a.....	1833
Semiseria (*Comedy*)a.......	1840	Whim (*Fancy*)a..............	1847

VOLTIGEUR, bai-brun, par Voltaire et Martha Lynn (a.)

1847 - 1874 — **D. — S. L.**

Old-Black (*The Nun*)a	1859	Ricochet (*Mountain Flower*)a..	1858
Amazon (*Battery*)a	1856	Tea Rose (*Hedge-Rose*)a	1874
Bonny Breast Knot (Queen Mary)a..	1859	Vivace (*Lady Dashwood*)a	1856
Cassiopée (*Vanity*)a	1862	Volatile (*Comfit*)a	1856
Convent (*Cowl mare*)a	1862	Voltigeuse (*Flotilla*)a	1870
Incognita (*Demi-Monde*)a	1873	Zoemou (*Zêta*)a	1858
Potash (*Alcali*)a	1861		

VULCAN, bai, par Thunderbolt et Alarum (a.)

1864 — Importé en 1877

Amourette (*Séduction*)	1880	Orpheline (*La Couture*)	1875
Caroline (*Verdure*)	1875	Protection (*Malvina II*)	1879
La Gazette (*La Gaîté*)	1888	Venise (*Voltigeuse*)	1879
Miss Stockwell (Malle des Indes)	1875		

WALTON, bai, par Sir Peter et Arethusa (a.)

1799 - 1825

Capella (*Capella*)a	1811	Maria (*Lisette*)a	1822
Caprice (*Vanity*)a	1812	Woodbine (*Selima*)a	1819

WAMBA, bai, par Touchstone et Rowena (a.)

1857

Vévette (*Vivette*)a............ 1874

WANDERER, bai, par Gohanna et Catherine (a.)

1811 - 1830

Wanderer mare (*Caroline*)a.. 1824

WARLOCK, bai, par Birdcatcher et Elphine (a.)

1853 — **S. L.**

Gentian (*Jennala*)a	1864	Zingara (*Rowena*)a	1865

WARRIOR, bai-brun, par Pantaloon et Pasquinade (a.)

1843 — Importé en 18..

Memphis (*Vertu Facile*)	1866	Sidon (*Aphrodite*)	1866

WATERLOO, bai, par WALTON et PENELOPE (a.)

1814

Antwerp (*Election mare*)a.... 1831

WAVERLEY, bai, par WHALEBONE et MARGARETTA (a.)

1817 - 1837

Miss Scott (*Shuttle mare*)a.... 1828   Waverley mare (*Evens*)a..... 1826

WAXY POPE, bai, par WAXY et PRUNELLA (a.)

1806 — **D.**

Beguine (*Dinazarde*)a........ 1832   Rubena (*Rubens mare*)a...... 1823

WEATHERBIT, bai, par SHEET ANCHOR et MISS LETTY (a.)

1842 - 1868

Arabella (*Azora*)............	1851	Hop Blossom (*Feodorowna*)a..	1868
Frolicsome (*Frolie*)a........	1863	Suttee (*Sacrifice*)a..........	1866
Gondola (*Gaiety*)a..........	1861	Weatherbound (*Deceptive*)a...	1857
Haymarket (*Irregularity*)a....	1865		

WEATHERDEN, bai-brun, par WEATHERBIT et BIRDCATCHER MARE (a.)

1859 — Importé en 1864

Betty Little Cass (*Nancy*)..... 1868

WEATHERGAGE, bai, par WEATHERBIT et TAURINA (a.)

1849 - 1860. — Importé en 1855

Action de Lens (*Qui-Vive*)...	1859	Mimolle (*Miss Malton*).......	1859
Brigandine (*Egesle*).........	1860	Monna Lisa (*Bohémienne*)....	1857
Dinorah (*Egeste*)...........	1859	Persévérance (Faugh a Ballagh mare)..	1858
Espérance (*Selima*)..........	1858	Rafale (*Egeste*).............	1857
Gaëte (*Fringante*)..........	1861	Récompense (*Simoom mare*).	1858
Mlle Berthe (*Georgette*)......	1859	Voile au Vent (*Bénédiction*)..	1858

WELLINGTONIA, alezan, par CHATTANOOGA et ARAUCARIA (a.)

1869 - 1889 — Importé en 1885

Alice (*Asta*)................	1887	Bernerette (*Bellah*)..........	1887
Bluette (*Blue Serge*)........	1886	Chevreuse (*La Jonchère*).....	1887

18

Christiania (*Fionie*).......... 1886
Clarisse (*Cadichette*)......... 1888
Cromatella (*Perla*)........... 1887
Cybaline (*Baronne*).......... 1879
Enchanteresse (*Forteresse*).... 1879
Formosa (*Folle Avoine*)...... 1887
Haydée (*Harlequina*)......... 1879
Illusion II (*Apparition*)...... 1886
Javeline (*Jeanne Hachette*)... 1879
Khiva (*Keepsake*)............ 1882
Lachesis (*Isménie*).......... 1890
La Critique (*Cravache*)....... 1879
La Noue (*La Nuit*)........... 1883
Maggie (*Malibran*)........... 1887
Magnolia (*Musette II*)....... 1887
Ma Poule (*Louise*)........... 1886
Marie Jeanne (*Jeanne Hachette*) 1882

Métropole (*Maisonnette*)..... 1882
Myrtille (*Myette*),........... 1888
Parure (*Petticoat*).......... 1888
Pensée (*Poetess*)............ 1889
Princesse Royale (*Poetess*).... 1887
Profiterolle (*Pécore*)......... 1887
Prudence (*Mlle du Plessis*)... 1883
Nymphea (*Laversine*)........ 1887
Ogresse (*Ophélie*)........... 1886
Ouverture (*Opportune*)....... 1883
Sauterelle II (*Saperlotte*)..... 1883
Sweetlips (*Bague*)........... 1887
Tortola (*Toinette*).......... 1887
Valseuse II (*Pauvre Minette*). 1882
Villefranche (*Vivienne*)....... 1889
Vivonne (*Verte Bonne*)....... 1888

(37)

WENLOCK, bai, par Lord Clifden et Mineral (a.)

1869 — S. L.

La Neuville (*Léonide*) 1884
Margot (*Margarita*)a......... 1885
Minna (*Brenda*)a 1879
Newmarkette (*Zéphyr*)a 1880
Sapphic (*Mitylena*)a 1888
Severn (*Segura*)a..........:. 1886

Syra (*Blue Serge*)........... 1883
Thanet (*Madame Pal'*)a....... 1884
Trinket (*Prinette*)a........... 1887
Welcome (*Mayoress*)a........ 1880
Wenlock, Bertram ou Plebeian
Trefoil (*Euphorbia*) 1885

WEST AUSTRALIAN, bai-brun, par Melbourne et Mowerina (o.

1850 - 1870 — Importé en 1860 — G. — D. — S. L.

Anisette II (*Annette*)......... 1862
Australia (*Maid of Mona*).... 1862
Australie (*Babiole*).......... 1870
Betty (*Babette*) 1862
Bohémienne(*Noëlie*) 1865
Caravane (*Cingara*)......... 1864
Carlotta (*Cendrillon*) 1869
Clarine (*Clara*)............. 1868
Confidence (*Cosachia*)....... 1866
Décision (*Dahlia*)........... 1866
Déjanire (*Dianna*).......... 1862
Diavolina (*Fusée*)........... 1863
Emilie (*Elfride*) 1862

Enéide (*Tartarie*)........... 1868
Esther (*Elfride*) 1863
Evohé (*Vivace*)............. 1866
Fanfare (*Silistrie*)........... 1869
Faribole (*Castorine*) 1868
Fida (*Fidelity*)............. 1866
Freya (*Miss May*).......... 1870
Infortune (*Demi-Fortune*) 1863
Jenny (*Benedicta*)........**Di**. 1865
Jeune Première (*Parflet*)..**Di**. 1864
L'Ariège (*Malmsey*)......... 1865
Lady Henriette (*Lady Joan*)a.. 1865
La Renommée (*Valériane*).... 1867

Mlle Vercingétorix (*Elfride*).. 1866
Marguerite (*Mon Etoile*)...... 1871
Mercédès (*Partlet*)........ 1863
Métella (*Cast Off*).......... 1864
Mireille (*Malmsey*).......... 1864
Rubrique (*Rosati*)............ 1862
Savigny (*Surprise*)........ 1863
Spécifique (*Miss Surplice*).... 1866

Stella (*Mon Etoile*).......... 1868
Summerside *(Ellerdale)*a...O. 1856
Thécla (*Termagant*).......... 1866
Variété (*Clara*).............. 1867
Verdure (*Vermeille*).......... 1868
West Australian ou Sting
Augusta (*Clara Fontaine*).... 1867
(41)

WESTBOURNE, bai, par OXFORD ou THE DUKE et WHISPER (a.)
1876
Coin of the West (*Coinage*)a. 1887

WHALEBONE, bai-brun, par WAXY et PENELOPE (a.)
1807 - 1831 — D.

Anna (*Themis*)a............ 1826
Ida (*Thalestris*)a............ 1828
Jenny (*Gohanna mare*)a...... 1822
Miss Petworth (*Harpalice*)a... 1828

Naiad (*Orville mare*)a........ 1828
Rachel (*Gohanna mare*)a..... 1823
Whalebona (*Elfrid*)a........ 1829

WHISKER, bai, par WAXY et PENELOPE (a.)
1812 — D.

Ada (*Anna Bella*)a......... 1824
Alexina (*Calypso*)a.......... 1826
Eyebrow (*Sister to Sailor*)a... 1832
Malibran (*Garcia*)a.......... 1830

Maria (*Gibside Fairy*)a....... 1827
Mathilda (*Remembrancer*)a.... 1827
Penultima (*Vicissitude*)a..... 1824
Sarah (*Jenny Wren*)a......... 1824

WHISKY, bai, par SALTRAM et CALASH (a.)
1789
Helen (*Brown Justice*)a...... 1809

WHITEFACE, alezan, par PICKPOCKET et IDA
1837
Diavoletta (*Marionnette*)..... 1850

WHITWORTH, bai, par Agonistes et Fille de Jupiter (a.)

1805

Whitworth ou **Ardrossan**

Verona (*Hambletonian mare*)a.   1819

WILD DAYRELL, bai, par Ion et Ellen Middleton (a.)

1852 - 1870 — **D.**

Aerial Lady (*Odine*)a........	1866	Lily of the Valley (*Blemish*)a.	1858
Avalanche (*Midia*)a.........	1857	Wild Agnes (*Little Agnes*)a..	1862
Columbine (*Actress*)a.......	1864	Wild Flower (*Alarum*)a......	1866
Cremorne (*Banshee*)a........	1858	Woman in Red (Agnès Wickfield)a..	1857
Germania (*Swallow*)a........	1869	Zingarella (*Reginella*)a.......	1871

WILD MOOR, bai, par Wild Dayrell et Golden Horn (a.)

1864

Wild Moor ou **Stradbroke**

Gadfly (*Madame Walton*)a... 1875

WILD OATS, bai, par Wild Dayrell et the Golden Horn (a.)

1866

Bigamy (*Better Half*)a.......	1878	Mishap (*Lovelace*)a..........	1876
Cascade (*Stockwater*)........	1881	Mrs. Langtry (*Refinement*)a...	1879
Cloistress (*Faith*)a..........	1879	Toupie II (*Jocosa*)..........	1882
Désespérée (*Dahlia*)........	1871	Wild Girl (*Instruction*)......	1871
Diane (*Queen of the Chase*)..	1880		

WILLIAM, bai, par Tarrare et Ida (a.)

1842

Hermosa * (*Whalebone*)......	1850	Séduisante (*Royal mare*).....	1850
Polka (*Biche*)	1850		

WINDCLIFFE, bai-brun, par Waverley et Gatton mare (a.)

1827 — Importé en 1836

Fanny* (*Filagree*)..........	1840	Kathleen (*Flirt*)a...........	1843

WINGRAVE, bai, par KING TOM et INCURABLE (a.)

1859

Extra (*Vermeille*)	1877	Vespa (*Véranda*)	1877
Macédoine (*Magenta*)	1875	**Wingrave** ou **Vermout**	
Vanité (*Vérité*)	1877	Serpentine (*Scrinette*)	1875
Vervelle (*Vérité*)	1875		

WINSLOW, bai, par LORD CLIFDEN et CRESLOW (a.)

1869

Winesome (*Pompano*)a 1877

WISDOM, bai, par BLINKHOOLIE et ALINE (a.)

1873 - 1893

Exact (*Réveillée*)a 1887   Mill Stream (*Mill Race*)a 1883

WIZARD, alezan, par SORCERER et PRECIPITATE MARE a.)

1806 - 1813

Wizardess (*Sigismunda*)a 1814

WOFUL, bai, par WAXY et PENELOPE (a.)

1809

Arab (*Zeal*)a	1824	Minetta (*Posthuma*)a	1828
Christabel (*Harriet*)a	1824	Scornful (*Haphazard mare*)a.	1824
Eglé (*Selim mare*)a	1825	Weeper (*Thereza Panza*)a	1830
Henrica (*Miss Sophia*)a	1823	Worry (*Sal*)a	1226
Mantua (*Miltonia*)a	1823		

WOLFRAM, bai-brun, par WEATHERGAGE et BÉNÉDICTION

1859

Gergovie (*Mlle Vercingétorix*). 1872

WOLSEY, bai, par HAMPTON et BRIGHT LIGHT (a.)

1880

Saba (*Ardea*)a 1890

WOMERSLEY, bai, par l. Birdcatcher et Cinizelli (a.)

1849 — Importé en 1853

Agades (*Phosphorée*)	1861	Mag (*Diane*)................	1856
Balbine (*Branch*)	1868	Marguerite d'Anjou(*Héritage*)	1860
Bamboche (*Mlle Marco*)......	1860	Méfiance (*Illusion*)..........	1863
Barbe d'Or (*Stella*)..........	1858	Miss Womersley (*Bagatelle*)..	1869
Belle Dupré (*Pulchérie*)......	1859	Primevère (*Sister to Filius*) ..	1868
Bérengère (*Miss Antiope*)	1869	Orpheline (*Japan*)	1862
Berthe (*Dame de Trèfle*)......	1863	Résine (*Alma*)	1869
Coquette (*Dame de Trèfle*)...	1862	Ronzina (*Ronzi*).............	1859
Echo (*Leading Article*)........	1863	Rouelle (*Boulette*)	1868
Eureka (*Plenipotentiary mare*)	1859	Sarrazine (*Damophila*)......	1858
Friandise (*Tit-Bit*)..........	1859	Sauterelle (*Spiletta*).........	1855
Généalogie (*Georgette*)	1859	Sépia (*Esquisse*).............	1863
Gondole (*Jenny*).............	1860	Soror (*Mlle Torchon*)........	1871
Honesta (*Dame Blanche*).....	1863	Stella (*Véturic*).............	1872
Isabelle (*Gourmette*)........	1871	Violette (*Dame de Trèfle*)....	1861
Julienne (*Vision*)	1863	**Womersley ou Aguila**	
La Baumette (*Olivia*)	1860	Aquarelle (*Esquisse*)........	1862
La Flêche (*Japan*)	1860	**Womersley ou Pretty Boy**	
La Fronde (*Balaclava*).......	1862	Constellation (*Clair de Lune*)	1861
La Lionne (*Venisonnette*).....	1860	Mlle de la Rivière (*Zut*)......	1862
La Paix (*Constellation*)......	1870	Suzan (*Lady Bangtail*)......	1865
Lorette (*Aramis*)............	1868	**Womersley ou The Prime Warden**	
Lydie (*Vision*)..............	1863	Mon Amie (*Miss d'Amont*)...	1861
Mlle du Petit Limoges (*Zora*).	1858	Segréenne (*Caveat*).........	1861

(45)

WOOLWICH, alezan, par Chatham et Clementina (a.)

1846

Church Militant (Lady Middleton)a.. 1859

WORTHLESS, bai, par Camel et Mouche (a.)

1842 — Importé en 1846

Amélie (*Camelia*)...........	1849	Sontag (*Adèle*)	1852
Cameline (*Veronica*)........	1848	Sorcière (*Cadichonne*)... ...	1852
Cariocal (*Naiade*)...........	1859	Well Come (*Kate Nickleby*)..	1852
Eloïse (*Eloa*)...............	1849	**Worthless, Paillasse, Prospectus**	
Fostola (*Bayadère*)	1849	**ou Nautilus**	
Fraternité (*Zora*)............	1848	Farceuse (*Césarine*).........	1843
Gazette (*Loterie*)............	1848	**Worthless ou the Scavenger**	
Indépendance (*Térésina*),....	1850	Dudu (*Miss King*)...........	1848

WORTHY, bai-brun par WHALEBONE et CATHERINE (a.)

1820

Fidelity (*Moggy*)a 1828

XAINTRAILLES, alezan, par FLAGEOLET et DELIANE (a.)

1882

Adelante (*Encantadora*) 1889	.	Perle Fine (*Perla*) 1888
Gaillarde (*Mavis*) 1890		Philadelphie (*Pensacola*) 1888
La Lionne (*Mondaine*) 1890		Tourmaline (*Perla*) 1890

YEDO*, bai, par COMMODOR NAPIER et VENEZIA

1849

Violette (*Mauviette*) 1861

Y. BIRDCATCHER, alezan, par BIRDCATCHER et WAVERLEY MARE (a.)

1853 - 1876

Tit (*Tell Tale*) 1870

Y. COLWICK, bai, par COLWICK et FRANTIC

1837

Augusta (*Fatime*) 1843

Y. DUTCHMAN, bai, par THE FLYING DUTCHMAN et WITCH (a.)

1857 - 1878

Kitty Sprightly (*Nike*)a 1874

Y. EMILIUS, bai, par EMILIUS et SAL (u.)

1827 — Importé en 1832

Adèle (*Doris*) 1843	Belle de Nuit (*Odine*) 1844
Albione (*Catanno*) 1853	Bergerette (*Bergère*) 1838
Amelina (*Henrica*) 1843	Biche (*Pétronille*) 1848
Améthyste (*Crotchet*) 1843	Chercheuse d'Esprit (*Eloa*) . . . 1852
Armide (*Açora*) 1854	Confiance (*Paméla* bis) 1842
Bassilea (*Barbarina*) 1850	Constantine (*Odine*) 1845
Bathilde* (*Odine*) 1842	Deidza (*Biche*) 1838

Derline (*Eloa*) 1853
Diletta (*Deception*) 1847
Emilia (*Abjer mare*) 1843
Emilia (*Juanita*) 1844
Emilia (*Rhodante*) 1848
Emilia (*Ymone*) 1852
Emilia (*Kathleen*) 1858
Fanny (*Juliette*) 1843
Flitta (*Miss King*) 1850
Flower of the Forest (*Aspasie*) 1847
Giselle (*Merope*) 1843
Good for Stud (*Jeudiette*) 1851
Integrity (*Aspasie*) 1850
Irène (*Redgauntlet mare*) 1847
La Californie (*Ménalippe*) 1847
Mam'zelle Corday (Lady Charlotte) . 1849
Marina* (*Bérézina*) 1842
Martingale (*Vesper*) 1847
Miranda (*Damietta*) 1839
Noémi (*Sainte Hélène*) 1843
Octavie (*Fenella*) 1843
Odine (*Sylvia*) 1841

Orphana (*Bolena*) 1853
Progne (*Mea*) 1851
Pulchérie (*Minuit*) 1849
Raveluche (*Philips'Dam*) 1847
Réforme (*Olivia*) 1848
Rosabelle (*Olympie*) 1843
Rosine (*Omphale*) 1839
Sans Tache (*Clio*) 1843
Suzette (*Malvina*) 1844
Ténébreuse (*Minuit*) 1847
Thalie (*Olympie*) 1845
Touch-Me-Not (*Bai-Brune*) .. 1851
Virginie (*Misère*) 1853
Volante (*Rosa Langar*) 1847
Xantippe (*Georgina*) 1847

Y. Emilius ou Gigès

Boutique *(Belvidere)* 1848

Y. Emilius ou Gladiator

Grenade (*Maria*) 1848
Miniature (*Silhouette*) 1848

Y. Emilius ou Physician

Lady Henriette (*Miss Tandem*) 1845

(55)

Y. GLADIATOR, bai-brun, par GLADIATOR et REGATTA

1851

Aline (*Castorine*) 1863
Barbillonne (*Berthe*) 1868
Equivoque (*Verulam mare*) ... 1863
Etoile Filante (*Goelette*) 1863
Eurcka (*Alexandra*) 1863
Folichonne (*Fidelity*) 1867
Gabare (*Goelette*) 1869
Gondole (*Goelette*) 1870

Lentille (*Pomaré*) 1859
Linda (*Verulam mare*) 1864
Mlle du Plessis (Muley Moloch mare) . 1863
Rivale (*Gasconnade*) 1864
Rosette (*Rosita*) 1872
Sérénade (*Rosita*) 1872
Terpsichore (*Pomaré*) 1857

Y. LANERCOST, bai, par LANERCOST et Io

1849

Serpette (*Chisel*) 1857

Y. MELBOURNE, bai, par MELBOURNE et CLARISSA (a.)

1855 - 1877

Indiana (*Gunga Jee*) 1877   Lady Harrington (*Miss Foote*)a 1871

Lizzie Exsham (*Tight Fit*) ... 1865
Mireille (*Orchestra*) 1877
Queensland (*Moss Rose*)a 1869

Silver Sand (*Quick Sand*)a ... 1873
Zenobia (*Formosa*)a 1877

Y. MONARQUE, bai, par Monarque et Sunrise
1863

Baronne (*Miséricorde*)a...... 1869
Boule de Neige (*Sérénade*).... 1876
Déesse (*Dulce Domum*)...... 1875
Détresse (*La Foudre*)........ 1870
Fanfare (*Sérénade*).......... 1875
Favorite (*Worthy*).......... 1868
Giselle (*Lalla-Rook*)........ 1869
Indiana (*Instruction*)........ 1874
Isoline (*Vertubleu*)......... 1871
Jeanne Hachette (*Jeanne d'Arc*) 1870

Lorette (*La Bastille*)........ 1872
Mlle de Fly (*Fior d'Aliza*).... 1873
Maisonnette (*Martingale*).... 1870
Miss Mita (*Mlle de Maupas*).. 1874
Monnaie (*Rivale*)........... 1872
Préface (*Princesse de la Paix*) 1876
Rosée (*Rivale*).............. 1870

Y. Monarque ou Pompier
Avenante (*Armide*)......... 1874

Y. PHANTOM, bai, par Phantom et Emmeline (a.)
1822 - 1838

Flighty (*Diana*)a............ 1830

Y. PRIAM, bai, par Priam et Seamew (a.)
1836

Probe (the) (*Oh! Dont!*)a.... 1846

Y. SAINT-PATRICK, alezan, par Saint-Patrick et Selim Mare (i.)
1832

Bruyère (*Aurora*)bel........ 1848

Y. SNAIL*, bai, par Snail et Comus Mare
1827

Velléda (*Théodorine*)........ 1843

Y. TEARAWAY, bai-brun, par Tearaway et Clear Starcher (a.)
1845

Brown Fanny (*Ellen*)a....... 1848

ZAGAL, bai, par Ratcatcher et Miss King
1845

Souci (*Amanda*)............ 1857

ZINGANEE, bai, par Tramp et Folly (a.)
1825

Marcella (*Emma*)a.......... 1835   Myrtle (*Maud*)a............ 1833

ZOUAVE, alezan, par The Baron et Dacia
1855

Agar (*Séville*)...............	1878	Lutine (*Emmy*).............	1870
A la Fourchette (*Yelva*).......	1864	Manille (*Sylvia*)............	1865
Ambassadrice (*Auréole*).......	1873	Marjolaine (*Véga*).........	1873
Andalouse (*Séville*).........	1877	Médéah (*Etoile du Midi*)....	1869
Aurora (*Day Spring*)........	1868	Mico (*Finery*)............	1864
Aveline (*Action de Lens*)......	1871	Mignonnette (*Finery*).......	1865
Balancelle (*Yole*)...........	1863	Mireille (*Miss Malton*).......	1863
Bandière (*Bannière*)........	1872	Miss Tessonieras (Miss Elthiron)....	1868
Belle de Jour (*The Princess*)..	1869	Nicoline (*Yes*).............	1876
Bellone (*Auréole*)...........	1874	Ninette (*Nichette*)..........	1870
Black Bess (*Day Spring*).....	1872	Orpheline (*Ionienne*)........	1864
Cantinière (*Misadventure*)....	1863	Pétronille (*Péniche*).........	1875
Caramijeas (*Vézère*).........	1869	Pervenche (*Ligoure*)........	1863
Carmen (*Aprilis*)...........	1875	Pierrette (*Ada Mary*)........	1865
Duchesse (*Reine de Naples*)..	1875	Pretentaine II (*Sylvia*).......	1863
Epave (*Mlle Malton*)........	1866	Quarteronne (*Aprilis*).......	1869
Escorte (*Péniche*)..........	1879	Razzia (*Mlle Malton*).......	1871
Etape (*Mlle Malton*)........	1870	Réserve (*Day Spring*).......	1875
Evening Star (*Poesy*).......	1863	Revanche (*Fringante*).......	1864
Fleur d'Alizier (*The Princess*)	1866	Roselle (*Miss Malton*).......	1865
Hélas (*Péniche*).............	1866	Royale (*Auréole*)............	1868
Hermine (*Lasciva*)..........	1869	Sathaniel (*Péniche*).........	1865
Invocation (*Infortune*).......	1874	Snalla (*Finery*).............	1864
La Vénitienne (*Venise*).......	1871	Sylvie (*Nichette*)..........	1865
L'Infortune (*Sylvandire*).....	1865	Vénus (*Reine de Naples*).....	1874
Lorraine (*Mlle de Guise*)....	1873	Vesta (*Miss Elthiron*)........	1866
Luisette (*Sylvia*)............	1867	Zouavina (*Mlle Désirée*).....	1863

(54)

ZUT, alezan, par Flageolet et Regalia
1876 — **J. C.**

Alice (*Genius*).............. 1889   Alsace (*Sarigue*)............ 1888

Balancelle (*Balk*)............ 1882

Baretone (*Nuit de Mai*)...... 1882

Bégonia (*La Bastille*)...... .. 1884

Bélise (*Belle Image*)......... 1885

Carafe (*Collerette*).......... 1889

Carthagène (*Carthage II*).... 1888

Charolaise (*Mlle de Charolais*) 1882

Clementia (*Clementina*)...... 1886

Closerie (*Clotho*)............ 1888

Epinette (*Entécade*)......... 1882

Fierté (*Fleurines*)............ 1884

Frondeuse (*Mlle de Fligny*).. 1885

Honorine (*Pure Vérité*)....... 1886

Germaine II (*Galantine*)..... 1886

Gilberte (*Renommée*)......... 1886

Ikonia (*Makeda*)............. 1886

Illusion (*Ironie*)............. 1886

Istrie (*Athalie*)............. 1886

Kabylie (*Athalie*)........... 1888

Kyrielle (*Xénie*)............. 1885

La Coudraye (*Kadine*) 1887

La Huppe (*Gélinotte*)........ 1884

La Maccarona (*Marinade*).... 1887

La Revanche (*Miss Polly*).... 1889

Laurel Leaf (*Slowmatch*)...... 1882

L'Ozanne (*La Réole*)......... 1886

Mlle de Beauregard (*Active*).. 1889

Marguerite (*Marionnette*)..... 1890

Miss Allen (*Mrs. Allen*)...... 1887

Modestie (*Miss Capucine*).... 1886

Musaraigne (*Miss Capucine*). 1887

N. — par (*Marguerite*)..:... 1885

Orange et Bleu (*Orpheline*)... 1888

Orphée (*Sérénade*).......... 1882

Parisienne (*Patricienne*)...... 1885

Perle Rose (*Perçante*)....... 1886

Sarriette (*Spirite*)........... 1883

Valencia (*Angleterre*)....... 1886

Yvonne (*Merveille*)......... 1887

(41)

ZUYDERZEE, bai, par Orlando et Barbelle (J.)

1854

Zuliette (*Gardham mare*)a... 1862

(1286 étalons.)

SLAPDASH. — PAR ANNANDALE ET MESSALINA
Importée en 1864 par M. Ed. Fould.

CLASSÉES PAR ORDRE ALPHABÉTIQUE

DES SCULPTEURS

INS

CLASSEMENT PAR ORDRE ALPHABÉTIQUE

DES POULINIÈRES

INSCRITES AUX ONZE PREMIERS VOLUMES
DU STUD-BOOK FRANÇAIS

CLASSEMENT PAR ORDRE ALPHABÉTIQUE

DES POULINIÈRES

INSCRITES AUX ONZE PREMIERS VOLUMES DU STUD-BOOK FRANÇAIS[1]

	Robe	Date de la naissance		Robe	Date de la naissance
Abbess (the) (*The Saddler*)	b..	1839	Achaia (*Elis*)	al..	1843
Abbess (the) (*Atherstone*)	b..	1872	Action de Lens (*Weathergage*)	bb.	1859
Abbesse (*Silvio*)	b..	1889	Active (*Consul*)	b..	1874
Abbeville (*Chevron*)	b..	1882	Activité (*Consul*)	b..	1877
Abeille (*Le Sarrazin*)	b..	1873	Actress (*Slane*)	al..	1857
Abigail (*Haphazard*)	al..	1818	Actrice (*Ali-Baba*)	al..	1859
Abigail (*Sting*)	bb.	1856	Ada (*Whisker*)	b..	1824
Abigail (*Dollar*)	al..	1871	Ada (*Captain Candid*)	b..	1828
Abjer mare (*Abjer*)	b..	1826	Ada (*Saxifrage*)	al..	1880
Ablette (*Agreeable*)	b..	1839	Ada Dyas (*Brown Bread*)	bb.	1872
Abolition (*Bruce*)	b..	1888	Adalgise (*Liverpool*)	al..	1852
Absala (*Milan II*)	al..	1883	Adalgise (*Malton*)	bb.	1854
Absinthe (*Archiduc*)	b..	1887	Adalgise (*Dollar*)	bb.	1873
Absolution (Orlando ou St-Albans)	al..	1867	Adalvy (The Baron ou St-Germain)	al..	1856
Absolution (*Muscovite*)	b..	1867	Adamantine (*Pickpocket*)	b..	1839
Abyssinie (*Fontainebleau*)	bb.	1887	Ada Mary (*Bay Middleton*)	b..	1846
Acacia (*Phantom*)	al..	1826	Adda (*Grey Tommy*)	b..	1859
Acacia (*Lord Clifden*)	b..	1874	Adda (*Sting*)	b..	1859
Accalmie (*Perplexe*)	b..	1890	Adelante (*Xaintrailles*)	al..	1889
Acerrime (*Garry Owen*)	b..	1856	Adèle (*Tetotum*)	b..	1840
Accident (*Adventurer*)	b..	1883	Adèle (*Y. Emilius*)	al..	1843
Acid (*Cape Flyaway*)	n..	1865	Adelina (*Don Carlos*)	al..	1880

1. — Le nom entre parenthèses est celui du père de la poulinière ; celui de sa mère est donné dans la précédente partie, à l'article consacré à cet étalon.

	Robe	Date de la naissance		Robe	Date de la naissance
Adelina (*Andred*)	al..	1887	Ajaccio (*Ajax*)	b..	1843
Adeline (*Lottery*)	b..	1843	Alabama (*Van Tromp*)	n..	1851
Adeline (*Terror*)	b..	1848	Alabama (*Light* ou *Serious*)	bb.	1863
Adeline (*Morok*)	b..	1855	Alabama (*Commandant*)	b..	1887
Admiralty (*Collingwood*)	b..	1855	A la Fourchette (*Zouave*)	bb.	1864
Admiration (*The Palmer*)	al..	1877	Alarum (*Discord*)	b..	1884
Adriatique (*Atlantic*)	b..	1876	Alaska (*Galopin*)	b..	1882
Adrienne (*Napoleon*)	bb.	1845	Alba (*Napier*)	b..	1855
Adrienne (*Consul*)	al..	1874	Albani (*Thormanby*)	b..	1870
Adulation (*Newminster*)	b..	1856	Albania (*Sultan*)a	al..	1832
Adventure (*Adventurer*)	bb.	1876	Albania (*Saint-Albans*)	bb.	1876
Ægyptsy (*Ægyptus*)	b..	1845	Alberte (*Bigarreau*)	b..	1878
Aella (*Prince Caradoc*)	bb.	1854	Albertine (*Pickpocket*)	b..	1839
Aerial Lady (*Wild Dayrell*)	b..	1866	Albertine (*Ali-Baba*)	b..	1850
Ætna (*Orlando*)	b..	1860	Albertine (*Beau Merle*)	al..	1882
Afra (*Buckthorn*)	b..	1857	Albigeoise (*Suzerain*)	al..	1874
Agades (*Womersley*)	b..	1861	Albigeoise (*Firmament*)	bb.	1889
Aganisia (*Assault*)	b..	1853	Albina (*The Ban*)	b..	1854
Agar (*Eastham*)	al..	1831	Albione (*Y. Emilius*)	b..	1853
Agar (*Brocardo*)	al..	1850	Alcantara (*Napoleon*)	b..	1844
Agar (*Sting*)	al..	1850	Alcedo (*Macaroni*)	b..	1872
Agar (*Zouave*)	al..	1878	Alerte (*Border Minstrel*)	b..	1887
Agate (*Eckmühl*)	b..	1880	Alerte (*Sting*)	n..	1854
Agathe (*Napoleon*)	al..	1850	Alerte (*Alarm*)	b..	1859
Aglaure (*Ion*)	b..	1855	Alerte (*Collingwood*)	gr.	1862
Agnès (*Fantaisie*)	b..	1870	Alerte (*Prétendant*)	b..	1864
Agnès la Fière (*Friponnier*)	b..	1875	Alésia (*Rémus*)	b..	1868
Agnes Sorel (*Mr. Wags*)	b..	1849	Alexandra (*Napoleon*)	b..	1845
Agnes Sorel (*Muscovite*)	b..	1872	Alexandra (*Cambuscan*)	b..	1871
Agnes Sorel (*King Tom*)	bb.	1873	Alexandria (*Comus*)	al..	1818
Aguilette (*Aguila*)	b..	1864	Alexandrie (*Bagdad*)	b..	1882
Aicha (*Napoléon*)	b..	1840	Alexandrine (*Master Wags*)	b..	1845
Aida (*Buccaneer*)	al..	1874	Alexina (*Whisker*)	b..	1826
Aida (*Saunterer*)	bb.	1873	Alézia (*The Cossack*)	al..	1861
Aida (*Saint-Aignan*)	b..	1876	Algérie (*Saxifrage*)	al..	1886
Aida (*Hermit*)	b..	1882	Alicante (*Patricien*)	b..	1885
Aida II (*Silvio*)	bb.	1853	Alicante (*Hermit*)	al..	1887
Aidée (*Prospectus*)	b..	1849	Alice (*Sting*)	bb.	1851
Aigline (*Pickpocket*)	b..	1840	Alice (*Muley Moloch*)	bb.	1852
Aigrette (*Flageolet*)	al..	1876	Alice (*The Baron* ou *Nuncio*)	b..	1835
Aigues Mortes (*Commandant*)	bb.	1884	Alice (*Astre*)	al..	1861
Aimable (*Election*)	b..	1822	Alice (*Le Sarrazin*)	b..	1872
Aimée (*Minster*)	b..	1847	Alice (*Atlas*)	al..	1873
Air (*Fiddler*)	b..	1888	Alice (*Wellingtonia*)	bb.	1887
Airedale (*The Mountain Deer*)	bb.	1860	Alice (*Ladislas*)	b..	1889

	Robe	Date de la naissance		Robe	Date de la naissance
Alice (Zut)	al..	1889	Altière (Jean-Sans-Peur)	al..	1868
Alicia (M. d'Ecoville)	al..	1848	Altisidora (Nottingham)	b..	1867
Alicia (Commotion ou Defender)	bb.	1864	Alumine (Joskin)	b..	1877
Alida (Morok)	b..	1859	Alute (Macaroni)	b..	1870
Alifry (Ali-Baba)	b..	1850	Alva (Bay Middleton)	bb.	1841
Alina (Napier)	al..	1856	Alzonne (Don Carlos)	al..	1883
Aline (Ali-Baba)	b..	1840	Amabel (Octavius)	bb.	1818
Aline (Ali-Baba)	b..	1845	Amabilité (Nestor II)	al..	1887
Aline (Astre)	al..	1855	Amability (Empire)	al..	1866
Aline (Garry Owen)	al..	1856	Amanda (Spy)	bb.	1823
Aline (Y. Gladiator)	b..	1863	Amanda (Ali-Baba)	b..	1849
Aline (Enchanteur II)	b..	1880	Amanda (The Nabob)	b..	1870
Allarock (Rowlston)	gr.	1834	Amanda (Foudre de Guerre)	b..	1881
All Black (Voltigeur)a	n..	1859	Amanda (Mandrake)	al..	1882
Allée d'Amour (St-Louis)	bb.	1884	Amande (Brindisi)	bb.	1876
Allegretta (Orville)a	b..	1819	Amandine (Le Petit Caporal)	b..	1876
Alliance (Elthiron)	bb.	1856	Amaranthe (The Cossack)	b..	1859
All Kind (Début)	b..	1872	Amathonte (Ibrahim)	b..	1847
Allons Donc ! (Fitz Gladiator)	b..	1862	Amazis (Ethelwolf)	bb.	1864
All Right (The Prime Warden)	b..	1853	Amazon (Voltigeur)	bb.	1856
All's Lost Now (Birdcatcher)a	al..	1848	Amazone (Captain Cocktail)	bb.	1832
Allumette (Taurus)	b..	1840	Amazone (Abron)	bb.	1833
Alma (The Prime Warden)	b..	1854	Amazone (Ventre Saint Gris)	al..	1866
Alma (Garry Owen)	b..	1855	Amazone (Ruy Blas)	b..	1883
Alma (Richmond)	b..	1855	Amazone (Nougat)	al..	1888
Alma (Beaucens)	bb.	1856	Ambassade (Adventurer)	bb.	1866
Alma (Slane)	b..	1856	Ambassade (Mortemer)	b..	1879
Almaida (Tigris)	b..	1829	Ambassadrice (Ambassadeur)	b..	1873
Almanza (Dollar)	b..	1872	Ambassadrice (Zouave)	al..	1873
Almée (Lottery)	b..	1840	Ambassadrice (Dollar)	al..	1886
Almée (Mameluke ou Paradox)	b..	1840	Amber-Witch (Nuneham)	b..	1878
Almée (Quaker)	al..	1869	Ambulante (Nautilus ou Voyageur)	b..	1858
Alméria (Saxifrage)	bb.	1888	Ambuscade (Rataplan)	al..	1870
Alouette (Kingcraft)	al..	1880	Ambroisie (Strongbow)	b..	1865
Alouette (Beaurepaire)	al..	1885	Amelia (Vedette)	b..	1863
Alouette (Saltéador)	b..	1885	Amélia (Dollar)	bb.	1875
Alpha (Sylvain)	n..	1870	Amélie (Camel)	bb.	1834
Alphonsine (The Flying Dutchman)	b..	1862	Amélie (Worthless)	b..	1849
Alphonsine (Fitz Gladiator)	al..	1871	Amélina (Y. Emilius)	b..	1843
Alphonsine (Flageolet)	b..	1878	Aménaïde (Napoleon)	b..	1843
Alphonsine (Beaurepaire)	al..	1883	Amérique (Prudhomme)	al..	1887
Alpine Maid (Alpenstock)	al..	1877	Amesbury mare (Amesbury)	al..	1844
Alsace (Zut)	al..	1888	Amethyste (Y. Emilius)	b..	1843
Althea (Paradox)	al..	1839	Améthyste (Vertugadin ou		
Althéa (Perplexe)	b..	1883	Le Petit Caporal)	b..	1875

	Robe	Date de la naissance		Robe	Date de la naissance
Améthyste (*Gabier*)	al..	1883	Angleterre (*Le Sarrazin*)	b..	1875
Amica (*Buckthorn*)	b..	1857	Angleterre (*Paul Jones*)	b..	1876
Amicie (*Marengo*)	al..	1875	Anguille (*Mirliflor*)	b..	1879
Amie (*Beggarman*)	b..	1843	Anicroche (*Vermout*)	al..	1869
Amina (*Paradox*)	b..	1843	Anisette (*Prétendant*)	bb.	1863
Amina (*Saunterer*)	b..	1876	Anisette (*Satrape*)	b..	1883
Amine (*Novelist*)	bb.	1844	Anisette II (West Australian)	b..	1862
Amirauté (*Le Drôle*)	b..	1883	Anita (*Nougat*)	b..	1886
Ammany (*Sting*)	b..	1861	Ann (*Monitor II*)	al..	1871
Amnéris (*Ostreger*)	bb.	1874	Anna (*Godolphin*)	b..	1826
Amourette (*Monarque*)	al..	1868	Anna (*Whalebone*)	bb.	1826
Amourette (*Suzerain*)	al..	1873	Anna (*Tipple Cider*)	b..	1854
Amourette (*Vulcan*)	b..	1880	Anna-Perenna (*Alfred*)	bb.	1841
Amour Propre (Lord of The Isles)	b..	1864	Anne de Bretagne (The Moor)	bb.	1833
Amphitrite (*The Baron*)	b..	1855	Anne Grey (*Belzoni*)	b..	1834
Amulette (The Baron ou Sting)	b..	1852	Anne of Geierstein (*Catton*)	b..	1829
Amy Robsart (*Sweetmeat*)	n..	1852	Annetta (*Ibrahim*)	al..	1839
Amy Scott (*Hæmus*)	bb.	1857	Annetta (*Margo*)	al..	1845
Anaconda (*d'Estournel*)	al..	1876	Annette (*Lottery*)	b..	1838
Analie (*Holbein*)	b..	1834	Annette (*Gladiator*)	al..	1848
Analogie (*Ruy Blas*)	b..	1884	Annette (*Boleslas*)	b..	1851
Analogy (*Adventurer*)	bb.	1874	Annette (*Prétendant*)	bb.	1865
Anapa (*Bedford*)	al..	1856	Annex (*Empire*)	b..	1863
Anarchie (*Vermout*)	b..	1873	Annexion (*The Baron*)	al..	1858
Anatolie (*Nutwith*)	b..	1854	Annexion (*Collingwood*)	b..	1860
Andalouse (*Zouave*)	al..	1877	Annie Laurie (Highland Chief)	bb.	1889
Andérida (*King-Tom*)	b..	1871	Annuity (*Inheritor*)	bb.	1849
Andréda (*Andred*)	al..	1883	Anonyme (*Father Thames*)	b..	1858
Andrella (The Scottish Chief)	b..	1875	Antelly (*Elthiron*)	al..	1855
Andromaque (*F. Gladiator*)	al..	1873	Anthill (*Discord*)	bb.	1883
Andromaque (*Kilt*)	al..	1886	Antigone (*Sylvio*)	b..	1839
Andromeda (*Drogheda*)	b..	1862	Antigone (*Strongbow*)	b..	1867
Anecdote (*Fitz Gladiator*)	b..	1862	Antigone (*Montagnard*)	b..	1871
Anémone (*Bizarre*)	b..	1841	Antigone (*Don Carlos*)	al..	1878
Anémone (*Newminster*)	b..	1868	Antilope (*Malcolm*)	al..	1855
Angèle (*Augustus*)	b..	1834	Antinoe (*Sir Bevys*)	b..	1883
Angèle (*Beaucens*)	al..	1856	Antiope (*Novelist*)	al..	1844
Angèle (*Atlas*)	al..	1874	Antiope (*Saltéador*)	al..	1885
Angelina (*Bizarre*)	b..	1841	Antipathie (Royal Quand Même)	b..	1874
Angelina (*North Lincoln* ou *King Alfred*)		1873	Antoinette (*Mathematician*)	b..	1840
Angéline (*Héron*)	bb.	1850	Antoinette (*Mathematician*)	b..	1857
Angélique (*Bagdad*)	b..	1876	Antonia (*Napoleon*)	b..	1843
Angélique (*Logrono*)	b..	1886	Antonia (*Epirus*)	al..	1851
Angiolina (*General Mina*)	b..	1838	Antonia (*Fitz Gladiator*)	gr.	1871
			Antonida (*Saint-Cyr*)	bb.	1879

	Robe	Date de la nais- sance		Robe	Date de la nais- sance
Antwerp (*Waterloo*)	b..	1831	Argonne (*Don Carlos*)	b..	1878
Anxiety (*Lanercost*)	b..	1838	Ariane (*Monarque*)	b..	1867
Aphra (*Physician*)	b..	1846	Ariane (*Silvio*)	b..	1887
Aphrodite (*Pédagogue*)	b..	1861	Ariche (*Lanercost*)	bb.	1859
Apollonia (*Ellington*)	b..	1861	Ariel II (*King Lud*)	b..	1889
Apothéose (Le Petit Caporal)	b..	1885	Arista (*Don Carlos*)	al..	1888
Apparition (*Monarque*)	b..	1866	Aristocracy (*Tumbler*)	b..	1867
Applause (*Glencoe*)	al..	1837	Arkansas (*Plutus*)	al..	1876
Applause (Knight of the Garter)	bb.	1873	Arlésienne (*Dollar*)	b..	1869
Appleton (*Bay Middleton*)	b..	1850	Arlésienne (*Frontin*)	b..	1888
Aprilis (*Lanercost*)	b..	1855	Arlette (*Richmond*)	b..	1855
A Propos (*Alarm*)a	b..	1851	Arlette (*Sting*)	b..	1856
Aptitude (Chevalier d'Industrie)	b..	1865	Arma (*Beaurepaire*)	b..	1885
Aquarelle (Aguila ou Womersley)	bb.	1862	Armandina (*Fitz Gladiator*)	bb.	1873
Aquarelle (*Fil en Quatre*)	b..	1884	Armide (*Garry Owen*)	al..	1852
Aquila (*General Mina*)	b..	1840	Armide (*Y. Emilius*)	b..	1854
Aquila (*Thormanby*)	bb.	1875	Armide (*Ventre Saint Gris*)	bb.	1864
Aquitaine (*Saint-Louis*)	b..	1887	Armide (*Drummond*)	b..	1880
Ara (*Le Petit Caporal*)	bb.	1885	Armoise (*Montargis*)	al..	1886
Arab (*Woful*)	bb.	1824	Armoise (*Ethelwolf*)	b..	1866
Arabella (*Weatherbit*)	b..	1851	Armoricaine (*Nougat*)	bb.	1882
Arabella (*Dollar*)	b..	1882	Armure (*Le Sarrazin*)	b..	1874
Arabelle (*Paradox*)	b..	1838	Aronde (*King Lud*)	b..	1889
Araignée (*Trombone*)	b..	1879	Arquebuse (*Saint-Cyr*)	bb.	1882
Araignée (*Galopin*)	b..	1880	Arrogante (*The Cossack*)	b..	1861
Aramis (*Sting*)	b..	1860	Arrogante (*Empire*)	n..	1866
Aramis (*Trent*)	bb.	1882	Arsinoé (*Dollar*)	al..	1870
Aranjuez (*The Nabob*)	b..	1866	Arta (*Pyrrhus the First*)	al..	1854
Araris (*Caméléon*)	b..	1845	Arthémise (*Sting*)	b..	1854
Araucaria (*Ambrose*)	b..	1862	Arthémise (*Rémus*)	b..	1868
Arbalète (*Collingwood*)	n..	1861	Arthémise (*Somno*)	b..	1876
Arbalète (*Mortemer*)	al .	1880	Arthémise (*Castillon*)	b..	1885
Arbitratrix (*Arbitrator*)	al..	1885	Arvernie (*Nuncio*)	b..	1863
Arcadia (*Arthur Wellesley*)	b..	1859	Arzal (*Cassique*)	b..	1857
Archiduchesse (Dirk Hatteraick)	b..	1857	Asfoura (*Premium*)	al..	1857
Archiduchesse (*Silvio*)	b..	1888	Aspasie (*Royal Oak*)	b..	1836
Arcole (*Monarque*)	b..	1868	Aspasie (Nuncio ou Fitz Gladiator)	al..	1862
Ardéa (*Childeric*)	b..	1881	Aspasie (The Flying Dutchman)	bb.	186
Ardente (*Vertugadin*)	b..	1881	Asperge (*Tumbler*)	bb.	1867
Ardente (*Beaurepaire*)	al..	1884	Asperge (*Fil en Quatre*)	b..	1883
Ardeur (*Vestminster*)	b..	1877	Asphodel (*Doncaster*)	al..	1881
Argentine (*Trocadéro*)	b..	1877	Asphodèle (*Somno*)	b..	188
Argentine (*Maubourguet*)	al..	1888	Asta (*Cambuslang*)	n..	1877
Argentine (*Constantine*)	b..	1889	Astarté (*Charlatan*)	b..	1865
Argentine (*Nougat*)	b..	1889	Astarté (*Syrian*)	al..	188

	Robe	Date de la naissance
Asteria (*Festival*)	b..	1858
Astra (*Asteroïd*)	b..	1874
Astrea (*Adventurer*)	b..	1871
Astrée (*Dollar*)	bb.	1874
Astrée (*Silène*)	b..	1890
Astrolabe (*Allez y Gaîment*)	al.	1860
Atala (*Pickpocket*)	b..	1840
Atala (*Chactas*)	b..	1860
Atalanta (*Muley Moloch*)	bb.	1839
Atalante (*Ventre-St-Gris*)	b..	1864
Atalante (*Croissant*)	bb.	1867
Atalante (*Blenheim*)	b..	1878
Atalante (*Patriarche*)	b..	1885
Athala (*Plutus*)	al.	1879
Athalie (*Caterer*)	b..	1881
Athalie (*Hilarious*)	b..	1886
Athol Brose (*Blair Athol*)	b..	1882
Athol Lass (*Blair Athol*)	al.	1876
Attica (*Pyrrhus the First*)	al.	1855
Attraction (*Argonaut*)	b..	1869
Attraction (*Doncaster*)	al.	1880
Attrape Qui Peut (*Ibis*)	b..	1847
Aubade (*Ventre-Saint-Gris*)	al..	1873
Aubade (*Léon*)	al.	1889
Aubergine (*Peut-Être*)	bb.	1883
Aucuba (*Thunderbolt*)	al.	1877
Audacieuse (*The Baron*)	b..	1858
Audrey (*Stockwell*)	b..	1856
Augurey (*Pero Gomez*)	b..	1877
Augusta (*Y. Colwick*)	b..	1843
Augusta (*Sting*)	b..	1849
Augusta (*West Australian ou Sting*)	b..	1867
Augusta (*Saint-Albans*)	b..	1872
Augusta (*Mortemer*)	al.	1873
Augustine (*Auguste*)	al.	1873
Augustine (*Coq du Village*)	al.	1890
Aunt Cloé (*Father Thames*)	b..	1859
Aunt Judy (*Doctor O'Toole*)	al.	1861
Aunt Phillis (*Epirus*)	al.	1850
Aunt Sally (*Buchanan*)	rc.	1887
Aura (*Ali-Baba*)	b..	1849
Aureilhane (*Le Petit Caporal*)	b..	1871
Auréole (*Malton*)	bb.	1852
Aurora (*Pantaloon*)	al.	1848
Aurora (*Harbinger*)	al.	1856
Aurora (*Zouave*)	al.	1868
Aurore (*Pickpocket*)	b..	1837
Aurore (*Richmond*)	al.	1855
Aurore (*Rémus*)	b..	1868
Aurore (*Plutus*)	b..	1871
Aurore (*Duc d'Aquitaine*)	al.	1884
Aurore Boréale (Bay Archer)	al.	1889
Australia (*West Australian*)	b..	1862
Australie (*Nuncio*)	b..	1853
Australie (*West Australian*)	b..	1870
Australie (*Eole II*)	b..	1877
Australie (*Trocadéro*)	al.	1877
Australienne (*Bagdad*)	bb.	1876
Austrasie (*Bataclan*)	b..	1861
Autruche (*Isonomy*)	al	1885
Avalanche (*Wild Dayrell*)	b..	1857
Avalanche (*Fitz Gladiator*)	al.	1858
Avance (*Blue Ribbon*)	b..	1886
Avant-Garde (General Mina)	al.	1859
Avarice (*The Miser*)	al.	1886
Ave (*Saint-Cyr*)	b..	1887
Aveline (*Beggarman ou Napoleon*)	n..	1843
Aveline (*Commodor Napier*)	al.	1848
Aveline (The Flying Dutchman)	b..	1865
Aveline (*Zouave*)	b..	1871
Aveline (*Doncaster*)	al.	1882
Avena (*Fitz Gladiator*)	b..	1867
Avenante (Pompier ou Y. Monarque)	b..	1874
Avenante (*Patricien*)	b..	1874
Aventure (*Allez-y-Gaiment*)	b..	1858
Aventure (*Blue Ribbon*)	b..	1885
Aventurine (Salvator ou Fontainebleau)	bb.	1885
Avignon (*Coq du Village*)	al.	1887
Avilly (*Archiduc*)	b..	1888
Avoine (*Patricien*)	bb.	1879
Ayguelongue (*Gilbert*)	bb.	1888
Ayouba (*Hercule*)	al.	1843
Azora (*Voltaire*)	b..	1843
Azurine (*Mameluke*)	al.	1840
Babette (Faugh a Ballagh)	al.	1849
Babette (*Milan*)	b..	1885

	Robe	Date de la nais-sance		Robe	Date de la nais-sance
Babette (*Farfadet*)	b..	1889	Baliverne (*Royal Fort*)	b..	1871
Babine (*Napier*)	b..	1858	Balizarda (*Glengarry*)	al..	1886
Babiole (*Gladiator*)	b..	1853	Balk (*The Little Known*)	b..	1860
Babiole (*Rosas*)	b..	1853	Balle d'Or (*Bay Archer*)	al..	1884
Babiole (*Fitz Gladiator*)	b..	1860	Balle Elastique (*Bagdad*)	b..	1880
Baboune (*Vertugadin*)	b..	1876	Ballerina (*Pontchartrain*)	b..	1844
Babylone (*Pédagogue*)	b..	1866	Ballerina (*Nunnykirk*)	bb.	1856
Bacchante (*Brocardo*)	b..	1851	Ballerine (*Dollar*)	al..	1871
Bacchante (*Graïcul*)	bb.	1876	Ballerine (*Flavio*)	al..	1887
Bacchante (*Caxtonian*)	b..	1883	Balkis (*Frontin*)	b..	1889
Bachelette (*Bagdad*)	b..	1879	Ballet Girl (the) (The Earl of Richmond)	bb.	1847
Bac-Ninh (*Balagny*)	al..	1884	Ballon (The Flying Dutchman)	bb.	1857
Badinage (*Mango*)	b..	1842	Balsamine (*Lottery*)	b..	1839
Bagasse (*Castillon*)	al..	1888	Balsamine (*Marksman*)	al..	1875
Bagatelle (*Saucebox*)	b..	1860	Balsanée (*Collingwood*)	al..	1862
Bagatelle (*Sting*)	bb.	1868	Bamboche (*Nuncio*)	n..	1856
Bagatelle (*Cremorne*)	b..	1881	Bamboche (*Womersley*)	b..	1868
Bagneraise (*Sting*)	b..	1854	Bamboula (*Light ou Ferragus*)	b..	1873
Bagneraise (*Morok*)	b..	1861	Bamboula (*Sire*)	b..	1885
Bagneraise (*Trombone*)	n..	1880	Bandelette (*Sire*)	b..	1886
Bagnères (*Eckmühl*)	bb.	1880	Banderolle (*Tournament*)	b..	1868
Bague au Doigt (*Bagdad*)	b..	1883	Banderolle (*Elland*)	al..	1881
Baguenaude (*Ruy Blas*)	b..	1877	Bandière (*Zouave*)	b..	1872
Bai-Brune (*Terror*)	bb.	1838	Banize (*Clocher*)	b..	1887
Baiha (*Philip Shah*)	b..	1850	Banizette (*Tabac*)	b..	1881
Baïonnette (*Birdcatcher*)	al..	1855	Banna (*Uncas*)	b..	1878
Baïonnette (*Nunnykirk* ou Bon Vivant)	b..	1863	Banner (*Bazile*)	al..	1882
			Bannerol (*Lecturer*)	b..	1878
Baïonnette (*Farfadet*)	b..	1888	Bannière (*Pretty Boy*)	b..	1860
Balaclava (*Medoro*)	b..	1842	Bannière (*Ruy Blas*)	b..	1872
Balaclava (*Le Major*)	b..	1875	Banknote (*Huntsman*)	b..	1864
Baladine (*Bagdad*)	al..	1875	Banale (*Patricien*)	b..	1877
Balance (*See Saw*)	bb.	1875	Banquet (*Plaudit*)	bb.	1872
Balancelle (*Zouave*)	b..	1863	Banquise (*Trombone*)	al..	1880
Balancelle (*Zut*)	b..	1882	Banshee (*The Ugly Buck*)	al..	1849
Balançoire (*Fort à Bras*)	b..	1868	Baptisma (*Dollar*)	al..	1875
Balançoire (*Gilbert*)	b..	1878	Baraque (*Liverpool*)	b..	1855
Balançoire (*See Saw*)	bb.	1881	Baraque (*Collingwood*)	b..	1861
Balançoire (*Stracchino*)	bb.	1885	Barbara (*Saucebox*)	bb.	1865
Balayeuse (*Tournament*)	b..	1874	Barbacane (*Montargis*)	al..	1884
Balayeuse (*Mandrake*)	al..	1883	Barbarina (*Brutandorf*)	b..	1835
Balbine (*Womersley*)	b..	1868	Barbe d'Or (*Womersley*)	al..	1858
Baléare (*Strongbow*)	b..	1867	Barbe d'Or (*Enchanteur II*)	al..	1882
Baleine (*Jonas*)	b..	1837	Barberine (*Stracchino*)	al..	1882
Baliverne (*Ibrahim* ou *Gigès*)	b..	1845	Barbiche (*Verdun*)	b..	1880

	Robe	Date de la naissance		Robe	Date de la naissance
Barbillonne (*Y. Gladiator*)	b..	1868	Batwing (*Pantaloon*)	bb..	1866
Barcarolle (*Charlatan*)	bb.	1868	Baucis (King of the Castle)	b..	1885
Barcarolle (*Barcaldine*)	b..	1887	Bavarde (*Hermit*)	bb..	1884
Barcarolle (*Maubourguet*)	al..	1888	Bavolette (*Dollar*)	bl..	1872
Barcelone (*Salvator*)	b..	1884	Bayadere (*Napoleon*)	b..	1836
Barcelone (*Boiador*)	bb..	1887	Bayadère (Dangerous ou Napoleon)	b..	1839
Barefoot Lass (*Barefoot*)	b..	1885	Bayadère (*Royal Fort*)	b..	1869
Barelone (*Zut*)	b..	1882	Bayadère (*Mirliflor*)	b..	1876
Baretta (*Consul*)	b..	1876	Bay Araby (*Camel*)	bb..	1836
Barioletta (*Bariolet*)	b..	1887	Bay Archine (*Bay Archer*)	al..	1882
Bariolette (*Orphelin*)	al..	1867	Bay Middleton mare (Bay Middleton)	b..	1835
Bar Maid (*Beauminet*)	b..	1887	Bayonnette (*Le Mandarin*)	b..	1874
Baroda (*Gantelet*)	b..	1875	Bazilia (*Basile*)	al..	1888
Baroness (*The Baron*)	b..	1851	Béatrice (*Birdcatcher*)	al..	1854
Baroness Clifden (Lord Clifden)	al..	1873	Béatrice (*Nougat*)	al..	1889
Baronie (*Sire*)	b..	1880	Beatrix (*Monarque*)	b..	1861
Baronne (*The Baron*)	al..	1853	Beatrix (*Mandrake*)	al..	1881
Baronne (*Y. Monarque*)	b..	1869	Beatrix (*Mandrake*)	b..	1881
Baronne (*Cymbal*)	b..	1875	Beatrix Esmond (Fitz Roland)	b..	1871
Baronne (*Eole II*)	al..	1877	Beauminette (*Beauminet*)	b..	1884
Baronne (*Ashantee*)	al..	1879	Beauty (*Knowsley*)	bb.	1865
Baronnie (*Ruy Blas*)	al..	1879	Beauty (*Peckleton*)	al..	1889
Barricade (Commodor Napier)	b..	1869	Bébé (*Royal Quand Même*)	al..	1859
Barrière (*Mars*)	al..	1880	Bécassine (*King Lud*)	b..	1890
Bartavelle (*Florin*)	al..	1861	Bedforte (*Bedford*)	al..	1857
Bartavelle (*Richelieu*)	al..	1889	Bédouine (*Suzerain*)	al..	1875
Bas Bleu (*Strongbow* ou *The Prime Warden*)	al..	1855	Bee's Wing (*Doctor Syntax*)	b..	1838
			Beggar Girl (*Mendicant*)	al	1842
Basilia (*Trumpeter*)	al..	1866	Beggarly (*Beggarman*)	b..	1848
Basilique (*Dutch Skater*)	b..	1877	Bégonia (*Zut*)	b..	1884
Basquine (Napoleon ou Karschane ar.)	al..	1846	Béguine (*Waxy Pope*)	al..	1832
Basquine (*Ruy Blas*)	b..	1873	Belette (*Remus*)	al..	1865
Basilea (*Y. Emilius*)	b..	1850	Belette (*Le Petit Caporal*)	b..	1873
Bassinoire (*Emilius*)	bb.	1828	Belette (*Pierrot*)	b..	1885
Bassy (*Ferragus*)	b..	1877	Belfry (*Cathedral*)	al..	1877
Basvillaise (*Clocher*)	b..	1883	Belida (*Tandem*)	al..	1883
Bataglia (*Melbourne*)	b..	1855	Belimperia (*Kisber*)	b..	1883
Bataille (*Ferragus*)	b..	1874	Belina (*Consul*)	al..	1874
Batavia (*Ferragus*)	b..	1878	Belinda (*Flageolet*)	al..	1884
Bathilde (*Y. Emilius*)	al..	1842	Belise (*Zut*)	b..	1885
Bathilde (*Saxifrage*)	b..	1883	Belise (*Bay Archer*)	b..	1888
Bathoude (*Ortolan*)	b..	1882	Bella (*Ali Baba*)	b..	1842
Batsaline (*Strongbow*)	b..	1865	Bella (*Fitz Gladiator*)	b..	1867
Battafiole (*Light*)	b..	1871	Bella (*Breadalbane*)	al..	1873
Batterie (*Le Sarrazin*)	b..	1875	Bella Dona (*Harlequin*)	b..	1842

	Robe	Date de la naissance		Robe	Date de la naissance
Belladone (*Bay Archer*)....	bb.	1883	Bénédiction (*Palestro*).....	b..	1866
Bellah (*Sting*)............	bb.	1850	Bénédictine (*Carnival*).....	bb.	1878
Bellah (*Dollar*)............	al..	1869	Berbitaine (*Boulouf*).......	al..	1883
Bellecour (Joinville ou Boiador)....	b..	1884	Berceaunette (*Blair Athol*).	b..	1877
Belle Angevine (*Iago*).....	b..	1857	Bérengère (*Womersley*)....	b..	1869
Belle-Croix (*Mortemer*)....	b..	1874	Bérengère (*Bon Vivant*)....	b..	1879
Belle-Dame (*Fort à Bras*)..	b..	1874	Bérengère (*Salvator*)	b..	1880
Belle-Dame (*Albion*).......	al..	1887	Bérengère (Trombone ou Bertram)..	al..	1880
Belle de Jour (The Flying Dutchman)	b..	1862	Bérénice (*Eastham*)........	al..	1833
Belle de Jour (*Zouave*).....	al..	1869	Bérénice (*Leamington*).....	al..	1865
Belle de Nuit (*Y. Emilius*)..	b..	1844	Bérénice (*Vermout*)........	b..	1875
Belle des Prés (*Monarque*).	b..	1865	Bérésina (*Napoleon*)	b..	1835
Belle d'Ibos (*Empire*)......	al..	1867	Bérésina (*Muscovite*).......	b..	1867
Belle Duchesse (*Charlatan*)	b..	1864	Bergère (*Eastham*)........	b..	1828
Belle Dupré (*Womersley*)..	b..	1859	Bergère (*Faublas*).........	al..	1873
Belle Etoile (*First Love*)....	al..	1859	Bergère (*Le Petit Caporal*).	b..	1873
Belle Etoile (*Light*)........	b..	1866	Bergère (*Mortemer*)........	al..	1876
Bellegarde (*Vertugadin*)...	al..	1880	Bergère (*Bon Vivant*)......	b..	1879
Belle Henriette (Rosicrucian)...	b..	1880	Bergerette (*Y. Emilius*)....	b..	1838
Belle Image (*Florin*)	b..	1869	Bergeronnette (*Lanercost*)..	bb.	1855
Belle Image (*Rayon d'Or*).	b..	1883	Bergeronnette (*Prétendant*).	al..	1863
Belle Mimi (*Suzerain*)......	al..	1870	Berline (*The Peer*)........	b..	1878
Belle Mimi (Blenheim ou Cymbal)..	b..	1878	Bernadette (*Le Mandarin*) .	b..	1875
Belle Minette (*Flageolet*)...	al..	1881	Bernerette (*Monarque*).....	b..	1865
Belle Petite (*Vertugadin*)..	b..	1875	Bernerette (*Wellingtonia*)..	b..	1887
Belle Poule (*Marcellus*)....	bb.	1840	Bertha (*Macaroni*)........	b..	1872
Belle Poule (*Napoleon*)....	bb	1841	Berthe (*Hæmus*)........	b..	1839
Bellière (*Hercule*)	al.	1850	Berthe (*Womersley*)......	b..	1863
Bellina (*Lottery* ou *Cadland*) n..		1836	Berthe (Young) (*Papillon*)..	b..	1863
Bellina (*Tamberlick*).......	b..	1866	Berthona (*Bertram*)	b..	1878
Bellina (*Ben Battle*).......	bb.	1888	Bertrade (*Moorlands*)......	al..	1886
Belline (*Flageolet*)........	b..	1878	Bertrade de Montfort (Montfort)	b..	1883
Belliqueuse (Trombone ou Bertram).	b..	1880	Bête à Chagrins (Vertugadin)...	bb.	1875
Bellone (*Sober Robin*).....	b..	1830	Betsy (*Napoleon*)..........	b..	1835
Bellone (*Cadland*)........	b..	1835	Betsy Bac (*Mandrake*).....	al..	1883
Bellone (*Minster*)........	b..	1848	Betty (*Nautilus*)	b..	1851
Bellone (*Brocardo*)........	b..	1851	Betty (*Sting*).............	b..	1851
Bellone (*Atlas*)...........	b..	1873	Betty (*M. d'Ecoville*)......	b..	1853
Bellone (*Le Mandarin*).....	b..	1873	Betty (*West Australian*)...	bb.	1862
Bellone (*Zouave*).........	b..	1874	Betty (*Ruy Blas*)..........	b..	1875
Bellone (*Gourgandin*)	bb.	1887	Betty Little Cass (Weatherden)..	b..	1868
Bellone (*Patriarche*).......	al.	1888	Betzy (*Captain Candid*)...	b..	1833
Belvidere (*Actæon*)........	b..	1836	Betzy (*Napoleon*)..........	b..	1835
Bénarès (*Brahma*).........	b..	1873	Betzy (*Tipple Cider*)......	b..	1854
Benediction (*Physician*)....	b..	1844	Béziade (*Garry Owen*).....	al..	1856

	Robe	Date de la naissance		Robe	Date de la naissance
Bianca (*Consul*)...........	al..	1872	Blanche de Castille (Muscovite).	b..	1869
Biblis (*Plutus*)...........	b..	1880	Blanchelande (*Perplexe*)....	b..	1885
Bice (*Pirate King*).......	b..	1881	Blanche of Lancaster (Filbert).	ro.	1860
Biche (*Eastham*).........	b..	1831	Blanchette (*Tristan*).......	al..	1886
Biche (*Friedland*).........	al..	1844	Biaviette (Tonnerre des Indes)	al..	1871
Biche (*Little Rover*)	b..	1847	Bletia (*Slane*)	al..	1854
Biche (*Y. Emilius*)........	b..	1848	Bleuette (*Ferragus*).......	al..	1879
Biche (*Caravan*).........	b..	1850	Bleuette (*Le Major*).......	bb.	1879
Bichette (*Consul*).........	al..	1880	Blissful (*Début*)..........	b..	1872
Bienfaisante (*Rococo*).....	b..	1881	Blonde (*Ferragus*).	al..	1880
Bienséance (*Friedland*)....	b..	1844	Blonde II (*Uhlan*).........	b..	1881
Bienveillante (*Vertugadin*).	b..	1878	Blondette (*Drummond*)	al..	1878
Bienvenue (*Agricole*).....	b..	1861	Blondine (*Florin*).........	al..	1866
Bienvenue (*Favori*).......	b..	1863	Blondine (*Cobnut*)........	al..	1867
Bienvenue (*Fitz Gladiator*)	b..	1866	Blondinette (Flageolet ou Thurio).	al..	1882
Bigamie (*Energy*).........	bb.	1888	Blood Orange (*Cœruleus*)..	b..	1885
Bigamy (*Wild Oats*)......	b..	1878	Bloodstreak (*Trappist*).....	b..	1887
Bignonia (*Trumpeter*)	al..	1871	Bloucistan (*Bertram*)......	b..	1880
Bigly (*Neasham*).........	al..	1862	Blue Dye (*Cœruleus*).....	b..	1888
Bigorre (*Bon Vivant*).....	al..	1878	Blue Serge (*Hermit*).......	b..	1876
Bigorre (*Vignemale*)......	bb.	1887	Blue Stocking (*Cœruleus*)..	b..	1886
Bigote (*Sting*)............	b..	1862	Bluette (*Sampson*)........	b..	1858
Bigottini (*Captain Candid*)	b..	1834	Bluette (*Blue Mantle*)......	b..	1881
Bijou (*Trumpeter*)........	al..	1869	Bluette (*Wellingtonia*).....	al..	1886
Bijou (*Saint Gatien*)......	bb.	1890	Blue Vinny (*Parmesan*)....	b..	1877
Bilberry (*Touchstone*).....	bb.	1849	Boadicea (*Julius Cæsar*) ...	b..	1883
Biondetta (*Rainbow*)	al..	1819	Board School (*Kingcraft*)...	al..	1876
Birette (The Flying Dutchman).....	b..	1861	Bobine (*Saint Germain*)...	bb.	1855
Birmanie (*Saxifrage*)......	b..	1886	Bobtail Filly (*Bobtail*).....	al..	1822
Biskra II (*Silvio*).........	bb.	1889	Bocca Nera (*The Cossack* ou		
Bisque (*Mars*)............	al..	1878	*Isolier*).................	n..	1858
Bistra (*Maryland*)........	bb.	1855	Bohême (*Pyrrhus the First*)	b..	1861
Bitter Sweet (*Statesman*)...	b..	1885	Bohême (*Ruy Blas*).......	al..	1882
Bizantine (*Souci*).........	b..	1889	Bohemica (*Caractacus*)....	bb.	1878
Bize (*Bizarre*)...........	b..	1844	Bohémienne (*Picaroon*).....	n..	1850
Bizerte (*Androclès*).......	bb.	1880	Bohémienne (West Australian) ...	al..	1865
Black Bess (*Camel*).......	b..	1837	Bohémienne (*Kaolin*)	b..	1879
Black Bess (*Zouave*)	bb.	1872	Boil and Bubble (*Phantom*		
Black Corrie (*Sterling*)....	n..	1879	ou *Centaur*).............	b..	1826
Black Mail (*Mac Gregor*)..	bb.	1879	Bois Berthe (*Brocardo*).....	al..	1855
Blanche (Château Margaux ou Skim)..	gr.	1834	Boléna (*Commodor Napier*)	b..	1849
Blanche (*Physician*).......	b..	1845	Boléna (*Prospectus*).......	bb.	1849
Blanche (*Monarque*).... ...	al..	1866	Bombarde (Ventre Saint Gris).....	b..	1857
Blanche (*Flageolet*)........	b..	1876	Bombe (Monarque ou Pompier ...	b..	1873
Blanche (*Elland*)..........	al..	1879	Bombe (*Milan I*)..........	b..	1888

Nom	Robe	Date de la naissance	Nom	Robe	Date de la naissance
Bombonne (*Boïard*)	b..	1882	Bourguignonne (*Monarque*)	al..	1870
Bonelle (*The Nabob*)	b..	1861	Bousqueline (*Trombone*)	b..	1883
Bonita (*Gladiator*)	b..	1849	Boutade (*Trocadéro*)	b..	1877
Bonita (*Allez y Gaîment*)	b..	1872	Bouteille à l'Encre (*Faugh a Ballagh*)	b..	1860
Bonne Anse (*Gilbert*)	b..	1888			
Bonne Aubaine (*Goer*)	b..	1870	Boutique (Y. Emilius ou Gigis)	b..	1848
Bonne Aventure (Russborough)	al..	1855	Bouton de Rose (*Aguila*)	al..	1868
Bonne Aventure (*Beau Merle*)	al..	1878	Bouvines (*Trocadéro*)	al..	1877
Bonne Chance (*Lottery*)	b..	1842	Bowness (*Julius*)	al..	1876
Bonne Chance (*Sting*)	b..	1868	Bowstring (*Cambuscan*)	al..	1873
Bonne Chance (*Mars*)	b..	1882	Braconelle (*Braconnier*)	al..	1880
Bonne Etoile (*Parnasse*)	b..	1885	Braconnière (*Braconnier*)	b..	1880
Bonnette (*Bretignolles*)	b..	1858	Braconnière (*Braconnier*)	al..	1883
Bonnie Bell (*Cremorne*)	bb.	1877	Bradamante (*Fort à Bras*)	b..	1864
Bonnie Dundee (*Blair Athol*)	bb.	1875	Bradamante (*Andred*)	al..	1886
Bonnie Lassie (Prince Charlie)	b..	1878	Braemar (*Great Heart*)	b..	1857
Bonny Breast Knot (Voltigeur)	bb.	1859	Bramine (*Souvenir*)	b..	1871
Bonny Girl (*Lord Clifden*)	b..	1874	Branch (*Sting*)	bb.	1855
Bonsoir (*Saint Léon*)	bb.	1889	Branche d'Or (*Lottery*)	b..	1836
Bonté Parfaite (*First Born*)	b..	1862	Brandy (*Ruy Blas*)	bb.	1886
Bordelaise (*Plutus*)	al..	1873	Brassia (*Caravan*)	al..	1854
Borny (*Tournament*)	b..	1870	Brava (*Rayon d'Or*)	b..	1883
Bossena (*Beaucens*)	b..	1856	Bravade (*Iago*)	al.	1860
Bossette (*Patricien*)	b..	1871	Bravery (*Gameboy*)	bb.	1853
Botany Bay (*King Tom*)	b..	1869	Bravoura (*Paganini*)	al..	1878
Bouaye (*King Lud*)	b..	1885	Bravoure (*Iago*)	al..	1859
Bouche (*Marcellus*)	b..	1842	Brayman (*Border Minstrel*)	al..	1890
Bouche en Cœur (*Ion*)	b..	1857	Bredouille (*Ortolan*)	b..	1882
Bouffarde (*Blenheim*)	al..	1881	Bredouille (*Grandmaster*)	al..	1889
Bouffarde (*Beau Merle*)	al..	1884	Breloque (*Gladiator*)	al..	1849
Bouffette (*Patriarche*)	b..	1890	Brenda (*M. d'Ecoville*)	b..	1853
Bougie (*Marcellus*)	b..	1842	Brenda (*Buccaneer*)	b..	1865
Bougie (*Bruce*)	b..	1887	Brésilia (*Napoleon*)	b..	1835
Boule de Neige (*Le Petit Caporal*)	b..	1870	Bretoline (*Ventre-St-Gris*)	b..	1863
			Bretonne (*Apollon*)	b..	1877
Boule de Neige (Y. Monarque)	al..	1876	Bretonne II (*Gabier*)	b..	1878
Boulette (*Verdun*)	b..	1880	Brevetée (*The Cossack*)	al..	1859
Bouillabaisse (*St Germain*)	al..	1858	Bréviande (*Dirk Hatteraick*)	bb.	1864
Boulogne (*The Condor*)	bb.	1888	Bréviande (*Trombone*)	al..	1878
Bountiful (*Empire*)	al..	1864	Bricou (*Castillon*)	al..	1889
Bounty (*Inheritor*)	b..	1849	Bridecake (*Sweetmeat*)	b..	1855
Bouquetière (Ventre Saint Gris)	b..	1867	Bride of Abydos (*Belzoni*)	bb.	1836
Bourbonnaise (*Vertugadin*)	b..	1877	Bric (*Parmesan*)	bb.	1875
Bourg la Reine (*The Cossack*)	al..	1858	Brienne (*Dollar*)	b..	1877
Bourgogne (*Peregrine*)	b..	1888	Brigandine (Commodor Napier)	b..	1860

	Robe	Date de la naissance		Robe	Date de la naissance
Brigandine (*Weathergage*).	b..	1860	Bryony (*The Ranger*).......	b..	1875
Brigantine (*Buccaneer*)....	b..	1866	Bucolique (*Gladiator*).....	b..	1848
Brigantine (*Orphelin*).....	al..	1860	Bugle March (*Trumpeter*)..	al..	1871
Brigantine (*Henry*)........	b..	1875	Buissonnière (*Peut-Être*)...	al..	1878
Bright Star (*Ion*)..........	bb..	1855	Burden (*Camel*)..........	b..	1832
Brigitte (*Dollar*).........	bb..	1874	Burlesque (*Blucher*).......	b..	1864
Brillante (*Beaucens*).......	b..	1856	Burgundy mare (*Burgundy*)	al..	1829
Brilliancy (*John Davis*)....	b..	1877	Butte des Morts (*Victor*)...	b..	1880
Brioche (*Monarque*).......	al..	1862	Butte du Trésor (Fontainebleau)..	b..	1887
Brioche (*Flavio*)..........	b..	1887	Buxerolle (*Clocher*).......	b..	1888
Brise (*Farfadet*)..........	b..	1887	Byfleet (*Blair Athol*)......	al..	1876
Brise d'Air (*Tancred*)......	b..	1832			
Brise d'Eté (*Saint Aignan*)	b..	1875			
Briséis (*Fontainebleau*)....	bb..	1888	Cabale (*Don Carlos*).......	bb.	1876
Briska (*Collingwood*).....	b..	1860	Cabidoule (*Sacripant*).....	b..	1884
Britannia (*Ibis*)...........	b..	1843	Cabotine (*Bay Archer*).....	b..	1886
Britannia (*Planet*)........	b..	1853	Cachemire (*Monitor II*) ...	al..	1871
British Yeoman mare (*The*			Cachette (*Montargis*)......	al..	1883
British Yeoman*)........	al..	1850	Cachucha (*General Mina*) .	al..	1838
Brittle (*Buchanan*)	b..	1890	Cacophonie(*Lottery ou Royal*		
Brocardine (*Brocardo*).....	b..	1850	Oak*)	b..	1843
Brocatelle (*Brocardo*).....	b..	1850	Cadeby Belle (*Barcaldine*).	bb.	1891
Brochette (*Apollon*)........	al..	1881	Cadence (*Vermout*)........	b..	1881
Brother to Strafford mare			Cadichette (*Dollar*)........	al..	1874
(*Brother to Strafford*)...	b..	1874	Cadichonne (*Hermus*)......	bb.	1844
Brown Agnes (*Gladiateur*).	n..	1870	Caffa (*Plutus*).............	al..	1866
Brown Bread mare (Brown Bread)	b..	1874	Caillette (*Mourle*).........	bb.	1886
Brown Fanny (*Y. Tearaway*)	bb..	1848	Cain mare (*Cain*)	b..	1832
Brown mare (*Weatherbit*)..	n..	1856	Caladenia (*Bay Middleton*).	b..	1855
Brown Rosalind(*Sundeelah*)	n..	1871	Calamine (*Peut-Être*)......	al..	1882
Brown Susan (*Cleveland*)..	bb..	1811	Calcavella (*Birdcatcher*)...	b..	1844
Brunehaut (The Flying Dutchman)	b..	1864	Calcéole (*Suzerain*)........	al..	1875
Brunette (*Tooley*)..........	b..	1826	Calembredaine (*Physician*).	b..	1844
Brunette (*Clavileno*)......	bb..	1828	Californie (*Gabier*).......	b..	1876
Brunette (*Don John*).......	bb..	1848	Caline (*Le Destrier*).......	b..	1887
Brunette (*Le Destrier*).....	bb..	1883	Calipso (*Tigris*)..........	b..	1827
Brunette (*Chippendale*)....	bb..	1885	Calipso (*Milton*)..........	bb.	1833
Brunette (*Prologue*).......	al..	1885	Calisto (*Rainbow*)	b..	1825
Brunilda (*Faublas*).........	al..	1877	Calix (*Tetotum*)...........	b..	1839
Bruyère (*Y. Saint Patrick*).	al..	1848	Calliope (*Milton*).........	b..	1831
Bruyère (*Electrique*).......	b..	1861	Calliope (*Oakley*)	al..	1851
Bruyère (*Black Eyes*).......	al..	1864	Callipolis (*Charleston*),....	al..	1863
Bruyère (*Fitz Gladiator*)...	al..	1869	Callypige (The Flying Dutchman)	bb.	1862
Bruyère (*Marengo*)........	al..	1875	Calm (*Carnival*)...........	al..	1878
Bruyère (*Vermout*)........	al..	1876	Caloric (*Hetman Platoff*)..	b..	1849

	Robe	Date de la nais-sance			Robe	Date de la nais-sance
Calpurnia (*Ion*)	bb.	1856		Canotière (The Flying Dutchman)	bb.	1862
Calypso (*Napier*)	b..	1858		Canteloupe (*Soothsayer*)	al.	1818
Calypso (*Trombone*)	n..	1879		Cantatrice (*Birdcatcher*)	bb.	1858
Calypso (*Foudre de Guerre*)	b..	1880		Cantatrice (*The Peer*)	b..	1879
Camargo (*Tancred*)	b..	1834		Canteen (*Macaroni*)	al.	1866
Camarilla (*Falcon*)	gr.	1834		Cantine (*Vermout*)	b..	1871
Camarine (*Camel*)	bb.	1833		Cantinière (*Sting*)	b..	1857
Camarine (*Bizarre*)	b..	1841		Cantinière (*Zouave*)	al.	1863
Cambuse (*Plutus*)	b..	1877		Cantonnade (Allez-y Gaîment)	b..	1860
Cambuslang mare (Cambuslang)	n..	1877		Cantonade (*Bruce*)	b..	1887
Camélia (*Camel*)	bb.	1841		Canvas (*Rubens*)	al.	1814
Camélia (*Camel*)	bb.	1842		Cape Diamond (North Lincoln)	al.	1873
Camélia (*Vendredi*)	b..	1845		Capella (*Walton*)	al.	1811
Camélia (*Le Petit Caporal*)	bb.	1871		Capitale (*Vermout*)	b..	1883
Camélia (*Macaroni*)	al.	1873		Capitane (*Tigris*)	al.	1836
Cameline (*Worthless*)	b..	1848		Capote (*Bay Archer*)	b..	1883
Camelotte (*The Cossack*)	al.	1865		Capri (*Springfield*)	b..	1883
Camera (*Broomielaw*)	al.	1875		Caprice (*Walton*)	b..	1812
Camerino mare (*Camerino*)	n..	1870		Caprice (*Tandem*)	b	1836
Camériste (Ventre-Saint-Gris)	b..	1878		Capricieuse (Général Mina)	al.	1840
Camilla (*Terror*)	b..	1843		Capua (*Peter*)	n..	1888
Camilla (*Commodor Napier*)	b..	1855		Capucine (*Gladiator*)	b..	1857
Camilla (*Beau Brummel*)	al.	1888		Carabine (*Ionian*)	b..	1858
Camille (*Cadland*)	bb.	1837		Caracoleuse (Général Mina)	b..	1841
Camisole (*Gladiator*)	b..	1857		Caracolle (Doge of Venice)	b	1829
Camlet (*Camel*)	bb.	1832		Carafe (*Zut*)	b..	1889
Camlin (*Camballo*)	b..	1880		Caramba (*Inheritor*)	b..	1850
Cammas (*Nuncio* ou *Liou-bliou*)	bb.	1851		Caramie (*Général Mina*)	b..	1837
Camomille (*Sting*)	b..	1864		Caramijeas (*Zouave*)	al.	1869
Camphène (*Lowlander*)	b..	1882		Carcassonne (*Vermout*)	b..	1877
Campêche (*Vermout*)	b..	1870		Caravane (*West Australian*)	b..	1864
Canace (*Albert Victor* ou *Camballo*)	b..	1878		Caresse (*Pédagogue*)	b..	1858
Canaretta (*Eusèbe*)	al.	1884		Carioca (*Worthless*)	b..	1859
Cancale (*Vermout*)	b..	1876		Carissima (*Vermout*)	al.	1884
Candélaria (*Atlantic*)	al.	1885		Carita (*Napier*)	b..	1855
Candeur (*Captain Candid*)	b..	1856		Carita (*Adventurer*)	b..	1866
Candida (*Pospectus*)	b..	1848		Carline (*Holbein*)	bb.	1828
Candidate (*Fitz Gladiator*)	b..	1867		Carline (*Hernandez*)	bb.	1856
Candide (*Grandmaster*)	al.	1890		Carline (*Mortemer*)	al.	1873
Candor (*Jocko*)	b..	1846		Carlotta (*Prince Caradoc, La Couture* ou *M. d'Ecoville*)	b..	1854
Cannebière (*Monarque*)	al.	1870		Carlotta (*Orlando*)	b..	1856
Cannepetière (*Pellegrino*)	al.	1888		Carlotta (*West Australian*)	b..	1869
Canonnade (*Nuncio*)	b..	1856		Carlotta (*Silvio*)	al.	1884
				Carmelite (*Ion*)	bb.	1853

	Robe	Date de la naissance		Robe	Date de la naissance
Carmélite (Le Petit Caporal)	b..	1881	Cat (Hermit)	b..	1884
Carmen (Freystrop)	b..	1853	Catacomb (Phenix)	al..	1882
Carmen (Ruy Blas)	bb.	1875	Cataconia (Paul Jones)	bb.	1873
Carmen (Zouave)	al..	1875	Catalape (Gabier)	al..	1884
Carmen (Cremorne)	al..	1877	Catalina (Skiff)	al..	1832
Carmen (Churchman)	al..	1888	Catalina (Macaroni)	bb.	1868
Carmen (Castillon)	bb.	1889	Catalina (Speculum)	b..	1882
Carmosine (Caterer)	al..	1886	Catamount (Citadel)	b..	1870
Caroler (Skylark)	b..	1885	Catane (Dollar)	b..	1881
Caroline (Harlequin)	b..	1845	Catanno (Minster)	al..	1846
Caroline (Vulcan)	b..	1875	Cataract (North Lincoln)	b..	1873
Carpette (Kidderminster)	al..	1878	Catastrophe (Royal George)	b..	1846
Caressante (Consul)	al..	1881	Caterer mare (Caterer)	b..	1872
Carthage II (Caterer)	al..	1881	Catharina (Balagny)	al..	1885
Carthagène (Zut)	al..	1888	Catherina (Bramble)	al..	1846
Cartouche (Vermout)	b..	1874	Catherine (Mr. Wags)	b..	1846
Cascade (Wild Oats)	bb.	1881	Catherine (The Prime Minister)	b..	1863
Cascade (Touchet)	b..	1882	Catherine (Macaroni)	al..	1869
Cascade (Fitz Gladiator)	b..	1873	Catherine (Stentor)	b..	1869
Cascatelle (Dollar)	ro.	1872	Catherine (Lozenge)	al..	1878
Casilda (Ruy Blas)	al..	1886	Catherine Hayes (Lanercost)	bb.	1850
Cassandra (Priam)	b..	1834	Catherine Swinford (Lancastrian)	bb.	1883
Cassandre (Gigès)	b..	1847	Catspaw (Caterer)	b..	1871
Cassandre (Flavio)	al..	1889	Cattleya (The Baron)	al..	1855
Cassica (Touchstone)	b..	1842	Cauliflower (Colwick)	b..	1845
Cassiope (The Nabob)	b..	1860	Ça Va Bien (Don Carlos)	b..	1877
Cassiope (Voltigeur)	bb.	1862	Cavalcade (Froshdorff)	b..	1863
Cassiopée (Caterer)	b..	1883	Cavatine (Tarrare)	b..	1841
Cassiopeia (Breadalbane)	al..	1872	Caveat (Cowl)	b..	1852
Cassolette (Castillon)	bb.	1890	Cavigny (Souvenir)	b..	1881
Castagne (Gilbert)	b..	1885	Cavriana (Longbow ou Mountain Deer)	b..	1867
Castagnette (Lanercost)	bb.	1848			
Castagnette (Fitz Gladiator)	al..	1863	Cayenne (Grandmaster ou Brest)	b..	1886
Castagnette (Trocadéro ou Ruy Blas)	b..	1874	Céleris (Sting)	b..	1864
Castagnette (Castillon)	b..	1890	Céleste (Lottery)	b..	1831
Castalie (Dollar)	gr.	1874	Célestine (Ali-Baba)	b..	1849
Castella (Le Major)	bb.	1879	Célimène (Fantaisie)	b..	1867
Castille (Suzerain)	al..	1870	Célimène (Ruy-Blas)	bb.	1873
Castille (Glaïeul)	bb.	1874	Celina (Mandrake)	bb.	1880
Castille (Mortemer)	bb.	1880	Celine (Ascot)	b..	1854
Castillonne (Castillon)	al..	1886	Cendrillon (Gladiator)	al..	1850
Castillonne (Castillon)	b..	1888	Cendrillon (Nunnykirk)	b..	1852
Cast Off (Newminster)	al..	1856	Cendrillon (Sting)	b..	1854
Castorine (Castor)	b..	1859	Cendrillon (The Flying Dutchman)	b..	1860

	Robe	Date de la nais-sance		Robe	Date de la nais-sance
Cendrillon (The Flying Dutchman)	h.	1861	Charlotte (*Beaurepaire*)	al.	1886
Cendrillon (*Monarque*)	al.	1867	Charlotte Russe (*Caravan*)	al.	1854
Cendrillon (*Trombone*)	b.	1879	Charmante (*King Lud*)	b.	1863
Cendrillon (*Silvio*)	b.	1888	Charmer (the)(*Birdcatcher*)	bb.	1855
Cendrinette (*Bay Archer*)	n.	1882	Charmeuse (*Le Mandarin* ou		
Censer (*Cathedral*)	b.	1872	Le Petit Caporal)	bb.	1871
Cent Sous (*Ruy Blas*)	b.	1879	Charmeuse (*Mandrake*)	al.	1880
Céramée (*Hospodar*)	b.	1873	Charmeuse (*Trocadéro*)	b.	1880
Céramique (*Fitz Gladiator*)	b.	1863	Charmeuse (*Ambassadeur*)	b.	1886
Cerdagne (*Newminster*)	b.	1866	Charmette (*Fitz Gladiator*)	al.	1863
Céréale (*Eole II*)	h.	1876	Charmille (*The Nabob*)	b.	1868
Cerès (*Tipple Cider, Pole-*			Charming Polly (*Brau*)	b.	1851
cat ou *Chesterfield junior*)	b.	1852	Charolaise (*Zut*)	al.	1882
Cérès (*Lanercost*)	b.	1863	Chartreuse (*Vermout*)	bb.	1873
Cérès (*Nunnykirk* ou *The*			Chartreuse (*Guy Dayrell*)	b.	1882
Cossack)	al.	1863	Chartreuse (*Salvator*)	al.	1881
Cérès (*Pretty Boy*)	al.	1866	Chartreuse Verte (Vegetarian)	b.	1886
Cérisoles (*Argonaut*)	n.	1871	Charybde (*Urbano*)	al.	1854
Cérisoles (*Le Mandarin*)	b.	1874	Châtelaine (*The Baron*)	al.	1854
Cernières (*Souvenir*)	al.	1882	Châtelaine (*The Cossack*)	b.	1864
Certitude (*Flageolet*)	al.	1877	Châtelaine (*Albion*)	al.	1886
Césarine (*Napoleon*)	h.	1840	Chatte (*Bay Archer*)	al.	1887
Césarine (*Harlequin*)	al.	1842	Chauve-Souris (Le Petit Caporal)	b.	1873
C'est Sa Sœur (*Energy*)	b.	1889	Cheat (*Robert the Devil*)	b.	1887
Chamarande (*Saxifrage*)	al.	1882	Chelsea (*Pyrrhus the First*)	al.	1860
Chambertin (*Touchet*)	bb.	1886	Chemise (*Le Mandarin*)	al.	1871
Champêtre (*Flageolet*)	gr.	1879	Chemisette (*Alteruter*)	bb.	1843
Championnette (*Partisan*)	h.	1868	Chemisette (*Sting*)	b.	1862
Chance (*Adventurer*)	h.	1867	Chercheuse d'Esprit (*Tigris*)	al.	1836
Chanoinesse (*Napoleon*)	bb.	1836	Chercheuse d'Esprit (V. Emilius)	b.	1852
Chanoinesse (Faugh a Ballagh)	bb.	1861	Chère Belle (*Ladislas*)	bb.	1885
Chansonnette (*Napoleon*)	b.	1836	Chère Petite (*Flacatcher*)	b.	1853
Chantage (*Beaurepaire*)	al.	1883	Chéric (*Hermit*)	al.	1884
Chanterelle (*Dollar*)	b.	1882	Chérine (*Pharaon*)	al.	1867
Chantilly (*Schedony*)	b.	1834	Cherokee (*Redshank*)	b.	1843
Chantress (*Chanticleer*)	b.	1865	Cherry Ripe (*Sterling*)	b.	1882
Chapelure (*Trombone*)	b.	1880	Chersonnée (*Marcello*)	al.	1873
Chaperon (*Pédagogue*)	b.	1857	Chervis (*Flavio*)	al.	1887
Charbonnette (*Cymbal*)	al.	1875	Chésine (Pagan ou Napoleon)	b.	1848
Chariclée (*Charibert*)	b.	1886	Chesnut filly (*Grey Walton*)	al.	1824
Charity (*Poynton*)	b.	1855	Chèvrefeuille (Mourle ou Satory)	al.	1886
Charley Boy mare (Charley Boy)	b.	1843	Chevrette (*Harlequin*)	al.	1842
Charlotte (*Gibraltar*)	b.	1857	Chevrette (*Lanercost*)	bb.	1855
Charlotte (*King Tom*)	b.	1873	Chevreuil (Lapdog ou Partisan)	b.	1836
Charlotte (*Consul*)	b.	1874	Chevreuse (*Wellingtonia*)	bb.	1887

	Robe	Date de la naissance
Chevrotine (*Consul*)	b..	1875
Chica (*Napier*)	al..	1853
Chicognette (*Hagioscope ou Esterling*)	al..	1888
Chicorée (*Cobnut*)	b..	1869
Chimène (*Monarque*)	al..	1873
Chimère (*Holbein*)	b..	1834
Chimère (*Marcellus ou Napoléon*)	al..	1841
Chimère (*Fitz Gladiator*)	b..	1867
Chimère (*Trocadéro ou Ruy-Blas*)	b..	1873
Chinoise (*Consul*)	bb.	1873
Chipolata (*Lord Clive*)	b..	1887
Chiquenaude (*Bizarre*)	b..	1845
Chiquenaude (*Montargis*)	b..	1884
Chisel (*Touschtone*)	bb.	1847
Chlamyde (*Vigilant*)	al..	1885
Chloé (*Vermout*)	b..	1875
Chloé (*Castillon*)	bb.	1886
Chloris (*Partisan*)	al..	1824
Chloris (*Dollar*)	al..	1880
Chonchette (*Bonjour*)	al..	1887
Chopine (*Stracchino*)	bb.	1886
Choppe (*Restitution*)	b..	1875
Christabel (*Woful*)	b..	1824
Christiania (*Wellingtonia*)	bb.	1886
Christina (*Lanercost*)	b..	1855
Christine (*Master Henry*)	b..	1826
Christmas Eve (*Slane*)	bb.	1857
Christobel (*Charles XII*)	b..	1845
Church Militant (*Woolwich*)	al..	1859
Ciboule (*Ruy-Blas*)	al..	1878
Ciboulette (*Lord Clive*)	b..	1888
Cico (*Ethelwolf*)	b..	1860
Cigale (*Minotaur*)	b..	1855
Cigale (*Roi de Chypre*)	b..	1866
Cigale (*Ruy-Blas*)	al..	1875
Cigarette (*Jaques*)	bb.	1848
Cigarette (*Patriarche*)	al..	1884
Cigarette II (*Fitz Gladiator*)	b..	1869
Cigogne (*Sansonnet*)	al..	1884
Cinderella (*Blair Athol*)	al..	1874
Cingara (*Isaac*)	b..	1846
Cinq Sous (*Hæmus*)	b..	1843
Cintra (*Picaroon*)	bb.	1850
Circassienne (*Schamyl*)	b..	1857
Circé (*Dangerous*)	b..	1837
Circé (*Consul*)	b..	1879
Circé (*Philosopher*)	b..	1859
Citadelle (*Rowlston*)	gr.	1833
Citadelle (*Nunnykirk*)	b..	1852
Citadine (*Monarque*)	b..	1866
Citron (*Centaur*)	al..	1827
Citronelle (*Cymbal*)	b..	1878
Citronelle (*Mars*)	al..	1880
Civette (*Bay Archer*)	al..	1887
Civility (The Flying Dutchman)	b..	1861
Claira (*Nuncio*)	n..	1856
Clair de Lune (*Ionian*)	b..	1855
Claire (*Brocardo*)	b..	1854
Claire (*Alhambra*)	b..	1889
Clairette (*Pietro*)	al..	1874
Clairette (*Fra Diavolo*)	gr.	1889
Claironade (*Consul*)	b..	1880
Clairvoyante (*Ladislas*)	b..	1887
Clara (*Novelist*)	b..	1843
Clara (*Tipple Cider*)	b..	1852
Clara Fontaine (*Royal Oak*)	b..	1847
Clara Soleil (*Ruy Blas*)	b..	1885
Clara Wendel (*Pickpocket*)	b..	1840
Claret (*Lottery*)	b..	1838
Claret Cup (*Albert Edward*)	al..	1882
Clarice (*Fantaisie*)	b..	1870
Clarimonde (*Frouville*)	b..	1889
Clarine (*West Australian*)	b..	1868
Clarinette (*Ion*)	b..	1857
Clarinette (*Aguila*)	n..	1868
Clarinette (*Plutus*)	b..	1883
Clarion (*Lanercost*)	bb.	1850
Clarisse (*Wellingtonia*)	al..	1888
Clary (*Garry Owen*)	bb.	1853
Clatter (*Clinker*)	n..	1824
Claudine (*Don John*)	b..	1850
Claudine (*Ladislas*)	b..	1888
Claymore (*Vermout*)	b..	1873
Clélie (*Dollar*)	al..	1877
Clématis (*Pickpocket*)	b..	1841
Clématite (*Quoniam*)	b..	1845
Clémence (*Paul's Cray*)	bb.	1883

	Robe	Date de la naissance
Clémence Isaure (*Aviceps*).	b..	1862
Clemency (*Lanercost*)	b..	1849
Clémente (*Fitz Gladiator*).	al..	1858
Clémente (*Kisber*)	al..	1880
Clémentia (*Zut*)	al..	1886
Clementina (*Doncaster*)	ai..	1880
Clémentine (*Governor*)	b..	1847
Clémentine (*Mortemer*)	al..	1875
Clémentine (*Mandrake*)	b..	1883
Cleopatra (*Saint-Gatien*)	b..	1890
Cléopâtre (*Captain Candid*)	b..	1832
Clio (*Napoleon*)	b..	1836
Clio (*Napier*)	al..	1855
Clio (*Dollar*)	b..	1879
Clochette (*Fitz Gladiator*).	al..	1864
Clœa (*Ionian*)	b..	1855
Cloistress (*Wild Oats*)	al..	1879
Clorinda (*Angelus*)	al..	1865
Clorinde (*Holbein*)	b..	1834
Clorinde (*Lanercost*)	bb..	1858
Closerie (*Zut*)	al..	1888
Clotho (*Bois Roussel*)	al..	1866
Clotilde (*Comus*)	al..	1822
Clotilde (*Eastham*)	bb..	1838
Clotilde (*Pyrrhus the First*).	gr.	1856
Clotilde (*Tumbler*)	b..	1865
Clotilde (*Bertram*)	b..	1880
Clotilde (*St-Cloud*)	al..	1883
Cloton (*Eastham*)	b..	1826
Clôture (*Bizarre*)	b..	1842
Cloud (*Thunderbolt*)	b..	1881
Clytemnestre (*Sting*)	bb..	1858
Coal Black Rose(Robert de Gorham)	b..	1853
Coalition (*The Juggler*)	b..	1839
Cobra (*De Clare*)	b..	1863
Cocaïne (*Camballo*)	b..	1884
Cocarde (*Kilt*)	b..	1886
Coccinelle (*Saxifrage*)	b..	1883
Cochinchina (*Poulet*)	al..	1886
Cochinchine (*Eusèbe*)	al..	1884
Cochlea (*Mameluke*)	b..	1840
Cocodette (*Sacripant*)	b..	1880
Cocotte (*Belmont*)	b..	1842
Cocotte (*Macaroni*)	b..	1872
Cœlia (Caravan ou Laner est)	b..	1855

	Robe	Date de la naissance
Cœlia (*Cæruleus*)	b..	1880
Cœlika (*Monarque*)	al..	1865
Cœnis (*Vespasian*)	al..	1873
Coffin (*Anglesca*)	al..	1838
Coincidence (*Buckthorn*)	al..	1867
Coin of the West (Westbourne)	b..	1887
Colette (*Paillasse*)	al..	1845
Colette (*Fitz Emilius*)	b..	1852
Colette (*Consul*)	al..	1876
Collada (*Tournament*)	b..	1874
Colleen Rhue (*The Duke*)	al..	1885
Collerette (*Le Petit Caporal*)	b..	1870
Collerette (*Plutus*)	b..	1871
Colline (*Collingwood*)	b..	1860
Colomba (Trocadéro ou Ruy Blas)	al..	1878
Colomba (*Eusèbe*)	al..	1886
Colombe (*Lottery*)	b..	1842
Colombe (*Oak Stick*)	bb..	1843
Colombe (*Le Petit Caporal*)	b..	1870
Colombe (*Ruy Blas*)	b..	1876
Colombine (*Harlequin*)	al..	1845
Colombine (*Charlatan*)	al..	1862
Colombine (*Blinkhoolie*)	al..	1880
Colombine (*Trombone*)	b..	1880
Colonel mare(the)(the Colonel)	bb..	1837
Colophane (*Fitz Gladiator*)	al..	1866
Coloquinte (*Caleb*)	bb..	1876
Columbine (*Wild Dayrell*)	bb..	1864
Columbine (*Tynedale*)	b..	1885
Comédienne (*Gladiator*)	b..	1851
Comédienne (Father Thames).	al..	1863
Comète (*Novelist*)	b..	1843
Comète (*Physician*)	b..	1843
Comète (*Ventre Saint Gris*)	b..	1872
Comète (*Androclès*)	b..	1881
Comète (*Patricien*)	b..	1881
Comète II (*Light*)	n..	1872
Commelle (*Mr. Wags*)	bb..	1854
Comme Vous (*Sting*)	b..	1863
Como (*Citadel*)	al..	1878
Compagnie (The Flying Dutchman)	bb..	1866
Complainte (*Vermout*)	b..	1870
Comtesse (*Tarrare*)	b..	1840
Comtesse (The Baron ou Nuncio)	b..	1855
Comtesse (*Badsworth*)	b..	1875

Robe	Date de la naissance
Comtesse Caro (*Fleuret*)... b..	1885
Comtesse de Paris (*Muscovite*). b..	1870
Comtesse Renée (*Nougat*).. b..	1889
Comtesse Sarah (*Gabier*).... al..	1884
Comus mare (*Comus*)....... b..	1816
Conception (*Gantelet*)..... b..	1878
Conchita (*Lamartine*)..... al..	1862
Conchita (*Charibert*)...... b..	1887
Conciliante (*Beaurepaire*).. b..	1883
Conciliation (*F. Gladiator*) b..	1866
Concordia (*Fontainebleau*). b..	1884
Condition (*Empire*)........ b..	1873
Conférence (*The Baron*)... al..	1854
Conférence (*Insulaire*)..... b..	1886
Confiance (*Y. Emilius*).... b..	1842
Confiance (*Monarque*)..... b..	1872
Confiance (*Mirliton*)...... b..	1879
Confiance (*Nougat*)....... b..	1886
Confiance (*Ladislas*)...... b..	1887
Confidence (*W. Australian*) b..	1866
Confidence II (*Monarque*).. b..	1866
Confiture (*Royal Oak*)..... b..	1837
Confiture (*Flageolet*)..... n..	1878
Conquête (*The Scavenger*)....... al..	1848
Conquête (*Faugh a Ballagh*).. b..	1860
Conquête (*Blenheim*)...... b..	1877
Conserve (*Mortemer*)...... al..	1880
Consigne (*Flageolet*)..... b..	1882
Consolation (*Grey Tommy*). al..	1861
Consolation (*Sharavague*).. b..	1861
Consolation (*Montagnard*). b..	1871
Constance (*Gladiator*).... al..	1848
Constance (*Renonce*)..... al..	1854
Constance (*Consul*)........ b..	1873
Constance (*Bay Archer*).... al..	1888
Constance II (*Montargis*).. bb.	1878
Constantia Ada (*Gladiator*).. b..	1843
Constantine (*Y. Emilius*).. b..	1845
Constantine (*Mandrake*)... al..	1881
Constantine (*Balagny*)..... b..	1885
Constantine (*Sposo*)....... b..	1889
Constellation (*Pretty Boy* ou *Womersley*)............. al..	1861
Constituante (*Gabier*)..... bb.	1888
Consuela (*Royal Oak*)..... bb.	1843

Robe	Date de la naissance
Contempt (*King Tom*)..... b..	1865
Contessa (*Colwick*)........ bb.	1845
Contessina (*Caravan*)..... b..	1854
Contraband (*Adventurer*).. b..	1868
Contract (*Stockwell*)...... b..	1862
Contrebande (*Fra Diavolo*). al..	1889
Contredanse II (*Dollar*)... b..	1884
Contrition (*Tiresias*)....... al..	1824
Convent (*Voltigeur*)...... bb.	1862
Convention (*Ruy Blas*).... bb.	1881
Conversion (*Allez y Gannont*). b..	1861
Coppélia (*Le Destrier*)..... al..	1885
Coqueluche (*Royal Oak*)... b..	1840
Coqueluche (*Bagdad*)..... al..	1874
Coquette (*Lutzen*)......... b..	1830
Coquette (*Mr. Wags*)..... b..	1846
Coquette (*Arthur*)......... al..	1849
Coquette (*Sting*).......... b..	1857
Coquette (*Womersley*)..... b..	1862
Coquette (*Trombone ou Blenheim*)... al..	1878
Coquille (*Ruy Blas*)....... b..	1873
Cora (*Tipple Cider*)....... al..	1854
Cora (*Farfadet*).......... b..	1857
Cora (*Terror*)............ b..	1862
Coral (*Orville*)............ b..	1816
Corbeau (*The Saddler*).... n..	1847
Corbeille (*Barbillon*)...... al.	1881
Cordélia (*Hilarious*) ...... bb.	1884
Cordialité (*Ventre-St-Gris*) b..	1863
Cordoue (*Sting*) .... b..	1853
Corinne (*Holbein*)........ b..	1834
Corinne (*Mustachio*)...... bb.	1836
Corinne (*Tic Tac*)........ b..	1868
Corinthe (*Napier*)......... b..	1852
Corinthe (*Saxifrage*) ...... al.	1881
Cornaline (*Boïard*)........ bb.	1877
Corne d'Or (*Ruy Blas*)..... al..	1878
Corne d'Or (*Beaurepaire*).. al..	1882
Cornélia (*The Flying Dutchman*) bb.	1861
Cornélie (*Fitz Emilius*).... b..	1851
Cornélie (*Mortemer*)....... al..	1875
Cornemuse (*Mortemer*).... b..	1880
Corniche (*Holbein*) .... b..	1834
Corniva (*Cobnut*)......... al..	1869
Corolla (*Suffolk*) .... bb.	1877

	Robe	Date de la nais- sance		Robe	Date de la nais- sance
Corolla (*Dollar*)	b..	1883	Crann Tair (*Lord Lyon*)	b..	1874
Corona (*Dollar*)	b..	1881	Crapaudine (*Poulet*)	al..	1889
Cortada (*Arnold*)	al..	1889	Cravache (*Etendard*)	al..	1869
Corvette (*Pyrrhus the First*)	al..	1861	Cravache (*Vermout*)	bb.	1869
Corvette (*Stentor*)	b..	1869	Cravate (*Tibthorpe*)	b..	1883
Corvette (*Gunboat*)	n..	1882	Création (*Consul ou Gabier*)	b..	1877
Corvette (*Border Minstrel*)	al..	1887	Creeping Jenny (*Inheritor*)	bb.	1817
Coryphée (*Venison*)	b..	1848	Cremona (*Paganini*)	b..	1874
Coryphée (*Lowland Chief*)	b..	1887	Cremona (*Cremorne*)	b..	1889
Corysandre (*Holbein*)	al..	1834	Cremorne (*Wild Dayrell*)	b..	1858
Corysandre (*Schamyl*)	al..	1853	Crêmière (*Monarque*)	al..	1867
Corysandre (The Flying Dutchman)	b..	1860	Créole (*Royal Oak*)	n..	1837
Cosachia (*Hetman Platoff*)	b..	1844	Créole (*Royal Oak*)	bb.	1838
Cosette (*Cellarius*)	al..	1864	Cresserelle (*Fontainebleau*)	b..	1887
Cossette (*Braconnier*)	al..	1880	Creusa (*Priam*)	b..	1834
Cossette (*Bay Archer ou Mandrake*)	b..	1883	Creusa (*Ion*)	bb.	1852
Costanza (*Mandrake*)	al..	1879	Crève-Cœur (*King Lud*)	b..	1883
Cotillon (*Le Mandarin*)	b..	1872	Crevette (*Clotaire*)	bb.	1878
Cotton Velvet (*Stockwell*)	al..	1862	Crinière (Robert the Devil)	b..	1886
Coturnix (*Thunderbolt*)	al..	1871	Crinoline (*Brocardo*)	b..	1854
Couette (*Paillasse*)	al..	1845	Crinoline (*The Baron*)	b..	1854
Couleur de Rose (Blair Athol)	al..	1873	Crinoline (*Sting*)	b..	1856
Couleuvre (*Vertugadin*)	b..	1874	Crinoline (*Stoker*)	b..	1857
Countess (*Birdcatcher*)	bb.	1848	Crinoline (*Cymbal*)	al..	1877
Countess Clifden (Lord Clifden)	b..	1869	Crinon (*Newminster*)	al..	1868
Countess of Salisbury (Knight of the Garter)	b..	1873	Crispine (*Eastham*)	gr.	1832
Courageuse (*Prétendant*)	al..	1863	Croisade (*The Cossack*)	al..	1860
Courageuse (*Vernet*)	al..	1889	Croisette (*Linsey Wolsey*)	b..	1875
Courbature (*Flageolet*)	b..	1884	Croix-Blanche (*Saint Louis*)	al..	1887
Courbette (*Mars*)	b..	1881	Croix du Sud (*Le Mandarin*)	b..	1868
Courbette (*Fontainebleau*)	bb.	1883	Cromatella (*Wellingtonia*)	al..	1887
Cour d'Amour (*Stracchino*)	b..	1887	Croquette (*Lord Clive*)	al..	1887
Coureuse de Nuit (*Ruy Blas*)	al..	1870	Croquignole (*Marly*)	bb.	1855
Courlande (*Lusignan ou San Stefano*)	bb.	1884	Crossbun (*Maskelyne*)	b..	1889
Couronne (*Ruy Blas*)	b..	1879	Crosspatch (*King Tom ou Macaroni*)	b..	1878
Court (*Hampton*)	b..	1882	Cross Stitch (*Kingston*)	b..	1858
Court Dame (*Hampton*)	b..	1889	Crotchet (*Partisan*)	b..	1824
Courtisan (*Grimston*)	b..	1870	Croustade (*Lord Clive*)	b..	1890
Courtisane (*Bagdad*)	b..	1879	Crusade (*Dollar*)	b..	1875
Courtisane (*Balagny*)	b..	1884	Crust (*Balzan*)	b..	1890
Courtoisie (*Fitz Gladiator*)	b..	1862	Crystal (*Triumvir*)	bb.	1814
Covert Coat (*Thunderbolt*)	b..	1882	Cuckoo (*Elis*)	al..	1843
Cowl mare (*Cowl*)	bb.	1851	Cuisinière (*Tabac*)	al..	1880
			Cunégonde (*Marksman*)	b..	1876

20

	Robe	Date de la nais- sance
Curiosity (*Pyrrhus the First*)	al..	1862
Curl (*Confederate*)	b..	1832
Currency (*Saint Patrick*)	al..	1837
Cutendre (*Claude*)	al..	1832
Cybaline (*Wellingtonia*)	gr.	1879
Cybèle (*Tigris*)	al..	1829
Cybèle (*Rémus*)	al..	1869
Cybèle (*Fitz Gladiator*)	al..	1870
Cybèle (*Mandrake*)	al..	1879
Cybèle (*Le Lion*)	b..	1890
Cyclopedia (*Blair Athol*)	b..	1883
Cymbalaria (*Springfield*)	b..	1882
Cymbale (*Cymbal*)	bb.	1877
Cynthia (*Cock Oyster*)	b..	1875
Cyprienne (*Camel*)	b..	1839
Cypris (*Pédagogue*)	b..	1863
Cypris (*Frontin*)	al..	1889
Cyrène (*Bay Archer*)	al..	1886
Cythare (*Saxifrage*)	bb.	1885
Cythère (*Pédagogue*)	b..	1859
Cythère (*Ladislas*)	b..	1887
Czardas (*Kisber*)	al..	1883
Czarina (*Lanercost*)	bb.	1859
Czarina (*King Tom*)	b..	1871
Czarine (*Tic-Tac*)	b..	1861
Dacia (*Gladiator*)	al..	1845
Dadionne (*Franck*)	b..	1842
Dafné (*Monarque*)	b..	1866
Dague (*Consul*)	al..	1881
Dahlia (Caravan ou Nuncio)	al..	1855
Dahlia (*Fontainebleau*)	b..	1889
Dahomey (*Empire*)	al..	1874
Dainty (*Ionian*)	b..	1852
Daisy (Androclès ou Faublas)	b..	1883
Daisy Wreath (*Buckenham*)	b..	1876
Dalila (the Prime Minister)	bb.	1862
Dalilah (*Rabelais*)	b..	1853
Dalmatic (Couronne de Fer)	b..	1877
Dalnamaine (*Thormanby*)	al..	1871
Damask Rose (*King Lud*)	b..	1881
Dame Blanche (*Arlequin*)	b..	1846
Dame Blanche (*F. Gladiator*)	al..	1860

	Robe	Date de la nais- sance
Dame de Cœur (*Gladiator, Sting* ou *Gigès*)	al..	1850
Dame de Compagnie (Pédagogue)	b..	1857
Dame d'Honneur (The Baron)	al..	1852
Dame de Trèfle (T. Prime Warden)	b..	1856
Dame Janet (*Julius*)	b..	1870
Damietta (*Blucher*)	bb.	1822
Damietta (*Revigny*)	al..	1876
Damiette (*Iago*)	b..	1863
Damoiselle (*Mousquetaire*)	al..	1880
Damophila (*Nautilus*)	n..	1846
Danae (*Terror*)	b..	1837
Danaé (*Ballinkeele*)	b..	1855
Danaé (*Bay Archer*)	b..	1887
Danaide (*Ægyptus*)	b..	1836
Danaïde (*Schamyl*)	al..	1853
Dancing Girl (*Cymbal*)	al..	1886
Dancing Lady (*Sir Bevys*)	b..	1884
Danseuse (*Fripon*)	b..	1890
Dansomanie (*Pickpocket*)	b..	1838
Daphne (*Garry Owen*)	al..	1852
Daphne (*Strongbow*)	bb.	1857
Dare Dare (*Narcisse*)	b..	1890
D'Argent (*Chippendale*)	b..	1888
Dark Flora (*Peter*)	n..	1885
Darling (*Oak Stick*)	b..	1843
Darling (*Gladiator*)	bb.	1848
Darling (Le Mont Valérien)	b..	1889
Dart (*Lambton*)	al..	1869
Darthula (*Scud*)	al..	1815
Datestone (*Grosvenor*)	b..	1864
Dauphine (*Garry Owen*)	al..	1855
Dauphine (*Monarque*)	b..	1868
Day Spring (*Annandale*)	bb.	1857
Day Spring (*Springfield*)	b..	1886
Dead Secret (*Adventurer*)	n..	1879
Débonnaire (*Umpire*)	al..	1873
Déborah (*Collingwood*)	al..	1860
Débutante (Pyrrhus the First)	bb.	1855
Débutante (*Pretty Boy*)	al..	1867
Deception (*Defence*)	b..	1836
Déception (*Royal Oak*)	b..	1837
Déception (*Collingwood*)	b..	1855
Déception (Commodor Napier)	b..	1856
Déception (*Tourmalet*)	b..	1881

	Robe	Date de la naissance
Déception (*Saxifrage*)	al..	1882
Decency (*Nuncio*)	b..	1849
Décision (*Tarrare*)	b..	1840
Décision (*West Australian*)	b..	1866
Decision (*Umpire*)	b..	1881
Déclamation (*Allez y Galmont*)	b..	1864
Déclaration (*Muscovite*)	b..	1871
Decrepit (*Defence*)	b..	1846
Deer (*Van Dyke Junior*)	bb.	1817
Deer Aquila (*Ethelwolf*)	b..	1857
Deer Beaucens (*Beaucens*)	b..	1856
Deer Chase (*Venison*)	b..	1843
Deer Chase (*F. Gladiator*)	b..	1868
Deer Filly (*Fitz Emilius*)	b..	1850
Deer Filly II (*F. Gladiator*)	b..	1868
Déesse (*Y. Monarque*)	b..	1875
Déesse (*Bertram*)	al..	1880
Défiance (*Royal Oak*)	b..	1849
Defy (*Defence*)	bb.	1838
Deidza (*Y. Emilius*)	bb.	1838
Déjà-Là (*Patricien*)	b..	1878
Déjanire (*West Australian*)	bb.	1862
Déjazet (*Hercule*)	bb.	1846
Déjazet (*Tourmalet*)	bb.	1875
Délia (*Priape*)	b..	1860
Déliane (the Flying Dutchman)	b..	1862
Delight (*Carnelion*)	bb.	1881
Delight mare (*Delight*)	b..	1872
Delphine (*Remus*)	b..	1864
Demi Fortune (*Ibrahim*)	b..	1845
Demi Lune (*Vaucresson*)	bb.	1870
Deminus (*Bran*)	al..	1859
Démoc (*Longchamps*)	bb.	1871
Démonstration (*Sting* ou *Gladiator*)	bb.	1849
Denique (*Defence*)	bb.	1849
Denise (*Fitz Gladiator*)	al..	1859
Dentelle (*Russborough*)	n..	1855
Dentelle (*Trumpeter*)	b..	1866
Dentelle (*Vertugadin*)	al..	1876
Dentelle (the Bard)	b..	1889
Déodara (*Macaroni*)	n..	1875
Dépêche (*Clotaire ou Salmigondis*)	b..	1876
Deer-A-Quila (*Bay Archer ou Ladislas*)	b..	1889

	Robe	Date de la naissance
Derline (*Y. Emilius*)	b..	1853
Desdemona (*Premium*)	b..	1828
Desdémone (*Le Mandarin*)	b..	1871
Désespérée (*Ion*)	b..	1857
Désespérée (*Wild Oats*)	b..	1871
Désirée (*Bizarre*)	al..	1845
Désirée (*Mameluke*)	al..	1847
Désirée (*Grey Tommy*)	gr.	1859
Désirée (*Ethelwolf*)	b..	1868
Despair (*Brutandorf*)	b..	1835
Destinée (*Ruy Blas*)	b..	1871
Destiny (*Sultan*)	al..	1833
Destiny (*Centaur*)	bb.	1829
Détresse (*Y. Monarque*)	bb.	1870
Devastation (*Petrarch*)	b..	1888
Déveine (*Eusèbe*)	bb.	1886
Devine (*Gladiator*)	b..	1854
Devonian (*The Miser*)	b..	1886
Devotion (*Royal Oak*)	b..	1845
Diamond Agnes (*Hampton*)	b..	1890
Diana (*Prétendant*)	b..	1863
Diana (*Lord Clifden*)	b..	1874
Diana (*Pepper and Salt*)	b..	1889
Diane (*Defence* ou *Venison*)	b..	1840
Diane (*Van Tromp*)	bb.	1851
Diane (*Lieutenant*)	b..	1859
Diane (*Le Petit Caporal*)	b..	1870
Diane (*Drummond*)	al..	1877
Diane (*Wild Oats*)	b..	1880
Diane III (*Feu d'Amour*)	b..	1880
Diane de Poitiers (the Flying Dutchman)	b..	1862
Diaprée (*Rayon d'Or*)	al..	1882
Diavoletta (*Whiteface*)	b..	1850
Diavolina (*West Australian*)	bb.	1863
Diavolina (*Fontainebleau*)	b..	1888
Dictature (*Plutus*)	b..	1872
Diction (*Rayon d'Or*)	b..	1883
Didine (*Boïard*)	b..	1881
Didon (*Terror*)	b..	1837
Didon (*Strongbow*)	b..	1857
Didon (*Monarque*)	b..	1861
Dieu Merci (*Iago* ou *Gladiator*)	gr.	1856
Dieu Merci (*Fitz Gladiator* ou *Balthazar*)	b..	1860

	Robe	Date de la naissance		Robe	Date de la naissance
Diggory Diddle (*Velocipede*)	al..	1841	Dolly Varden(*Muley Moloch*)	b..	1849
Dignity (*Commodor Napier*)	b..	1855	Dolores (*Suzerain*)	b..	1873
Digoine (*Bruce*)	b..	1889	Doloride (*Pickpocket*)	b..	1839
Diletta (*Y. Emilius*)	al..	1847	Doloride (*Hercule*)	al..	1847
Diligence (*Gabier*)	al..	1888	Dolorosa (*Sylvio*)	bb.	1835
Dimanche (*Mirliflor*)	b..	1881	Domiduca (*the Miner*)	bb.	1873
Dina (*Tarrare*)	al..	1847	Dominante (*Nougat*)	al..	1882
Dinah (*Jack Robinson*)	b..	1854	Dominante (*Dan Godfrey*)	b..	1884
Dine (*Eastham*)	al..	1831	Dona Isabella (*Royal Oak*)	bb.	1840
Dinna Forget (*Macheath*)	b..	1887	Dona Julia (*Royal Oak*)	b..	1836
Dinorah (*Weathergage*)	b..	1859	Dona Maria (*Rainbow*)	b..	1834
Dione (*Bérenger*)	b..	1852	Dona Onesta (*Pickpocket*)	b..	1840
Dionne (*Rainbow*)	al..	1826	Dona Paz (*Dutch Skater*)	b..	1891
Dionnette (*Cadland*)	n..	1836	Dona Pilar (*Royal Oak*)	b..	1837
Directrice (*Stracchino*)	bb.	1881	Dona Sol (*Actæon*)	bb.	1838
Discipline (*Vigilant*)	al..	1888	Dona Sol (*Physician*)	b..	1843
Discorde (*Sting*)	bb.	1866	Dona Sol (*Empire*)	al..	1870
Discrète (*Eastham*)	b..	1833	Don Cossack mare(DonCossack)	bb.	1821
Discrète (*Pratique*)	bb.	1880	Donzelle (*Silvio*)	b..	1886
Discrète (*Androclès*)	b..	1882	Donzelle (*Bay Archer*)	b..	1890
Discretion (*Napoleon*)	b..	1845	Dora (*Chattanooga*)	bb.	1876
Discrétion (*Plutus*)	al..	1872	Dora (*Cymbal*)	al..	1877
Disette (*Renonce*)	al..	1854	Dora (*Doncaster*)	b..	1884
Dispute (*Consul*)	al..	1872	Dora II (*San Stefano*)	b..	1888
Dissidence (*Marksman*)	b..	1874	Dorade (*Royal Oak*)	b..	1843
Dissidente (*Clocher*)	b..	1874	Dordogne (*Hospodar*)	b..	1869
Distinction (*Dollar*)	al..	1873	Dorée (*Franc Tireur*)	b..	1887
Distingué (*Rosicrucian*)	b..	1887	Doreuse (*Rosicrucian*)	b..	1886
Distraction(Le Dard ou Alhambra)	b..	1890	Doris (*Trance*)	b..	1828
Divane (*Florin*)	al..	1878	Doris (*Terror*)	al..	1837
Diversion (*Trent*)	b..	1882	Dosia (*Faublas*)	al..	1877
Divina (*Florist*)	b..	1858	Dot (*Galliard*)	al..	1885
Division (*Dalesman*)	al..	1873	Dotation (*Ventre Saint Gris*)	b..	1874
Division (*Coq du Village*)	b..	1886	Douce (la) (*Haphazard*)	al..	1821
Divorced (*Strathconan*)	b..	1886	Doucereuse (*Mortemer*)	n..	1874
Djali (*Royal Oak*)	bb.	1840	Douceur (*Nougat*)	h..	1879
Djali (*Harlequin*)	al..	1842	Douche (*Coq du Village*)	al..	1887
Djali (*Skirmisher*)	b..	1851	Douillette (*Verdun*)	al..	1885
Djocjacarta (*Atlantic*)	b..	1884	D'Ou Viens-tu? (*Flavio*)	al..	1884
Doctor Syntax mare(DoctorSyntax)	bb.	1838	Dovedale (*Beadsman*)	b..	1871
Doctrine (*Playfair*)	b..	1876	Dragée (*Royal Oak*)	b..	1838
Dodo (*Viscount*)	gr.	1819	Dragée (*Tourlourou*)	bb.	1871
Dogaresse (*Vigilant*)	b..	1887	Dragée (*Beau Merle*)	al..	1877
Doll (*Hilarious*)	b..	1886	Dragonne (*Stentor*)	al..	1869
Dolly Pentreath (*Macaroni*)	b..	1877	Dragonne (*Marksman*)	al..	1875

	Robe	Date de la naissance
DrapeauBlanc(*Prudhomme*)	al..	1887
Draycatt (*Fitz Touchstone*).	al..	1860
Dril (*Touchstone*)	bb.	1848
Drôla (*Le Drôle*)	b..	1886
Drôlesse (*Le Drôle*)	bb.	1885
Drôlesse (*Maubourguet*)	b..	1886
Drôlette (*Le Drôle*)	b..	1887
Drumontine (*Drummond*)	al..	1881
Drusilla (*the Cossack*)	b..	1861
Du Barry (*Robert Houdin*)	n..	1875
Dubica (*Tirésias*)	b..	1826
Dubica (Young) (*Iago*)	b..	1856
Duchess (*Sir John*)	bb.	1842
Duchess (*Caravan*)	bb.	1854
Duchesse (*Lanercost*)	b..	1856
Duchesse (*Mortemer*)	al..	1875
Duchesse (*Zouave*)	al..	1875
Duchesse (*Braconnier* ou *Insulaire*)	b..	1882
Duchesse Anne (*Mortemer*)	b..	1879
Duchesse de Brabant (*Physician* ou *Brabant*)	al..	1843
Duches of Athol (Blair Athol).	al..	1866
Duchess of Devonshire (Stockwell)	b..	1867
Duchess of Hampton (Hampton).	al..	1883
Duchess of Malet (*Elland*)	b..	1873
Duchess of Newcastle (Newcastle)	al..	1863
Duchess of Parma (Parmesan).	b..	1873
Dudu (*Cadland*)	b..	1837
Dudu (*Worthless* ou *theScavenger*)	b..	1848
Duet (*Mambrino*)	b..	1834
Dugazon (*Dollar*)	bb.	1882
Dulcamara (*Physician*)	b..	1845
Dulce Domum (*Cambuscan*)	al..	1869
Dulcinea (*Sweetmeat*)	n..	1856
Dulcinéa (*D'Artagnan*)	b..	1867
Dulcinée (*Eastham*)	b..	1834
Dulcinée (*Théodore*)	b..	1842
Dulcinée (*Gladiator*)	al..	1858
Dulcinée (*Le Mandarin*)	b..	1874
Dundrum (*Rataplan*)	al..	1871
Dune (*Border Minstrel*)	al..	1889
Dunette (*Dollar*)	al..	1870
Dunette (*Dollar*)	b..	1872

	Robe	Date de la naissance
Dunette (*Braconnier*)	b..	1881
Dunette (*Tilhac*)	b..	1886
Dunoise (*Clocher*)	b..	1886
Dunsdale (*Mac Gregor*)	al..	1881
Duplicity (*Annandale*)	bb.	1853
Duplicity (*Nuncio*)	bb.	1856
Durandal (*Drummond*)	b..	1878
Durandale (*Drummond*)	b..	1880
Durandale (*Gilbert*)	b..	1880
Durham (*Lifeboat*)	bb.	1867
Dynasty (*Ferragus*)	al..	1875
Ea (*Napoleon*)	b..	1838
Early Dawn (*Cremorne*)	b..	1880
Earwig (*Emilius*)	b..	1828
East Anglia (*Suffolk*)	b..	1873
Eau de Rose (*Bayard*)	al..	1869
Ebauche (*Emancipation*)	b..	1836
Eccentricity (*Defence*)	al..	1841
Eccola (*Bay Middleton*)	b..	1841
Echalotte (*Vermout*)	al..	1881
Echelle (*Sting*)	b..	1849
Echelle (*Trocadéro*)	al..	1875
Echo (*Royal Oak*)	b..	1847
Echo (*Sting*)	b..	1859
Echo (*Womersley*)	al..	1863
Eclair (*Iago*)	b..	1858
Eclaircie (*Ruy Blas*)	al..	1878
Eclipse (*Terror*)	b..	1836
Ecliptique (*Plutus*)	b..	1874
Economie (*Royal Oak*)	b..	1839
Ecossaise (*Muscovite*)	b..	1869
Ecosse (*Le Sarrazin*)	b..	1877
Ecurette (*Clocher*)	b..	1885
Edgworth Bess (*Glaucus*)	b..	1839
Edith (*The Juggler*)	b..	1839
Edith Plantagenet (The Palmer).	b..	1875
Effi (*Peyrusse*)	bb.	1857
Effie (*Robert the Devil*)	b..	1887
Effie Deans (*Ashton*)	b..	1815
Effie Deans (*Brabant*)	al..	1844
Effie Deans (Young) (*Ibrahim*)	b..	1840
Effraie (*Julius Cæsar* ou *Sansonnet*)	b..	1889

	Robe	Date de la naissance
Effrontée (*Napoleon*)	b..	1838
Effy (*Tooley*)	b..	1821
Egalité (*Trombone*)	al..	1880
Egalité (*Isonomy*)	al..	1889
Egalité (*Monarque*)	b..	1890
Egérie (*Napoleon*)	al..	1838
Egérie (*Bon Vivant*)	b..	1870
Egeste (*Royal Oak*)	b..	1847
Eglantine (*Dangerous*)	al..	1837
Eglantine (*Sting*)	bb.	1856
Eglantine (*Guignolet*)	al..	1860
Eglantine (*Beauvais*)	b..	1864
Eglantine (*Idus*)	b..	1883
Eglantine (*Apollon*)	bb.	1888
Eglantine II (*Orphelin*)	bb.	1866
Eglé (*Woful*)	al..	1825
Eglé (*Rainbow*)	gr.	1827
Eglé (*Governor*)	b..	1847
Egyptienne (*Ibrahim*)	b..	1839
Elastique (*Faugh a Ballagh ou Lanercost*)	bb.	1861
Eley (*Holbein*)	al..	1827
Eleanor (*Plantagenet*)	b..	1874
Election (*Salvator*)	b..	1884
Election mare (*Election*)	b..	1815
Electricity (*Thunderbolt*)	al..	1866
Electrique (*Gantelet*)	b..	1876
Electrisante (*Galopin*)	bb.	1885
Elégante (*Garry Owen ou Ethelwolf*)	b..	1857
Elégie (*Napier*)	b..	1854
Eleonor (*Dick Andrews*)	b..	1814
Elephanta (*Filho da Puta*)	bb.	1823
Elfrida (*Premium*)	b..	1829
Elfride (*Royal Oak*)	b..	1847
Eliane (*Pretty Boy*)	al..	1869
Eliata (*Sting*)	b..	1854
Elida (*Valérien*)	b..	1881
Eline (*Ægyptus*)	b..	1846
Elisa (*Napoleon*)	b..	1845
Elisabeth (*Saracen*)	al..	1832
Elisabeth (*Stultz*)	n..	1854
Elisabeth (*Cobnut*)	b..	1869
Elisabeth (*Courtois*)	b..	1884
Elisabeth (*Sir Bevys*)	bb.	1886

	Robe	Date de la naissance
Elise (*Chesterfield junior*)	bb.	1858
Elise (*Sting*)	b..	1858
Elis mare (*Elis*)	al..	1842
Ella (*Ely*)	al..	1869
Ella (*Exminster*)	b..	1881
Ellangowan (*Strathconan*)	b..	1876
Ellen Loraine (The Lord Mayor)	bb.	1854
Ellen Muncaster (*Muncaster*)	al..	1886
Ellingtonia (*Ellington*)	bb.	1885
Ellipsus (*Emilius*)	ro.	1843
Eloa (*Royal Oak ou Terror*)	b..	1838
Eloïse (*Trance*)	bb.	1829
Eloïse (*Worthless*)	b..	1849
Eloïse (*De Clare*)	al..	1859
Elpinice (*Gladiator*)	b..	1852
Elven (*Pretty Boy*)	b..	1864
Elvina (*Cain*)	b..	1839
Elvira (*Orville*)	b..	1817
Elvira (*Eryx*)	b..	1829
Elvire (*Vampyre*)	b..	1832
Elvira (*General Mina*)	al..	1835
Em (*Mandrake*)	al..	1873
Emancipée (*Mirliton*)	b..	1881
Embellie (*Perplexe*)	b..	1885
Embuscade (*Drummond*)	al..	1877
Emelia (*Tancred*)	b..	1833
Emelina (*Emilius*)	al..	1829
Emerald (*Merchant*)	b..	1837
Emérance (*Ruy Blas*)	b..	1871
Emeraude (*Lutzen*)	b..	1832
Emeraude (*Bizarre ou Alteruter*)	bb.	1842
Emeraude (*Brocardo*)	al..	1860
Emeraude (The Heir of Linne)	b..	1860
Emeraude (*Ruy Blas*)	b..	1871
Emeraude (*Farfadet*)	b..	1887
Emilia (*Y. Emilius*)	b..	1843
Emilia (*Y. Emilius*)	b..	1844
Emilia (*Ali Baba*)	b..	1847
Emilia (*Y. Emilius*)	b..	1848
Emilia (*Fitz Emilius*)	b..	1850
Emilia (*Y. Emilius*)	al..	1852
Emilia (*Y. Emilius*)	b..	1858
Emilia (*Sting*)	b..	1862
Emilia (*Prétendant*)	al..	1863

	Robe	Date de la naissance		Robe	Date de la naissance
Emilia (*Cymbal*)	al.	1876	Ephèse (*Plutus*)	b.	1880
Emilia (Young) (The Flying Dutchman)	b.	1863	Epicharis (*Governor*)	b.	1847
Emiliana (*Emilius*)	al.	1829	Epinette (*Zut*)	b.	1882
Emilie (*Emilio*)	b.	1845	Epine Vinette (*Marksman*)	al.	1874
Emilie (*Stoker*)	bb.	1854	Epingle (*Fitz Gladiator*)	al.	1869
Emilie (*West Australian*)	bb.	1862	Epinglette (*Ruy Blas*)	al.	1882
Emilius mare (*Emilius*)	b.	1837	Episode (*Plutus*)	b.	1871
Eminence (*Pompier*)	bb.	1878	Epoch (*Ionian*)	b.	1856
Emissa (*Prétendant*)	n.	1864	Epône (*Apollo*)	b.	1881
Emma (*Napoleon*)	al.	1838	Eponine (The Flying Dutchman)	b.	1864
Emma (*Balagny*)	al.	1884	Epopée (*Marksman*)	b.	1873
Emma (*Beauminet*)	al.	1887	Epopée (*Trombone*)	bb.	1881
Emma Bowes (*Newminster*)	b.	1858	Epopée (*Bruce*)	b.	1887
Emma Donna (*Galanthus*)	bb.	1848	Epoque (*Bay Archer*)	al.	1885
Emmeline (*Light*)	b.	1867	Equation (*Malton*)	al.	1856
Emmy (*Slane*)	b.	1852	Equité (*Bagdad*)	al.	1879
Emotion (*Emilius*)	b.	1858	Equivoque (*Y. Gladiator*)	b.	1863
Empress (the) (*Defence*)	b.	1846	Ermeline (*Dollar*)	b.	1868
Empress (*The Emperor*)	b.	1852	Ermengarde (*Flageolet*)	b.	1881
Emu (*Bend'Or*)	bb.	1884	Erreur (The Barou ou Assault)	b.	1854
Encantadora (*Dollar*)	al.	1876	Ericht (*Daniel O'Rourke*)	al.	1862
Enchanteresse (*Abron*)	b.	1829	Eritrina (*Collingwood*)	b.	1857
Enchanteresse (Wellingtonia)	b.	1879	Ernestine (*Électrique*)	b.	1856
Enéide (*West Australian*)	b.	1868	Erotica (*Libertine*)	b.	1838
Energetic (*Lord Lyon*)	b.	1870	Error (Napoleon ou Harlequin)	b.	1836
Energique (*Gabier*)	bb.	1882	Erycina (*Saint-Martin*)	al.	1850
Energy (*Blacklock*)	b.	1830	Esbrouffe (*Peregrine*)	b.	1888
Engadine (*Macaroni*)	b.	1881	Escampette (*Fitz Gladiator*)	al.	1870
Enguerrande (*Vermout*)	b.	1873	Escapade (*Gladiateur*)	bb.	1870
Enjoleuse (*Ruy Blas*)	al.	1876	Escapade (*Consul*)	al.	1882
Ennui (*Jack Robinson*)	al.	1855	Escarboucle (*Doncaster*)	b.	1882
Entécade (The Flying Dutchman)	bb.	1865	Escarcelle (*Patriarche*)	b.	1888
Enterprise (*Adventurer*)	b.	1876	Esclarmonde (*Farfadet*)	b.	1888
Entre Deux (*Collingwood*)	b.	1862	Esclandre (*Stentor*)	bb.	1871
Eolette (*Eole II*)	bb.	1877	Escorte (*Zouave*)	al.	1879
Eolienne (*Inquest*)	b.	1867	Esculent (*Cucumber*)	al.	1879
Eolienne (*Flageolet, Dutch Skater* ou *Eole II*)	al.	1876	Esméralda (*Sylvio*)	b.	1884
Eolienne (*Brindisi*)	b.	1877	Esméralda (*Nuncio*)	b.	1862
Eoline (*Muley Moloch*)	bb.	1842	Esméralda (*Cobnut*)	b.	1867
Eoline (*Faugh a Ballagh*)	b.	1859	Esméralda (*Franc Tireur*)	b.	1878
Epaulette (*Flageolet*)	al.	1877	Espagnolle (Young) (*Partisan*)	al.	1828
Epautre (*Soliman*)	b.	1883	Espérance (*Weathergage*)	bb.	1858
Epave (*Zouave*)	b.	1866	Espérance (*Collingwood*)	b.	1860
Epave II (*General Peel*)	al.	1875	Espérance (*Nuncio*)	al.	1860
			Espérance (*Lamartine*)	al.	1863

	Robe	Date de la nais- sance		Robe	Date de la nais- sance
Espérance (*Merok*)	b..	1864	Etoile (*Castillon*)	b..	1886
Espérance (*Strongbow*)	b..	1864	Etoile de Mars (*Ionian*)	n..	1852
Espérance (*Bissextil*)	bb.	1868	Etoile de l'Ouest (*Affidavit*)	b..	1872
Espérance (*Le Mandarin*)	al..	1871	Etoile des Landes (*Ethelwolf*)	b..	1867
Espérance (*Le Sarrazin*)	al..	1875	Etoile du Forez (*Iago*)	b..	1859
Espérance (*Cymbal*)	b..	1876	Etoile du Matin (*Cymbal*)	al..	1877
Espérance (*Gontran*)	b..	1876	Etoile du Midi (*Teddington*)	bb.	1861
Espérance (*Julius ou Deucalion*)	b..	1881	Etoile du Nord (*The Baron*)	b..	1851
Espérance (*Marksman*)	al..	1882	Etoile Filante (*Lanercost*)	bb.	1859
Espérance (*Mandrake, St-Leger, Braconnier, Trombone ou Bay Archer*)	bb.	1883	Etoile Filante (*Y. Gladiator*)	b..	1863
			Etoile Filante (*Alhambra*)	al..	1888
Espérance (*Trombone*)	bb.	1884	Etoile Polaire (*Lambton*)	b..	1871
Espingole (*Lord Clive*)	b..	1887	Etoile Royale (Royal Quand Même)	al..	1863
Esquisse (*Sting*)	b..	1849	Etole (*Beau Merle*)	al..	1880
Essai (*Blenheim*)	b..	1882	Etrennes (*Langar*)	b..	1832
Esoler (*Cadland*)	b..	1856	Eucharis (*Tigris*)	al..	1829
Estafette (*Nuncio*)	n..	1852	Eucharis (*Garry Owen*)	b..	1853
Estafilade (*Somno*)	b..	1875	Eude (*Gladiateur*)	b..	1874
Estampe (*Pretty Boy*)	al..	1865	Eudeline (*Stracchino*)	b..	1886
Estelade (*Bayard*)	al..	1869	Eugénia (*Trance*)	b..	1829
Estella (*Montfort*)	b..	1877	Eugénie (*Alteruter*)	b..	1837
Estella (*Adventurer*)	n..	1880	Eugenie (*Touchstone*)	al..	1846
Estelle (*Pellegrino*)	b..	1883	Eugénie (*Neville*)	bb.	1863
Esther (*West Australian*)	al..	1863	Eulalie (*Le Mandarin*)	b..	1873
Esther (*Bayard*)	al..	1868	Euménide (*Hampton*)	b..	1885
Esther (*Grandmaster*)	al..	1886	Euphrosine (*Erymus ou Commodor Napier*)	b..	1845
Esther (*Flavio*)	b..	1888			
Estimée (*Fitz Gladiator*)	b..	1868	Euréka (*Womersley*)	al..	1859
Estrella (*Bay Middleton*)	b..	1850	Euréka (*Y. Gladiator*)	b..	1863
Estrella (*Perplexe*)	bb.	1889	Europe (*Napoleon*)	b..	1838
Etape (*Zouave*)	al..	1870	Euryanthe (*The Baron*)	al..	1858
Etendue (*Perplexe*)	b..	1879	Eurydice (*Glaieul*)	b..	1876
Ethela (*Picaroon*)	bb.	1850	Eusebia (*Emilius*)	al..	1839
Ethel Blair (*Blair Athol*)	b..	1872	Eusebia (*Trocadéro*)	b..	1875
Ethel Marie (*Prince Charlie*)	al..	1877	Euterpe (*Ali-Baba*)	b..	1846
Ethérée (*Nougat*)	b..	1885	Euterpe (*Distin*)	bb.	1873
Etincelle (*Jason*)	b..	1842	Euterpe (*Fort à Bras ou Brown Dayrell*)	al..	1874
Etincelle (*Royal Oak*)	b..	1847			
Etincelle (*Lully*)	b..	1858	Euxine (*King Tom*)	gr.	1870
Etincelle (*Tippler*)	b..	1869	Eva (*Sultan*)	b..	1832
Etiennette (*Flavio ou Beaurepaire*)	b..	1886	Eva (*Gladiator*)	b..	1850
			Eva (*Kingston*)	b..	1856
Etna (*Asteroïd ou Joskin*)	bb.	1878	Eva (*Allez y Gaiment*)	b..	1861
Etoile (*Ali Baba*)	al..	1841	Eva (Trombone ou Blenheim)	b..	1878
			Evangeline II (*Perplexe*)	b..	1879

	Robe	Date de la naissance
Eve (*Orest*)	al..	1871
Evelina (*Orville*)	b..	1825
Evelina III (*Mainmast*)	b..	1880
Evening Star (*Zouave*)	b..	1863
Evening Star (*Dollar*)	al..	1871
Eviction (*Cœruleus*)	b..	1879
Eviction (The Scottish Chief)	b..	1881
Evohé (*West Australian*)	bb..	1866
Evora (*Paul's Cray*)	b..	1887
Exact (*Wisdom*)	b..	1887
Example (*Emilius*)	bb..	1841
Excitation (*Garry Owen*)	b..	1851
Exhibition (*Nelson*)	bb..	1851
Expectation (*Speculum*)	bb..	1875
Exquisite (*Royal Oak*)	b..	1847
Extra (*Wingrave*)	b..	1877
Extradition (*Restitution*)	b..	1876
Eyebrow (*Whisker*)	al..	1832
Eymerina (*Sting*)	b..	1855
Fabia (*Dollar*)	bb..	1869
Fabiola (*Commodor Napier*)	b..	1859
Fabiola (*Sting*)	b..	1860
Fabiola (*Pretty Boy*)	al..	1874
Fabula (*Beaucens*)	b..	1856
Facelia (*Van Loo*)	bb..	1831
Fâcheuse (*Peut-Etre*)	al..	1879
Facilité (*Allez y Gârment*)	bb..	1858
Fadaise (*Ibrahim*)	b..	1841
Fadette (*Ratopolis*)	b..	1852
Fadette (*Papillon*)	b..	1864
Fadrineta (*Bariolet*)	al..	1888
Faërie II (*Lemnos*)	al..	1879
Faïence (*Cymbal*)	b..	1875
Faille (*Blue Gown*)	b..	1880
Fair Dove (*Hermit*)	al..	1883
Fairest (*Pellegrino*)	b..	1889
Fair Forester (*Agricola* ou *Egremont*)	al..	1823
Fair Helen (*Crecy*)	b..	1823
Fair Helen (*Priam*)	b..	1837
Fair Helen (*Prétendant*)	al..	1865
Fair Lyonese (*Lord Lyon*)	al..	1875

	Robe	Date de la naissance
Fairminster (*Cathedral*)	al..	1873
Fair Rosamond (*Inheritor*)	b..	1884
Fair Saunterer (*Saunterer*)	al..	1872
Fair Star (*Parmesan*)	b..	1874
Fair Trade (*Salvator*)	al..	1880
Fairy Land (*Macaroni*)	al..	1882
Fairy Queen (*Gladiator*)	al..	1856
Fairy Queen (*Thormanby*)	bb..	1865
Fairy Queen (*Orest*)	b..	1869
Faisane (*Tournament*)	b..	1874
Falaise (*Monarque* ou *Consul*)	b..	1874
Falaise (*Insulaire* ou *Beauminet*)	al..	1884
Falbala (*Trombone*)	al..	1879
Falérie (*Vignemale*)	b..	1887
Falerne (*Lord Lyon*)	b..	1880
Fama (*Plebeian*)	b..	1879
Fame (*Trumpeter*)	b..	1873
Familière (*Charlatan*)	b..	1873
Famine (*Le Mandarin*)	b..	1871
Fanchette (*Dollar*)	b..	1870
Fanchon (*Consul*)	al..	1873
Fanchonnette (Ventre Saint Gris)	al..	1869
Fandango (*Touchstone*)	bb..	1845
Fanelly (*Pickpocket*)	b..	1841
Faneuse (*Gabier*)	al..	1876
Fanfare (*Governor*)	b..	1851
Fanfare (*West Australian*)	bb..	1869
Fanfare (*Le Mandarin*)	b..	1875
Fanfare (*Y. Monarque*)	b..	1875
Fanfare (*Bay Archer*)	al..	1882
Fanfreluche (*F. Gladiator*)	al..	1872
Fanfreluche (*Soussarin*, *Valérien* ou *Foudre de Guerre*)	b..	1881
Fanny (*Windcliffe*)	b..	1840
Fanny (*Y. Emilius*)	b..	1842
Fanny (*Le Mandarin*)	al..	1875
Fanny (*Isonomy*)	b..	1888
Fanny Essler (*Royal George*)	b..	1841
Fanny Hill (*Hetman Platoff*)	b..	1845
Fanny Lear (*Don Carlos*)	al..	1875
Fanscombe (*Surplice*)	b..	1856
Fantaisie (*Bizarre*)	b..	1841
Fantaisie (*Arthur*)	b..	1850
Fantaisie (*Serious*)	al..	1862

	Robe	Date de la naissance
Fantaisie (*Pharaon*)	b..	1865
Fantaisie (*Salmigondis*)	bb.	1883
Fantasia (*Commodor Napier*)	b..	1853
Fantasia (*The Nabob*)	al..	1861
Fantasmagorie (*Spectre*)	b..	1836
Fantasque (*The Heir of Linne*)	b..	1865
Fantine (*Cellarius*)	al..	1862
Fantine (*Flageolet*)	b..	1885
Farceuse (*Paillasse, Worthless, Nautilus* ou *Prospectus*)	al..	1849
Farceuse (*Salvator*)	al..	1882
Faribole (*Gigès*)	b..	1847
Faribole (*West Australian*)	bb.	1868
Faribole (Roi de la Montagne)	bb.	1882
Farthing (The Flying Dutchman)	b..	1865
Fast Girl (*Galopin*)	bb.	1887
Fasting Girl (The Scottish Chief)	b..	1883
Fatima (*Elis*)	al..	1842
Fatima (*Cobnut*)	al..	1869
Fatima (*Bay Archer*)	al..	1887
Fatima Jeune (*Prétendant*)	al..	1863
Fatima (*Captain Candid*)	b..	1830
Fatinitza (*Mirliflor*)	al..	1879
Fatinitza (*Vignemale*)	b..	1882
Fatma (*Sting*)	b..	1852
Fatty (*Verdun*)	b..	1882
Fatuité (*Archiduc*)	b..	1887
Faucille (*Gladiator*)	bb.	1848
Faugh a Ballagh mare (Faugh a Ballagh)	bb.	1850
Faula (*Javelot*)	b..	1867
Fausse Alarme (*Optimist*)	b..	1867
Faute de Mieux (*Diaz*)	b..	1866
Faute de Mieux (*Muscovite*)	b..	1872
Fauvette (*Trance*)	b..	1830
Fauvette (*Quine*)	b..	1843
Fauvette (*Prospectus*)	al..	1847
Fauvette (*Capharnaum*)	b..	1854
Fauvette (*Consul*)	al..	1875
Fauvette (*Ladislas* ou *Flavio*)	al..	1886
Faveur (*Pompier*)	b..	1874
Favora (*Favonius*)	al..	1875
Favorita (*Inheritor*)	bb.	1847
Favorite (*Elthiron*)	al..	1855
Favorite (Nunnykirk ou The Cossack)	al..	1863

	Robe	Date de la naissance
Favorite (*Y. Monarque*)	b..	1868
Favorite (*Le Petit Caporal*)	b..	1872
Favorite (*Fil en Quatre* ou *Vernet*)	al..	1890
Fear (*Alarm*)	b..	1849
Fear Disgrace (*Petrarch*)	b..	1887
Fédora (*Lowlander*)	b..	1882
Fée (*Ethelwolf*)	b..	1857
Fée (*Enchanteur II*)	al..	1881
Fée II (*Paladin*)	al..	1882
Fée des Grèves (*Empire*)	b..	1873
Fée des Grèves (*Saxifrage*)	b..	1880
Féerie (*Clodomir* ou *Foudre de Guerre*)	al..	1880
Felicia (*Rainbow*)	al..	1828
Félicia (*Fitz Gladiator*)	b..	1865
Félicia (*Gift* ou *Vertugadin*)	b..	1882
Félicia (*Sting*)	b..	1860
Félicie II (*Tristan*)	al..	1887
Félicité (*Le Petit Caporal*)	b..	1872
Félonie (*Physician*)	b..	1846
Fenella (*Trance*)	b..	1830
Fenella (*Schamyl*)	b..	1853
Fenella (*Bigarreau*)	b..	1876
Fenestrelle (*Perplexe*)	b..	1889
Fennel (*Rosicrucian*)	b..	1886
Féodalité (*Patriarche*)	al..	1884
Fermière (*Gontran*)	b..	1871
Fernande (*Little Rover*)	b..	1847
Fernande (*Bagdad*)	b..	1877
Féroza (*Hermit*)	al..	1878
Ferraris (*The Baron*)	b..	1858
Festival (*Camel*)	n..	1836
Fête (*Nunnykirk* ou *Iago*)	bb.	1855
Feu de Joie (*Longbow*)	al..	1859
Feuille de Chêne (*Royal Oak*)	gr.	1837
Feuille de Frêne (*Gontran*)	b..	1878
Feuille de Rose (*Malton*)	al..	1853
Feuille de Rose (*Caravan*)	bb.	1859
Feuille d'Or (*F. Gladiator*)	al..	1870
Fiammina (*The Baron*)	b..	1857
Fiancée (la) (*Royal Oak*)	b..	1834
Fiancée (*Monarque*)	al..	1867
Fiancée (*Drummond*)	b..	1880
Ficelle (*Master Wags*)	al..	1842

	Robe	Date de la naissance
Fiction (*Royal Oak* ou *Physician*)	bb.	1845
Fickle (*Dundee*)	bb.	1868
Fida (*West Australian*)	b..	1866
Fidèle (*Flavio*)	b..	1890
Fidelia (*Serious*)	b..	1865
Fideline (*Dollar*)	b..	1871
Fidelité (*Castillon*)	al..	1885
Fidelity (*Worthy*)	bb.	1828
Fidelity (*Elthiron*)	b..	1854
Fidelity (*Monarque*)	al..	1861
Fidès (*Napier*)	b..	1857
Fidès (*Nougat*)	b..	1879
Fidès (*Frontin*)	al..	1887
Fierté (*Zut*)	b..	1884
Fifine (*Isonomy*)	b..	1884
Figlia (*Lowland Chief*)	b..	1888
Figurante (*Venison*)	b..	1849
Figurante (*Springfield*)	b..	1884
Figurine (*Mars*)	al..	1876
Filagree (*Général Mina*)	al..	1832
Fileuse (*Mars*)	b..	1874
Fileuse (*Pompier*)	b..	1878
Fileuse (*Beaurepaire*)	b..	1844
Fille de Dollar (*Dollar*)	b..	1870
Fille de Joie (Border Minstrel)	b..	1889
Fille de l'Air (Faugh a Ballagh)	al..	1861
Fille de l'Air II (*Buckthorn*)	b..	1860
Fille de .'Oise (*Mortemer*)	al..	1879
Fille de l'Orne (*Hospodar*)	bb.	1867
Fille de Marbre (*Nunnykirk*)	b..	1855
Fille de Pharaon (*Pharaon*)	al..	1872
Fille du Ciel (*Monarque*)	al..	1872
Fille du Diable (*Nelson*)	b..	1853
Fille du Diable (*The Nabob*)	bb.	1861
Fillette (*Brocardo*)	b..	1861
Fille Unique (Commodor Napier)	b..	1868
Filly Motherless (*Silvio*)	b..	1886
Filoselle (*Vermout*)	b..	1873
Filoselle (*Friponnier*)	b..	1875
Finance (*Consul*)	al..	1874
Fine (*Lutzen*)	b..	1833
Fine (*Garry Owen*)	al..	1861
Fine Champagne (*Babiega*)	al..	1860
Fine Champagne (*Aviceps*)	al..	1864

	Robe	Date de la naissance
Fine Chartreuse (*Carrouges*)	al..	1874
Fine Lady (*Gantelet*)	b..	1875
Fine Lady (*Solo*)	b..	1878
Fine Lame (*Brocardo*)	al..	1853
Fine Lame (*Soukaras*)	al..	1887
Fine Mouche (*Vermout*)	b..	1880
Fine Mouche (*Tristan*)	al..	1889
Fine Normande (*Réussi*)	al..	1888
Finery (*Malton*)	al..	1853
Fine Taille (*Plutus*)	b..	1877
Finesse (*Minos* ou *Le Petit Caporal*)	al..	1875
Finette (*Mirliton*)	bb.	1877
Finette (*Dutch Skater*)	b..	1879
Finlande (*Ion*)	b..	1858
Finisterre (*Tournament*)	b..	1867
Fionie (*Dollar*)	b..	1875
Fior d'Aliza (*Florin*)	bb.	1866
Fire Fly (*The Confessor*)	al..	1861
First Love (*Capitaliste*)	b..	1874
Fisana (*Atlantic*)	b..	1880
Fitly (*Collingwood*)	bb.	1857
Flamande (*Consul*)	al..	1876
Flamberge (*Gladiator*)	al..	1857
Flame (*Martyrdom*)	al..	1883
Flamme (*Bertram*)	al..	1880
Flamme de Punch (Faugh a Ballagh)	al..	1859
Flammèche (*The Baron*)	b..	1854
Flanelle (*Gabier*)	b..	1878
Flandre (*Boïard*)	b..	1881
Flatteuse (*Henry* ou *Cymbal*)	al..	1877
Flaub (*First Born*)	al..	1859
Flaubette (*Parnasse*)	b..	1878
Flavia (*Ali Baba*)	al..	1840
Flavia (*Ion*)	b..	1855
Flaviette (*Flavio*)	al..	1890
Flaye (*Hæmus*)	b..	1840
Flèche (*Bay Archer*)	b..	1887
Flèche (*Faisan*)	al..	1889
Fleet (*Bizarre*)	b..	1843
Fleur d'Ajonc (*Le Képi*)	b..	1890
Fleur d'Alizier (*Zouave*)	al..	1866
Fleur d'Avril (*Ivanhoff*)	al..	1874
Fleur de Bretagne (*Montargis* ou *Mars*)	bb.	1879

	Robe	Date de la naissance		Robe	Date de la naissance
Fleur de Chêne (*Hanneton*)	b..	1859	Fleuriste (*Pédagogue*).....	b..	1869
Fleur d'Epine (*Mameluke*).	b..	1838	Fliancée (*General Mina*)...	al..	1841
Fleur de Lin (*Monarque*)..	b..	1864	Flicca (*Paradox*).........	al..	1840
Fleur de Lis (*Bourbon*)	b..	1822	Flight (*Ibis*)..............	gr.	1842
Fleur de Lys (*Ion*)........	b..	1853	Flighty (*Y. Phantom*).....	b..	1830
Fleur de Lys (*Carrouges*)..	al..	1871	Flighty (Commodor Napier)...	b..	1861
Fleur de Lys (*Pretty Boy*)..	b..	1872	Flighty (King of Trumps).....	al..	1870
Fleur de Lys (Le Mont-Valérien)...	al..	1881	Flippant (*Cape Flyaway*)...	bb.	1867
Fleur de Mai (Commodor Napier)..	b..	1853	Flirt (*Consul*).............	b..	1884
Fleur de Mai (*Ballinkeele*).	b..	1855	Flirt (*Silvio*).............	bb.	1884
Fleur de Mai (*The Heir of*			Flirtation (*Rococo*)........	gr.	1840
Linne).................	al..	1858	Flitta (*Y. Emilius*)........	b..	1850
Fleur de Mai (*Fitz Gladiator*)	al..	1860	Flora (*Partisan*)..........	b..	1829
Fleur de Mai (*Bissextil*)...	b..	1869	Flora (*Malton*)............	b..	1859
Fleur de Mai (*Saxifrage*)..	b..	1879	Flora Mac Ivor (*Venison*)...	b..	1848
Fleur de Marie (*Quoniam*).	b..	1845	Floranthe (Ventre Saint Gris).	bb.	1864
Fleur de Marie (*Attila*)....	b..	1847	Flore (*Captain Candid*)...	b..	1830
Fleur de Mauve (*Ladislas*).	b..	1889	Florence (*Actæon*)........	al..	1838
Fleur de Montagne (Le Mandarin)	b..	1875	Florence (*Collingwood*)....	b..	1859
Fleur de Péché (*Dollar* ou			Florence (*Consul*)........	al..	1875
The Ranger)...........	bb.	1868	Florence (*Rosicrucian*).....	b..	1875
Fleur de Pêcher (Le Petit Caporal)	b..	1871	Florence (*Montargis*)......	b..	1881
Fleur de Pêcher (Border Minstrel).	al..	1889	Florence (*Archiduc*).......	al..	1889
Fleur de Rose (*Saxifrage*)..	b..	1884	Florence IIe (*Cymbal*).....	b..	1878
Fleur des Alpes (*Trocadéro*)	al..	1876	Florentine (*Fitz Gladiator*)	b..	1868
Fleur des Bois (*Masaniello*)	b..	1843	Florès (*Rayon d'Or*).......	b..	1882
Fleur des Bois (*Light*).....	b..	1863	Floribanne (*Mr. Wags* ou		
Fleur des Champs (*Napier*)	al..	1857	*Ratopolis*).............	bb.	1855
Fleur des Champs (Fort à Bras)	al..	1870	Floribanne (*Robert Houdin*)	al..	1880
Fleur des Champs (*Bagdad*)	al..	1875	Florida (*Mulatto*).........	b..	1835
Fleur des Champs (Mandrake)..	al..	1881	Florida (*Florin*)..........	b..	1863
Fleur des Loges (Saint Germain).	al..	1854	Florida (*Le Sarrazin*)......	al..	1877
Fleur de Soufre (Ballinkeele)...	b..	1858	Florida (*Nougat*).........	al..	1880
Fleur de Thé (*Vermout*)....	b..	1876	Floridia (*The Duke*).......	al..	1880
Fleur de Tilleul (*Ruy Blas*)	b..	1878	Florine (*Fitz Emilius*)......	b..	1850
Fleur d'Oranger (Longchamps)..	b..	1872	Florissante (Castillon ou Milan).	al..	1888
Fleurence (*Saint Leger*)....	al..	1885	Flour of Sulphur (Brown Bread).	bb.	1872
Fleurette (*Eastham*)........		1834	Flower (*Beauclerc*).......	bb.	1882
Fleurette (Commodor Napier)..	b..	1861	Flower of the Forest (Y. Emilius)	b..	1847
Fleurette (Ventre Saint Gris).	bb.	1863	Fluke (*Turnus*)............	bb.	1860
Fleurette (*Drummond*).....	al..	1880	Fluke III (*Apollon*)........	al..	1888
Fleurette (*Bay Archer*).....	al..	1884	Fly (*Harlequin*)............	b..	1842
Fleurette (*Maubourguet*)...	al..	1885	Fly Away (*Alleruter*).......	b..	1845
Fleurette (*Prométhée*)......	al..	1886	Flying Cloud (*Deerswood*).	b..	1870
Fleurines (*Mortemer*)......	al..	1874	Flying Gipsy (The Flying Dutchman)	n..	1860

	Robe	Date de la naissance		Robe	Date de la naissance
Fog (*Macaroni*)	b..	1869	Formosa (*Buccaneer*)	al..	1865
Folichonne (*Napoleon*)	bb.	1846	Formose (*Faublas*)	b..	1884
Folichonne (*Y. Gladiator*)	b..	1867	Formose (*Wellingtonia*)	al..	1887
Folichonne (*Bay Archer*)	b..	1888	Fornarina (*Monarque*)	al..	1860
Folie (*Friponnier*)	bb.	1877	Forse (*Dollar*)	b..	1884
Folie (*Dollar*)	b..	1879	Forte en Gueule (Fort à bras)	b..	1876
Folie (*Faisan*)	al..	1885	Forteresse (*Le Sarrazin*)	b..	1871
Folette (*Pierrot*)	b..	1885	Forteresse (*Dollar*)	b..	1878
Folla (*Premium*)	al..	1833	Fortification (*Eylau*)	al..	1841
Folle Avoine (*Favonius*)	bb.	1875	Fortuna (Tonnerre des Indes)	al..	1871
Folle Bergère (*Drummond*)	b..	1879	Fortunata (*Terror*)	al..	1839
Follette (*Eastham*)	b..	1833	Fortunée (*Sting*)	al..	1857
Follette (*General Mina*)	al..	1841	Fortunée (*Consul*)	b..	1880
Follette (*Paros*)	b..	1868	Fortunée (*Idus*)	b..	1880
Follette (*Système*)	b..	1887	Fortunée (*Paladin*)	al..	1886
Follette II (*Gantelet*)	b..	1876	Fortune Teller (Faugh a Ballagh)	b..	1852
Folleville (*Plutus*)	b..	1884	Fosse aux Loups (*Bizarre*)	b..	1842
Folly (*Royal Oak*)	b..	1841	Fostola (*Worthless*)	b..	1849
Folly (Young) (*Asmodeus*)	al..	1818	Foudrette (Foudre de Guerre)	b..	1882
Foncière (*Nougat*)	b..	1879	Foudrine (*Foudre de Guerre*)	b..	1882
Fontaine (*Mousquetaire*)	b..	1880	Foudroyante (*Tournament*)	b..	1871
Fontanas (*Fontainebleau*)	bb.	1886	Fougère (*Salmigondis*)	al..	1882
Fontanges (*Fitz Gladiator*)	b..	1862	Fougère (*Kilt*)	al..	1886
Fontanges (*Rosicrucian*)	b..	1877	Fougères (Faugh a Ballagh)	b..	1857
Fontenille (*Hampton*)	b..	1884	Found Again (*Gantelet*)	al..	1878
Foreigner (the) (*Pompey*)	bb.	1853	Fourchette (*Energy*)	b..	1888
Forest Beauty (*King of the Forest*)	b..	1881	Fourmi (*The Scottish Chief*)	b..	1885
Forest Dance (*King of the Forest*)	b..	1882	Fracas (The Flying Dutchman)	bb.	1853
Forest du Lys (*Pyrrhus the First*)	b..	1854	Fraction (*The Baron*)	b..	1860
Forest Flower (*Glaucus*)	b..	1842	Fracture (The Prime Warden)	b..	1859
Forest Fly (*Mosquito*)	al..	1841	Fraga (*Harlequin*)	b..	1839
Forest Lass (*Royal Oak*)	b..	1845	Fragile (*Verdun*)	b..	1880
Forest Queen (*King of the Forest*)	b..	1874	Fragola (*Gladiator*)	b..	1856
For Ever (*Saint-Cyr*)	b..	1880	Fragoletta (*Physician*)	b..	1846
Forézienne (*Vert Galant*)	b..	1870	Fragoletta (*Sterling*)	n..	1881
Forfeta (*Harkaway*)	al..	1846	Fraîcheur (*Vermout*)	b..	1882
Forget Me Not (*Baron Gil*)	gr.	1866	Fraise (*Cobnut*)	al..	1887
Forlorn Hope (*Charles XII*)	ro.	1848	Framboise (*Verdun*)	bb.	1882
Formalité (*Hermit*)	al..	1880	Française (*Muscovite*)	b..	1869
Formality (*Hampton*)	b..	1885	Française (*Le Petit Caporal*)	b..	1873
Formosa (Fort à Bras ou Charlatan)	bb.	1863	France (*The Nabob*)	b..	1865
			France (*Saxifrage*)	al..	1887
			Francesca (Cadland ou Royal Oak)	b..	1836
			Franche Comté (*Saxifrage*)	al..	1888
			Francine (*Jarnicoton*)	bb.	1868

	Robe	Date de la naissance		Robe	Date de la naissance
Francine (*Fitz Gladiator*)..	al..	1871	Frolicsome (*Weatherbit*) ...	b..	1863
Françoise de Rimini (*Fitz Gladiator*)	al..	1862	Frondeuse (*Beau Merle*) ...	al..	1877
Frantic (*Monitor II*).	b..	1870	Frondeuse (*Zut*)	al..	1885
Frantic (*Bedlamite*)	al..	1831	Frosine (*Vestminster*)	b..	1880
Frascuela (*Ladislas ou Bay Archer*)...	b..	1889	Frugality (*Inheritor*)	bb..	1849
Fraternité (*Worthless*)	b..	1848	Frugality (*Brown Bread*) ...	b..	1872
Fraternity (*Inheritor*)	b..	1849	Fuchsia (*Commodor Napier*)	b..	1855
Fraudulent (*Venison*)	bb..	1843	Fugitive (*Red Hart*)	b..	1854
Fraxinelle (*Ruy Blas*)	b..	1874	Fugitive (*Castillonne*)	bb..	1889
Fraxinelle (*Fleuret*)	al..	1886	Full (*Eole II*)	b..	1883
Fréa (*Ethelbert*)	al..	1865	Fulminate (*Fleuret*)	al..	1885
Fredaine (*Pédagogue*)	b..	1858	Fulvie (*Gladiator*)	al..	1856
Frédégonde (*Volcano*)	b..	1857	Fulvie (*Collingwood*)	al..	1862
Frederica (*George Frederick*)..	al..	1882	Fumée (*Fitz Gladiator*)....	b..	1862
Fredigonde (*Skirmisher*) ...	b..	1868	Furbelow (*Cœruleus*)	al..	1889
Free Trade (*Brabant*)	b..	1846	Furie (*Fitz Gladiator*)	al..	1863
Frégate (*Ceylon*)	b..	1877	Fusberta (*Doncaster*)	al..	1877
Frégate (*Saxifrage*)	bb..	1881	Fusée (*Nuncio*)	b..	1855
Frémainville (*Carrrouges*).	al..	1872	Fusée (*Brimstone*)	b..	1858
Frénésie (*Nuncio*)	b..	1859	Fusée (*Firmament*)	b..	1889
Frenzy (*Alarm*)	b..	1850	Fusillade (*Sylvain*)	bb..	1870
Fresseline (*Clocher*)	b..	1886	Fusillade (*Consul*)	al..	1874
Frétillon (*Sylvio*)	b..	1835	Fusion (*Napoleon*)	b..	1851
Freudenau (*Buccaneer*)	al..	1868	Fusion (*The Peer*)	b..	1873
Freya (*West Australian*)...	bb..	1870	Futaine (*Ruy Blas*)	b..	1876
Friali (*Napier*)	b..	1858	Fusée (*Peut-Être ou Saint-*		
Friandise (*Womersley*)	b..	1859	*Christophe*)	al..	1880
Friandise (*Vermout*)	b..	1879	Fuyante (*Sting*)	b..	1856
Fridoline (*Kingcraft*)	b..	1878			
Frigga (*Beaurepaire*)	bb..	1884			
Friguen (*Titus*)	b..	1845			
Frileuse (*Silvio*)	b..	1883	Gabare (*Mokanna*)	al..	1856
Fringante (*Terror*)	b..	1839	Gabare (*Y. Gladiator*)	al..	1869
Fringe (*Plenipotentiary*)...	bb..	1848	Gabare (*Gabier*)	al..	1883
Friponne (*Monitor II*)	al..	1871	Gabble (*Venison*)	b..	1845
Frisc (*Gontran*)	b..	1874	Gabrielle (*Terror*)	al..	1840
Frisette (*Freystrop*)	b..	1852	Gabrielle (*Prospectus*)	al..	1856
Frisette (*Gabier*)	b..	1878	Gabrielle (*Atlas*)	b..	1871
Frisky Matron (the)(*Cremorne*).	al..	1879	Gabrielle (*The Heir of Linne*)	al..	1872
Frisure (*Stockport*)	bb..	1843	Gabrielle II (*Bagdad*)	bb..	1878
Frivola (*George Frederick*).	al..	1877	Gabrielle d'Estrées (*Fitz Gladiator*)	al..	1858
Frivole (*Collingwood*)	b..	1862	Gadfly (*Stradbroke ou Wild*		
Frivole (*Patriarche*)	b..	1883	*Moor*)	bb..	1875
Frivolité (*Ruy Blas*)	al..	1872	Gaëte (*Collingwood*)	al..	1861
Frolic (*Touchstone*)	bb..	1848	Gaëte (*Weathergage*)	n..	1861

	Robe	Date de la naissance		Robe	Date de la naissance
Gaffe (Flageolet ou Beauminet).	bb.	1884	Gavotte (Terror).............	b..	1838
Gaiety (Abron).............	al..	1833	Gavotte (Beau Merle)......	al..	1877
Gaillarde (Xaintrailles)....	al..	1890	Gavotte (Faugh a Ballagh)	al..	1886
Gaité (Pauls'Cray)........	b..	1885	Gaze (Bay Middleton).....	b..	1842
Galante (Jarnicoton)......	bb.	1868	Gazelle (Gulliver).........	b..	1826
Galante (Marksman).......	al..	1879	Gazelle (Worthless).......	b..	1848
Galanterie (Gilbert).......	b..	1885	Gazelle (Moustique)......	b..	1858
Galanthis (Javelot)........	b..	1866	Gazelle (Fitz Gladiator)...	b..	1870
Galantine (Longchamps ou			Gazelle (Volcano).........	b..	1851
Pompier)..............	b..	1875	Gazelle (Blenheim)........	bb.	1878
Galantine (Favonius)......	n..	1877	Gazelle (Controversy).....	b..	1879
Galathée (Saxifrage)......	al..	1879	Gazelle (Saxifrage).......	al..	1884
Galathée (Jonville)........	b..	1885	Gazelle (Le Drôle).........	b..	1887
Galette (Saumur).........	b..	1886	Gazelle (Prométhée).......	al..	1887
Galopade (Royal Oak).....	b..	1838	Gazette (Elland)...........	b..	1879
Galopade (Galopin).......	bb.	1878	Gazette (Flageolet).......	b..	1881
Galopade (Nougat)........	b..	1881	Gazna (Plutus)............	al..	1886
Game Chicken (Orlando)..	b..	1850	Geane (Don Cossack)......	b..	1819
Gaminerie (Le Gamin)....	b..	1886	Gelderland (Dutch Skater).	b..	1880
Gamme (Saxifrage).......	al..	1884	Gelée (Nougat)...........	b..	1880
Ganache (Marignan).....	bb.	1865	Gélinotte (Dollar)........	b..	1878
Garance (Saint-Cyr),.....	bb.	1880	Gélinotte (Verdun)........	bb.	1884
Garde à Vous (Arthur)....	b..	1852	Gélinotte (Bay Archer)....	b..	1886
Garde à Vous (Energy)....	al..	1889	Gemma (Terror)...........	b..	1840
Garde Mobile (Jarnicoton).	bb.	1868	Gemmy (Insulaire)........	bb.	1887
Gardénia (Tournament)...	b..	1870	Gem of Gems (Strathconan)	gr.	1873
Gardevisure (Vedette).....	bb.	1862	Gem Royal (Knight of the		
Garenne (Gladiator, Etthiron ou			Garter)................	bb.	1876
Froystrop).............	al..	1854	Généalogie (Womersley)...	b..	1859
Gargousse (Pompier)......	b..	1875	Genèse (M. Philippe).....	b..	1885
Garnet (Strathconan)......	bb.	1874	Génétyllis (Buckthorn)....	b..	1863
Garry (the) (Breadalbane)..	b..	1872	Genève (Trocadéro ou Saxi-		
Garsande (The Flying Dutchman)	bb	1865	frage)..................	al..	1881
Gartampe (Ionian)........	b..	1857	Geneviève (Morok)........	b..	1860
Gasconnade (Royal Oak)..	b..	1840	Geneviève de Brabant (Brabant) .	b..	1847
Gasconnade (Mokanna).,..	b..	1856	Genista (John O'Gaunt) ...	al..	1854
Gasconne (Fitz Gladiator).	al..	1871	Genius (Muscovite)	b..	1871
Gascogne (Drummond).....	al..	1880	Gentian (Warlock)........	b..	1864
Gastine (Castillon)........	b..	1886	Gentiane (Pellegrino)......	al..	1888
Gastonnette (Don Carlos)..	b..	1877	Gentility (Empire).........	bb.	1874
Gaudeloupe (Rosicrucian).	b..	1880	Gentille (Consul).........,	al..	1881
Gaudriole (Pagan)........	b..	1849	Gentille Annette (Commodor Napier)	b..	1854
Gaudriole (Insulaire)......	n..	1887	Gentille Annette (Castor)..	b..	1858
Gauloise (Fitz Gladiator).	bb.	1874	Gentille Dame (Monarque).	b..	1863
Gauloise (Ferragus).......	b..	1875	Gentille Dame (Gabier)....	al..	1876

	Robe	Date de la naissance
Gentille Dame (*Verdun*) ...	bb.	1880
Génuflexion (*Fort à Bras*).	al..	1873
Genuine (*Master Henry*)...	b..	1827
Genuine mare (*Genuine*)...	b..	1881
Géodésie (*Commotion*)	al..	1875
Géologie (The Prime Warden).	b..	1856
Geolony (*Melbourne*)......	b..	1852
Géométrie (*Ruy Blas*)	b..	1876
Georgette (*Defence*)	b..	1836
Georgette (*Hæmus*)	al..	1839
Georgette (*Ionian*)	b..	1853
Georgette (*Mourle*)	b..	1887
Georgie (*Faugh a Ballagh*)	al..	1860
Géorgienne (*Tipple Cider ou Schamyl*)	b..	1853
Georgina (*Rainbow*)	b..	1829
Georgina (*Monarque ou Ventre Saint Gris*)......	al..	1864
Georgina (*Trocadéro*)	al..	1881
Géorgique (*Tournament*) ..	b..	1869
Géralda (*Peyrusse*)........	bb.	1838
Gergovie (*Wolfram*).......	n..	1872
Germaine (*Ruy Blas*)	b..	1878
Germaine II (*Zut*).........	al..	1886
Germania (*Wild Dayrell*)..	b..	1869
Germanie (*Albert Victor*)..	b..	1887
Gertrude (*Trance*).........	b..	1831
Gertrude (*The Baron*)	b..	1860
Gerty (*Garry Owen*)	b..	1855
Gervaise (*Manoel*).........	bb.	1886
Ghebel (*The Prime Warden*)	b..	1856
Giacometta (*Glengarry*)...	al..	1884
Giberne (*Parnasse*)........	b..	1879
Giboulée (*Alteruter*).......	bb.	1842
Giboulée (*Suzerain*).......	bb.	1874
Giboulée (*Ruy Blas*)	b..	1878
Gift Agnes (Edward the Confessor) .	b..	1885
Gig (*Tournament*).........	b..	1874
Gigelle (*Saint-Germain*) ..	al..	1859
Gilberta (*Gilbert*).........	b..	1873
Gilberte (*Zut*)	al..	1886
Gilbertine (*Gilbert*)	b..	1886
Giletta (*Longchamps*)	bb.	1873
Gilly Flower (*Gilbert*)	b..	1881
Gimmer (the) (Filho da Puta) ...	bb.	1824

	Robe	Date de la naissance
Gina (*Insulaire*)	n..	1884
Ginevra (*Pickpocket*)	b..	1835
Ginevra (*Collingwood*)	b..	1858
Ginevra (*Marengo*)........	al..	1876
Gipsy (*Sir Hercules*)	b..	1833
Gipsy (*Libertine*)..........	b..	1839
Gipsy (*Ali-Baba*)	b..	1848
Gipsy (*Vespasian*)	bb.	1877
Gipsy Girl (*Malton*).......	bb.	1855
Gipsy Maiden (*Hermit*)....	b..	1885
Gipsy Queen (*Rosicrucian*).	b..	1875
Giraffe (*Nautilus*).........	b..	1845
Girandole (*Physician*)	b..	1844
Girandole (*Albert Edward*).	al..	1884
Gironde (*Peregrine*).......	b..	1888
Girgenti (*First Born*)	b..	1859
Girondine (*Prétendant*)....	b..	1864
Girouette (*Beggarman*)....	b..	1849
Girouette (*Buckthorn*)	b..	1862
Girouette (*Cymbal*)	al..	1875
Gisa (*Espérance*)..........	b..	1857
Gisela (*Kisber*)...........	b..	1880
Giselle (*Y. Emilius*).......	b..	1843
Giselle (*Royal Quand Même*)	al..	1857
Giselle (*Y. Monarque*)	b..	1869
Giselle (*Saint Cyr*)........	al..	1879
Gitana (*Ionian*)...........	b..	1855
Gitana (*Remus*)...........	al..	1863
Gitana (*Farfadet*).........	b..	1887
Gitanella (*Acrobat*)........	b..	1859
Givre (*Foxhall*)...........	b..	1887
Gizelle (*Bizarre*)..........	bb.	1841
Glace (*Uhlan*)............	b..	1880
Gladia (*Tournament*)......	b..	1874
Gladia (*Castillon*).........	b..	1886
Gladiare (*Fitz-Gladiator*)...	al..	1869
Gladiatrice (*Fitz Gladiator*)	b..	1868
Gladiole (*Gladiator*).......	b..	1847
Glaneuse (*Sting*)..........	b..	1859
Glaneuse (*Verdun*)........	al..	1880
Glauca (*Cotherstone*)......	al..	1846
Glauca (*Strongbow*).......	bb.	1860
Glaucopis (*Melbourne*)	b..	1851
Gleam (*Saint Albans*).....	al..	1869
Glee (*Prince Rupert*)......	b..	1890

	Robe	Date de la naissance		Robe	Date de la naissance
Glencara (Queens' Messenger)	b..	1879	Gondola (Weatherbit)	al..	1861
Glendarley (Queens' Messenger)	b..	1880	Gondola (Bustard)	al..	1882
Glicerine (Vignemale)	b..	1887	Gondole (Womersley)	b..	1860
Glimmer (Hampton)	b..	1882	Gondole (Y. Gladiator)	b..	1870
Glimpse (Foxhall)	ai..	1888	Gondole (Pompier)	b..	1874
Glissera (Fight Away)	bb.	1857	Gondole II (Ruy Blas)	bb.	1882
Glitter (Rattle)	al..	1887	Goneril (Thunderbolt)	b..	1876
Gloaming(the)(Cambuscan)	b..	1870	Gong (Rataplan)	b..	1863
Gloria (Ibis)	b..	1843	Gontrande (Gontran)	b..	1879
Gloria (Royal Oak)	b..	1845	Good Forester (Sylvio ou Y.		
Gloria (Pelion)	bb.	1860	Emilius)	b..	1843
Gloria (Saltéador)	al..	1886	Good for Nothing (Terror)	al..	1846
Gloriande (Archiduc)	b..	1888	Good for Nothing (Gustave)	bb.	1865
Gloriette (Partisan)	al..	1835	Good for Stud (Y. Emilius)	al..	1851
Gloriette (Sylvain)	bb.	1870	Good Night (Orphelin)	b..	1867
Glorieuse II (Milan)	al..	1887	Gothohama (Argonaut)	n..	1873
Gloriole (Le Mandarin)	b..	1872	Gouache (Pretty Boy)	al..	1867
Gloriole (King Lud)	al..	1886	Goualeuse(la) (The Saddler)	bb.	1843
Glos (Tournament)	b..	1868	Gourgandine (Balagny)	bb.	1881
Glove (Gantelet)	b..	1875	Gourgandine (Gourgandin)	b..	1886
Gloxinia (Eusèbe)	n..	1885	Gourmande (Sting)	b..	1863
Glycère (Charlatan)	b..	1867	Gourme (Gourgandin)	al..	1886
Glycère (Vignemale)	b..	1888	Gourmette (Velox)	al..	1860
Glycine (Napoleon)	bb.	1847	Gourmette (Gilbert)	b..	1882
Glycine II (Saltéador)	al..	1890	Goutte d'Or (Grandmaster)	al..	1888
Goelette (Ion)	b..	1855	Gouttière (Verdun)	al..	1885
Goelette (Remus)	b..	1867	Gouvernante (Merry Monarch)	b..	1854
Goguette (Pompier)	bb.	1876	Gouvernante (Pédagogue)	b..	1856
Gohanna mare (Gohanna)	b..	1814	Gouvernante (Energy)	al..	1890
Golconde (Lambton)	b..	1851	Grace (The Scottish Chief)	al..	1875
Golconde (Sting)	b..	1864	Graciosa (The Flying Dutchman)	b..	1852
Golconde (Balagny)	bb.	1880	Gracieuse (Garry Owen)	b..	1852
Golconde (Atlantic)	al..	1889	Grain de Sel (Palestro ou Pharaon)	bb.	1864
Gold Cup (Sting)	b..	1856	Gramerci (Cardinal York)	al..	1877
Gold Dust (Dulcimer)	al..	1859	Graminée (Barbillon)	b..	1881
Golden Age (Vestminster)	al..	1870	Grand Duchess (The Emperor)	al..	1849
Golden Crown (Boïador)	b..	1888	Grande Dame (The Baron)	al..	1860
Golden Dream (The Miser)	al..	1886	Grande Duchesse (Bay Archer)	bb.	1886
Golden Mine (Boïador)	al..	1888	Grande Mademoiselle (The Nabob)	al..	1860
Goldfinch (Mandrake)	al..	1833	Grande Princesse (Gantelet)	al..	1879
Goldpen (Beadsman)	n..	1863	Grande Puissance (The Nabob)	bb.	1859
Golgia (Pédagogue)	b..	1861	Gratitude (Doncaster)	gr.	1885
Gomera (Marsyas)	al..	1862	Gravelotte (Tournament)	b..	1870
Gomera (Mate)	al..	1888	Gravelotte (Vignemale)	b..	1888
Gondar (Florin)	b..	1875	Gravette (Don Carlos)	b..	1880

	Robe	Date de la naissance		Robe	Date de la naissance
Graziella (*Grey Tommy*)...	b..	1858	Guérande (*Fontainebleau*)..	b..	1883
Graziella (Tonnerre des Indes)..	al..	1869	Guerra (*San Stefano*)......	b..	1884
Graziella (*Le Petit Caporal*)	b..	1874	Guigne (*Faisan*)...........	b..	1883
Graziella (*Boxeur*)........	b..	1876	Guile (*Defence*)..........	b..	1832
Graziella (St-Cyr ou Farfadet).	b..	1886	Guilhaumette (*Assassin*)....	b..	1852
Graziosa (*Rataplan*)......	b..	1864	Guilhaumette (*Prétendant*).	b..	1864
Great Britain (*Philip Shah*).	bb.	1852	Guirlande (*Collingwood*)...	b..	1861
Great Sadness (*Light*).....	b..	1871	Guirlande (*Boïard*)........	b..	1881
Grecian Bride (*Hermit*)....	al..	1882	Guirlande (*Le Képi*).......	al..	1882
Grecian Maid (*Atlantic*)....	al..	1890	Guirlande (*Farfadet*)......	b..	1889
Greek Slave (the) (*Ratan*)..	b..	1851	Gula (*Rosicrucian*)........	bb.	1880
Greek Sleeve (*Beadsman*)..	bb.	1865	Gwendoline (*Lord Clifden*)	al..	1871
Grégorienne (*Flageolet*)...	al..	1883			
Grelotte (*Pretty Boy*)......	b..	1861			
Grenade (*Muley*).........	b..	1833			
Grenade (*Gladiator* ou *Y. Emilius*)...............	al..	1848	Habana (*Ruy Blas*)........	b..	1876
			Half-Caste (*The Rake*).....	al..	1874
Grenade (*Trocadéro*)......	al..	1873	Haidée (*Ion*).............	b..	1853
Grenade (*Flageolet*).......	al..	1879	Hallate (*Mortemer*)........	al..	1874
Grenade (*Satory*).........	al..	1889	Hallebarde (*Gilbert*).......	bb.	1882
Grenadière (George Frederick).	bb.	1887	Hampton Court (*Clanronald*)	b..	1884
Grenelle (*Plutus*)..........	b..	1887	Handkerchief (*Hampton*)...	b..	1880
Grenoble (*Faverolles*).....	b..	1862	Haphazard filly (*Haphazard*)	b..	1848
Grey Tommine (Grey Tommy)	gr.	1858	Haquenée (*Parmesan*).....	bb.	1874
Grief (*Grimston*)..........	al..	1868	Hard Heart (*Physician*)...	b..	1844
Grimace (*Saint James*).....	b..	1887	Hardiesse (*Paladin*).......	b..	1885
Gringalette (*Royal Oak*)...	b..	1848	Harlequina (*Saunterer*)....	bb.	1868
Grippe (La) (*Royal Oak*)...	bb.	1837	Harlequine (*Scavenger*)....	bb.	1851
Grisette (*Fulgur*)..........	al..	1862	Harmonie (*Fa Dièze*)......	bb.	1868
Grisette (*Kaolin*)..........	bb.	1877	Harmony (*Marsyas*)......	b..	1871
Grisette (*Stracchino*)......	bb.	1881	Harriet (*Rainbow*).........	b..	1830
Grisette (*Macheath*).......	b..	1888	Harriett (*Charlatan*).......	al..	1864
Grisi (*Petworth*)..........	gr.	1834	Hautaine (*Rosicrucian*)....	b..	1882
Grisi (*Pickpocket*).........	al..	1837	Haute Futaie (Grandmaster)..	al..	1889
Grist (*Don John*).........	b..	1845	Haute Saône (*Tristan*).....	b..	1888
Grive (*Le Sarrazin*)........	b..	1875	Hautesse (*Beaurepaire*)....	b..	1886
Grive (*Ménars*)...........	b..	1886	Hauteur (*Rosicrucian*).....	bb.	1880
Grivette (*Florentin*)........	b..	1883	Hawthorn Blossom (Newminster)	b..	1860
Grizèle (*Fernandez*)........	bb.	1887	Haydée (*Terror*)..........	bb.	1847
Guadaira (*Broadside*)......	al..	1881	Haydée (*Orphelin*)........	b..	1868
Guadeloupe (*Neptunus*)....	b..	1869	Haydée (*Le Petit Caporal*).	b..	1874
Guadix (*Nuneham*)........	n..	1879	Haydée (*Wellingtonia*)....	b..	1879
Guarantee (*Empire*)........	al..	1872	Haydée (*Beaurepaire*).....	b..	1885
Guava (*Sweetmeat*)........	bb.	1850	Hay-Market (*Weatherbit*)..	ro.	1875
Guéménée (*Mars*)........	b..	1874	Hazlenut (*Speculum*)......	bb.	1875

	Robe	Date de la naissance		Robe	Date de la naissance
Headlong (*Pell-Mell*)	bb.	1882	Héritage (*Inheritor*)	bb.	1850
Hébé (*Rubens*)	b..	1819	Héritage (*Le Mandarin*)	al..	1873
Hébé (*Abron*)	al..	1832	Her Majesty (Robert The Devil)	b..	1885
Hébé (*Castor*)	b..	1857	Hermine (*Emilius*)	bb.	1843
Hébé (*Cotherstone* ou *Ali-Baba*)	b..	1859	Hermine (*Pretty Boy*)	b..	1860
			Hermine (*Zouave*)	b..	1869
Hébé (*Nunnykirk*)	b..	1860	Hermine (*Foudre de Guerre*)	b..	1881
Hébé (*Morok*)	gr.	1863	Hermine (*Castillon*)	al..	1884
Hécla (*Perplexe*)	b..	1886	Hermine (*Ladislas*)	bb.	1888
Hécube (*Carbon*)	al..	1832	Herminie (*Beaucens*)	b..	1858
Heiress (*The Colonel*)	al..	1833	Hermione (*Royal Oak*)	b..	1848
Heirloom (*Highborn*)	b..	1880	Hermione (*Nunnykirk*)	b..	1860
Hélas (*Zouave*)	al..	1866	Hermione (*Ruy Blas*)	al..	1875
Helen (*Whisky*)	b..	1809	Hermione (*Beaurepaire*)	al..	1885
Helen (*The Baron*)	b..	1872	Hermita (*Hermit*)	b..	1871
Helena (*Rainbow*)	gr.	1830	Hermosa (*Charles XII*)	b..	1846
Helena (*Arthur*)	b..	1849	Hermosa (*William*)	b..	1850
Helena (*Fitz Gladiator*)	b..	1864	Hermosa (*Don Carlos*)	b..	1882
Helena (*Le Sarrazin*)	b..	1875	Herodea (*Garry Owen*)	b..	1852
Helena (*Cymbal, Henry* ou *Eole II*)	b..	1877	Héroïne (*Harlequin*)	b..	1841
			Héroïne (*Gladiator*)	bb.	1856
Hélène (*Eastham*)	bb.	1827	Héroïne (*First Born*)	b..	1862
Hélène (*Fra Diavolo*)	b..	1839	Héroïne (*Commodor Napier*)	b..	1864
Hélène (*Prétendant*)	b..	1865	Héroïne (*Consul*)	al..	1881
Hélène (*Bagdad*)	b..	1875	Her Sister (*Energy*)	al..	1890
Helen Mac Gregor (*The Scottish Chief*)	al..	1882	Hervine (*Mr. Wags*)	b..	1848
			Hervine (*Mourle*)	b..	1884
Héline (*Foscarini*)	al..	1852	Herzegovina (*Restitution*)	b..	1876
Héliotrope (*Mignon* ou *Beau Sire*)	b..	1871	Hester Prynne (*The Preacher*)	b..	1885
			Heurtebise (*Optimist*)	al..	1873
Héliotrope (*Rosicrucian*)	bb.	1884	Hibernia (*Oakley*)	bb.	1848
Héloïse (*Harlequin*)	al..	1834	Hiccup (*Knight of Avenel*)	b..	1856
Héloïse (*Théodore*)	b..	1835	High Jinks (*Hilarious*)	b..	1885
Helvétie (*Castillon*)	al..	1885	Highland Fling (Macdonald)	bb.	1874
Hélyette (*Maskelyne*)	b..	1886	Highland Sister (Stockwell)	bb.	1864
Hémione (*The Nabob*)	b..	1870	Hilarité (*Hilarious*)	bb.	1884
Henriade (*Valentin*)	b..	1888	Hilda (*King Lud*)	al..	1889
Henrica (*Woful*)	b..	1823	Himalaya (*Tristan*)	al..	1887
Henrietta (*Lord Clifden*)	b..	1872	Hippia (*Gladiator*)	al.	1847
Henriette (*Tinker junior*)	b..	1851	Hirma (*Fitz Gladiator*)	al..	1859
Henriette (*Henry*)	b..	1877	Hirma (*Napier*)	al..	1859
Henriette II (*Henry*)	b..	1877	Hirondelle (*Gohanna*)	al..	1809
Hepzibah (*The Baron*)	b..	1853	Hirondelle (*Renonce*)	bb.	1846
Herbette (*Feu d'Amour*)	bb.	1880	Hirondelle (*Bonbon*)	b..	1860
Her Grace (*King Tom*)	al..	1869	Hirondelle (*The Heir of Linne*)	b..	1860

	Robe	Date de la naissance		Robe	Date de la naissance
Hirondelle (*Macaroni*)	bb.	1867	Humbug (Hedley ou Seymour)	b..	1821
Hirondelle (*Ambassadeur*)	b..	1880	Humility (*Gantelet*)	bb.	1875
Hirondelle (*Vermout*)	b..	1882	Humming Bird(*Birdcatcher*)	n..	1859
Hœma (*Hœmus*)	b..	1843	Huraca (*Pickpocket*)	b..	1837
Holbein Filly (*Mr. Wags*)	b..	1846	Hydra (*Castillon*)	bb.	1888
Hollandaise (*Dutch Skater*)	b..	1875	Hygiène (*Highborn*)	b..	1883
Hollandaise (*Peregrine*)	b..	1890	Hyménée (*Mandrake*)	b..	1881
Homélie (*Flageolet*)	al..	1881	Hymette (*Ladislas*)	bb.	1889
Homonyme (*Vermout*)	al..	1868	Hyperbole (*Fitz Gladiator*)	bb.	1864
Honduras (*Alarm*)	b..	1855	Hypermnestra (*Sweetmeat*)	n..	1860
Honesta (*Womersley*)	b..	1863	Hypothèse (*Ion*)	b..	1858
Honesty (*Gladiator*)	al..	1851	Hypothèse (*The Peer*)	bb.	1873
Honeymoon (*Quoniam*)	al..	1845	Hyrondine (*Le Mandarin*)	al..	1873
Honeymoon (*Adventurer*)	bb.	1883	Hysteria (*Hampton*)	b..	1884
Honnêteté (*Empire*)	al..	1873	Hythe (*Southampton*)	al..	1888
Honora (*Consul*)	b..	1873			
Honoria (*Colsterdale*)	bb.	1866			
Honorine (*Zut*)	b..	1886			
Honour Bright(*Mac Gregor*)	b..	1879	Ianthe (*Ithuriel*)	al..	1847
Honrada (*Honesty*)	b..	1875	Ibra Detta (*Invincible*)	bb.	1848
Hop Bitters (*Hackthorpe*)	bb.	1884	Icaria (*The Flyer*)	b..	1824
Hop Blossom (*Weatherbit*)	b..	1883	Ida (*Whalebone*)	n..	1828
Hope (*Premier Août*)	al..	1851	Ida (*The Juggler*)	bb.	1838
Hope Formerly (*Renonce*)	al..	1853	Ida (*Pompier*)	bb.	1875
Hopeless (*Melbourne*)	b..	1851	Idalia (*Napoleon*)	b..	1842
Horace (*Electrique*)	b..	1857	Idalia (*Thunderbolt*)	b..	1865
Horizontale (*Vignemale*)	bb.	1887	Idalie (*Montargis*)	al..	1882
Horloge (*Flageolet*)	al..	1884	Idalie (*Pellegrino*)	b..	1889
Hornet (*Partisan*)	b..	1829	Idylle (*Insulaire*)	b..	1883
Hornet (*Prétendant*)	b..	1865	Idylle (*Theologian*)	b..	1886
Horoscope (*Vernet*)	b..	1890	Idylle (*Saxifrage*)	b..	1888
Hortense (*Gaberlungie*)	b..	1833	Iéna (*Eylau*)	b..	1844
Hortense (*Napoleon*)	b..	1835	Ikonia (*Zut*)	al..	1886
Hortense (*Tipple Cider*)	b..	1848	Ilda (*Consul*)	al..	1872
Hortense II (*Mortemer*)	al..	1880	Ile de France (*The Cure*)	b..	1859
Hortensis (*Ferragus*)	b..	1878	Iliade (*Beau Merle*)	b..	1881
Hortentia (*Ventre St Gris*)	b..	1870	Ilkley (Knight of the Garter)	b..	1883
Hosanna (*Lottery*)	b..	1840	Illumination (*Cremorne*)	b..	1876
Hospitalité(Honesty ou Saucebox)	b..	1875	Illusion (*Harlequin*)	al..	1842
Hot and Cold (*Thunderbolt*)	b..	1879	Illusion (*Bay Middleton*)	b..	1850
Houlette (*Uhlan*)	b..	1879	Illusion (*Caravan*)	b..	1856
Houlette II (*Elleviou*)	b..	1881	Illusion (*Zut*)	al..	1886
Houppette (*Lusignan*)	bb.	1887	Illusion II (*Wellingtonia*)	b..	1886
Hubie (*Salvator*)	al..	1883	Illustration (*Gladiator*)	al..	1848
Huguette (*Elthiron*)	b..	1855	Image (*Langar*)	bb.	1838

	Robe	Date de la naissance		Robe	Date de la naissance
Immortelle (*The Nabob*)....	bb.	1862	Iodine (*Ion*)	n..	1845
Impasse (*Paradox*)	b..	1842	Iona (*Moorlands*).........	al..	1882
Impéria (*Peut-Etre*)	bb.	1880	Ione (*Vaucresson*)........	bb.	1876
Impériale (*Ionian*)........	b..	1852	Ioness (*Ion*)..............	b..	1855
Impérieuse (*Orlando*)	b..	1854	Ionienne (*Ionian* ou *Mokanna*).................	b..	1856
Incertaine (*Mirliflor* ou *Beaurepaire*)................	b..	1882	Iphigénie (*Hospodar*)	bb.	1867
Incertitude (Ventre Saint Gris)....	b..	1874	Iphygénie (*Fitz Gladiator*).	b..	1870
Incognita (*Voltigeur*)......	bb.	1873	Ipsara (*Général Mina*).....	al..	1832
Inconnue (*Monitor II*).....	b..	1870	Ira (*Insulaire*)	bb.	1884
Incurable (*Saunterer*).....	b..	1867	Irene (*Y. Emilius*)	bb.	1847
Indépendance (*Worthless*).	b..	1850	Irène (*Sundeelah*)	bb.	1875
Indiana (*Tandem*).........	b..	1832	Irène (*Mandrake*)	al..	1880
Indiana (*Y. Monarque*)....	b..	1874	Irène (*Firmament*)........	al..	1829
Indiana (*Y. Melbourne*)....	b..	1877	Iris (*Marcellus*)	b..	1841
Indiana (*Mandrake*).......	bb.	1880	Iris (*Alteruter*)...........	bb.	1842
Indiana (*Beaudesert*)	b..	1887	Iris (*Napoleon*)...........	b..	1842
Indiana (*Castillon*)........	b..	1889	Iris (*Gladiator*)..........	b..	1848
Indian Summer (*Uncas*)...	bb.	1887	Iris (*Collingwood*)	b..	1859
Indifférence (*Pompier*).....	bb.	1871	Iris (*Mortemer*)...........	al..	1878
Indigotine (*Trent*).........	n..	1881	Iris (*Milan II*)	al..	1888
Industrie (*Leamington*)....	bb.	1861	Irlande (*Beau Merle*)......	al..	1878
Industrie (The Flying Dutchman) ...	b..	1865	Irma (*Prétendant*)........	b..	1865
Industry (*Loto*)...........	b..	1850	Irma (*Le Japonais*)........	bb.	1889
Inès (*Monarque*)	al..	1865	Ironic (*Affidavit*).........	al..	1880
Inès (*Fitz Gladiator*)......	al..	1869	Iroquoise (*Tristan*)........	al..	1887
Ingratitude (*Jerry*)	bb.	1848	Irradiante (*Perplexe*)	bb.	1888
Infanterie (*Coq du Village*).	b..	1885	Isabel (*Pauvre Mignon*)....	b..	1876
Infidèle (*See Saw*)	bb.	1881	Isabella (*Rainbow*)........	b..	1831
Infortune(*West Australian*)	bb.	1863	Isabella (*Ibis*)...........	b..	1845
Infortune (*Comte Oscar*)..	b..	1874	Isabella (*The Baron*)......	al..	1858
Ingratitude (*Cobnut*)......	al..	1868	Isabelle (*Harlequin*)	b..	1842
Inixa (*Fitz Gladiator*).....	al..	1871	Isabelle (*Morok*)...........	b..	1860
Innocente (*Gabier*)........	al..	1882	Isabelle (*Womersley*)	al..	1871
Innocente (*Mirliflor*).....	b..	1882	Isabelle (*Léon*)	al..	1888
Inquiétude (*King Tom*)....	b..	1871	Isaure (*Mortemer*)........	al..	1879
Inspection (*Birdcatcher*)...	bb.	1855	Iseult (*Tristan*)	b..	1888
Inspiration (*Clotaire*)......	al..	1876	Isis (*Ibis*)................	b..	1845
Instruction(*Allez y Gaîment*)	al..	1861	Islande (*Silvester*)........	al..	1887
Integrity (*Y. Emilius*)	b..	1850	Isly (*Physician*)...........	b..	1844
Intervention (*Collingwood*).	b..	1860	Isma (*Emilio*)..............	b..	1845
Invicta (*Blair Athol*)	al..	1871	Ismène (*John Day*)........	al..	1887
Invocation (*Zouave*)	al..	1874	Isménie (*Plutus*)	b..	1877
Io (*Turnus*)................	al..	1836	Isobel (*Macaroni*)	bb.	1870
Ioca (*Vermout*)	bb.	1884	Isola (*Montargis*).........	bb.	1889

	Robe	Date de la naissance
Isola (*Prince Caradoc*)	al..	1850
Isole (*Henry*)	b..	1875
Isolie (*Beauminet*)	al..	1884
Isolina (*Speculum*)	al..	1876
Isoline (*Ethelbert*)	al..	1860
Isoline (*Y. Monarque*)	al..	1871
Issy (*Flageolet*)	al..	1881
Ista (*Prétendant*)	al..	1863
Istrie (*Zut*)	b..	1886
Italian Queen (*King Tom*)	b..	1877
Italienne (*Bon Vivant*)	bb.	1879
Iveline (*Belmont*)	b..	1834
Ivresse (*Buckthorn*)	b..	1869
Iza (*Silvio*)	b..	1888
Iza II (*Clotaire*)	al..	1877
Jachère (*Fripon*)	n..	1890
Jacinthe (*Cardon*)	al..	1834
Jacinthe (*Consul*)	b..	1872
Jacometta (*Ruy Blas*)	bb.	1876
Jacqueline (*Garry Owen*)	b..	1855
Jacqueline (*Argonaut*)	b..	1872
Jacqueline (*Boïador*)	b..	1887
Jacquette (Roi de la Montagne)	al..	1883
Jacquette (*Bay Archer*)	al..	1888
Jactance (*Le Destrier*)	b..	1885
Jahel (*Tabac*)	bb.	1879
Jalouse (*Sting*)	b..	1854
Jalousie (*Iago*)	al..	1865
Jambette (*Physician*)	b..	1845
Jane (*Little John*)	gr.	1824
Jane (*Deucalion*)	bb.	1834
Jane (*Asteroïd*)	bb.	1870
Jane (*Le Petit Caporal*)	b..	1877
Jane Eyre (*Iago*)	bb.	1857
Janinette (*Marcellus*)	b..	1835
Japan (*Amato*)	n..	1843
Japonica (*See Saw*)	bb.	1876
Jardinière (*Buckthorn*)	b..	1869
Jardinière (*Gantelet*)	b..	1875
Jarretière (Commodor Napier)	b..	1861
Java (*Badsworth*)	b..	1875
Javanaise (*Ventre St Gris*)	al..	1872

	Robe	Date de la naissance
Javeline (*Wellingtonia*)	bb.	1879
Javeline (Trombone ou Bertram)	b..	1880
Jeanne (*Ethelwolf*)	b..	1857
Jeanne d'Albret (Ventre Saint Gris)	b..	1861
Jeanne d'Arc (*The Baron* ou *Assault*)	al..	1854
Jeanne d'Arc (*Premier Août*)	b..	1855
Jeanne d'Arc (*Ramadan*)	b..	1858
Jeanne d'Arc (Faugh a Ballagh)	b..	1859
Jeanne d'Arc (*The Nabob*)	bb.	1861
Jeanne d'Arc (*Orphelin*)	al..	1869
Jeanne d'Arc (*Tournament*)	b..	1875
Jeanne d'Arc (*Arc*)	b..	1890
Jeanne Hachette (Y. Monarque)	b..	1870
Jeanne Hachette (*Flageolet*)	al..	1881
Jeanne la Folle (Montagnard)	b..	1871
Jeannette (*Rainbow*)	b..	1825
Jeannette (*Lutzen*)	b..	1836
Jeannette (*Ægyptus*)	b..	1845
Jeannette (*Gladiateur*)	n..	1870
Jeannette (*Comte Oscar*)	al..	1872
Jeannette (*Flavio*)	al..	1889
Jeannette II (*Cymbal*)	al..	1874
Jeannine (*Gabier*)	al..	1875
Jectura (*Conjecture*)	al..	1851
Jelly Fish (*Venison*)	ro.	1846
Jemma (*Marengo*)	al..	1854
Jemmapes (*Ventre St Gris*)	al..	1867
Jemton (*Le Sarrazin*)	b..	1871
Jenny (*Whalebone*)	n..	1822
Jenny (*Lutzen*)	b..	1836
Jenny (*Royal Oak*)	b..	1837
Jenny (*Tipple Cider*)	al..	1849
Jenny (*Météore*)	b..	1863
Jenny (*West Australian*)	b..	1865
Jenny (*Faisan*)	al..	1884
Jenny Geddes (*Ishmael*)	b..	1889
Jenny Lind (*Ali Baba*)	b..	1849
Jenny Vertpré (*Boabdil*)	b..	1827
Je n'y Compte pas (The Baron)	bb.	1858
Jeopardy (*Inheritor*)	bb.	1849
Jesabel (*Le Sarrazin*)	b..	1873
Jessamine (*Paragone*)	b..	1851
Jessica (*Bizarre*)	b..	1841
Jessie (*Emancipation*)	al..	1835

	Robe	Date de la naissance		Robe	Date de la naissance
Jessie (*Jerry*)	bb.	1845	Judith (*Beaurepaire*)	b..	1885
Jessie (*King O'Scots*)	b..	1874	Judith (*Verdun*)	al..	1888
Jessie Honoré (George Frederick)	b..	1889	Jugez donc ! (*Parnasse*)	b..	1880
Jessy (*Lanercost*)	bb.	1844	Jugulaire (*The Peer*)	b..	1878
Jessy Hammond (*Voltaire*)	bb.	1842	Juive (la) (*Lottery*)	b..	1840
Jetta (*Plutus*)	b..	1881	Juive (*Bay Archer*)	b..	1884
Jeudiette (*Vendredi*)	al..	1847	Jujube (*Sweetmeat*)	bb.	1851
Jeune Première (West Australian)	b..	1864	Jujube (*Bagdad*)	al..	1874
Jewel (*Playfair*)	b..	1878	Julia (*General Mina*)	n..	1834
Jew Girl (*Elis*)	al..	1844	Julia (*Bizarre*)	b..	1842
Jezabel (*Fitz Gladiator*)	b..	1869	Julia (*Charles XII ou Sir*		
Jocaste (*Deucalion*)	b..	1834	*Hercules*)	n..	1846
Jocosa (*Fitz Roland*)	al..	1868	Julia (*Epirus*)	al..	1848
Johanna (The Baron ou Assault)	al..	1854	Julia (*Teddington*)	al..	1855
Johannisberg (*Physician*)	b..	1845	Julia (*The Cossack*)	al..	1861
Jointure (*Cymbal*)	al..	1875	Julia (*D'Artagnan*)	b..	1862
Jojotte (*Stracchino*)	al..	1886	Julia (*Soukaras*)	b..	1887
Jolie (*Gitano*)	bb.	1879	Juliana (*Ibis*)	b..	1846
Jolie Agnes (*Hermit*)	al..	1886	Juliana (*Remus*)	al..	1867
Joliette (*Surplice*)	al..	1860	Juliana (*Julius*)	b..	1870
Jollity (*Inheritor*)	gr.	1849	Julia Peel (*Amsterdam*)	b..	1864
Jonciole (*Le Destrier*)	al..	1886	Julia Sacqui (*Royal George*)	b..	1841
Jongleuse (*Ruy Blas*)	b..	1880	Julie (*Toison d'Or*)	b..	1855
Jonquille (*Napoleon*)	al..	1844	Julie (*Beaucens*)	b..	1858
Jonquille (*Jocko*)	al..	1850	Julie (*Big Ben*)	bb.	1866
Jonquille (*La Clôture, Prince*			Julienne (*Womersley*)	b..	1863
Caradoc ou M. d'Ecoville)	al..	1854	Julienne (*Verdun*)	bb.	1882
Jonquille (*Vermout*)	al..	1873	Julietta (*Royal Oak*)	b..	1834
Jonvillaise (*Fort à Bras*)	b..	1876	Juliette (*Mustachio*)	b..	1830
Journée (*Don Carlos*)	al..	1884	Juliette (*Caravan*)	b..	1849
Jouvence (*Sting*)	b..	1850	Juliette (*Pierrefonds*)	b..	1875
Jouvencelle (*Camembert*)	al..	1882	Junction (*Sting, Nunnykirk*		
Joyeuse (*Slane*)	al..	1856	*ou Nuncio*)	b..	1853
Joyeuse (*Marly*)	bb.	1870	Junon (*Deucalion*)	bb.	1834
Joyeuse (*Trocadéro*)	al..	1873	Junon (*Dangerous*)	b..	1844
Joyeuse (*Le Destrier*)	b..	1883	Junon (*Remus*)	al..	1868
Joyeuse (*Eusèbe*)	b..	1884	Justice (*Gladiator*)	b..	1851
Joyeuse (*Border Minstrel*)	b..	1887	Justice (*Caterer*)	b..	1876
Joyeuse (*Albion*)	b..	1888	Justitia (*Macaroni*)	b..	1868
Juana (*Don John*)	al..	1852			
Juanita (*Lottery*)	b..	1839			
Juanita (*Lanercost*)	b..	1859			
Judelle (*Allez y Gaîment*)	b..	1872	Kabylie (*Zut*)	al..	1888
Judith (*Royal Oak*)	b..	1839	Kadine (*Vermout*)	al..	1883
Judith (*The Nabob*)	bb.	1872	Kake (*Silvio*)	b..	1881

	Robe	Date de la nais- sance		Robe	Date de la nais- sance
Kalmia (*Bijou*)	b..	1885	Kolga (*Narcisse*)	b..	1889
Kalouga (*Napoleon*)	b..	1836	Kora (*Bay Archer*)	bb.	1883
Kamtchatka (*Atlantic*)	al..	1888	Korrigane (*Le Destrier*)	b..	1886
Kandahar (*Perplexe*)	b..	1886	Koura (*Carbou*)	b..	1835
Kaoline (*Collingwood* ou			Kyrielle (*Tabac*)	b..	1877
Malton)	al..	1853	Kyrielle (*Zut*)	b..	1885
Karadja (*Tristan*)	b..	1887			
Kate (*John O'Gaunt*)	al..	1851			
Kate (*Empire*)	al..	1871			
Kate II (*Joskin*)	b..	1872	La Baleine (*Ion*)	b..	1857
Kate Nickleby (*Paradox*)	b..	1840	La Basquaise (*Souvenir*)	al..	1868
Kathleen (*Windcliffe*)	gr.	1843	La Bastide (*Le Sarrazin*)	b..	1876
Katia (*Guy Dayrell*)	al..	1883	La Bastille (*Fitz Gladiator*)	b..	1864
Katinka (*Terror*)	b..	1844	La Baumette (*Womersley*)	b..	1860
Katinka (*Gladiator*)	al..	1852	La Bégun (*Collingwood*)	b..	1859
Katinka (*Red Hart*)	al..	1858	La Bélène (*Pauvre Mignon*)	b..	1872
Kayla (*Nautilus*)	bb.	1849	La Belle (*Ministère*)	b..	1885
Kaymah (*Deucalion*)	b..	1835	La Belle Aude (*Dollar*)	al..	1871
Kazine (*The Cossack*)	b..	1866	La Belle Fatma (*Pellegrino*)	bb.	1883
Keapsake (*Gladiateur*)	al..	1873	La Belle Terronnière (Ventre Saint Gris)	al..	1861
Keepsake (*Nuncio*)	bb.	1856	La Belle Hélène (*Pédagogue*)	b..	1864
Kenilworth (*Saunterer*)	bb.	1877	La Belle Hélène (Fitz Gladiator)	b..	1865
Kentish Fire (*Gamester*)	b..	1866	La Belle Hélène (*Nougat*)	b..	1885
Kermesse (*Camel*)	b..	1832	La Belle Lisette (*Caravan* ou		
Kersage (*Androclès*)	b..	1882	*Assault*)	b..	1856
Ketty (*Tramp*)	bb.	1827	La Beloue (*Dollar*)	bb.	1880
Ketty (*Darlington*)	b..	1837	La Bique (*Gabier*)	b..	1878
Kézia (*Caravan*)	bb.	1855	La Bise (*Bataclan*)	b..	1861
Khabara (*Hermit*)	n..	1877	La Blessée (*Suzerain*)	al..	1877
Khiva (*Wellingtonia*)	al..	1882	Laborieuse (*Vertugadin*)	bb.	1870
Kiev (*Maxico*)	al..	1890	La Bossue (*De Clare*)	bb.	1861
Kilis (*Deucalion*)	b..	1835	La Bossue (*Gantelet*)	b..	1861
Kilt (*Chippendale* ou *Clan-*			La Botellerie (*Partisan*)	b..	1870
ronald)	b..	1884	La Bouillie (*Insulaire*)	bb.	1887
King Tom mare (*King Tom*)	b..	1866	La Boulaie (*Vermout*)	bb.	1873
Kindness (*Ibis*)	gr.	1847	La Boule (*Ion*)	bb.	1856
Kirkora (*Deucalion*)	bb.	1835	La Boulangère (*Sting*)	b..	1858
Kiss (*The Scottish Chief*)	b..	1881	La Brume (*Perplexe*)	b..	1886
Kiss Me Not (*Birdcatcher*)	al..	1855	La Bugiste (*Camembert*)	al..	1883
Kiss Me Quick (*D'Artagnan*)	b..	1864	La Bultée (*Flageolet*)	al..	1878
Kitty (*Apollon*)	al..	1878	La Buzardière (*Mortemer*)	n..	1876
Kitty Sprightly (*Rosicrucian*			La Cagnotte (*First Born*)	bb.	1864
ou *Y. Dutchman*)	b..	1874	La Californie (*Y. Emilius*)	b..	1847
Kleptomania (*Adventurer*)	b..	1869	La Calle (*Remus*)	gr.	1881
Knightsbridge (*Petrarch*)	b..	1885	La Calonne (*Newminster*)	b..	1867

	Robe	Date de la nais- sance		Robe	Date de la nais- sance
La Casaque (*Trocadéro*)...	al..	1875	La Diva (*The Cossack*)....	b..	1858
Lacassagne (*Montargis*)...	b..	1881	La Dona E Mobile (*Gilbert*)	b..	1885
La Charmeraie (*Flageolet*).	b..	1884	La Dorette (*The Ranger*)...	b..	1867
La Chasse (*Harkaway*).....	al..	1852	La Douairière (*Tabac*).....	bb..	1876
La Châtelaine (*Bigarreau*).	b..	1876	La Douceur (*Castillon*)....	b..	1887
La Chatte (*Iago*)..........	al..	1858	La Douze (*Iago*).........,	bb.	1863
La Chatte (*VentreSaintGris*)	b..	1873	La Durance (*Plutus*).......	b..	1880
La Chatte (*Fontainebleau*)..	b..	1888	Lady (*Seymour*)...........	bb.	1818
La Chaumière (*Saint Louis*)	al..	1886	Lady (*Tragedian*).........	al..	1852
La Chaussée (*Ruy Blas*)....	b..	1870	Lady (*Renonce*)............	bb.	1855
Lachesis (*Wellingtonia*)...	b..	1890	Lady (*Young*) (*Ionian*).....	bb.	1849
La Chêteuse (*Cimier* ou *Da-*			Lady Albert (*Langar*)......	b..	1832
nois)	al..	1885	Lady Alice (*Master Bagot*).	gr.	1874
La Cigale (*Trocadéro*).....	al..	1876	Lady Anna (*Drummond*)...	b..	1879
La Clarence (*Hospodar*)...	b..	1867	Lady Arthur (*Arthur*).....	b..	1846
La Cloche (*Vermout*)......	b..	1877	LadyAtholstone(*BlairAthol*)	al..	1868
La Cocarde (*Florin*).......	b..	1868	Lady Audley (*Macaroni*)...	b..	1867
La Cochère (*Gabier*).......	al..	1885	Lady Bangtail (*Erymus*)....	b..	1845
LaComète(*Pyrrhus theFirst*)	b..	1861	Lady Bank (Lord of the Isles)	b..	1863
La Corniche (*Monarque*)..	b..	1870	Lady Beatrice (*Cremorne*)..	b..	1876
La Coudraye (*Zut*)........	al..	1887	Lady Bird (*Bustard*).......	b..	1827
La Coureuse (*Stockwell*)...	b..	1871	Lady Bird (*Birdcatcher*) ...	al..	1851
La Courtille (*Vermout*)....	b..	1879	Lady Bird (*Saint Simon*)...	b..	1854
La Couture (*Pretty Boy*)...	al..	1885	Lady Bird (*Sir Bevys*)......	bb.	1884
La Crème (*Mortemer*)	al..	1879	Lady Charlotte (*Reveller*)...	b..	1836
La Créole (*Dollar*)........	bb.	1875	Lady Charlotte (*Velocipede*)	b..	1841
La Critique (*Wellingtonia*).	bb.	1879	Lady Charlotte (*Gibbon*)...	b..	1861
La Croutelle (*Volontaire*)...	b..	1888	Lady Chelsea (*Peter*)......	b..	1885
Lacryma (*Souvenir*)........	al..	1873	Lady Clara (*Blair Athol*)...	bb.	1880
La Culture (*Flageolet*).....	b..	1880	Lady Clare (*Barcaldine*)...	al..	1888
La Czarine (*Gladiator*)....	al..	1855	Lady Clocklo (Royal Quand Même).	al..	1859
La Dame (*the Baron*)	al..	1853	Lady Crompton (*Scheik*)...	bb.	1848
La Dame Blanche (*Nougat*)	b..	1888	Lady Coventry (*Thormanby*)	al..	1865
La Danaé (*Faisan*)........	b..	1889	Lady Day (*Tabac*)........	al..	1877
La Dauphine (*Stockwell*)...	al..	1863	Lady de Nantes (*Adventurer*)	b..	1878
La Dauphine (*Doncaster*)..	gronr	1880	Lady de Normandie (Emilius).	b..	1832
La Déchirée (*Pharaon*)....	al..	1874	Lady Diana (*Fitz Roland*)..	al..	1871
La Déesse (*Le Mandarin*)..	al..	1871	Lady Dorothy (*Rosicrucian*)	b..	1887
La Délivrande (BorderMinstrel)	b..	1888	Lady Douglas (*Artillery*)...	b..	1860
La Demoiselle (*Gitano*)....	b..	1876	Lady Elisabeth (*Trumpeter*).	b..	1865
La Demeizelo (*Honesty*)....	al..	1879	Lady Elsie (*Sterling*)......	b..	1886
La Désirade (*Saxifrage*)...	bb.	1888	Lady Emely (*Cain*)........	b..	1835
La Dheune (*Black Eyes*)...	al..	1868	Lady Erin (*Mallet*)........	b..	1869
La Dhuis (*Bruce*)..........	bb.	1888	Lady Fashion (*Sylvio*)......	b..	1842
La Diane (*Léon*)...........	al..	1887	Lady Fly (*Royal Oak*)......	b..	1837

	Robe	Date de la naissance		Robe	Date de la naissance
Lady Fly (*Chanticleer*).....	gr.	1865	Lady Stowe (*Tipple Cider*).	b..	1852
Lady Frances (*Mac Ivor*)...	b..	1876	Lady Syntax's (*Don John*)..	bb.	1850
Lady Fulmen (*Melbourne* ou			Lady Tartufe (*Ion*)........	b..	1853
Birdcatcher)...........	al..	1857	Lady Teazle (*Peter*)........	b..	1884
Lady Genuine (*Genuine*)...	b..	1882	Lady Uncas (*Uncas*).......	bb.	1885
Lady George (*Geologist*)...	n..	1886	Lady Wallace (The Scottish Chief).	b..	1873
Lady Glenorchy (Broadalbane)	bb.	1872	La Faine (*Marengo*).......	bb.	1878
Lady Gorne (*Brocardo* ou			La Fanchonnette (*Assault*		
M. d'Ecoville).........	bb.	1851	ou *Ballinkeele*).........	b..	1856
Lady Harriet (*Mr. Wags*)..	al..	1854	La Fanchonnette (l'augh a Ballagh)	b..	1861
Lady Harriet (*Pirate King*).	b..	1875	La Fanchonnette (Fitz Gladiator).	al..	1862
Lady Harrington (Y. Melbourne).	bb.	1871	La Fanfare (*Bruce*)........	b..	1888
Lady Help (*See Saw*).......	bb.	1881	La Farandole (*Joskin*)......	b..	1874
Lady Henriette (*Y. Emilius*			La Fauvette (*Fitz Gladiator*)	bb.	1867
ou *Physician*)...........	bb.	1845	La Favorite (*Monarque*) ...	b..	1863
Lady Henriette (West Australian).	bb.	1865	La Favorite (*Marksman*)...	al..	1881
Lady Inglis (*Ely*).........	b..	1868	La Favorite (*Bariolet*).....	b..	1886
Lady Isa (*Gladiator*).......	al..	1849	La Fée (*Gabier*)...........	al..	1876
Lady Isabel (*The Baron*)...	bb.	1849	La Feuillée (*Brest*)........	n..	1887
Lady Kate (*Lord Lyon*)...:.	b..	1874	La Filleule (*Ion*)...........	bb.	1858
Lady Joan (*John O'Gaunt*).	b..	1854	La Finance (*Caterer*)	al..	1882
Lady John (*Buckthorn*)	b..	1859	La Flandric (*Vertugadin*)..	bb.	1877
Lady Julia (*Tiresias*).......	al..	1831	La Flèche (*Womersley*)....	b..	1860
Lady Lift (*Sir Hercules*)...	b..	1844	La Fleur (*Le Drôle*)	b..	1886
Lady Like (*Empire*)........	al..	1868	La Flûte (*Flageolet*).......	bb.	1881
Lady Little (*The Confessor*)	b..	1858	La Folie (*Mirliflor*)........	b..	1879
Lady Lonsdale (*King Lud*).	al..	1879	La Fontelaye (Le Petit Caporal) .	b..	1879
Lady Lyon (*Skirmisher*) ...	b..	1865	La Fortune (*Fitz Gladiator*)	al..	1862
Lady Macbeth (*Hœmus*)....	al..	1842	La Foudre (Tonnerre des Indes)	bb.	1866
Lady Manton (*Mortemer*) ..	al..	1878	La Foudre (The Scottish Chief).	b..	1886
Lady Maria (*Harlequin*) ...	b..	1842	La Foudre (*Bay Archer*) ...	b..	1889
Lady Mary Clifden (Lord Clifden)	b..	1867	La Fourmi (Pyrrhus the First)	b..	1862
Lady Maud (*Ionian*).......	bb.	1852	La Française (*Plutus*)......	b..	1877
Lady Meiden (*The Palmer*).	b..	1876	La France (*Tumbler*).......	b..	1865
Lady Nelson (*Collingwood*)	bb.	1855	La France (*Drummond*)....	b..	1879
Lady of Lyons (*Flatcatcher*)	b..	1852	L'Africaine (*Father Thames*)	n..	1865
Lady of Mercia (*Blair Athol*)	al..	1875	L'Africaine (*Pharaon*)	al..	1872
Lady Pigot (*Vert Galant*). .	al..	1862	L'Africaine (*Trocadéro*)....	al..	1880
Lady Rover (*Peter*)........	al..	1887	La Frileuse (*Suzerain*).....	bb.	1876
Lady Saddler (*Assault*)	b..	1851	La Fromentinière (Pretty Boy)	al..	1876
Lady Sefton (*Sefton*).......	al..	1884	La Fronde (*Womersley*)....	b..	1862
Lady Ship (*Empire*)	n..	1868	La Fronde (*Vestminster*)...	b..	1885
Lady Soffie (*Romulus*).....	bb.	1868	La Gaité (*Allez y Gaiment*)	b..	1871
Lady Sophia (*Stockwell*) ...	b..	1867	La Galanthe (*Diaz*)........	b..	1871
Lady Spark (*Mandrake*)....	al..	1880	La Gamme (*Bon Vivant*) ...	al..	1881

	Robe	Date de la naissance		Robe	Date de la naissance
La Gavotte (*Gitano*)	b..	1878	La Lumière (The Heir of Linne)	al..	1871
La Gazette (*Vulcan*)	al..	1880	La Lutte (The Flying Dutchman)	b..	1862
La Gendarme (Allez y Gaiment)	b..	1859	La Lyre (*Mars*)	al..	1879
La Giraffe (*Pretty Boy*)	b..	1866	La Maccarona (*Zut*)	b..	1887
La Giralda (*Perplexe*)	b..	1886	La Madeleine (*Verdun*)	n..	1883
La Glace (*Noble Etranger*)	al..	1886	La Magicienne (*Loadstone*)	b..	1856
La Gloire (*Fitz Gladiator*)	n..	1866	La Maladetta (*The Baron*)	b..	1855
La Glu (*Gift*)	al..	1885	La Maladetta (*Senator*)	al..	1882
La Goulue (*Saltéador*)	b..	1885	La Malmaison (Fontainebleau)	b..	1884
La Gouluc (*Gilbert*)	bb.	1887	La Maréchale (*Monarque* ou		
La Grecque (*Bagdad*)	b..	1875	(*Ventre Saint Gris*)	b..	1864
La Grêlée (*Brahma*)	bb.	1873	La Marjolaine (*Plutus*)	al..	1876
La Grenouillère (*Dollar*)	ro.	1877	La Marjolaine (*Chassenon*)	b..	1885
La Grifferie (*Mars*)	al..	1883	La Marne (*Androclès* ou *Fau-*		
La Grône (*Beauvais*)	bb.	1869	*blas*)	b..	1884
Lagune (*Ruy Blas*)	b..	1877	La Mayenne (*Mortemer*)	b..	1876
La Hague (*Argonaut*)	b..	1869	Lamballe (*Plutus*)	b..	1888
La Haute Folie (*Bruce*)	al..	1887	La Mecque (*Hœmus*)	b..	1840
La Hauteville (*Tournament*)	b..	1872	La Méprisée (*Lord Clifden*)	b..	1870
La Haye (*Hermit*)	al..	1886	La Mésange (*Brown Dayrell*)	al..	1875
La Horta (*Perplexe*)	b..	1887	Lamia Filly (*Robin Adair*)	b..	1822
La Huppe (*Zut*)	b..	1884	La Michelette (*The Baron*)	b..	1854
Laitière (Ventre Saint Gris)	b..	1866	La Midouze (*Iago*)	bb.	1863
Laitza (*Hœmus*)	al..	1842	La Mignarde (*Dollar*)	b..	1870
La Jarretière (*Perplexe*)	b..	1884	Lammas Lass (*Defence*)	bb.	1847
La Jaunière (*Le Mandarin*)	b..	1872	La Mode (*Vermout*)	al..	1874
La Jeunesse (*Bruce*)	bb.	1888	La Montagne (*Bay Archer*)	b..	1883
La Jonchère (*Vermout*)	b..	1874	La Morlaye (*Doncaster*)	b..	1877
La Joyeuse (*Marly*)	bb.	1870	La Morlaye (*Saint-Cyr*)	b..	1878
La Juive (*Ceylon*)	b..	1870	La Mouche (*Fitz Gladiator*)	al..	1872
La Jungle (*Atlantic*)	al..	1878	La Mouche (*Ludovic*)	b..	1889
Lalagé (*Carbon*)	b..	1836	Lampe (*Angus*)	b..	1870
La Lande (*Arnold*)	n..	1885	Lampoon (*Camel*)	bb.	1838
La Léorière (*Commotion*)	b..	1872	La Muette (*Trocadéro*)	al..	1876
La Leu (*Suzerain*)	al..	1875	La Napoule (*Guy Dayrell*)	b..	1885
La Lèvrie (*Bruce*)	al..	1880	Lancashire Lass (The Drummer)	b..	1873
La Limagne (*Beauminet*)	al..	1887	L'Andalouse (Le Petit Caporal)	n..	1878
La Lionne (*Womersley*)	b..	1860	Land Breeze (Master Richard)	al..	1876
La Lionne (*Xaintrailles*)	al..	1890	Landrail (*Sir Hercules*)	b..	1845
La Lisière (*Marksman*)	bb.	1873	Landrecies (*Nougat*)	al..	1885
Lalla Rook (*The Nabob*)	bb.	1862	La Négligente (*Tristan*)	b..	1887
Lalnelly (*Liverpool*)	b..	1840	Lanercost mare (*Lanercost*)	b..	1846
La Loire (*Pretty Boy*)	al..	1866	Lanercost mare (*Lanercost*)	bb.	1847
La Loutre (*Courlis*)	b..	1888	La Nétange (*Clocher*)	bb.	1884
La Louve (*Brest*)	b..	1888	La Neuville (*Wenlock*)	b..	1884

	Robe	Date de la nais-sance		Robe	Date de la nais-sance
L'Ange Ingrat (*Greenback*).	b..	1881	La Rencluse (*Bay Archer*)..	al..	1886
Langoureuse (*Peut-Etre*)...	b..	1860	La Renommée (West Australian)..	bb.	1867
Langueur (*Pédagogue*).....	b..	1862	La Réole (*Ménars*)	b..	1884
Languish (*Caïn*)	b..	1830	La Réole (*Atlantic*)........	al..	1879
Languish (*Royal Oak*)	b..	1843	La Retraite (*Ruy Blas*).....	b..	1878
La Nine (*Tourmalet*)	bb.	1876	La Revanche (*Gladiateur*).	bb.	1871
La Noce (*Bon Vivant*).....	bb.	1877	La Revanche (*Zut*)........	b..	1889
La Noce (*Wellingtonia*)....	bb.	1883	La Révolte (*Gladiator*)....	b..	1848
La Noisette (Royal Quand Même)..	b..	1872	La Revue (*Flageolet*)......	b..	1884
La Nonette (*Marksman*)....	al..	1872	La Reyna (*Vermout*)......	al..	1877
La Nouaille (*Uhlan*).......	bb.	1882	L'Ariège (*West Australian*)	b..	1865
La Noue (*Le Petit Caporal*).	b..	1873	La Risle (*Vermout*).......	b..	1867
La Nouvelle II (*Ismaël*)....	al..	1884	Larkspur (*Skylark*)	b..	1884
Lantara (*Fitz Emilius*).....	b..	1850	La Rochelle (*Fitz Gladiator*)	al..	1864
Lanterne (*Hercule*)	b..	1841	La Romaine (*Affidavit*)....	al..	1867
La Nuit (*Argonaut*)	n..	1869	La Romanerie (*Souvenir*)...	bb.	1875
La Nuit (*Plutus*)...........	b..	1869	La Rose (*Gustave*)........	bb.	1867
La Paix (*Womersley*)	b..	1870	La Rosière (*Consul*).......	al..	1877
La Paix (*Pace*).............	bb.	1871	La Roulette (*Ceylon*)......	bb.	1878
La Palatine (*Nuncio* ou *Fitz Gladiator*)..............	b..	1862	La Saane (*Bigarreau*).....	b..	1877
La Papillonne (*Trocadéro*).	al..	1880	La Samaritaine (*Fitz Gladiator* ou *Nuncio*)......	al..	1862
La Parisienne (*Mortemer*)..	al..	1877	La Scala (*Dollar*)..........	bb.	1876
La Parisina (*The Baron* ou *Saint-Germain*)..........	b..	1856	La Scarpe (*Monarque*).....	al..	1865
La Pastourelle (*Pace*)......	n..	1871	La Scie (*Le Petit Caporal*).	bb.	1881
La Patronne (*Faisan*)	b..	1882	La Seine (*Tournament*)....	b..	1873
La Paysanne (Royal Quand Même)..	al..	1861	La Senelle (*Lanercost*).....	b..	1863
La Périchole (*Orphelin*)....	al..	1867	La Souveraine (Fontainebleau)...	b..	1887
La Pernelle (*Peregrine*)....	b..	1888	Lass O'Gowrie (*Dundee*)...	n..	1865
La Personnerie (*Valentin*)..	al..	1888	Last Born (*Elthiron* ou *Freystrop*)..............	b..	1854
La Pie (*Jarnac*)..........	bb.	1883	Last Love (*Mortemer*).....	b..	1876
La Pieuvre (*Strathern*).....	b..	1888	La Sybille (*Boïard*).......	b..	1879
La Piqûre (*Saint-Cyr*)	b..	1881	La Tache (*Robert Houdin*)..	al..	1868
La Pluie (*Atlantic*).......	bb.	1881	Latakia (*Polmoodie*).....	b..	1862
La Potinière (*Le Destrier*)..	b..	1887	La Tamise (*Marksman*)	b..	1873
La Poudre (*Nougat*).......	b..	1885	La Tarbaise (Foudre de Guerre)...	n..	1882
La Prasle (*Beauvais*).......	al..	1869	La Taupe (*Drummond*)....	b..	1880
La Puce (*Pharaon*)	al..	1870	La Tessonnière(*Braconnier*)	b..	1880
La Pyramide (*Pretty Boy*)..	b..	1866	Latone (*Vertugadin*).......	al..	1877
La Quêteuse (*Pace*).......	al..	1871	La Torpille (*Castillon* ou *Vignemale*)...........	b..	1890
Lara (*Lazio*)..............	b..	1890	La Tortue (Roi de la Montagne)..	al..	1885
La Reine Berthe (*The Baron*)	al..	1860	La Tosa (Chevalier d'Industrie).	n..	1863
La Reine Blanche(*Monarque*)	b..	1861	La Tosca (*Verduron*)......	b..	1888
La Reine Elisabeth (Monarque).	b..	1867			

	Robe	Date de la naissance		Robe	Date de la naissance
La Toucques (*The Baron*)..	al..	1860	L'Eclair (*Florin*)...........	al..	1879
La Tourbière (*Optimist*)....	al..	1873	L'Eclair (*Isonomy*)........	bb.	1883
La Tourmente (*Senator*)....	b..	1885	Lectrice (*Consul*)..........	al..	1878
La Trinité (*Light*)........	b..	1871	Léda (*Buckthorn*)	b..	1864
Launcelot mare (*Launcelot*)	bb.	1847	Léda (*Prétendant*).........	al..	1864
Laura (*Eole II*)............	al..	1877	Léda (*Monitor II*).........	b..	1871
Laura (*Bay Archer*)........	b..	1887	Léda (*Boïard*).............	b..	1880
Laure (*Knight of the Garter*)	b..	1874	Léda (*Problème II*)........	b..	1886
Laurel Leaf (*Zut*)..........	bb.	1882	Léda II (*Frontin*)..........	b..	1888
Laurencia (*Fitz Gladiator*).	b..	1867	Légation (*Théodoros*)......	al..	1880
Laurentine (*Sting*)........	b..	1861	Légende (*Silvio*)...........	b..	1888
Laurentine (*Mirliflor* ou *Trent*).................	bb.	1882	Légende III (*Plutus*)	b..	1875
Lauretta (*Doctor Faustus*)..	b..	1835	Légitime (*Don Carlos*).....	al..	1879
La Vague (*Dollar*)........	bb.	1877	Lélia (*Cadland*)...........	bb.	1837
La Vallée (*Argonaut*)......	al..	1868	Lélia (*Lottery*)	b..	1837
LaVallière(*FaughaBallagh*)	b..	1861	Lemnos mare (*Lemnos*)....	b..	1880
La Valroy (*Flageolet*)......	al..	1886	Lenity (*Gladiator*)........	al..	1851
Lavande (*Minos*)..........	bb.	1876	L'Enjouée (*Maubourguet*)..	b..	1885
Lavandière (*Consul*)......	bb.	1876	Lent (*Carnival*)...........	b..	1877
Lavandière (*Dollar*)......	b..	1882	Lentille (*Y. Gladiator*)....	b..	1859
LaVapeur (*Fitz Gladiator*).	al..	1859	Lent Lily (*Rosicrucian*)....	bb.	1874
La Veine (*Ventre St Gris*).	al..	1870	Léocadie (*Gladiator*)......	b..	1853
La Venette (*Bertram*)......	b..	1884	Léoline (*Vermout*)........	b..	1875
La Vengeance (*Pace*)......	bb.	1871	Léone (*Elthiron*)	b..	1857
La Vénitienne (*Zouave*)....	al..	1871	Léonide (*Vermout*)........	b..	1873
L'Aventurière (*Monarque*)..	b..	1860	Léonie (*Richmond*)........	b..	1855
Laversine (*Monarque*).....	b..	1872	Léonie (*Newminster*).......	al..	1865
La Vesgre (*Pauvre Mignon*)	b..	1871	Léonie (*Cobnut*)..........	b..	1869
La Victoire (*Monarque*)....	al..	1868	Léonora (*The Baron* ou *Mr. Wags*).................	b..	1854
La Vienne (*Bruce*)........	bb.	1890	Léonora (*Sting* ou *Remus*).	b..	1862
La Vigne (*Lusignan*).......	al..	1883	Léonore (*Foudre de Guerre*)	b..	1880
Lavinia (*Tancred*)........	b..	1830	Léontine (*Gladiator* ou *Ion*)	al..	1853
Lavinia (*Rainbow*)........	gr..	1834	Léontine (*Vignemale*)......	b..	1887
Lavinia(*Sting* ou *TheCossack*)	b..	1862	Léopoldine (*Hedley*).......	b..	1822
Lavinie (*Eylau*)...........	b..	1842	Léopoldine (*Florin*).......	b..	1869
LaViolette(*Le PetitCaporal*)	bb.	1873	Lérida (*Dollar*)...........	b..	1872
La Violette (*Léon*)	al..	1888	Lérida (*Ladislas* ou *Castillon*) ....:............	b..	1888
La Voisine (*Pauvre Mignon*)	b..	1871	Lesczinska (*T.FlyingDutchman* ou *Florin*).........	b..	1861
Lazarine (*Révigny*)........	al..	1877	L'Estropiée (*Plutus*).......	al..	1873
La Zélée (*Allez y Gaîment*).	b..	1861	L'Etoile (*Don Carlos*).....	b...	1876
Léa (*Atlantic*).............	al..	1884	L'Etoile (*Androclès* ou *Faublas*)	b..	1882
Léa (*Farfadet*)............	b..	1889			
Leading Article (the) (*The Era*)	n..	1848			
Leap Year (*Kingcraft*).....	b..	1876			

	Robe	Date de la naissance		Robe	Date de la naissance
L'Étrangère (*Macaroni*)....	b..	1876	Linda (*Y. Gladiator*)......	b..	1864
Letty Lyon (*Lord Lyon*)....	b..	1873	Linda (*Souvenir*)..........	al..	1872
Levantine (*Vertugadin*)....	bb.	1876	Linda (*Dollar*)............	b..	1874
Levern (*The Miner*).......	al..	1875	L'Infortune (*Zouave*).......	b..	1865
Levrette (*Linsey-Woolsey*).	b..	1874	L'Ingénue (*Dollar*)........	al..	1869
Loxovienne (*T. Flying Dutchman*)	bb	1864	Lingerie (*Insulaire*).......	b..	1883
L'Hirondelle (*Suzerain*) ...	b..	1870	Linotte (*Minos*)	b..	1875
L'Huisne (*Monitor II*).....	al..	1873	Linotte (*Fontaine Henry*)..	al..	1883
Lia (*Pédagogue* ou *Father*			Linotte II (*Saltéador*)......	al..	1888
Thames)................	al.	1856	Lionne (*Cobnut*)..........	al..	1866
Lia Félix (*Longchamps*)....	b..	1870	Lionne (*Fitz Gladiator*)....	al..	1871
Libéria (*Nougat*)..........	b..	1884	Lionne (*Mortemer*)........	b..	1880
Liberté (*Ali Baba*)........	b..	1848	Lionne (*Hermit*)..........	al..	1884
Libertine (*Vernet* ou *Castillon*)	al..	1888	Lionnette (*Bay Archer*)....	bb.	1882
Liberty (*Oakley*)..........	al..	1846	Liouba (*Nuncio*)...........	al..	1856
Licentious (*Cremorne*).....	b..	1883	Lira (*Lazio*)...............	al..	1890
Licorne (*Archimandrite*)...	bb.	1882	Liria (*Flageolet*)..........	b..	1881
Lidia (*Absalon*)	bb.	1887	L'Irlandaise (*Bagdad*).....	b..	1880
Ligatura (*Pirate*)..........	b..	1846	Lisa (*Friedland*)..........	b..	1837
Light (*Beau Sire*)	b..	1871	Lisbeth (*Cataract*)........	b..	1853
Light Cloud (*Cavendish*)...	b..	1866	Lisbeth (*Pompier*).........	b..	1875
Light Drum (*Rataplan*)....	al..	1870	Lisbeth (*Trocadéro*).......	al..	1877
Light Heart (*The Cure*)....	b..	1862	Lisbonne (*Le Petit Caporal*)	bb.	1881
Light House (*Sterling*)....	bb.	1875	Lise (*The Cossack*)........	al..	1859
Light Wing (*Blair Athol*).	b..	1878	Lise (*Bagdad*).............	b..	1869
Ligoure (*CommodorNapier*)	b..	1851	Lisette (*Tiresias*)..........	al..	1828
Lilas (*Elthiron* ou *Festival*)	al..	1858	Lisette (*Mirliflor*).........	b..	1878
Lilia (*Harlequin*).........	b..	1843	Lisette (*Bay Archer*).......	al..	1884
Lilia (*Sting*)	n..	1854	Lisette (*Florestan*)........	b..	1889
Liliane (*Barcaldine*).......	bb.	1887	Lisette II (*Vignemale*).....	b..	1888
Lilian Krone (*Kingcraft*)...	b..	1881	Lisière (*Consul*)..........	al..	1872
Lilly (*Partisan*)..........	al..	1829	Lithargie (*Laurentine*).....	b..	1867
Lily (*Uhlan*)..............	b..	1880	Little Beauty (*Dollar*)......	al..	1873
Lilly of the Valley (*Wild Dayrell*)	b..	1858	Little Difference (*Thunderbolt*)..	b..	1879
Lima (*Ionian*)	b..	1861	Little Dorrit (*Corazon*).....	b..	1858
Limande (*Le Mandarin*)....	b..	1871	Little Dorrit (*Lord Clifden*).	b..	1874
Lime Flower (*Knight of Saint George*)....	b..	1858	Little Duck (*The Flying Dutchman*) .	b..	1860
Lime Light (*The Rake*).....	al..	1883	Little Fawn (the) (*Venison*).	b..	1848
Limite (*Flavio*)............	b..	1882	Little Girl (*Mustachio*).....	b..	1836
Limonade (*Fleuret*)........	bb.	1886	Little Lady (*Leamington*)...	al..	1863
Limonade (*Florentin*)......	b..	1887	Little Lady (*Rosicrucian*)..	n..	1883
Limosina (*Newminster*)....	b..	1859	Little Nell (*Lord Clifden*)..	bb.	1875
Lina (*Mortemer* ou *Monarque*)..	al..	1873	Little Princess (*Thormanby*)	b..	1868
Lina (*Foudre de Guerre*)..	b..	1881	Little Sister (*Hermit*)......	b..	1875
Linda (*the Heir of Linne*)..	b..	1863	Livie II (*Silvio*)	b..	1887

	Robe	Date de la naissance		Robe	Date de la naissance
Lizzy (*Lanercost*)	bb.	1849	Lorraine (*Tardif*)	al..	1889
Lizzy (*Début*)	b..	1873	Loterie (*Lottery*)	b..	1842
Lizzie Hexham (Y. Melbourne)	b..	1865	Loterie (*Gilbert*)	b..	1878
Loadstar (*Saunterer*)	b..	1868	Loterie (*Beaurepaire*)	b..	1886
Lobélia (*Gourgandin*)	al..	1886	Lottie Smith (*Childeric*)	b..	1887
Locket (*Blacklock*)	b..	1825	Louisa (*Tomboy*)	b..	1841
Locmaria (*Atlantic*)	b..	1877	Louise (*Mustachio*)	b..	1829
Locomotive (*Alteruter*)	b..	1838	Louise (*Royal Oak*)	b..	1838
Locomotive (*Gontran*)	al..	1882	Louise (*Vermout*)	bb.	1874
Lodi (*Le Petit Caporal*)	b..	1870	Louise (*Patriarche*)	b..	1886
Lodowiska (*Napoleon*)	b..	1842	Louisette (*Gage d'Amour*)	bb.	1877
Lœtitia (*Napoleon*)	b..	1845	Louisette (*Castillon*)	b..	1888
Lœtitia (*Trent*)	b..	1883	Louisiane (*Parnasse*)	b..	1884
Logomachie (*Ibrahim*)	b..	1840	Louveciennes (*Flageolet*)	al..	1879
Loire (*Peregrine*)	al..	1888	Love (*Milan II*)	b..	1885
Loïsa (*Terror*)	al..	1841	Love Apple (*King Tom*)	b..	1862
Loisa (*Harlequin*)	al..	1842	Lovely (*Harlequin*)	b..	1837
L'Oise (*Ventre Saint Gris*)	b..	1866	Love Knot (*Cecrops*)	b..	1876
Lola (*Gladiator*)	al..	1848	Love Match (Prince Charlie)	b..	1876
Lola (*Schamyl*)	b..	1864	Lowland Warbler (Lowlander)	b..	1879
Lola (*Ferragus*)	b..	1876	Loyauté (*Nelson*)	bb.	1858
Lola (*Saint Leger*)	b..	1886	L'Ozanne (*Zut*)	al..	1886
Lola Montes (*Slane*)	b..	1845	Luce (*Salvator*)	al..	1878
Lola Montes (*Ambergris*)	b..	1883	Lucette (*Captain Candid*)	b..	1831
Lolle (*Bay Archer*)	b..	1886	Lucette (*Vertugadin*)	bb.	1871
Lolotte (*Tetotum*)	b..	1844	Lucette II (*Blenheim*)	al..	1878
Lolotte (*Don Carlos*)	al..	1881	Luche (*Royal Oak*)	bb.	1846
Loula (Mr. Wags ou Minotaure)	n..	1858	Lucie (*Clodomir*)	al..	1880
Loose Strife (*Trapèze*)	b..	1888	Lucienne (*Cotherstone*)	al..	1858
Lora (*Garry Owen*)	al..	1853	Lucienne (*Le Mandarin*)	al..	1871
Lora (*Lazio*)	b..	1890	Lucrèce (*Prétendant*)	al..	1864
Loralba (*Beauvais*)	bb.	1870	Lucrèce (*Castillon*)	b..	1884
Lord Clifden mare (Lord Clifden)	b..	1873	Lucrèce (*Castillon*)	b..	1886
Lorenza (*Flageolet*)	al..	1880	Lucrecia (*Vespasian*)	b..	1873
Lorette (*Womersley*)	b..	1868	Lucy (*Tooley*)	bb.	1820
Lorette (Y. Monarque)	b..	1872	Lucy (*Lanercost*)	bb.	1858
Lorette (*Balagny*)	al..	1882	Lucy (*Flibustier*)	b..	1869
Lorgnette (*Trent*)	b..	1881	Lucy Bertram (*Newminster*)	b..	1867
Lorgnette (*Grandmaster*)	al..	1886	Lucy Long (*Camel*)	al..	1841
Lorida (*Sting*)	b..	1857	Ludovise (*Monarque*)	b..	1872
Lorida (*Foudre de Guerre*)	b..	1883	Luisette (*Zouave*)	b..	1867
Loris (*Sting*)	b..	1857	Lumière (*Vignemale*)	b..	1885
L'Orne (*Boïard*)	bb.	1880	Lumineuse (*Henry*)	bb.	1876
Lorraine (*Mythème*)	al..	1857	Luna (*The Flyer*)	al..	1825
Lorraine (*Zouave*)	al..	1873	Luna (*Napoleon*)	b..	1836

	Robe	Date de la naissance
Lunacy (*Blacklock*)	al..	1824
Lune de Miel (*Skirmisher*).	al..	1852
Lune Rousse (*Poulet*)	al..	1889
Lunette (*Beauminet* ou *Fla-geolet*).................	al..	1886
L'Union (*Trombone*).......	al..	1884
Lupa (*Romulus*)...........	bb.	1864
Lustre (*Swiss*).............	b..	1830
Lutea Flora (*Ambassadeur*).	b..	1879
Lutèce (*Optimist*)........	al..	1874
Lutesse (*Flavio*)	al..	1887
Lutine (*Zouave*)...........	bb.	1870
Lutine (*Ceylon*)	b..	1873
Lutrone (*Blenheim*)........	al..	1890
Luzerne (*Moorlands*)......	b..	1887
Lyda (*Ladislas*)...........	b..	1887
Lydia (*Rainbow*)..........	b..	1834
Lydia Becker (*Lecturer*)....	b..	1882
Lydie (*Womersley*)........	b..	1863
Lyonnesse (*Lord Lyon* ou *The Earl*)..............	b..	1872
Lyse (*Festival*)...........	bb.	1858
Lysisca (*Sting*)...........	bb.	1851
Lyska (*Sting*)	b..	1866
Lzilda (*Mokanna*)........	bb.	1857
Mab (*Duncan Grey*).......	b..	1833
Mab (*Strathconan*)........	gr.	1875
Mab II (*Vertugadin*)......	al..	1874
Macaque (*Le Mandarin*)...	al..	1873
Macarena (*Perplexe*).......	bb.	1885
Macaroni mare (*Macaroni*).	bb.	1873
Macédoine (*Wingrave*)	b..	1875
Ma Cousine (*Le Mandarin*).	al..	1874
Mme Angot (*Macaroni*)....	b..	1872
Mme Céleste (*Ben Webster*)	b..	1866
Mme César (T. Prince Warden)	b..	1854
Mme Copernic (Border Minstrel)	b..	1888
Mme de Chateauroux (*Poulet*)	al..	1890
Mme Gibou (*Dangerous*)...	b..	1837
Mme Judas (*Pursebearer*)..	b..	1886
Mme la Baronne (*the Baron*)	bb.	1857
Mme le Diable (*Dollar*)....	b..	1882

	Robe	Date de la naissance
Mme Lenglumé (*Cymbal*)..	b..	1878
Mme Pouffard (*Bagdad* ou *Plutus*).................	b..	1882
Mme Putiphar (*Sting*).....	b..	1864
Mme Ristori (*Annandale*)...	bb.	1855
Madamizella Tacauitasca (Garry Owen) ...	b..	1855
Madcap Violet (*Favonius*)..	b..	1877
Madeira (*Thunderbolt*).....	al..	1873
Mademoiselle (*Dollar*).....	b..	1880
Mlle Agnès (Le Petit Caporal)....	b..	1871
Mlle Antoinette (Fitz Gladiator)..	b..	1870
Mlle Bagdad (*Bagdad*).....	b..	1876
Mlle Béjart (*Ali-Baba*).....	b..	1847
Mlle Béjart (*Dollar*)	b..	1883
Mlle Berthe (*Weathergage*)	al..	1859
Mlle Brocard (Mr. d'Ecoville)..	bb.	1851
Mlle Cavé (*Le Petit Caporal*)	b..	1878
Mlle Clairon (*Ali-Baba*)....	b..	1846
Mlle Clairon (*Dollar*)......	b..	1876
Mlle Cravachon (*Loadstone*)	b..	1856
Mlle d'Agassac (*Bagdad*) ..	b..	1878
Mlle Dangeville (*Ali-Baba*).	b..	1846
Mlle d'Aubergenville (Clotaire)	bb.	1886
Mlle d'Authie (*Gitano*)	n..	1882
Mlle de Beauregard (*Zut*)...	b..	1889
Mlle de Bellevue (*Freystrop*)	b..	1851
Mlle de Beuvron (*Saxifrage*)	al..	1886
Mlle de Biéville (*Capitaliste*)	b..	1877
Mlle de Boisgrimont (Royal Quand Même)..	al..	1858
Mlle de Bon Secours (Atlantic)	b..	1883
Mlle de Brie (*Ali Baba*)....	al..	1847
Mlle de Cabourg (*Orphelin*)	b..	1861
Mlle d'Ecajeul (*Trouville* ou *Sting*).................	b..	1868
Mlle de Capeyron (St-Louis).	al..	1886
Mlle de Cardoville (Master Wags)	al..	1844
Mlle de Chambray (Soukaras)..	al..	1889
Mlle de Champigny (*Faugh a Ballagh*).............	bb.	1859
Mlle de Chantilly (Gladiator).	b..	1854
Mlle de Charolais (Monarque)	b..	1861
Mlle de Chevilly (*The Nabob*)	al..	1859
Mlle de Courteille (Ruy Blas)	b..	1872
Mlle de Conseix (*Sylvain*)..	b..	1865
Mlle de Darnet (*Clocher*)...	bb.	1888

	Robe	Date de la nais- sance		Robe	Date de la nais- sance
Mlle de Fligny (Bois Roussel)	al..	1866	Mlle du Peck (*Longchamps*		
Mlle de Fly (*Y. Monarque*)	bb.	1873	ou *Fa Dièze*)	b..	1874
Mlle de Fontenay (The Heir of Linne)	al..	1864	Mlle du Petit Limoges (Womersley)	b..	1858
Mlle de Gauchou (*Gontran*)	al..	1871	Mlle Duplessis (*Y. Gladiator*)	b..	1863
Mlle de Guise (*Monarque*)	b..	1866	Mlle Gibou (*Bizarre*)	bb.	1841
Mlle d'Héritot (*Kaolin*)	al..	1886	Mlle Ionian (*Ionian*)	b..	1860
Mlle de Juvigny (*Vermout*)	al..	1870	Mlle Jeanne (Le Petit Caporal)	b..	1877
Mlle de Labatut (*Drummond*)	b..	1889	Mlle Ketly (*Foxberry*)	b..	1851
Mlle de la Braie (*Romulus*)	al..	1869	Mlle Louise (*Théodore*)	al..	1839
Mlle de la Cabourne (Gontran)	b..	1874	Mlle Malton (*Malton*)	b..	1859
Mlle de la Hulinière (Patricien)	b..	1875	Mlle Marco (*Ion*)	b..	1854
Mlle de la Romanerie (The Baron)	al..	1860	Mlle Mars (*Caravan*)	b..	1855
Mlle de Lartigole (*Sting*)	bb.	1862	Mlle Mars (*Mars*)	bb.	1877
Mlle de Lartigole (Drummond)	b..	1878	Mlle Mignon (*Sting*)	b..	1861
Mlle de la Rivière (*Pretty*			Mlle Napier (*Napier*)	al..	1855
Boy ou *Womersley*)	b..	1862	Mlle Napier (*Napier*)	al..	1861
Mlle de la Vallière (*Boïard*)	b..	1882	Mlle Nicolas (*Horace*)	b..	1859
Mlle de la Veille (*Polecat*)	b..	1846	Mlle Patti (*Fitz Gladiator*)	b..	1864
Mlle de Louray (*Le Destrier*)	al..	1889	Mlle Préfère (*Florestan*)	bb.	1888
Mlle de Machecoul (*Sedan*)	b..	1879	Mlle Renée (*Néophyte*)	al..	1888
Mlle de Mahéru (Faugh a Ballagh)	bb.	1861	Mlle Thérèse (*Saucebox*)	b..	1862
Mlle de Malleret (*Frontin*)	al..	1890	Mlle Torchon (*Ethelwolf*)	bb.	1857
Mlle de Maupas (Royal Quand Même)	al..	1866	Mlle Véraguet (*Nuncio*)	b..	1858
Mlle de Mello (*Gantelet* ou			Mlle Vercingétorix (West Australian)	b..	1866
Chief Baron)	al..	1875	Madone (*Beaurepaire*)	b..	1885
Mlle de Mouchan (*Angus*)	b..	1873	Madrilena (*Collingwood*)	b..	1861
Mlle de Piqu'Hardy (Faugh a Ballagh)	bb.	1857	Madzja (*Fitz Gladiator*)	al..	1869
Mlle de Roquelaure (Prétendant)	al..	1864	Mag (*Womersley*)	b..	1856
Mlle des Arras (*Canotier* ou			Magenta (*Ethelwolf*)	b..	1859
Téléphone)	b..	1866	Magenta (*Lancrcost*)	b..	1859
Mlle de Saint Igny (*Beauvais*)	bb.	1866	Magenta (*Malton*)	b..	1859
Mlle des Douze Traits (Caravan)	bb.	1859	Magenta (*Fitz Gladiator*)	al..	1860
Mlle de Ségur (*Gilbert*)	b..	1886	Maggie (*Attila*)	b..	1847
Mlle Désirée (*Caravan*)	b..	1854	Maggie (*Trent*)	b..	1881
Mlle d'Estaing (*Badpay*)	b..	1862	Maggie (*Wellingtonia*)	al..	1887
Mlle de Senlis (*Trocadéro*)	al..	1879	Magicienne (*Beau Sire*)	bb.	1865
Mlle de Varaville (*Muscovite*)	b..	1863	Magicienne (*Germanique*)	al..	1871
Mlle de Victot (*Vermout*)	al..	1873	Magicienne (*Pilgrim*)	b..	1888
Mlle de Villebon (*Milan*)	al..	1884	Magie (*Melbourne*)	b..	1851
Mlle Diggory (*The Baron*)	al..	1851	Magic (*Perplexe*)	bb.	1886
Mlle du Bois Chapleaud (Ionian)	bb.	1860	Magique (The Flying Dutchman)	b..	1861
Mlle du Bourg (Faugh a Ballagh)	b..	1861	Magnanimity (*Inheritor*)	b..	1849
Mlle Duchesnois (*The Nabob*)	b..	1861	Magnelina (*Crispin*)	al..	1838
Mlle du Nozet (*Clocher*)	al..	1883	Magnesia (*Gigès*)	b..	1846
Mlle Duparc (*Beggarman*)	b..	1847	Magnolia (*Harlequin*)	al..	1837

22

	Robe	Date de la naissance		Robe	Date de la naissance
Magnolia (*Wellingtonia*)...	al..	1887	Malle Poste (*Consul*)......	al..	1873
Magudas (*Arnold*).........	b..	1887	Malmaire (*Broomielaw*)....	b..	1871
Mahoura (*Collingwood*)....	b..	1859	Malmsey (T. Libel ou Harkaway).	b..	1851
Maid (*Félix*)	b..	1858	Malvina (*Manfred*)........	al..	1826
Maid (*Garry Owen*).......	b..	1856	Malvina (*The Moor*).......	b..	1833
Maida (*Ibrahim*)	b..	1844	Malvina (*Emilius*)........	b..	1843
Maiden (*Hedley*)..........	bb.	1819	Malvina (*Moustique*)......	b..	1860
Maidens' Blush (Nowminster).	b..	1867	Malvina (*Beauvais*)........	b..	1865
Maiden Head (*Trent*)	b..	1887	Malvina (*Don Carlos*).....	al..	1876
Maid of Erin (*Ismael*)......	al..	1841	Malvina (*Flavio*)	b..	1886
Maid of Fez (the) (Muley Moloch).	bb.	1841	Malvina II (*Souvenir*)	b..	1875
Maid of Hart (*The Provost*).	b..	1846	Malvirade (*Le Major*).....	b..	1879
Maid of Mona (*Tory Boy*)..	b..	1845	Maman (*Bagdad*).........	b..	1879
Maid of the Mill (Craig Millar)	al..	1883	Maman Berthe (Glen Arthur).	b..	1882
Maid of Wyc (*Vedette*)	gr.	1875	Mamie (*Paradox*).........	b..	1843
Mailloche (*Lord Clive*)....	al..	1885	Ma Mic (*Monitor II*).......	al..	1869
Mainada (*Beggarman*).....	b..	1847	Mam'zelle Amanda (Royal Oak).	b..	1840
Maine (*Mortemer*).........	n..	1879	Mam'zelle Corday (Y. Emilius).	b..	1849
Maintenon (*Mars*).........	b..	1879	Mam'zelle Pritchard (Royal Oak)	b..	1845
Maisonnette (*Y. Monarque*)	b..	1870	Manchette (*Lottery*)	bb.	1841
Maîtresse (*Mr. Wags*).....	b..	1853	Mandane (Captain Candid)	al..	1833
Maîtresse (*Flageolet*)......	b..	1876	Mandane (*Ruy Blas*).......	b..	1876
Majesté (*Monarque*).......	b..	1860	Mandarine (*Le Mandarin*)..	b..	1868
Majestic (*Moulsey*)	b..	1870	Mandarine (*Le Mandarin*)..	b..	1872
Majesty (Knight of the Garter).	bb.	1873	Mandarine (*Trocadéro*)....	b..	1874
Majorité (*Le Major*).......	bb.	1878	Mandarine (*Bay Archer*)...	al..	1885
Makeda (*Earl of Dartrey*).	al..	1880	Mandarine (Roi de la Montagne)....	al..	1889
Malachite (*Capitaliste*)....	al..	1877	Mandolina (*Pero Gomez*)...	bb.	1881
Malaga (*Tournament*)......	b..	1875	Mandoline (*Nuncio*)	bb.	1856
Malda (*Consul* ou *Pompier*)	b..	1872	Mandoline (*Salvator*)......	al..	1885
Maley (*Marden*)...........	b..	1887	Mandoline (Martin Pêcheur II).	b..	1889
Malgré Tout (*Nunnykirk*) ..	b..	1858	Mandolinita (*Uhlan*).......	n..	1876
Malheureuse (*Cobnut*).....	b..	1867	Mandragore (*Patricien* ou		
Malheureuse (Le Petit Caporal)	b..	1871	*Mandrake*)..............	n..	1881
Malibran (*Whisker*)........	b..	1830	Mania (*Don Juan*)........	n..	1828
Malibran (*Consul*)..........	al..	1880	Maniac (young) (*Tramp*)...	b..	1826
Malibran II (*Gilbert*)......	b..	1881	Manille (*Orville*)..........	bb.	1825
Malice (*Iago*)	bb.	1850	Manille (*Zouave*)	al..	1865
Malice (*Verdun* ou *Avenir*)	b..	1879	Manille (*Saxifrage*).......	b..	1885
Malicorne (*Muscovite*).....	b..	1869	Manœuvre (*Rubens*)	al..	1821
Malina (*Milan II*).........	al..	1886	Manola (*Arwed*)...........	b..	1843
Malines II (*Gabier*).......	b..	1883	Manon (*Saxifrage*)........	b..	1887
Mal Jugée (*Ruy Blas*).....	b..	1872	Manon Lescaut (*Dollar*) ...	b..	1881
Malle des Indes (*Orphelin*)	b..	1866	Ma Normandie (*The Flying*		
Malle des Indes (*Ceylon*)...	b..	1876	*Dutchman*)	b..	1866

	Robe	Date de la naissance		Robe	Date de la naissance
Mansarde (*Florin*)	al..	1872	Marguerite (*Mars*)	b..	1878
Mantes (*Plutus*)	b..	1880	Marguerite (*Absalon*)	b..	1885
Mantille (*Royal Oak*)	b..	1858	Marguerite (*Vignemale*)	al..	1890
Mantille (*Florin*)	al..	1875	Marguerite (*Zut*)	b..	1890
Mantille II (*Dollar*)	al..	1875	Marguerite 1re (Vanderdecken)	b..	1881
Mantle (*Reveller*)	al..	1837	Marguerite d'Anjou (*Wo-*		
Mantua (*Woful*)	bb.	1823	*mersley*)	b..	1860
Manuela (*Edmund*)	b..	1837	Maria (*Walton*)	gr.	1822
Ma Poule (*Wellingtonia*)	bb.	1886	Maria (*Whisker*)	b..	1827
Maramara (*Sire*)	al..	1889	Maria (*Langar*)	b..	1832
Marana (*Marignan*)	b..	1870	Maria (*Lottery*)	b..	1840
Maravilla (*Hermit*)	b..	1872	Maria (*Marly*)	b..	1855
Marcelette (*Ruy Blas*)	bb.	1875	Maria (*Ruy Blas*)	al..	1871
Marceline (*the Huntsman*)	gr.	1867	Maria Agnesi (*Beauclerc*)	b..	1884
Marcella (*Zinganee*)	al.	1835	Mariage (*Ion*)	n..	1859
Marcella (Marcellus ou Napoléon)	bb.	1844	Marianne (*Sting*)	b..	1856
Marcella (*Sting*)	b..	1863	Mariannette (*Ruy Blas*)	b..	1875
Marcelle (*Bagdad*)	n..	1870	Marianine (*Patricien*)	b..	1877
Marcelle (*Julius*)	b..	1873	Maribey (*The Bard*)	al..	1888
Marcelline (*Marcellus*)	al..	1843	Marie (*Cambuscan*)	al..	1872
Marcheuse (*Monarque*)	b..	1890	Marie Antoinette (Gladiateur)	bb.	1874
Marchioness (*The Marquis*)	gr.	1869	Marie Galante (Adventurer)	n..	1874
Marée Montante (Fitz Gladiator)	al..	1869	Marie Jeanne (Wellingtonia)	b..	1882
Marennes (*Plutus*)	b..	1884	Marie Louise (*Napoleon*)	b..	1835
Margaret (*Edmund*)	bb.	1831	Marie Louise (*Napoleon*)	b..	1837
Margaret (*Gigès*)	al..	1844	Marie Louise (*Bizarre* ou		
Margaret (*Drayton*)	b..	1845	*Curé de Silly*)	b..	1847
Margaret (*Pretty Boy*)	al..	1871	Marie Louise (Le Petit Caporal)	b..	1876
Margarita (*Royal Oak*)	bb.	1835	Marie Rose (*Caravan*)	b..	1858
Margery (*Blair Athol*)	al..	1869	Marie Rose II (*Le Mandarin*)	b..	1874
Margot (*Napier*)	b..	1859	Marie Shah (*The Baron*)	bb.	1853
Margot (*Commodor Napier*)	b..	1860	Marie Stuart (*Ionian*)	bb.	1862
Margot (*Lantara*)	b..	1860	Marie Thérèse (*Consul*)	b..	1878
Margot (*Suzerain*)	bb.	1870	Mariette (*Bolero*)	b..	1862
Margot (*Comte Oscar*)	bb.	1872	Mariette (*Le Petit Caporal*)	b..	1871
Margot (*Wenlock*)	bb.	1885	Mariette (*Flavio*)	b..	1891
Margote (*Le Sarrazin*)	b..	1872	Marie Vernon (*Vert Galant*)	b..	1863
Marguerite (*Mr. Wags*)	b..	1847	Marina (*Y. Emilius*)	b..	1842
Marguerite (*Patricks*)	bb.	1849	Marimara (*Berryer*)	al..	1884
Marguerite (*Vindex*)	b..	1860	Marinade (*Mortemer*)	b..	1876
Marguerite (*Sting*)	b..	1861	Marinette (*Tetotum*)	b..	1844
Marguerite (*the Huntsman*)	b..	1867	Marinette (*Le Petit Caporal*)	b..	1872
Marguerite (*Le Mandarin*)	b..	1871	Marinette (*Vert Galant*)	al..	1872
Marguerite (*W. Australian*)	b..	1871	Marinière (*Saint-Cyr*)	b..	1889
Marguerite (*Le Sarrazin*)	b..	1873	Mariole (*Fitz Gladiator*)	b..	1866

	Robe	Date de la naissance		Robe	Date de la naissance
Marion (*Napier*)	b..	1853	Marquis mare (the) (The Marquis)	b..	1868
Marion (*Prétendant*)	b..	1865	Marsala (*Stockwell*)	b..	1867
Marion (*Marignan*)	bb..	1869	Marsala (*Stracchino*)	al..	1889
Marion (*Saint Cyr*)	b..	1890	Marshdale (*Hampton*)	b..	1885
MarionDelorme(*Marksman*)	b..	1873	Martha (*Father Thames*)	b..	1858
Marion Delorme (*Peregrine*)	b..	1890	Martha (The Flying Dutchman)	b..	1864
Marionnette (*Sylvio*)	bb..	1834	Marthe (*Napier*)	b..	1858
Marionnette (*Ibrahim*)	b..	1844	Marthe (*Commodor Napier*)	b..	1860
Marionnette (Robert de Gorham)	n..	1852	Marthile (*Fort à Bras*)	b..	1863
Marionnette (The Heir of Linne)	b..	1860	Martiale (*Skawoup*)	b..	1886
Marionnette (*Collingwood*)	b..	1862	Martinette (*Caravan*)	b..	1857
Marionnette (*Strongbow*)	bb..	1862	Martingale (*The Saddler*)	bb..	1844
Marionnette (Tonnerre des Indes)	al..	1872	Martingale (*Y. Emilius*)	bb..	1847
Marionnette (Le Petit Caporal)	b..	1883	Martingale (Le Petit Caporal)	b..	1882
Marionnette (*Milan Ier*)	al..	1885	Martinique (*Macaroni*)	b..	1866
Marionnette (*Farfadet* ou			Martyrdom mare (Martyrdom)	bb..	1874
Gift)	b..	1886	Mary (*Ibis*)	b..	1849
Mariquita (*Physician*)	b..	1843	Mary Queen of Scots (Blair Athol)	b..	1881
Marinette (*Berryer*)	al..	1882	Mary Gray (*Partisan*)	b..	1835
Maritima (*Macaroni*)	n..	1877	Mascara (*Ferragus*)	b..	1871
Maritorne (*Cobnut*)	al..	1868	Mascara (*Bay Archer*)	b..	1887
Maritorne (*Saint Cyr*)	b..	1888	Mascara (*Verdun*)	b..	1887
Marivaudage (*Gontran*)	bb..	1876	Mascarade (*Lottery*)	b..	1843
Marjolaine (*Le Mandarin* ou			Mascarade (*Mask*)	al..	1886
Le Petit Caporal)	b..	1872	Mascherina (*Macaroni* ou		
Marjolaine (*Zouave*)	bb..	1873	*Carnival*)	b..	1887
Marjolaine (*Vermout*)	b..	1876	Mascotte (*Craig Millar*)	al..	1881
Mark-Over (*Caterer*)	b..	1872	Mascotte (*Saint Cyr*)	b..	1888
Marmalade (*King O'Scots*)	b..	1875	Masles (*Saumur*)	al..	1884
Marmara (*Faublas* ou *Vau-*			Massowah (*Macaroni*)	al..	1882
cresson)	al..	1877	Matelotte (*Lord Clive*)	b..	1888
Marmara (*Patricien*)	al..	1880	Mathilda (*Whisker*)	al..	1827
Marmelade (*Plutus*)	b..	1884	Mathilda (*Elthiron*)	b..	1855
Marmite (*Parnasse*)	b..	1884	Mathilde (*Stockwell*)	b..	1862
Marmora (*Albert Victor*)	gr..	1882	Mathilde (*Sting*)	b..	1864
Marmoréenne (*Saint Cyr*)	b..	1888	Mathilde (*Feruck Khan*)	al..	1868
Marmotte (*Gilbert*)	b..	1883	Mathona (*Kendal*)	al..	1889
Marmotte (*Sirc*)	b..	1886	Matilda (*Orville*)	b..	1818
Marnié (*Rémus*)	b..	1861	Matilda (*Shakespeare*)	b..	1832
Marquesita (*Harlequin*)	b..	1845	Matilda (*Melbourne*)	b..	1854
Marquise (*The Baron*)	al..	1855	Maud (*Maskelyne*)	b..	1884
Marquise (*The Cossack*)	b..	1862	Mauresque (*Tumbler*)	n..	1865
Marquise (*Papillon*)	b..	1868	Mauresque (*Théodoros*)	bb..	1880
Marquise (*The Peer*)	b..	1881	Mauresque (*Consul*)	b..	1881
Marquise II (*Trent*)	b..	1880	Mauviette (*Vermout*)	al..	1873

	Robe	Date de la naissance		Robe	Date de la naissance
Mauviette II (*Boïard*)	b..	1883	Mélanie (*Aguila*)	al..	1862
Mauviette III (*Saxifrage*)	b..	1886	Mélinite (*Monarque*)	b..	1890
Mavela (*Macaroni*)	b..	1867	Meliœ (*Sterling*)	b..	1880
Mavis (*Macaroni*)	al..	1874	Meliora (*Tramp*)	bb.	1833
Mavourneen (*Uncas*)	al..	1883	Melkine (*General Mina*)	b..	1833
Maxence (The Prince Warden)	b..	1855	Mélodie (*Hilarious*)	b..	1886
May (*Magenta*)	al..	1873	Mélodie II (*Ruy Blas*)	b..	1872
May Bell (*The Earl* ou *The Palmer*)	bb.	1874	Melodious (*Paganini*)	b..	1878
May Flower (*Thormanby*)	b..	1864	Melrose (*Anglesea*)	b..	1839
May Pole (*Silvio*)	b..	1886	Mélusine (*Le Mandarin*)	b..	1873
May Queen (The Earl of Richmond)	bb.	1850	Mélusine (*Frontin*)	b..	1888
May Thorn (*Spennithorne*)	bb.	1877	Mélusine II (*Plutus*)	al..	1876
Maytia (*Mérovée*)	al..	1882	Memento (*Stockwell*)	al..	1866
Mazarine (*Fil en Quatre*)	b..	1889	Memoir (*Hornsea*)	al..	1840
Mazetta (*Napoleon*)	b..	1840	Memphis (*Warrior*)	b..	1866
Mea (*Assassin* ou *Minster*)	b..	1847	Ménalippe (*Merchant*)	b..	1837
Meadow (*The Nabob*)	b..	1870	Menandrea (*Lord Lyon*)	b..	1870
Mèche Allumée (*Ethelwolf*)	b..	1857	Mentana (*Fitz Gladiator*)	al..	1868
Médaille (*Gaberlunzie*)	b..	1832	Méprisée (la) (*Velocipede*)	al..	1834
Medea (*Truffle*)	b..	1823	Mercédès (*West Australian*)	al..	1863
Médéa (*Pellegrino*)	b..	1888	Mercédès (*Chattanooga*)	b..	1868
Médéah (*Zouave*)	al..	1869	Merci (*Pace*)	al..	1871
Médée (*The Nabob*)	b..	1868	Mer de Glace (*Thormanby*)	al..	1864
Mediana (*Assassin*)	b..	1850	Merlette (*The Baron*)	al..	1858
Medine (*Balagny*)	b..	1884	Merlin mare (*Merlin*)	al..	1828
Méditation (*Lamartine*)	al..	1858	Mérope (*Captain Candid*)	b..	1833
Medora (*Sylvio*)	b..	1850	Mérope (*Carbon*)	b..	1837
Medora (*Edwin*)	al..	1851	Merry Christian (*Beadsman*)	b..	1864
Medora (*Agricole*)	b..	1860	Merry May (Knight of the Garter)	al..	1873
Medora (*Lord Clifden*)	b..	1873	Merveille (*Prétendant*)	b..	1864
Meduline (*Jack Robinson*)	b..	1853	Merveille (*Pompier*)	b..	1873
Méduse (*Sylvio*)	bb.	1835	Merveille (*Boxeur*)	b..	1875
Méduse (*Carbon*)	al..	1837	Merveilleuse (*Vermout*)	b..	1873
Méduse (Renonce ou Worthless)	b..	1843	Mésange (*Ladislas*)	b..	1887
Méduse (The Flying Dutchman)	bb.	1860	Mésange (*Nougat*)	b..	1887
Medway (*Bizarre*)	b..	1842	Messagère II (*Saxifrage*)	al..	1883
Medyn (*Plutus*)	al..	1886	Messaline (*Saltéador*)	al..	1890
Méfiance (*Womersley*)	b..	1863	Messene (*Merchant*)	b..	1838
Méfiance (*Sacripant*)	bb.	1875	Messénienne (*Nunnykirk*)	b..	1858
Mégère (*Buckthorn*)	b..	1862	Mesure (*Drummond*)	al..	1879
Mégère (*Florentine*)	b..	1890	Métropole (*Wellingtonia*)	al..	1882
Méha (*Dutch Skater* ou *Mirliflor*)	al..	1877	Métella (*West Australian*)	b..	1864
			Mexicaine (*Hernandez*)	bb.	1856
Mélancolie (*Pompier*)	b..	1871	Mezzotint (*Cœruleus*)	b..	1884
			Mianie (*Garry Owen*)	al..	1852

	Robe	Date de la naissance
Mica (*Jack Robinson*)	b..	1854
Mi-Carême (*Royal Oak*)	bb.	1844
Michelette (*Fitz Gladiator*)	b..	1866
Michelette (*Orphelin*)	b..	1870
Michelette (*Pompier*)	al..	1877
Micheline (*Le Petit Caporal*)	b..	1878
Micheline (*Marmot*)	bb.	1883
Mico (*Zouave*)	al..	1864
Micoulina (*Melton*)	b..	1890
Middlesex (*Marksman*)	b..	1873
Midget (*The Bard*)	al..	1889
Midsummer (*Filho da Puta*)	b..	1833
Midwife (*Physician*)	b..	1845
MieuxQueÇa (*Collingwood*)	al..	1860
Mignardise (*Mignon*)	b..	1878
Mignonne (Chesterfield Junior)	gr.	1858
Mignonne (*Lamartine*)	al..	1867
Mignonne (*Drummond*)	al..	1880
Mignonne (*Mithridate*)	al..	1886
Mignonnette (*Coueron*)	b..	1864
Mignonnette (*Zouave*)	al..	1865
Mignonnette (*Vertugadin*)	b..	1871
Mignonnette (*Ferragus*)	al..	1882
Mignonnette (*Bay Archer*)	b..	1884
Mijaurée (*Elthiron* ou *First Born*)	al..	1859
Mi Jour (*Fort à Bras*)	b..	1863
Mika (*Polecat*)	b..	1849
Mildreda (*GeorgeFrederick*)	b..	1885
Millers'Maid (*CraigMillar*)	b..	1883
Millicent (*The Palmer*)	al..	1875
Millie Amy (*Vermout*)	b..	1886
Milliner (*Rataplan*)	al..	1869
Mill Stream (*Wisdom*)	al..	1883
Millwood (*Sir Hercules*)	n..	1844
Miltonia (*Milton*)	b..	1821
Miltonia (*Milton*)	bb.	1833
Mimi (*Ionian*)	b..	1850
Mimi (*Fitz Emilius*)	b..	1851
Mimi (*Salmigondis*)	b..	1889
Mimie (*Collingwood*)	al..	1862
Mimolle (*Weathergage*)	al..	1859
Mimosa (*Lodin*)	b..	1851
Mimosa (*King Tom*)	b..	1868
Mimosa (*Consul*)	b..	1884
Mina (*Gaberlunzie*)	b..	1833
Mina (*Ruy Blas*)	bb.	1873
Minaudière (*Gilbert*)	b..	1878
Mine d'Or (*Saint Louis*)	al..	1888
Minerve (*Orphelin*)	b..	1866
Minerve II (*Franc Tireur*)	b..	1878
Minetta (*Woful*)	al..	1828
Minette (*General Mina*)	al..	1841
Minette (*Altcruter*)	b..	1844
Minette (*Philosopher*)	b..	1855
Minette II (*Florin*)	al..	1874
Mincure (*Fontainebleau*)	bb.	1882
Miniature (*Y. Emilius* ou *Gladiator*)	b..	1848
Miniature (*Sacripant*)	bb.	1874
Miniature (*Mignon*)	b..	1882
Minima (*Napier*)	b..	1861
Minna (*Wenlock*)	b..	1879
Minorité (*Consul*)	b..	1878
Minotaure (*Ladislas*)	b..	1888
Minstrel Maid (*Tynedale*)	b..	1881
Minouche (*The Baron*)	b..	1856
Minuit (*Terror*)	bb.	1836
Minuit (*Saxifrage*)	al..	1884
Minute (*Uhlan*)	b..	1880
Minute (*Gift*)	al..	1884
Miona (*Trueboy*)	b..	1848
Mina (*Skirmisher*)	b..	1851
Mira (*Ion*)	b..	1854
Mira (*Le Mandarin ou Remus*)	al..	1875
Mirabelle (*Bizarre*)	b..	1844
Mirabelle (*Mortemer*)	al..	1880
Mirabelle (*Mirliflor*)	al..	1882
Mirabelle (*Verdun*)	bb.	1882
Mirabelle (*Milan*)	b..	1887
Miracle (Young) (*Harry*)	b..	1832
Miraculeuse (*F. Gladiator*)	b..	1868
Mirage (*Horace*)	b..	1855
Miranda (*Y. Emilius*)	b..	1839
Miranda (*Pickpocket*)	al..	1838
Miranda (*Lanercost*)	bb.	1851
Miranda (*Grey Tommy*)	gr.	1862
Mireille (*Zouave*)	al..	1863
Mireille (*West Australian*)	b..	1864
Mireille (*Tournament*)	b..	1874

	Robe	Date de la naissance		Robe	Date de la naissance
Mireille (*Y. Melbourne*)....	b..	1877	Miss Cadland (*Cadland*)...	bb.	1837
Miriam (*Harlequin*).......	b..	1837	Miss Camarine (*Langar*)...	b..	1832
Miriam (*Buckthorn*)........	b..	1857	Miss Capucine (*The Ranger*)	b..	1887
Miriam (*Lord of the Isles*).	bb.	1872	Miss Caroline (*Langar*)....	b..	1833
Mirth (*Lord Clifden*)......	ro.	1869	Miss Carter (*Eckmühl*).....	al..	1884
Mirza (*Mirliflor*)..........	al..	1882	Miss Cath (*Gladiator*).....	b..	1853
Misadventure (*Sting*)......	b..	1849	Miss Catherine (*Saxifrage*).	b..	1884
Misère (*Bizarre*)..........	b..	1842	Miss Cecil (*Don Carlos*) ...	al..	1880
Miséricorde (*D. Hatteraick*)	b..	1857	Miss Clara (*Mandrake*)	al..	1882
Missfire (*Rifleman*)........	b..	1859	Miss Clarisse (*Fight Away*).	b..	1855
Misfortune (*Springfield*)...	al..	1883	Miss Cobden (*Stockport*)...	al..	1854
Mishap (*Alarm*)..........	b..	1851	Miss Colwick (*Colwick*)....	b..	1837
Mishap (*Wild Oats*).......	b..	1876	Miss Compiègne (*Fitz Gla-*		
Miss (*The Prime Warden*).	b..	1857	*diator*)................	al..	1868
Miss Acton (*Mr. Winkle*)...	b..	1880	Miss Copper (Copper Captain)....	al..	1850
Miss Agreeable (*Agreeable*)	bb.	1839	Miss d'Amont (*Tetotum*)...	b..	1845
Miss Ahna (*Blair Athol*) ...	al..	1870	Miss d'Avenel (*Iago*)......	bb.	1861
Miss Allen (*Zut*)..........	gr.	1887	Miss de Fay (The Flying Dutchman).	b..	1864
Miss Alarm (*Lingot d'Or ou*			Miss Diversion (*Beaucens*)..	b..	1856
Tippler)..............	b..	1857	Miss Djali (*Biberon*).......	b..	1862
Miss Alice (*Tetotum*)......	bb.	1843	Miss Ella (*Fitz Gladiator*) .	al..	1870
Miss Allen (Captain Candid) ..	b..	1835	Miss Ellen (*Ionian*)........	n..	1850
Miss Amélie (Royal Quand Même) ..	al..	1874	Miss Ellen (*Saint Louis*)...	n..	1888
Miss Ann (*Figaro*)........	b..	1827	Miss Elma (*Make Haste*)...	al..	1879
Miss Ann (*Filho da Puta*)..	b..	1831	Miss Elthiron (*Elthiron*) ...	b..	1854
Miss Ann (*Ramsay*).......	b..	1858	Miss Eris (*The Heir of Linne*)	b..	1860
Miss Anna (*Sting*)........	b..	1854	Miss Erymus (*Erymus*)	b..	1845
Miss Anna (*Sting*)........	bb.	1854	Miss Exile (*Exile*).........	al..	1839
Miss Anna (*Ceylon*).......	b..	1874	Miss Eylau (*Eylau*)	bb.	1844
Miss Annette (*Reveller*)	b..	1830	Miss Fanny (*Salmigondis*) .	b..	1889
Miss Annette (*Le Mandarin*)	b..	1871	Miss Fantôme (*Fantôme*)...	al..	1859
Miss Antiope (*Garry Owen*)	al..	1852	Miss Fasquelle (*Fort à Bras*)	b..	1867
Miss Ashantee (*Ashantee*)..	b..	1881	Miss Finch (*Orlando*)......	b..	1856
Miss Aurore (Royal Quand Même) .	b..	1863	Miss Flirt (*Orphelin*)......	b..	1869
Miss Bateman (*Marsyas*)...	b..	1864	Miss Flora (*Théodore*)	b..	1839
Miss Berthe (The Prime Warden) ..	b..	1856	Miss Flora (*Hercule*)	al..	1849
Miss Bijou (*Perplexe*)......	b..	1888	Miss Flora (*Cymbal, Bads-*		
Miss Bird (Don John ou Birdcatcher)..	bb.	1854	*worth ou Pauvre Mignon*)	al..	1875
Miss Bird (*Argonaut*)......	b..	1871	Miss Floyrac (*Lully*)	al..	1865
Miss Blunt (*Camel*).......	b..	1832	Miss Fury (*Lottery*)........	bb.	1838
Miss Boufbouf (*Boulouf*)...	b..	1884	Miss Garry (*Garry Owen*)..	al..	1851
Miss Bowen (Faugh a Ballagh).	al..	1863	Miss Gipsy (*Saltéador*)	al..	1886
Miss Bown (*Badineau*).....	al..	1887	Miss Gladiator (*Gladiator*).	gr.	1852
Miss Bowstring (*Strafford*).	b..	1875	Miss Gladiator (*Gladiator*).	b..	1854
Miss Burns (*The Bard*)	b..	1840	Miss Gloria (*Moustique*)...	bb.	1858

	Robe	Date de la naissance
Miss Hannah (*King Tom* ou *Favonius*)..............	b..	1878
Miss Harkaway (*Harkaway*).	al..	1852
Miss Harneman (*Physician*)	b..	1845
Miss Henry (*Tiresias*)	al..	1828
Miss Hervine (*Orphelin*)...	al..	1867
Miss Hobbie (*Hobbie Noble*)	b..	1862
Miss Hornet (*Garry Owen*).	b..	1852
Miss Hornet (*Moustique*) ..	b..	1859
Miss Hutton (*Albert Edward*)	al..	1881
Miss Ida (*Newminster*).....	b..	1868
Miss Interfere (*Boïard*)	al..	1882
Miss Ion (*Ion*).............	b..	1853
Miss James (*Albermale*)....	bb.	1841
Miss Jennie (*Silvester*).....	al..	1876
Miss Jenny (*Ali-Baba*).....	al..	1846
Miss Jenny (Le Petit Caporal).	b..	1880
Miss Johnson (*Record*)	al..	1847
Miss Kate (*Nelson*)........	bb.	1861
Miss Ketty (*Bretignolles*)..	al..	1856
Miss King (*Muley Moloch*).	b..	1840
Miss Krin (*Marignan*).....	bb.	1871
Miss Krou-Krou (*Mandrake*)	b..	1884
Miss Lagree (*Gladiator*)...	b..	1853
Miss Lanercost (*Lanercost*).	b..	1855
Miss Laysa (*Garry Owen*) ..	al..	1854
Miss Laurence (*Physician*).	b..	1843
Miss Lot (*Lottery*).........	b..	1843
Miss Loulou (*Marignan*)...	bb.	1871
Miss Lozenge (*Lozenge*) ...	b..	1878
Miss Lucy (*Gladiateur*)....	al..	1869
Miss Lys (*Sting*)...........	b..	1859
Miss Malton (*Malton*)......	al..	1855
Miss Mandrake (*Mandrake*)	b..	1880
Miss Margaret (*Alhambra*)	b..	1887
Miss Margot (Royal Quand Même)..	al..	1860
Miss Marguerite (Pretty Boy).	al..	1871
Miss Marie Stuart (*Fitz Gladiator, Sylvain, Radama* ou *Marcello*)............	b..	1870
Miss May (*Lanercost*)......	b..	1860
Miss May (*Isonomy*).......	al..	1884
Miss Mirth (*Catton*).......	b..	1820
Miss Mita (*Y. Monarque*)..	al..	1874
Miss Mortimer (*Camballo*)..	b..	1889

	Robe	Date de la naissance
Miss Napier (Commodor Napier)	b..	1851
Miss Napier (*Napier*)......	al..	1854
Miss Neddy (*Nuncio*)......	b..	1856
Miss Normandiné (*Foscarini*)	b..	1841
Miss of Linne (The Heir of Linne).	al..	1867
Miss O'Rourke (*Uncas*)....	b..	1877
Missouri (*Doncaster*)......	b..	1883
Missoury (*Skirmisher*).....	b..	1883
Miss Owen (*Garry Owen*)..	al..	1853
Miss Paola (*Colbert*).......	b..	1876
Miss Petworth (*Whalebone*)	b..	1828
Miss Physicienne (*Physician*)	bb.	1846
Miss Plutus (*Plutus*)	b..	1881
Miss Polly (*Skirmisher*) ...	n..	1872
Miss Poque (*Sting*)........	b..	1859
Miss Rachel (*Nuncio* ou *Brandy*)............	bb.	1858
Miss Rainbow (*Rainbow*)...	b..	1835
Miss Rockampton (Maskelyne)	b..	1887
Miss Roquencourt (Ferragus).	b..	1878
Miss Roujos (*Braconnier*)..	b..	1880
Miss Rovel (*Mortemer*)	n..	1875
Miss Rubis (*Ali Baba*)	b..	1845
Miss Ryan (*Springfield*) ...	al..	1880
Miss Ryannette (Gourgandin).	b..	1887
Miss Schneitz Hœffer (*Count Porro*)...............	al..	1834
Miss Scott (*Waverley*).....	b..	1828
Miss Shepherd (Vandermulin) ...	n..	1861
Miss Sophia (*Shakespeare*).	b..	1836
Miss Sting (*Sting*)........	bb.	1855
Miss Stingwood (Collingwood)...	b..	1859
Miss Stockwell (*Stockwell*).	b..	1870
Miss Stockwell (*Vulcan*)...	b..	1875
Miss Sucky (*Ladislas*)	b..	1889
Miss Surplice (*Surplice*)...	bb.	1852
Miss Tanflute (Pyrrhus the First)	b..	1862
Miss Tandem (*Tandem*)....	b..	1830
Miss Tarrare (*Tarrare*).....	b..	1841
Miss Tessonieras (*Zouave*)..	b..	1868
Miss Thompson (Ben Webster)	b..	1865
Miss Thormanby (Thormanby)	al..	1873
Miss Tommy (*Grey Tommy*)	gr.	1870
Miss Toto (*Lord Clifden*)..	al..	1871
Miss Turba (*Beaurepaire*)..	b..	1884

	Robe	Date de la naissance		Robe	Date de la naissance
Miss Tyrrell (*Pellegrino*)...	al..	1883	Moissonneuse (*Le Sarrazin*).	b..	1873
Miss Urganda (*Lottery*)....	b..	1840	Molda (*Marengo*).........	b..	1873
Miss Villefelix (*Royal Oak*).	b..	1844	Molina (*Bon Vivant*)......	bb.	1882
Miss Wags (*Master Wags*).	b..	1843	Moll Davis (*John Davis*)...	b..	1878
Miss Warble (*Mr. Warble*).	b..	1880	Molly (*Silvio*).............	bb.	1884
Miss Winter (*Ephesus*).....	b..	1864	Molly Cobroy (*Cathedral*) .	al..	1868
Miss Womersley (*Womersley*)...	b..	1869	Molokine (*Molock*)........	b..	1841
Missy (*Ferragus*)..........	al..	1880	Moloskine (*Muley Moloch*).	al..	1842
Missy Baba (*Springfield*)..	bb.	1885	Momérienne (*Le Mandarin*).	b..	1874
Miss-Zay (*Blinkhoolie*).....	al..	1874	Mon Amie (*The Prime War-*		
Miss Zélie Malton (*Malton*).	al..	1859	*den* ou *Womersley*)......	b..	1861
Mrs. Acton (*Buccaneer*)....	b..	1865	Monarchie (*Gilbert*).......	bb.	1885
Mrs. Allen (*Strathconan*)...	gr.	1878	Monarch mare (*Monarch*)..	b..	1844
Mrs. Anson (*Gladiator*)....	al..	1847	Mondaine (*Vertugadin*)....	al..	1873
Mrs. Brady (*Mameluke*)....	b..	1841	Mondidier (*Blenheim*)	b..	1878
Mrs. Doddy (*Mark*)	b..	1888	Mon Espoir (*Orchid*)	al..	1889
Mrs. Gamp (*General Peel*).	bb.	1873	Mon Etoile (*Fitz Gladiator*)	al..	1857
Mrs. Gillam (*Kettledrum*)...	al..	1873	Monime (*Ibrahim*)	bb.	1839
Mrs. Langtry (*Wild Oats*).	n..	1879	Monime (*Fitz Gladiator*) ..	al..	1867
Mrs. Siddons (*Reverberation*).	al..	1877	Monitress (*Baliol*).........	al..	1888
Mitra (*Bigarreau*).........	b..	1878	Monime (*Y. Monarque*)....	b..	1872
Mitraille (*Alarm*)	b..	1854	Monna Lisa (*Weathergage*)	al..	1857
Mitraille (*Ashantee*)	bb.	1879	Mons Meg (*Blair Athol*)...	al..	1881
Mitraille (*Thunderbolt*)	al..	1880	Montgeroult II (*Patriarche*)	b..	1886
Mitrailleuse (*Le Sarrazin*)..	b..	1871	Montre en Or (*Uhlan*).....	b..	1876
Mitrailleuse (*Saint Leger* ou			Montretout (*Pédagogue*)...	b..	1859
Foudre de Guerre).......	b..	1885	Moon (the) (*Victot*)........	gr.	1862
Mitry (*Uhlan*).............	b..	1882	Moorhen (*Chanticleer*)....	gr.	1857
Mitylène (*Julius*)..........	b..	1875	Moquette (*Gladiator*)......	al..	1856
Mitylène (*Saint-Leger*).....	al..	1885	Mora (*Bay Middleton*)...	b..	1842
Mize (*Sting*)	al..	1863	Morena (*Inheritor*)........	bb.	1850
Modène (*Cymbal*)..........	al..	1880	Morgane (*Dollar*).........	b..	1879
Modeste (*Prétendant*)......	al..	1864	Morille (*Blenheim*)........	b..	1881
Modestie (*Nuncio*).........	b..	1852	Mormone (*Bagdad*)	b..	1879
Modestie (*Biberon*)	al..	1863	Morna (*Beadsman*)	b..	1866
Modestie (*Le Mandarin*)....	b..	1873	Mosaïque (*Mourle*)........	b..	1885
Modestie (*Zut*)	b..	1886	Moscova (*Muscovite*)......	b..	1862
Modestine (*Rémus*)........	al..	1868	Moscovienne (*Bagdad*)....	b..	1882
Modest Martha (*Holy Friar*)	b..	1877	Mosel (*Pursebearer*)	b..	1887
Modiste (*Empire* ou *Musco-*			Moselle (*Chateau Margaux*)	b..	1830
vite)	bb.	1872	Moselle (*Ruy Blas*)........	bb.	1870
Modone (*Bertram* ou *Trom-*			Mosquée (*Faublas*)........	al..	1878
bone)	al..	1880	Moss Rose (*Rosicrucian*)....	b..	1877
Moina (*Eremos*)..........	b..	1850	Mouche (*Eastham*)	b..	1831
Moissonneuse (*F. Gladiator*)	al..	1869	Mouche (*The Flying Dutchman*)	b..	1865

	Robe	Date de la naissance		Robe	Date de la naissance
Mouche (*Tournament*)	b..	1875	Mylady Eugénie (*Pagan*)	b..	1851
Mouche (*Le Petit Caporal*)	b..	1885	Myline (*Verdun*)	al..	1886
Mouche (*Montargis*)	bb.	1889	My Lucy (*Clotaire*)	b..	1876
Mouchette (*Gladiator*)	bb.	1852	Myosotis (*Bay Archer*)	b..	1884
Moulinaise (*Eusèbe*)	b..	1886	Myrica (*Strathconan*)	gr.	1878
Mountain Ash (*Blair Athol*)	bb.	1876	Myrtile (*Le Petit Caporal*)	b..	1870
Mountain Finch (*Blair Athol*)	bb.	1872	Myrtille (*Peut Etre*)	b..	1883
Mountain Maid (Mountain Deer)	b..	1862	Myrtille (*Wellingtonia*)	al..	1888
Mouse (*Gladiator*)	al..	1855	Myrtle (*Zinganee*)	b..	1833
Mouse (Young) (*Godolphin*)	b..	1826	Myrto (*Maskelyne*)	al..	1885
Mousie (*Pretty Boy*)	al..	1865	Mystic (*Ploughboy*)	al..	1875
Mousqueterie (*Beau Merle*)	al..	1883	Mystical (*Rosicrucian*)	b..	1876
Mousse (*Bay Archer*)	b..	1886	Myszka (*Bizarre*)	bb.	1842
Mousse II (*Stracchino*)	al..	1886	My Wonder (*Blair Athol*)	al..	1873
Mousseline (*Trent*)	al..	1881			
Moussette (*Bay Archer*)	b..	1883			
Mousseuse (*Saint Cyr*)	b..	1880			
Muff (*Velocipede*)	al..	1841	N. (*Brocardo ou Eperon*)	b..	1862
Muley Moloch mare (Muley Moloch)	al..	1842	N. (*Pharaon*)	b..	1863
Munificence (*Macaroni*)	al..	1876	N. (*Stentor*)	al..	1869
Murcie (*Flageolet*)	b..	1885	N. (*Dollar*)	b..	1870
Muriel (*Parmesan*)	bb.	1877	N. (*Fitz Gladiator*)	n..	1870
Muriel (*Macheath*)	bb.	1889	N. (*Le Petit Caporal*)	bb.	1870
Muriella (*Adventurer*)	b..	1880	N. (*Stentor*)	b..	1870
Musaraigne (*Saint Louis*)	n..	1888	N. (*Atlas*)	b..	1873
Musareigne (*Zut*)	al..	1887	N. (*Hospodar*)	bb.	1875
Muscade (*Nougat*)	b..	1883	N. (*Drummond*)	b..	1878
Musette (*Ionian*)	b..	1851	N. (*Paganini*)	bb.	1878
Musette (*Gladiator*)	bb.	1854	N. (*Uhlan* ou *Vertugadin*)	b..	1878
Musette (*T. Prime Warden*)	b..	1856	N. (*Kaolin*)	b..	1879
Musette (*Flageolet*)	al..	1876	N. (*Dollar*)	b..	1880
Musette (*Solo*)	b..	1889	N. (*Orest*)	b..	1881
Musette II (*Trocadéro*)	al..	1877	N. (*Rosicrucian*)	bb.	1881
Music (*Stockwell*)	b..	1866	N. (*Stracchino*)	b..	1881
Musical Ride (*Peregrine*)	al..	1888	N. (*Théodoros*)	al..	1881
Musicienne (*Pace*)	al..	1872	N. (*All Right*)	b..	1882
Mutine (*Buckthorn*)	bb.	1864	N. (*Balagny*)	al..	1882
Mutine (*Victorious*)	b..	1876	N. (*Braconnier*)	al..	1882
My Dear (*Assassin*)	b..	1849	N. (*Gilbert*)	b..	1883
My Dream Lost (Garry Owen)	b..	1851	N. (*Sedan*)	al..	1884
Myette (*Trocadéro*)	al..	1874	N. (*Sedan*)	b..	1884
Mylady (*Mustachio*)	b..	1829	N. (*Zut*)	al..	1885
Mylady (*Franck*)	b..	1840	N. (*Brest*)	b..	1886
Mylady (*Cobnut*)	b..	1869	N. (*Coq du Village*)	bb.	1886
My Lady (Diablotin ou Parnasse)	n..	1880	N. (*Nougat*)	b..	1886

	Robe	Date de la naissance
N . (*Fataliste*)	b..	1887
Nadegda (*Félix*)	b..	1836
Nadège (*Vertugadin*)	bb.	1873
Nadine (*Uhlan*)	bb.	1880
Nadja (*Boïard*)	n..	1878
Nahina (*Ethelwolf*)	b..	1884
Naiad (*Whalebone*)	b..	1828
Naiade (*Vendredi*)	b..	1844
Naiade (*Gabier*)	b..	1884
Naim (*Sting*)	b..	1849
Nais (*Fitz Emilius*)	b..	1850
Namouna (*Satory*)	b..	1889
Namps au Val (*Nunnykirk*)	b..	1856
Nana (*Marcello*)	bb.	1880
Nancy (*Mr. Wags*)	b..	1851
Nancy (*Adolphus*)	bb.	1862
Nancy (*Montargis*)	al..	1882
Nancy (*Farfadet*)	b..	1888
Nanetta (*Alteruter*)	bb.	1845
Nanette (*Plutus*)	bb.	1874
Nanette (*Triboulet*)	al..	1885
Nanine (Renonce ou Beggarman)	bb.	1846
Nanine (*Jonian*)	b..	1853
Nanny Shanks (Mac Orville)	b..	1823
Nanterre (*Dollar*)	bb.	1877
Naphta (*Slane*)	b..	1848
Narcisse (*Ion*)	b..	1855
Narina (*Premium*)	b..	1858
Narva (*Manoel*)	b..	1889
Nathalie (*Nautilus*)	bb.	1849
Nathalie (*Saumur*)	al..	1885
Nativa (*Royal Oak*)	b..	1840
Nativa (*Saxifrage*)	al..	1887
Nativity (*Orlando*)	b..	1858
Natte (*Ventre Saint Gris*)	b..	1877
Nature (*Vestminster*)	b..	1877
Nautila (*Nautilus*)	bb.	1845
Nautilette (*Nautilus*)	b..	1858
Navarre (Ventre Saint Gris)	al..	1870
Navette (*Monitor II*)	b..	1870
Navette II (*King O'Scois*)	b..	1876
Navette III (*Montargis ou Ruy Blas*)	b..	1878
Nazli (*Border Minstrel*)	b..	1887
Nébuleuse (*Gladiator*)	b..	1857

	Robe	Date de la naissance
Nébuleuse (*Manoël*)	b..	1887
Nectarine (*Brahma*)	b..	1871
Needle (*Lanercost*)	b..	1849
Négligence (*Pompier*)	b..	1873
Négligente (*Flageolet*)	al..	1878
Negress II (Edward the Confessor)	b..	1886
Négresse (*Caravan*)	n..	1855
Négresse (Monarque ou Mortemer)	n..	1873
Négrine (*Elthiron*)	bb.	1854
Nell (*Don Cossack*)	n..	1819
Nell (*Charlatan*)	bb.	1866
Nelly (*Terror*)	b..	1839
Nelly (*Napoleon*)	b..	1845
Nelly (*Polecat*)	b..	1855
Nelly (*Gambetti*)	bb.	1856
Nelly (*Gontran*)	al..	1882
Néméa (*Fitz Gladiator*)	al..	1864
Némésis (*Fitz Gladiator*)	al..	1863
Ne M'Oubliez Pas (Tipple Cider)	al..	1853
Nency (*The Juggler* ou *Dangerous*)	b..	1839
Néréide (*Ion*)	ro.	1856
Nérina (*Beggarman*)	bb.	1847
Nérina (*Thunderbolt*)	al..	1875
Nérina (*Verdun*)	b..	1881
Nérina II (*Dollar*)	b..	1883
Nérine (*Harlequin*)	b..	1834
Néris (*Saint Cyr*)	bb.	1885
Néruda (Allez y Gaiment)	b..	1868
Nesta (*The Rake*)	al..	1884
Nettle (*Sting*)	b..	1850
Néva (*Bay Middleton*)	b..	1855
Néva (*Gantelet*)	b..	1877
Néva (*Trapèze*)	al..	1889
Névralgie (*Fitz Gladiator*)	b..	1862
Newmarkette (*Wenlock*)	al..	1880
New Star (*Charlatan*)	b..	1864
Nice (*Ion*)	b..	1858
Nicette (*Ibrahim*)	b..	1844
Niche (*Gladiateur*)	al..	1870
Nichette (*Jonian*)	b..	1855
Nichette (*Beauvais*)	b..	1866
Nichette (*Cymbal*)	b..	1875
Niçoise (*Ruy Blas*)	b..	1882
Nicoline (*Zouave*)	n..	1876

	Robe	Date de la naissance		Robe	Date de la naissance
Nicotine (*Jocko*)	al..	1851	Nivelle (*Fitz Gladiator*)	b..	1865
Nicotine (*Sting*)	b..	1851	Nixette (*Gladiateur*)	bb.	1871
Nicotine (Royal Quand Même)	al..	1862	Nizette (*Fontainebleau*)	bb.	1889
Night Cap (*Cotherstone*)	b..	1847	Nobility (*The Baron*)	al..	1860
Night Gown (*Blue Gown*)	b..	1879	Noblesse (*Dollar*)	al..	1876
Night Wind (*Favonius*)	al..	1878	Nobly Born (*Highborn*)	b..	1880
Nikita (*Deucalion*)	b..	1838	Noceuse (*Tourmalet*)	al..	1881
Nimbe (*Gilbert*)	bb.	1887	Noche (*Roi de la Montagne*)	al..	1886
Nina (*Paradox*)	b..	1840	Noélie (*The Baron*)	al..	1859
Nina (*Ægyptus*)	b..	1845	Noema (*Rowlston*)	gr.	1830
Nina (*Lanercost*)	b..	1859	Noema (*Premium*)	al..	1838
Nina (*Thunderbolt*)	al..	1874	Noema (*Somno*)	b..	1879
Nina (*Paganini*)	al..	1876	Noemi (*Tigris*)	b..	1829
Nina (*Flageolet*)	al..	1881	Noemi (*Y. Emilius*)	al..	1843
Nine (*Assassin*)	b..	1849	Noémi (The Heir of Linne)	b..	1861
Ninetta (*Perplexe*)	b..	1879	Noirette (*Fitz Gladiator*)	n..	1870
Ninette (*Pickpocket*)	b..	1839	Noisette (*Florin*)	al..	1872
Ninette (*Strongbow*)	b..	1854	Noisette (*Consul*)	al..	1873
Ninette (*Zouave*)	b..	1870	No-Luck (*Fantôme*)	b..	1860
Ninette (*Gladiateur*)	bb.	1871	Nomade (*Caravan*)	al..	1853
Ninette (*Earl of Dartrey*)	b..	1880	Nom de Guerre (*Blinkhoolie*)	b..	1872
Ninette (*Blue Ribbon*)	al..	1885	Nomologie (*Montargis*)	b..	1878
Ninette (*Patriarche*)	b..	1890	Nonette (*Bizarre*)	b..	1842
Nini (*Patricien*)	b..	1878	Nonette (*the Cossack*)	al..	1858
Nini (*Archiduc*)	b..	1888	Nonette (Tonnerre des Indes)	b..	1871
Niniche (*Pompier*)	al..	1878	Nonne Sanglante (la) (Spectre)	b..	1837
Niniche (*Gabier*)	al..	1884	Nonsense (*Master Fenton*)	b..	1874
Ninon (*Harlequin*)	b..	1836	Nora (*Minotaure* ou *Mr.*		
Ninon (*Ibrahim*)	b..	1844	*Wags*)	bb.	1858
Ninon (*Moustique*)	b..	1859	Nora (*Tonnerre des Indes*)	al..	1870
Ninon (*Faugh a Ballagh*)	b..	1861	Nora Creina (*Muezzin*)	b..	1838
Ninon (*Ruy Blas*)	b..	1872	Norah (*Boïard*)	b..	1878
Ninon (*Saint Louis*)	n..	1885	Norma (*Sylvio*)	b..	1834
Ninon (*Roi de la Montagne*)	al..	1888	Norma (*Collingwood*)	b..	1862
Ninon de Lenclos (The Cossack)	b..	1861	Norma (*Loup Garou*)	b..	1855
Niobé (*Fra Diavolo*)	b..	1839	Norma (The Scottish Chief)	b..	1876
Niobé (*Loup Garou*)	b..	1861	Norma (*Soukaras*)	al..	1838
Niobé (*Dollar*)	b..	1877	Normande (*Capitaliste*)	b..	1876
Niphone (*Balagny* ou *Beau-*			Normandie (*F..Gladiator*)	b..	1864
repaire)	b..	1884	Norna (*Lottery*)	b..	1840
Nisida (*Cagliostro*)	bb.	1868	North Wiltshire (Parmesan)	bb.	1875
Nisita (*Monarque*)	b..	1864	Norvège (*Gilbert*)	b..	1886
Nita (*Tonnerre des Indes*)	al..	1865	Notabilité (*Ruy Blas*)	b..	1879
Nitouche (*Carrouges*)	b..	1873	Nougatine (*Nougat*)	al..	1888
Nitrate (*Flageolet*)	al..	1877	Nouméa (*Trocadéro*)	b..	1874

	Robe	Date de la naissance		Robe	Date de la naissance
Noumma Hava (*Franc Tireur* ou *Arif, ar*)	b..	1879	Oddity (*Bizarre*)	al..	1841
Nounou (*Thurio*)	al..	1882	Odd Trick (*Ace of Clubs*)	al..	1865
Nouveauté (Soussarin ou Valérien)	bb.	1880	Odette (*Libertine*)	b..	1832
Nova (*Kingston*)	b..	1860	Odette (*Bizarre*)	b..	1841
Novice (*Marsyas*)	al..	1863	Odette (*Assassin*)	al..	1846
Nubienne (*Ruy Blas*)	b..	1876	Odette (*Commodor Napier*)	b..	1851
Nudity (*Crater*)	al..	1867	Odile (*Trocadéro*)	al..	1882
Nugget (*Marsyas*)	b..	1871	Odine (*Tigris*)	b..	1832
Nuit Close (*Nicklause*)	b..	1886	Odine (*Y. Emilius*)	b..	1841
Nuit de Mai (*Lozenge*)	bb.	1877	Odyssée (*Vignemale*)	b..	1889
Nuit d'Eté (*F. Gladiator*)	bb.	1864	Officious (*Pantaloon*)	b..	1847
Nuit d'Eté (*Bay Archer*)	n..	1888	O'Flaberty (*Umpire*)	b..	1883
Nullité (*Ladislas*)	n..	1889	Ogresse (*Wellingtonia*)	al..	1886
Numa (*Castillon*)	b..	1886	Oh ! Don't (*Liverpool*)	b..	1842
Numène (*Beaurepaire*)	al..	1885	Old Bow (*Beauclerc*)	b..	1883
Numéro II (*Sawcutter*)	b..	1865	Old Maid (Robert de Gorham)	al..	1863
Numidie (*Lusignan*)	al..	1884	Old Maid (Knight of the Garter)	bb.	1873
Nuncia (*Nuncio*)	b..	1856	Olga (*Premium*)	al..	1840
Nuncia (*Nuncio*)	b..	1857	Olga (*Tonnerre des Indes*)	al..	1870
Nuncia jeune (*Cymbal*)	al..	1878	Olgouriska (*Patricien*)	b..	1876
Nuncia jeune (*Trombone* ou *Foudre de Guerre*)	bb.	1879	Olinga (*Napoleon*)	bb.	1841
			Olive (*Fort à Bras*)	b..	1864
Nunnykirka (*Nunnykirk*)	b..	1857	Olive (*Skylark*)	b..	1885
Ny (*Franck*)	b..	1840	Olive Branch (Queens' Messenger)	b..	1871
Nyanza (*Nougat*)	al..	1889	Olivia (*Felix*)	b..	1837
Nymph (*Bacchus*)	bb.	1871	Olivia (*Gladiator*)	b..	1852
Nymphea (*Fontainebleau*)	bb.	1887	Olla Podrida (*Perplexe*)	bb.	1884
Nymphea (*Wellingtonia*)	bb.	1887	Olympe (*Ladislas*)	b..	1886
			Olympiade (*Castillon*)	al..	1885
			Olympie (*Deucalion*)	bb.	1840
			Omelette (*Nougat*)	bb.	1881
			Omelette (*Rayon d'Or*)	b..	1883
Oaks Fleet (*Oak Stick*)	b..	1845	Omphale (*Deucalion*)	b..	1839
Oatcake (*Clanronald*)	al..	1884	Omphale (*Ladislas*)	b..	1888
Obole (*The Cossack*)	al..	1859	Omphaly Filly (*Cato*)	bb.	1821
O'Berson (Governor ou Royal Oak)	b..	1847	Onagra (*Vertugadin*)	b..	1876
Obligation (*The Baron*)	al..	1861	Ondine (*Schamyl*)	b..	1858
Ocarina (*Flageolet*)	al..	1878	Onéida (*Skirmisher*)	b..	1850
Occipite (*Franck*)	al..	1841	Onesta (*Fitz Gladiator*)	b..	1858
Océanie (*Feu d'Amour*)	bb.	1877	Onglette (*Nougat*)	b..	1881
Ocean Witch (*Rochester*)	al..	1856	On Spec (*Speculum*)	b..	1875
Octagon (*Privilege*)	b..	1884	Opale (*Terror* ou *Quoniam*)	b..	1846
Octavie (*Y. Emilius*)	b..	1843	Opalée (*Fidler*)	b..	1848
Octavie (*Flageolet*)	b..	1885	Ophélia (*Shakespeare*)	n..	1836
Ocyroë (*Tomahawk*)	b..	1875	Ophelia (*Prétendant*)	bb.	1863

	Robe	Date de la nais-sance		Robe	Date de la nais-sance
Pampelune (*Fitz Gladiator*).	b..	1871	Parenthèse (*Rattle*)........	bb.	1865
Pampelune (*Ruy Blas*).....	b..	1876	Par Hazard (*Buckthorn* ou		
Pampelune (*Saltéador*)	al..	1883	Petronel)...............	bb.	1861
Panacea (*Physician*)	b..	1837	Parisienne (*Zut*)..........	al..	1885
Panade (*Vermout*)........	b..	1871	Parisienne (*Brest*)........	bb.	1887
Panatella (*Garry Owen*) ...	b..	1855	Parisine (*Longchamps*) ...	b..	1873
Pandemonium (*Pell Mell*)..	bb.	1884	Park Lane (*Pell Mell*)......	b..	1889
Pandore (*Bizarre*)........	bb.	1842	Parodie (*Revolver*)........	b..	1870
Pandore (*Constellation*) ...	bb.	1857	Parporello (*Malton*)........	b..	1850
Pandore (*Bertram*)	b..	1881	Parthénia (*Adventurer*)....	b..	1875
Panique (*Alarm*)	b..	1858	Parthénis (*Pédagogue*)....	b..	1864
Panique (*Gabier*)..........	al..	1878	Parthénope (*Kingcraft*)....	al..	1880
Panope (*Abjer*)...........	b..	1826	Particule (*Castillon*).......	b..	1884
Panoplie (The Flying Dutchman)	b..	1863	Partida (*Don Carlos*)......	bb.	1875
Panoplie (*Saint-Cyr*)......	bb.	1883	Partisan Filly (*Lottery*)	b..	1842
Pantalonnade (*Physician*)..	b..	1846	Partlet (*Birdcatcher*)......	al..	1849
Pantenne (*Ion* ou *Lanercost*)	bb.	1856	Parure (*Wellingtonia*)	al..	1888
Pantomine (*Charlatan*)....	b..	1871	Pasca (*Edwin*)............	b..	1852
Pantomime (*Sylvain*)	b..	1867	Pascale (*Fitz Gladiator*)...	b..	1874
Papillonne (*Uhlan*)........	n..	1881	Pascaline (*Clotaire*)... ...	b..	1876
Papillotte (*Albany*)	b..	1830	PascalineII (Foudre de Guerre)	al..	1880
Papillotte (*Gladiator*).....	b..	1856	Pas de Chance (*Rataplan*).	b..	1863
Papillotte (*Papillon*).......	al..	1857	Pas de Chance (Vert Galant) .	al..	1875
Papillotte (*Flageolet*)	al..	1879	Pas de Chance (*Rataplan*) .	b..	1863
Paola (*Consul*)............	b..	1872	Pasquette (*Cymbal*).......	al..	1878
Paquerette (*Napoleon*)	al..	1844	Pasquinade (*Sovereign*)....	bb.	1823
Pâquerette (*Elthiron*)... ...	al..	1856	Pasquinade (Young) (Paradox)	bb.	1831
Pâquerette (*Nautilus*).....	bb.	1856	Pasquinade (*Pompier*)....	b..	1875
Pâquerette (*Ivanhoff*)	al..	1877	Pasquine (*Angus*).........	bb.	1875
Pâquerette (*Faublas*).......	bb.	1880	Passe (*Blue Ribbon*)	al..	1885
Pâquerette (*Ludovic*).......	al..	1889	Passeport (*Citadel*)........	b..	1874
Pâquerette II (*Salvator*)....	al..	1883	Passerose (*Assault*)........	b..	1857
Pâqueline (*The Baron*).....	al..	1856	Passiflore (*Assault*)........	b..	1858
Paquita (*Sting*)............	b..	1856	PassionFlower(*Springfield*)	b..	1885
Paquita (*Ventre St Gris*) .	b..	1878	Paste (*Kingston*)...........	b..	1858
Parabole (*Albion*)..........	al..	1886	Pastèque (*Marksman*)	b..	1874
Parade (*Hospodar*)	b..	1868	Pastille (*Vermout*).........	b..	1868
Parade (*Saint-Albans* ou			Pastille (*Don Carlos*)......	b..	1877
Mentmore)..............	b..	1878	Pastille (*Braconnier*)	al..	1880
Paradisia (*Atlantic*)........	gr.	1887	Pâte d'Italie (*Macaroni*)....	b..	1880
Paralytique (*Stentor*)	b..	1869	Pastorale (*Commodor Na-*		
Parasol (*Premium*)	b..	1840	*pier* ou *Ethelwolf*).	b..	1862
Parasolina (*Tiresias*)	b..	1827	Pastourelle (*Commodor Na-*		
Parchment (*Harkaway*)	b..	1852	*pier* ou *Strongbow*)	b..	1865
Parempuyre (*Bagdad*).....	bb.	1872	Pastourelle (*Beaurepaire*)..	al..	1882

	Robe	Date de la naissance		Robe	Date de la naissance
Patache (*Monitor II*)	bb.	1872	Penance (*Emilius*)	b..	1828
Patience (*Blinkhoolie*)	b..	1875	Pendulum mare (*Pendulum*)	b..	1826
Patricia (*Ben Battle*)	b..	1870	Pénélope (*Don Cossack*)	b..	1820
Patricienne (*Vertugadin*)	b..	1870	Pénélope (*Marly*)	b..	1855
Patricienne (*Patricien*)	b..	1876	Pénélope (*Coucron*)	al..	1858
Patrie (*Cobnut*)	b..	1869	Pénélope (*Affidavit*)	b..	1876
Patrouille (*Zouave*)	al..	1875	Pénélope (*Caterer*)	b..	1883
Paulette (*Ortolan*)	b..	1883	Péniche (*Collingwood*)	b..	1853
Paulina (*Sweetmeat*)	b..	1854	Pénitence (*Tetotum*)	b..	1843
Pauline (*Napoleon*)	b..	1838	Pénitence (*Assassin*)	al..	1846
Pauline (*Polecat*)	b..	1851	Pénitent (*Cambuscan*)	al..	1869
Pauline (*Volcano*)	bb.	1851	Pénitente (*Alteruter*)	bb.	1845
Pauline (*Peter*)	b..	1888	Penny Worth (*Honesty*)	b..	1874
Paume (*Flutus*)	b..	1878	Pensacola (*Dollar*)	al..	1872
Pauvre Minette (Fitz Gladiator)	al..	1865	Pensée (*Orphelin*)	al..	1870
Pauvre Nini (*F. Gladiator*)	b..	1870	Pensée (*Wellingtonia*)	al..	1889
Pauvre Petite (*Trent* ou *Valérien*)	bb.	1881	Pensez à Moi (*The Baron*)	b..	1859
			Pentecost (*Peter*)	bb.	1888
Pauvresse (*Napier*)	b..	1853	Penultima (*Whisker*)	b..	1824
Pauvrette (*The Heir of Linne*)	al..	1871	Penultima (*Dangerous*)	b..	1841
Pauvrette (*Trombone*)	b..	1880	Pepa (*Don Carlos*)	b..	1876
Pauvrette (*Florentin*)	b..	1887	Pepa (*John Day*)	al..	1888
Pavane (*Dollar*)	al..	1879	Pepita (*Mr. d'Ecoville*)	b..	1849
Payment (*Slane*)	al..	1848	Pepita (*Strongbow*)	bb.	1865
Pazza (*Nonsense*)	al..	1838	Pepita (*Souvenir*)	al..	1868
Peace (*Tumbler*)	b..	1866	Pera (*Pero Gomez*)	bb.	1874
Peace (*Thunderbolt*)	b..	1876	Percaline (*Hospodar*)	b..	1869
Peau d'Ane (*Sting*)	b..	1856	Perçante (*Dollar*)	al..	1870
Peau d'Ane (*King John*)	b..	1867	Perçante (*Struan*)	b..	1884
Peau d'Ane (*Pretty Boy*)	al..	1867	Perea Mena (*Touchstone*)	b..	1854
Peau d'Ane II (*Ruy Blas*)	b..	1872	Perce Neige (*Cymbal*)	al	1875
Peccadille (*Pédagogue*)	b..	1858	Perce Neige (*Blue Ribbon*)	n..	1886
Peccadille (*Stentor*)	b..	1867	Perfide (*Silvio*)	b..	1886
Pecora (*Sylvio* ou *Mameluke*)	b..	1840	Perfidie (*Pédagogue*)	b..	1862
			Pérette (*Light*)	bb.	1864
Pécore (*Hospodar*)	b..	1873	Pergame (*San Stefano*)	b..	1886
Peelite (*General Peel*)	bb.	1873	Pergola (*The Baron*)	al..	1860
Peevish (*Petrach*)	b..	1882	Pergola (*Cobnut*)	al..	1866
Peggy (*Sir Solomon*)	b..	1813	Peri (*Mameluke*)	al..	1840
Peggy (*Allez y Gaîment*)	b..	1858	Péri (*Commodor Napier*)	b..	1849
Peine (*Tetotum*)	b..	1844	Péri (*Beaumesnil*)	b..	1888
Pélerine (*Robert Houdin*)	al..	1867	Périgueux (*Astre*)	b..	1861
Pélerine (*Ventre Saint Gris*)	b..	1875	Périne (*Light*)	b..	1868
Pellegrina (*Dollar*)	al..	1874	Péripétie (*Sting*)	b..	1866
Pelote (*Le Petit Caporal*)	b..	1880	Perjury (*Sir Hercules*)	al..	1847

	Robe	Date de la nais-sance		Robe	Date de la nais-sance
Perla (*Dollar*)	al.	1871	Peytona (*Prétendant*)	b.	1864
Perle (*The Nabob*)	b.	1861	Phalène (*Gamin*)	al.	1889
Perle (*Le Petit Caporal*)	b.	1871	Pharaïde (*Vertugadin*)	b.	1870
Perle Fine (*Caravan*)	b.	1857	Pharmacopeia (*Physician*)	b.	1839
Perle Fine (*Xaintrailles*)	al.	1888	Pharsale (*Julius Cæsar*)	b.	1886
Perle Noire (*Révigny*)	bb.	1877	Phénice (*Deucalion*)	b.	1841
Perle Noire (*Faublas*)	n.	1882	Philadelphie (*Xaintrailles*)	al.	1888
Perle Rose (*Zut*)	al.	1886	Philiberte (*Gladiator* ou *Ion*)	al.	1853
Péronelle (*Gigès*)	b.	1848	Philiberte (*Sting*)	b.	1855
Péronelle (*Elthiron*)	b.	1854	Philiberte (*Jonville*)	al.	1881
Péronelle (*Peter*)	al.	1888	Philips'dam (*Catton*)	b.	1828
Péronne (*Trocadéro*)	al.	1879	Philis (*Florentin*)	al.	1871
Péronnette (*The Palmer*)	al.	1876	Philippine (*Saxifrage*)	b.	1889
Péroration II (*Pero Gomez*)	bb.	1876	Philomel (*Nuneham*)	bb.	1876
Perpétuité (*Perplexe*)	bb.	1881	Philomèle (*Eastham*)	b.	1830
Perpétuité (*Saxifrage*)	al.	1889	Philomèle (*Farmington*)	b.	1842
Perplexité (*Perplexe*)	b.	1878	Philosophie (*Philosopher*)	b.	1852
Persévérance (*Weathergage*)	b.	1858	Phœbé (*Lanercost*)	b.	1858
Persévérance (*Gladiateur*)	al.	1870	Phosphorée (*The Baron*)	b.	1853
Persica (Robert the Devil)	al.	1884	Phosphorina (*Richmond*)	b.	1855
Persist (*Silvester*)	al.	1885	Phrygia (*Phlegon*)	b.	1850
Perspicacité (*Perplexe*)	b.	1880	Phryné (*Solon*)	b.	1881
Pervenche (*Physician* ou *Ibrahim*)	b.	1844	Phryné III (*Patricien*)	al.	1871
			Physicie (*Physician*)	b.	1846
Pervenche (*Jack Robinson*)	b.	1854	Picardie (*Fort à Bras*)	bb.	1870
Pervenche (*Zouave* ou *Sylvain*)	b.	1863	Picciola (*Assassin*)	b.	1847
Pervenche (*the Cossack*)	al.	1866	Picciola (*Sylvio*)	b.	1851
Pervenche (*Bigourdan*)	b.	1875	Picciola (*Rémus*)	b.	1867
Pervenche (*Problème II*)	b.	1888	Picciola (*Système*)	b.	1887
Pes-Ala (*Fitz-Gladiator*)	b.	1866	Piccolina (*Royal Oak*)	b.	1838
Petite (*Silvio*)	bb.	1885	Pièce d'Alarme (*Sting*)	b.	1863
Petite Amie (*Triboulet*)	al.	1889	Pic-Grièche (*Mortemer*)	al.	1875
PetiteComtesse (*Bon Vivant*)	bb.	1867	Pierre de Lune (*Atlantic*)	gr.	1890
Petite Duchesse (*Faublas* ou *Androclès*)	b.	1879	Pierrette (*Napier*)	b.	1857
			Pierrette (*Beauvais*)	b.	1865
Petite Etoile (Pyrrhus the First)	b.	1861	Pierrette (*Zouave*)	b.	1865
Petite Musique (*Gladiator*)	b.	1854	Pierrette (*Atlas*)	bb.	1874
Petite Reine (*Vert Galant*)	bb.	1875	Pierrine (*Valentino*)	b.	1885
Petite Vertu (*Sting*)	b.	1865	Pile ou Face (*Gitano*)	b.	1874
Pet of the Fancy (SaintFrancis)	bb.	1845	Pill Box (*Van Galen*)	b.	1864
Pétronille (*Emancipation*)	b.	1835	Pilule (*Pickpocket*)	b.	1838
Petticoat (Gemma di Vergy)	b.	1863	Pilule (*Grey Tommy*)	b.	1862
Petticoat (*Blair Athol*)	al.	1880	Pimbêche (*Saint-Cyr*)	n.	1878
Pétunia (*Camballo*)	al.	1888	Pimento (*Maple*)	b.	1841
Peut-être (*Fitz Gladiator*)	b.	1863	Pimpérinette (*Sylvio*)	b.	1846

23

	Robe	Date de la naissance		Robe	Date de la naissance
Précieuse (*Vermout*)	al..	1881	Princess (the)(*Pyrrhus theFirst*)	b..	1855
Preciosa (*Red Robin*)	al..	1851	Princess (*Régent*)	gr.	1856
Prédestinée (*Master Wags*)	b..	1842	Princess (*Monarque*)	al..	1867
Prédestinée (*Le Destrier*)	b..	1884	Princess (the) (*Surplice*)	al..	1868
Prééminence (*Perplexe*)	b..	1882	PrincessBorghèse(*Napoleon*)	b..	1837
Préface (*Lanercost*)	b..	1844	Princess Catherine (*Prince Charlie*)	al..	1876
Préface (*Y. Monarque*)	al..	1876	Princess Christian (*Dalesman*)	al..	1870
Préférée (*Tigris*)	b..	1833	Princess Edwis (*Emilius*)	b..	1833
Préférée (*Sir Tatton Sykes*)	al..	1853	Princesse (*Garry Oxen*)	al..	1857
Préférée (*Boxeur*)	b..	1876	Princesse (*Monitor*)	al..	1869
Premia (*Premium*)	b..	1831	Princesse (*Bay Archer*)	al..	1885
Première Epreuve(*Beaucens*)	bb.	1856	Princesse Alice (*Prime Minister*)	b..	1857
Premula (*Terror*)	b..	1841	Princesse Belle Etoile (*Potocat*)	b..	1848
Prenez Garde (*Flageolet*)	b..	1880	Princesse de la Paix (*Gladiator*)	b..	1856
Presta (*Petrarch*)	b..	1883	Princesse Lilian (*Fitz James*)	b..	1891
Prétendante (*Fra Diavolo*)	bb.	1841	PrincesseOlga (*theEmperor*)	al..	1852
Prétendante (*The Nabob*)	b..	1861	Princesse Royale (*Dirk Hatteraick*)	al..	1858
Prétentaine II (*Zouave*)	b..	1863	Princesse Royale (*Wellingtonia*)	al..	1887
Pretty Girl (*Faverolles*)	b..	1864	Princess Louise (*GeorgeFrederick*)	al..	1879
Pretty Lucy (*Pretty Boy*)	b..	1871	Princess Mary (*Emilius*)	bb.	1830
Pretty Well (*Newcastle*)	al..	1868	Princess Mathilde (*Prince Charlie*)	b..	1876
Preude (*Cobnut*)	b..	1869	Princess Victoria (*Prince Charlie*)	bb.	1882
Pride of Kildare (*Plum Pudding* ou *Canary*)	al..	1871	Printanière (*Fitz Pantaloon*)	b..	1855
Priestess (*Van Dyke Junior*)	b..	1822	Printanière (*Pyrrhus the First*)	al..	1861
Priestess (*Pontifex*)	b..	1863	Printanière (*Fitz Gladiator*)	b..	1867
Prima (*Sting*)	b..	1858	Printanière (*Chattanooga*)	n..	1872
Prima Dona (*Premium*)	b..	1841	Printanière (*Gilbert*)	b..	1881
Prima Donna (*The Emperor*)	b..	1848	Prioress (*Lanercost*)	bb.	1844
Prima Donna (*Nelson*)	b..	1852	Prioress (*Joe Lovel*)	b..	1882
Prima Donna (*Empire*)	al..	1873	Pristina (*Dollar*)	b..	1875
Primauté (*Vermout*)	b..	1882	Privauté (*Ibrahim*)	b..	1847
Prime (*Le Sarrazin*)	al..	1876	Probe (the) (*Y. Priam*)	al..	1846
Primefit (*Actæon*)	b..	1828	Probity(*Tumbler* ou *Empire*)	b..	1866
Primeira (*Bay Archer*)	b..	1885	Procida (*Cagliostro*)	al..	1868
Primerolle (*Saint Cyr*)	b..	1879	Profiterolle (*Wellingtonia*)	bb.	1887
Primerose (*General Mina*)	al..	1838	Progne (*Y. Emilius*)	b..	1851
Primerose (*Marcellus*)	b..	1844	Progne (*Trombone*)	al..	1879
Primerose (*Pretty Boy*)	bb.	1870	Prologue (*The Palmer*)	b..	1874
Primevère (*Womersley*)	bb.	1868	Promise (*Monarque*)	b..	1869
Primevère (*Orphelin*)	al..	1870	Pro Nihilo (*Gladiateur*)	b..	1875
Primevère (*Flutus*)	b..	1871	Pro Patria (*Border Minstrel*)	al..	1887
Primevère (*Rosebery*)	b..	1884	Prophétie (*Patriarche*)	al..	1886
Primevère (*Saint Leger*)	bb.	1885	Proserpine (*Pagan*)	b..	1857
Primula (*The Baron*)	al..	1851	Proserpine (*Barcaldine*)	b..	1886
			Prospérité (*Perplexe*)	bb.	1879

	Robe	Date de la nais- sance
Protection (*Vulcan*)	b..	1879
Protection (*Silvio*)	b..	1881
Protégée (Monarque ou Ventre Saint Gris)	b..	1864
Prouesse (*Fitz Gladiator*)	bb.	1874
Providence (*Faublas*)	al..	1883
Prudence (*Prud'homme*)	al..	1885
Prudence (*Wellingtonia*)	al..	1883
Prudence II (*Gontran*)	al..	1883
Prudente (*Le Petit Caporal*)	b..	1874
Prunelle (*Vigilant*)	b..	1887
Psyché (*Gabier*)	b..	1874
Pucelle (*Czar Peter*)	bb.	1812
Puebla (*Ventre Saint Gris*)	bb.	1863
Puerta del Sol (*Atlantic*)	b..	1887
Pug (*Bay Middleton*)	b..	1842
Puigcerda (*Berryer*)	al..	1886
Pulchra (*Premium*)	al..	1831
Pulchérie (*Y. Emilius*)	b..	1849
Pure Vérité (*Gontran*)	b..	1875
Putiphar (*Braconnier*)	al..	1881
Puysaleine (*Cagliostro*)	b..	1871
Pyrale (*Trombone*)	bb.	1879
Pyramide (Monarque ou Father Thames)	b..	1866
Pyramide (*Mithridate*)	al..	1881
Pyrénéenne (*Ruy Blas*)	b..	1875
Pyrrha (*Bedlamite*)	al..	1833
Pyrrhus the First mare (Pyrrhus The First)	al..	1853
Pythoness (*Shuttle Pope*)	bb.	1821
Pythonisse (*Stentor*)	b..	1867
Quakeress (*Favonius*)	al..	1876
Qualité (*Prospero*)	b..	1850
Quality (*Inheritor*)	bb.	1849
Quand Je Pourrai (*Prétendant*)	al..	1863
Quand Je Voudrai (*Prétendant*)	b..	1865
Quand Même (*Premium*)	al..	1841
Quarantaine (*Le Mandarin*)	b..	1871
Quarantaine (*Trocadéro*)	b..	1879
Quarta (*Sting*)	b..	1861
Quarteronne (*Zouave*)	b..	1869
Quarteronne (*Cymbal*)	al..	1878

	Robe	Date de la nais- sance
Quasimodo (*Paros*)	al..	1869
Queechy (*Plutus*)	al..	1879
Queen (*Plutus*)	al..	1879
Queen (*Pellegrino*)	b..	1888
Queen Anne (*King Tom*)	b..	1857
Queen Anne (*Saint Albans*)	al..	1874
Queen Bee (*Sting*)	bb.	1854
Queen Bee (*King Tom*)	al..	1869
Queen Eleanor (Prince Charlie)	bb.	1882
Queenfisher (*Kingfisher*)	b..	1877
Queen Mab (*Pioneer*)	b..	1823
Queen Mab (*Beauclerc*)	b..	1881
Queen of Avermes (*Vertugadin*)	bb.	1883
Queen of Crystal (Leamington)	bb.	1861
Queen of Cyprus (King Tom)	b..	1873
Queen of Diamonds (*King of Trumps*)	bb.	1861
Queen of Eltham (*Marsyas*)	b..	1870
Queen of the Chase (*Blair Athol*)	b..	1869
Queen of the Chase (Doncaster)	b..	1879
Queen of the May (*Colwick*)	b..	1844
Queen of the May (Sir Hercules)	al..	1845
Queen of the North (*Saunterer ou Blair Athol*)	al..	1870
Queen of the Regiment (*George Frederick*)	al..	1884
Queen of the Valley (*King of the Forest*)	b..	1867
Queen of the Vixens (Umpire)	b..	1882
Queensland (*Y. Melbourne*)	bb.	1869
Qu'en Dira-t-On (*Brocardo*)	bb.	1850
Qu'en Dira-t-On (*Sting*)	b..	1857
Quenouille (*Le Mandarin*)	b..	1874
Querelleuse (*Le Mandarin*)	b..	1875
Querelline (*Mandrake*)	b..	1881
Quérida (*Beaucens*)	al..	1858
Questure (*Ruy Blas*)	b..	1879
Quêteuse (*Don Carlos*)	b..	1879
Quêteuse (*Ferragus*)	b..	1879
Quick Thought (*Forerunner*)	b..	1884
Quid Novi (*Collingwood*)	b..	1861
Quiétude (*John Davis*)	bb.	1874
Quiloa (*Thunderstone*)	b..	1888

	Robe	Date de la nais- sance		Robe	Date de la nais- sance
Quinine (*Ion*)	bb.	1846	Raveluche (*Y. Emilius*)	b.	1847
Quinine (*Mac Gregor*)	bb.	1883	Ravenelle (*Vertugadin*)	al.	1872
Quinquina (*The Cossack*)	al.	1861	Ravières (Nuncio ou Bataclan)	b.	1857
Quinteuse (*Caravan*)	bb.	1843	Ravissante (*Ferragus*)	al.	1879
Quirina (*Lottery*)	b.	1839	Raymonde (*Flageolet*)	al.	1878
Quirina (*Collingwood*)	al.	1859	Raymonde (*Saint Louis*)	al.	1885
Quirita (*Felix*)	b.	1839	Rayon de Soleil (The Cossack)	al.	1859
Quirita (*Farmington*)	b.	1843	Rayonnette (*Rayon d'Or*)	al.	1883
Quittance (*M. d'Ecovile*)	b.	1850	Razay (*Franc Tireur*)	gr.	1880
Qui-Va-Là (*Le Mandarin*)	al.	1872	Razzia (*Zouave*)	al.	1861
Quiver (*Velocipede*)	n.	1846	Réac (Bagdad, Diaz ou Longchamps)	bb.	1871
Qui Vive (*Royal Oak*)	b.	1850	Réaction (*Grandmaster*)	b.	1888
Quiz (*Hercule*)	b.	1839	Reading Lass (*Orville*)	b.	1811
Quo Usque (*Royal Oak*)	b.	1838	Réata (*Queens'Messenger*)	b.	1880
			Rebecca (*Eagle*)	al.	1811
			Rebecca (*Actæon*)	b.	1838
			Rébecca (*Terror*)	b.	1842
Racaille (*Bagdad*)	b.	1877	Rébecca (*Vendredi*)	b.	1850
Rachael (*Rubens*)	b.	1817	Rébecca (*Collingwood*)	b.	1858
Rachel (*Whalebone*)	b.	1823	Rebiscade (*Ion*)	b.	1854
Rachel (*Tetotum*)	b.	1841	Réclame (*Vermout*)	b.	1878
Rachel (*Sylvio*)	bb.	1842	Récompense (*Weathergage*)	b.	1858
Rachel (*Terror*)	b.	1842	Red (*Clotaire*)	b.	1879
Rachel (*Eylau*)	b.	1843	Rédaction (*Bay Archer*)	b.	1884
Rachel (*Rosicrucian*)	bb.	1873	Rédemption (Bertram ou Trombone)	bb.	1880
Rachel Young (*Peter*)	b.	1845	Redgauntlet mare (Redgauntlet)	bb.	1835
Rachel Filly (Harlequin ou Quoniam)	al.	1845	Redingote (*Beauminet*)	al.	1885
Rachetée (*Birdcatcher*)	al.	1849	Red Hair (*Glenmasson*)	al.	1869
Rackety Girl (Hotman Platoff)	bb.	1846	Red Leaf (*Cape Flyaway*)	b.	1870
Radieuse (*Hermit*)	b.	1882	Redowa (*Ladislas*)	b.	1886
Rafale (*Weathergage*)	b.	1857	Red Start (*Blair Athol*)	al.	1867
Rafale (*Charlatan*)	b.	1867	Reel (*Camel*)	b.	1836
Raguse (*Insulaire*)	n.	1885	Réflexion (*Guy Dayrell*)	b.	1880
Rainette (*The Baron*)	al.	1861	Réforme (*Y. Emilius*)	b.	1848
Raïssa (*Albion*)	b.	1885	Réforme (*Braconnier*)	b.	1880
Raker (*The Scottish Chief*)	b.	1881	Refraction (*Glaucus*)	b.	1842
Rallye Chamant (*Mortemer*)	al.	1881	Refuge (*Uncas*)	b.	1876
Ramette (*Mortemer*)	b.	1879	Régalade (*Trumpeter*)	al.	1872
Rambling Katie (*Melbourne*)	bb.	1852	Régalade (*Castillon*)	b.	1885
Rameline (*Napier*)	b.	1857	Régalia (*Royal Quand Même*)	al.	1861
Rampage (*Hermit*)	b.	1873	Régalia (*Stockwell*)	al.	1862
Ranavalo (*Fitz Gladiator*)	al.	1868	Régalia (The Flying Dutchman)	b.	1864
Rang Koul (*Alger*)	al.	1890	Régane (*Vertugadin*)	al.	1869
Rapide (*Lanercost*)	b.	1862	Regardez (*Mortemer*)	al.	1877
Rapière (*Poulet*)	n.	1886	Régate (*Fitz Gladiator*)	al.	1869

	Robe	Date de la naissance
Regatta (*Camel*)...........	bb.	1831
Régatte (*Nautilus*)........	b..	1851
Régente II (*Guy Dayrell*)..	al..	1880
Régina (*Royal Oak*).......	b..	1837
Régina (*Gladiator*)........	b..	1853
Régina (*Senator*)..........	b..	1879
Régina II (*Salvator*).......	al..	1884
Régine (*Mortemer*)........	al..	1878
Régine (*Nougat*)...........	b..	1885
Région (*Flageolet*)........	al..	1883
Réglisse (*Ali Baba*).......	b..	1849
Regrettée (*Gladiator*)......	al..	1852
Regrettée (*Flageolet*)	al..	1878
Régulière (*Trombone*)......	bb.	1878
Reine (*The Baron*)	al..	1860
Reine (*The Baron*)	al..	1863
Reine (*Monarque*).........	b..	1869
Reine Blanche (*Birdcatcher*)	al..	1855
Reine Blanche (*Castillon*)..	b..	1887
Reine de Chypre (*Eylau*)...	b..	1842
Reine de la Vallée (*Roi de la Montagne*)	b..	1880
Reine de Naples (*Pyrrhus the First*)	b..	1861
Reine de Navarre (*Commodor Napier*)	b..	1861
Reine de Saba (*Orphelin*)..	bb.	1870
Reine des Bois (*Marksman*)	al..	1871
Reine des Indes (*The Baron*)	al..	1858
Reine des Prés (*Ascot*).....	b..	1854
Reine des Prés (*Plutus*)....	b..	1880
Reine des Prés (*Senator* ou *Roi de la Montagne*).....	al..	1880
Reine des Prés (*Saxifrage*)	n..	1886
Reine du Lac (*Flageolet*)...	al..	1880
Reine du Sol (*Aviceps*)	al..	1865
Reine du Sud (*Fripon*).....	al..	1889
Reine Isabelle (*Flageolet*)..	al..	1881
Reine Margot (*Master Wags*)..	b..	1844
Reine Marguerite (*Saxifrage*)	al..	1888
Reine Pomaré (*Caravan*)...	al..	1844
Réjouissance (*Saint Cyr*)...	b..	1878
Remembrance (*Beau Merle*)	b..	1883
Renée (*Carnival*)..........	bb.	1872
Renée (*Ruy Blas*)..........	bb.	1883
Renommée (*Le Sarrazin*)..	b..	1876
Repeal (*Emilius*)..........	b..	1843
Repose (*Parmesan*)........	al..	1870
Réputation (*Peut-Être*)....	b..	1882
Reredos (*Cathedral*).......	b..	1874
Resemblance (*Gainsborough*)	bb.	1823
Réserve (*Zouave*)..........	b..	1875
Résine (*Womersley*)........	b..	1869
Résistance (*Monarque*).....	bb.	1871
Result (*Lecturer*)..........	bb.	1871
Retamosa (*Reveller*).......	al..	1836
Retouche (*Plutus*).........	al..	1888
Retribution (*Isonomy*)......	b..	1888
Réussite (*Verdun*).........	b..	1883
Revanche (*Zouave*)........	b..	1864
Rêve Doré (*Ruy Blas*).....	b..	1875
Rêverie (*Marignan*)........	b..	1873
Rêveuse (*Perplexe*)........	b..	1880
Revival (*Pantaloon*).......	bb.	1839
Révolte (*Beau Merle*)......	al..	1883
Rhéa Silvia (*Rémus*).......	al..	1862
Rhinoplastie (*Royal Oak*)..	bb.	1839
Rhodante (*Velocipede*).....	al..	1837
Riante (*Rayon d'Or*).......	al..	1880
Richmond Hill (*Fernhill*) ..	b..	1855
Ricochet (*Voltigeur*).......	bb.	1858
Riga (*Dollar*).............	b..	1880
Rigodon (*Kaiser*)..........	b..	1880
Rigolblague (*Reverberation*)	al..	1881
Rigolboche (*The Baron*)...	b..	1859
Rigolboche (*Rataplan*).....	al..	1861
Rigoletta (*Quoniam*).......	b..	1843
Rigolette (*Quine*)..........	b..	1843
Rigolette (*Napier*).........	b..	1853
Rigolette (*Garry Owen*)...	b..	1854
Rigolette (*Quoniam*).......	b..	1848
Rigolette (*Terror*).........	al..	1844
Rigolette (*Tim*)............	al..	1844
Rigolette (*Ibrahim*)........	b..	1845
Rigolette (*Cymbal* ou *Henry*)	b..	1876
Rigolette (*Prométhée*)......	al..	1884
Ringdove (*Lord Clifden*)...	al..	1870
Ringlet (*Ringleader*).......	b..	1886
Riposte (*the Scottish Chief*)	b..	1886
Riquette (*Trocadéro*)......	al..	1876
Riscle (*Bay Archer*)........	b..	1886
Risette (*Mortemer*)........	al..	1880
Risette (*Kisber*)...........	b..	1886

	Robe	Date de la nais- sance		Robe	Date de la nais- sance
Rita (*Salmigondis*)........	al..	1883	Rosamonde (*Terror*)......	b..	1842
Ritournelle (Taugh a Ballagh)....	bb.	1860	Rosary (*Stockwell*)........	al..	1860
Ritournelle (Allez y Galment).....	b..	1863	Rosati (*Gladiator*)	b..	1856
Ritournelle (*Orphelin*).....	al..	1869	Roscoff (*Mars*)...........	b..	1875
Ritournelle (*Plutus*)........	b..	1880	Rose (*Bizarre*)	al..	1845
Ritta (*Ajax*)..............	al..	1843	Rose Bagot (*Master Bagot*)	gr.	1869
Ritta (*Terror*)............	b..	1843	Rose Bird (A. British Yeoman).	b..	1853
Rival (*Rosicrucian*)........	bb.	1874	Rosedale (*Rotherill*).......	al..	1883
Rivale (*Garry Owen*)......	b..	1854	Rose d'Amour (Gage d'Amour)	al..	1878
Rivale (*Y. Gladiator*).....	b..	1864	Rose d'Amour (*Galopin*)...	b..	1880
Rivale (*Bay Archer* ou *Trent*)	b..	1883	Rose d'Automne (*Basile*)...	b..	1881
Rivalité (*Roi de la Montagne*)	al..	1881	Rose de Luchon (Vandermulin)	b..	1868
Riveraine (*Fitz Gladiator*).	al..	1868	Rose de Mai (*Vermout*)....	b..	1875
Rivulet (*The Duke*)........	b..	1874	Rose de Mai (*Rémus*)......	al..	1876
Roberte (*Garry Owen*).....	b..	1855	Rose des Alpes (*Tristan*)...	al..	1886
Robertine (*Patriarche*).....	al..	1884	Rose des Pyrénées (*Ruy Blas*)	al..	1875
Robinia (*Liverpool*)........	b..	1841	Rose d'Or (*Little Duck*)....	b..	1887
Robinsonne (*Cotherstone*).	b..	1857	Rosée (*Y. Monarque*)......	b..	1870
Rocka (*Nuncio*)............	b..	1852	Rosée (*Mars*).............	al..	1874
Rodogune (*Grandmaster*)..	al..	1889	Rose en Feu (Le Petit Caporal ou Flavio)	al..	1887
Roma (*Gladiator*).........	al..	1846	Rose Leaf (*Gunboat*)......	bb.	1864
Roma (*Lambton*)..........	bb.	1867	Roselite (*Prince Charlie*)...	al..	1879
Romagna (King of the Forest)....	b..	1879	Roselle (*Zouave*)..........	b..	1865
Romaine (*Boiard*).........	bb.	1879	Rosemary (*Skirmisher*).....	b..	1870
Romanée (*Monarque*)......	b..	1862	Rosemonde (Le Petit Caporal).	b..	1887
Rome (*Blair Athol*).......	al..	1880	Rose Mousse (*Affidavit*)...	al..	1868
Ronce (*Buckthorn*)........	bb.	1862	Rose Noble (*The Peer*).....	b..	1879
Rondelette (*Grandmaster*).	al..	1889	Rose of Athol (*Blair Athol*)	b..	1868
Ronzi (*Sir Tatton Sykes*)..	n..	1852	Rose of Eltham (*Marsyas*)..	b..	1869
Ronzina (*Womersley*)......	al..	1859	Rose of Sharon (*Pantaloon*)	b..	1843
Roquecourbe (*Beaurepaire*)	al..	1887	Rose of York (*Speculum*)...	b..	1880
Roquette (*Commandant*)...	b..	1885	Reseraie (*Flageolet*)	al..	1877
Rosa (*Guy Dayrell*).......	b..	1880	Rose Thé (*Muscovite*)......	b..	1871
Rosabelle (Terror ou Premium)	al..	1842	Rose Thé (*George Frederick*)	al..	1880
Rosabelle (*Y. Emilius*).....	b..	1843	Rosette (*Y. Gladiator*).....	b..	1872
Rosabelle (*Gitano*).........	b..	1880	Rosette (*Le Sarrazin*)......	al..	1873
Rosa Bonheur (*Liverpool*)..	b..	1853	Rosette (*Basile*)..........	al..	1883
Rosace (*Vermout*).........	b..	1875	Rosette (*Grandmaster*)....	al..	1890
Rosa Langar (*Langar*)....	al..	1858	Rose Young (*Touchwood*)..	bb.	1867
Rosa-la-Rose (*Physician*)...	b..	1844	Rosia (Knight of the Garter)......	b..	1877
Rosa Lee (*Tadmor*)........	bb.	1861	Rosicrucian mare (Rosicrucian)	b..	1881
Rosalie (*Ionian* ou *Prospero*)	b..	1852	Rosicrucian mare (Rosicr cian)	b..	1886
Rosalie (*Marly*)	b..	1857	Rosie (*Rosicrucian*).......	bb.	1878
Rosalie (*Feu d'Amour*).....	al..	1878	Rosière (*Ion*).............	bb.	1857
Rosalind (*Rosicrucian*)....	b..	1876	Rosière (*Salmigondis*).....	al..	1885

	Robe	Date de la naissance
Rosière II (*Dollar*)	b..	1880
Rosières (*Mirliflor*)	al..	1881
Rosina (Sir Harry Dimsdale)	b..	1817
Rosina (*Frolic*)	bb.	1832
Rosina (*Napier*)	b..	1852
Rosine (*Y. Emilius*)	b..	1839
Rosine (*Bizarre*)	b..	1841
Rosine (*Le Mandarin*)	b..	1873
Rosine (*Crown Prince*)	b..	1881
Rosine (*Prologue*)	al..	1884
Rosita (*Hercule*)	b..	1840
Rosita (*Ethelwolf*)	b..	1860
Rosita (*Florin*)	al..	1867
Rosita (*Gabier*)	b..	1879
Rosporden (*Mars*)	al..	1877
Rosyport (*Rosicrucian*)	b..	1884
Rouelle (*Womersley*)	b..	1868
Roulette (*Lottery*)	b..	1839
Roulette (*Nautilus*)	bb.	1850
Roulette (*Fantôme*)	b..	1860
Roussotte (*Montargis*)	al..	1881
Roxana (*Lanercost*)	bb.	1850
Roxana (*Stoker*)	b..	1857
Roxanna (*Napoleon*)	bb.	1841
Roxanna (*Emilius*)	b..	1845
Rexelane (*Ruy Blas*)	al..	1874
Royale (Royal Quand Même)	b..	1868
Royale (*Zouave*)	b..	1868
Royale Dorée (Royal Quand Même)	b..	1861
Royale Topaze (Royal Quand Même)	b..	1857
Royal mare (*Friedland*)	bb.	1844
Royalty (*Emilius*)	b..	1833
Royauté (*Royal Oak*)	b..	1845
Royer (*Border Minstrel*)	al..	1889
Rozières (*Nuncio* ou *Lioubliou*)	al..	1851
Rubena (*Waxy Pope*)	al..	1823
Rubis (*Sylvio*)	b..	1834
Rubra (*Red Deer*)	al..	1849
Rubra (*Childeric*)	b..	1880
Rubrique (*West Australian*)	bb.	1862
Ruch Tra (The Heir of Linne)	al..	1863
Rule Britannia (*Empire*)	b..	1863
Runaway (*Bolingbroke*)	al..	1862
Russe (*Milan*)	b..	1887

	Robe	Date de la naissance
Rustique (*Sting*)	b..	1860
Rustique (*Bay Archer*)	bb.	1884
Ruth (*Malton*)	al..	1853
Ruthena (*Lodin*)	b..	1855
Ruthful (*Beiram*)	bb.	1840
Ruy Blanc (*Ruy Blas*)	al..	1875
Saba (*Wolsey*)	b..	1890
Sabine (*Fitz Gladiator*)	al..	1860
Sabine (*Marksman*)	b..	1878
Sable (*Lammermoor*)	b..	1887
Sabretache (*Ibrahim*)	b..	1845
Sabretache (*Ashantee*)	b..	1881
Sabretache II (*Mars*)	b..	1881
Sac au Dos (*Sting*)	b..	1859
Saccara (*Light*)	b..	1871
Sacha (Rémus ou Le Petit Caporal)	b..	1874
Sacha (*Peter*)	b..	1889
Sacoche (*Le Mandarin*)	b..	1874
Sacoche (*Henry*)	bb.	1876
Saddler mare (*The Saddler*)	bb.	1836
Saddler mare (*The Saddler*)	bb.	1838
Saffira (*Paradox*)	al..	1840
Saga (*Petrarch*)	b..	1886
Sagacité (*Parmesan*)	al..	1871
Sagesse (*Robert Houdin*)	b..	1876
Sagesse (*Trombone*)	bb.	1883
Sagitta (*Caravan*)	bb.	1857
Sahara (*Caravan*)	b..	1855
Sahara (*Festival*)	b..	1865
Saint Angela (*King Tom*)	b..	1865
Saint Cecilia (*Hermit*)	b..	1876
Saint Cyrienne (*Trocadéro*)	al..	1881
Sainte Agnes (*Felix*)	b..	1837
Sainte Alice (*Archiduc*)	al..	1887
Sainte Cécile (*Saint Louis*)	al..	1886
Sainte Hélène (*Napoleon*)	b..	1835
Sainte Nitouche (*Physician*)	bb.	1843
Sainte Savine (*Castillon*)	al..	1889
Saint Lucia (*Rosicrucian*)	b..	1880
Saint Margaret (*Cathedral*)	b..	1874
Saintongeoise (Young) (Harlequin)	b..	1842
Saint Patrick mare (Saint Patrick)	gr.	1840

	Robe	Date de la naissance		Robe	Date de la naissance
Salada (*Don Carlos*)	b..	1876	Sarcelle (The Flying Dutchman)	b..	1860
Salade (*Mortemer*)	al..	1880	Sarcelle (*Le Petit Caporal*)	bb.	1870
Salamandre (*Gilbert*)	bb.	1883	Sarcelle (*Ortolan*)	bb.	1884
Salamandre (*Ladislas*)	bb.	1889	Sarcelle (*Fontainebleau*)	b..	1886
Salammbô II (*Rémus*)	al..	1862	Sardine (*Ferragus*)	bb.	1879
Salette (*Mandrake*)	b..	1881	Sarigue (*Verdun*)	al..	1879
Salette (*Trombone*)	bb.	1879	Sarrazine (*Womersley*)	al..	1858
Sally (*Sir Hercules*)	al..	1838	Sarriette (*Zut*)	al..	1883
Sally Sutton (*Parmesan*)	b..	1867	Sartarelle (*Uhlan*)	b..	1878
Salomé (*Macaroni*)	al..	1881	Satanelle (*Vertugadin*)	bb.	1874
Salomé (*Salléador*)	al..	1887	Satania (*Dollar*)	b..	1874
Saltarelle (*Vertugadin*)	al..	1871	Sathaniel (*Zouave*)	b..	1865
Salva (*Dollar*)	b..	1874	Satinette (*Guy Dayrell*)	bb.	1881
Samphire (*Slane*)	bb.	1843	Satire (*Castillon*)	al..	1887
Sampson mare (*Sampson*)	bb.	1822	Satisfaction (*Napoleon*)	b..	1841
Sanction (*Le Sarrazin*)	b..	1873	Satisfaction (*Renonce*)	b..	1853
Sandale (*Ruy Blas*)	al..	1879	Satisfaction (*Ceylon*)	b..	1878
Sans Cérémonie (Taugh a Ballagh)	b..	1860	Saturnale (The Flying Dutchman)	b..	1864
Sans Nom (*Garry Owen*)	al..	1853	Saturnale (*Stracchino*)	b..	1887
Sansonnette (*Rémus*)	b..	1863	Sauntering Molly (*Saunterer*)	b..	1869
Sans Parole (Pyrrhus the First)	al..	1863	Sauterelle (*Royal Oak*)	b..	1849
Sans Raison (*Rémus*)	al..	1868	Sauterelle (Pyrrhus the First)	al..	1855
Sans Rémission (Royal Quand Même)	al..	1869	Sauterelle (*Womersley*)	b..	1855
Sans Tache (*Y. Emilius*)	b..	1843	Sauterelle (*Napier*)	b..	1858
Sans Tache (*Ballinkeele*)	b..	1856	Sauterelle (*Malton*)	b..	1859
Sans Tache (*Rémus*)	b..	1867	Sauterelle (*The Nabob*)	b..	1859
Serpolette (*Le Petit Caporal*)	al..	1874	Sauterelle (*Aguila*)	b..	1862
Sapho (*Eastham*)	b..	1830	Sauterelle (*Commodor Napier* ou *Sauteret*)	b..	1862
Sapho (*Souvenir*)	b..	1867	Sauterelle (*Monarque*)	al..	1867
Sapho II (*Uhlan*)	b..	1882	Sauterelle (*Vertugadin*)	bb.	1874
Sapho II (*Braconnier*)	bb.	1883	Sauterelle (*Uhlan*)	b..	1878
Sapphic (*Wenlock*)	al..	1888	Sauterelle (*Saxifrage*)	al..	1883
Sapristi (*Trocadéro*)	b..	1881	Sauterelle II (*Wellingtonia*)	al..	1883
Sara (*Assassin*)	b..	1853	Sauvageonne (*Saxifrage*)	bb.	1888
Saracen mare (*Saracen*)	bb.	1833	Sauvagine (*Ion*)	b..	1857
Saragosse (*Bay Archer*)	al..	1885	Sauvagine (*Mandrake*)	b..	1879
Sarah (*Catton*)	b..	1818	Sauvegarde (*Dollar*)	al..	1871
Sarah (*Whisker*)	b..	1824	Savenir (*Masaniello*)	b..	1842
Sarah (*Napoleon*)	al..	1835	Savigny (*West Australian*)	b..	1863
Sarah (*Ibrahim*)	b..	1838	Savonnette (*Absalon*)	al..	1879
Sarah (*Terror*)	b..	1843	Savoyarde (*Mars*)	bb.	1882
Sarah (*Monarque*)	al..	1865	Scabieuse (*Tamberlick*)	bb.	1870
Sarah (*Vertugadin*)	b..	1879	Scapegrace (*Saunterer*)	n..	1873
Sarah III (*Highborn*)	b..	1861	Scarpone (*Apollon*)	al..	1886
Sarcasm (*Teniers*)	bb.	1833			

	Robe	Date de la naissance		Robe	Date de la naissance
School Mistress (*Liverpool*).	bb.	1855	Semiramis (*Monarque*).....	b..	1860
School Teacher (*Carnelion*)	b..	1883	Semiseria (*Voltaire*)........	bb.	1840
Schooner (*Father Thames*).	al..	1862	Senorita (The Flying Dutchman)....	b..	1861
Sciacca (*Vigilant*).........	b..	1887	Sensibility (*Don Carlos*)...	bb.	1879
Scope (*Hagioscope*)........	al..	1885	Sensitive (*The Scavenger*)..	b..	1853
Scornful (*Woful*)	b..	1824	Sensitive (*Fitz Gladiator*) .	b..	1861
Scotch Girl (*King O'Scots*)	bb.	1878	Sensitive (*Gladiateur*).....	b..	1870
Scotch Mist (*Scottish Chief*)	b..	1879	Sensitive (*Ceylon*).........	b..	1873
Scotch Pearl (*Strathconan*)	gr.	1880	Sensitive (*Mourle*).........	bb.	1885
Scotch Thistle (*Mandrake*).	bb.	1871	Sentence (*Javelot*).........	al..	1861
Scottish Princess (*Bruce*) ..	b..	1874	Sentinelle (*Vermout*)	al..	1882
Scozzone (*Ionian*).........	b..	1855	Sephora (*Vampyre*)	b..	1826
Scratch (*Russborough*).....	al..	1860	Sépia (*Womersley*)........	al..	1863
Screw (the) (*Banker*)	b..	1828	Séraphine (*Guy Dayrell*)...	al..	1881
Scrozone (*Sting*)..........	b..	1858	Séréna (A. British Yeoman).......	al..	1854
Scud Mare (*Scud ou Merlin*)	b..	1822	Séréna (*Faust*)...........	al..	1872
Scutari Mare (*Scutari*).....	b..	1851	Sérénade (*Royal Oak*).....	b..	1845
Scylla (*Glaucus*)...........	b..	1838	Sérénade (*Festival*)........	al..	1850
Scythia (*Hetman Platoff*)...	b..	1846	Sérénade (*Y. Gladiator*)...	b..	1858
Sea Foam (*See Saw*).......	al..	1878	Sérénade (*Fitz Gladiator*)..	al..	1869
Sea Kale (*Camel*)	bb.	1835	Sérénade (*Kingcraft*)......	b..	1883
Sébastienne (*Julius Cæsar*)	al..	1887	Sérénade (*Touchet*)	al..	1884
Second Sight (*Harkaway*)..	b..	1846	Serinette (*Fitz Gladiator*).	al..	1866
Security (*The Baron*)......	al..	1853	Sermoise (*Saxifrage*)......	al..	1889
Séduction (*Pédagogue*)....	b..	1862	Serpente (*St Francis*).....'.	al..	1846
Séduction (*Fitz Gladiator*).	al..	1866	Serpentine (Vermout ou Wingrave).	b..	1875
Séduisante (*William*)......	b..	1850	Serpentine(Bay Archer ou Trombone)	b..	1884
Sédune (*Utrecht*)..........	b..	1890	Serpentine (*Bay Archer*)...	b..	1885
Sée (*Orphelin*)............	al..	1869	Serpette (*Y. Lanercost*)....	b..	1857
See-See (*See Saw*)........	b..	1881	Serpolette (*Kidderminster*).	b..	1878
Ségréenne (*The Prime War-*			Serpolette (*Mandrake*).....	b..	1879
den ou *Womersley*)......	al..	1861	Servante (*Marcello*)	b..	1877
Ségréenne (*The Peer*)......	b..	1880	Servante (*Le Képi*)	b..	1889
Seigneurie (*Elthiron*)......	b..	1855	Servitude (*Le Mandarin*)...	al..	1873
Seine et Oise (*Mortemer*)..	b..	1878	Sévérina (*Collingwood*)....	b..	1859
Seize Mai (*Drummond*)....	b..	1878	Severn (*Wenlock*).........	b..	1886
Selika (*Monarque*)........	al..	1865	Sévigné (*Idas*)............	al..	1884
Selima (*Terror*)..........	bb.	1843	Sevilla (The Flying Dutchman)..	bb.	1863
Selim Mare (*Selim*).......	b..	1810	Sévillane (Garrick ou Pauls'Cray)..	b..	1866
Selina (*Mr. Wags*).......	b..	1849	Séville (*The Baron*)........	al..	1853
Selina (*Trent*).............	bb.	1882	Séville (*Saint Albans*).....	al..	1858
Selina II (*Bay Archer*).....	b..	1888	Séville (*Bay Archer*)......	al..	1888
Sémillante (*Chactas*)	b..	1863	Sézanne (Flavio ou Grandmaster)...	b..	1888
Sémillante (*Uhlan*)........	b..	1881	Shadow (*Royal Oak*).......	b..	1845
Séminis (*Fitz Gladiator*)...	b..	1867	Sheperds'Bush (*L. Clifden*)	b..	1869

	Robe	Date de la naissance
Shewolf (*Loup Garou*)	b..	1855
Shirine (*Blacklock*)	b..	1828
Shrew (the) (*Master Henry*)	b..	1825
Shuffle (Sleight of Hand)	al..	1845
Shuttle mare (*Shuttle*)	b..	1811
Sibérie (*the Cossack*)	b..	1861
Siboulette (*the Cossack*)	b..	1858
Sidon (*Warrior*)	al..	1866
Signorita (*Albert Victor*)	al..	1878
Silencieuse (*Empire*)	bb.	1873
Silencieuse (*Consul*)	bb.	1874
Silencieuse (*Verdun*)	al..	1881
Silène (*Gilbert*)	b..	1879
Silhouette (*Paradox*)	bb.	1837
Silistrie (*Surplice*)	b..	1854
Silistrie (*Tragedian*)	b..	1854
Silk (*Porto Rico*)	b..	1865
Silk (*Gitano*)	b..	1879
Silvange (Faugh a Ballagh)	b..	1862
Silve (*Milan*)	al..	1884
Silverfield (*Thormanby*)	al..	1875
Silver Sand (*Y. Melbourne*)	bb.	1873
Silversky (*Silvester*)	b..	1885
Silverstring (*Camballo*)	bb.	1879
S'Il Vous Plait (*Bay Archer*)	b..	1884
Simagree (*Petrarch*)	b..	1883
Simiane (*Beauminet*)	b..	1885
Simonette (*Fitz Gladiator ou Monarque*)	al..	1863
Simonne II (*Galopin*)	b..	1884
Simonne III (*Grandmaster*)	al..	1887
Simoom mare (*Simoom*)	b..	1845
Simple (*Marden*)	b..	1886
Simplette (*Lanercost*)	b..	1855
Sina (*The Cossack*)	b..	1859
Singularity (*Camballo*)	b..	1887
Sir David mare (*Sir David*)	bb.	1818
Sirena (*Dalnacardoch*)	al..	1878
Sirène (*Bigarreau*)	b..	1877
Sissy (*Marsyas*)	b..	1871
Sister (*Ceylon*)	b..	1877
Sister Helen (*Thunderbolt*)	b..	1868
Sister to Filius (*Venison*)	bb.	1851
Sister to Toastmaster (Brown Bread)	bb.	1879
Sita (*Ruy Blas*)	b..	1878

	Robe	Date de la naissance
Skating (*Cremorne*)	b..	1876
Skirmish (*Skirmisher*)	b..	1843
Skotzka (*Blair Athol*)	b..	1872
Slapdash (*Annandale*)	b..	1855
Sleeping Beauty (Brown Bread)	b..	1878
Slime (*Picton*)	bb.	1832
Slow Match (*Saunterer*)	n..	1875
Sly (*Strathconan*)	gr.	1874
Sly Girl (*Billy Pitt*)	bb.	1877
Sly Glance (*General Peel*)	b..	1878
Snalla (*Zouave*)	al..	1864
Snowball (*Springfield*)	al..	1880
Snowdrop (*Doctor Syntax*)	b..	1838
Sœur de Compromise (Newminster)	al..	1864
Sola (*Partisan*)	b..	1822
Sola (Boléro ou Tipple Cider)	b..	1852
Solange (*Maskelyne*)	bb.	1885
Solange II (*Moorlands*)	al..	1886
Solédad (*Trocadéro*)	b..	1878
Solette (*Solo*)	bb.	1889
Solitude (*Le Destrier*)	al..	1887
Solliciteuse (*Ruy Blas*)	b..	1875
Sollicitude (*Galliard*)	bb.	1887
Sologne (*Collingwood*)	n..	1857
Somnambule (*Ion*)	bb.	1858
Sommo Sierra (Fitz Gladiator)	b..	1861
Songstress (*Birdcatcher*)	b..	1849
Songstress (*Neville*)	b..	1863
Songstress (*Balfe*)	b..	1882
Sonia (*Gitano*)	b..	1874
Sonnette (*Tournament*)	b..	1870
Sonnette (*Black Eyes*)	al..	1882
Sonora (*Fontainebleau*)	b..	1886
Sontag (*Worthless*)	b..	1852
Sophia (*Governor*)	b..	1847
Sophie (*the Prime Warden*)	b..	1854
Sophie (*Nougat*)	b..	1885
Sophiette (*Brown Bread*)	bb.	1874
Sorbe (*Plutus*)	al..	1877
Sorceress (*Rosicrucian*)	bb.	1873
Sorcière (*Sorcerer*)	b..	1807
Sorcière (*Worthless*)	n..	1852
Sorcière (*Pretty Boy*)	b..	1861
Sorcière (*Le Petit Caporal*)	b..	1873
Soror (*Womersley*)	b..	1871

	Robe	Date de la naissance		Robe	Date de la naissance
Sultan Mare (*Sultan*)	b..	1833	Sweetlips (*Wellingtonia*)	al..	1887
Summerside (*West Australian*)	bb.	1856	Sweet Lucy (*Sweetmeat*)	n..	1857
Sundew (*Bend'Or*)	al..	1886	Sweet Moggy (*Shover*)	al..	1828
Sunny Queen (*Galopin*)	b..	1883	Sweetness (*Commodor Napier*)	b..	1856
Sunrise (*Emilius*)	b..	1848	Swift (*Kingcraft*)	al..	1876
Sunshower (*Springfield*)	b..	1888	Swirling Water (*Ely*)	al..	1871
Suprema (*Physician*)	b..	1846	Swordstick (*Mars*)	al..	1879
Suprême Degré (*Caravan*)	b..	1854	Sybille (*Festival* ou *Valbruant*)	al..	1858
Suresnes (*Nunnykirk* ou *Brocardo*)	b..	1854	Sybille (*Flageolet*)	al..	1880
			Sycée (*Marsyas*)	b..	1864
Surprenante (*Ethelwolf*)	b..	1857	Syfax (*Beggarman*)	b..	1844
Surprise (*Ibrahim*)	b..	1845	Sylda (*Bigarreau*)	b..	1878
Surprise (*Quadrilatère*)	b..	1853	Sylote (*Rémus* ou *Le Petit Caporal*)	b..	1871
Surprise (The Prime Warden)	b..	1854			
Surprise (*Gladiator*)	b..	1857	Sylphide (*Tranby*)	b..	1834
Surprise (*Ethelwof* ou Marly)	b..	1857	Sylphide (*Théodore*)	al..	1841
Surprise (*Napier*)	b..	1857	Sylvandire (*Terror*)	b..	1844
Surprise (*Cats' Paw*)	b..	1869	Sylvane (*Bariolet*)	b..	1883
Surprise (*Saint Christophe* ou *Beau Merle*)	al..	1882	Sylvanie (*Rémus*)	b..	1864
			Sylvia (*Sylvio*)	b..	1835
Surprise (*Caprice*)	b..	1886	Sylvia (*Commodor Napier*)	b..	1848
Surprise II (Father Thames)	al..	1867	Sylvia (*Flatcatcher*)	b..	1856
Susan (*Soucar*)	b..	1879	Sylvia (*Sylvain*)	b..	1868
Suttee (*Weatherbit*)	al..	1866	Sylvia (*Sylvain*)	al..	1870
Suzanna (*Rosas*)	b..	1854	Sylvia (*Boïard*)	b..	1883
Suzannah (*Nunnykirk* ou *Elthiron*)	bb.	1856	Sylvia (*Bruce*)	bb.	1888
			Sylvie (*Sylvio*)	b..	1835
Suzanne (*Blinkhoolie*)	b..	1881	Sylvie (*Nunnykirk*)	bb.	1860
Suzanne (*Saxifrage*)	al..	1883	Sylvie (*Zouave*)	bb.	1865
Suzeraine (*Argonaut*)	bb.	1869	Sylvina (*Fra Diavolo*)	b..	1840
Suzette (*Y. Emilius*)	n..	1844	Sylvina (*Sylvain*)	b..	1869
Suzette (*Le Sarrazin*)	b..	1873	Sylvinette (Mandrake ou Bay Archer)	bb.	1883
Suzette (*Mars*)	b..	1883	Symmetry (*Sheet Anchor*)	n..	1842
Suzon (Womersley ou Pretty Boy)	b..	1865	Sympathie (*Napoleon*)	b..	1842
Suzon (*Saint Cyr*)	b..	1878	Sympathie (*Pédagogue*)	b..	1862
Swallow (*Little Rover*)	gr.	1846	Symphonie (Foudre de Guerre)	b..	1883
Swallow (*The Bard*)	b..	1889	Symphonie (*Montgomme*)	al..	1887
Swansdown (Edward the Confessor)	b..	1866	Syra (*Wenlock*)	b..	1883
Swansea (*Macaroni*)	b..	1876	Syren (*The Cure*)	bb.	1861
Swede (the) (*Charles XII*)	b..	1848	Syrène (*Mustachio*)	b..	1829
Sweet Agnes (Saccharometer)	bb.	1871	Syrène (*Bigarreau*)	b..	1877
Sweet Bite (*Mac Gregor*)	al..	1879	Syrène (*Boïard*)	b..	1877
SweetBlossom (*SugarPlum*)	bb.	1885	Syrène (*Trombone*)	b..	1884
Sweetest (*Parmesan*)	bb.	1874	Syrène (*Milan*)	al..	1888
Sweetlips (*Emilius*)	b..	1828	Syrienne (*Mandrake*)	b..	1881

	Robe	Date de la naissance
Syrienne (Foudre de Guerre)..	b..	1882
Tabarka (Faublas)	al..	1880
Tabatière (Tabac)..........	n..	1885
Tabor (Adventurer)........	n..	1880
Taffarette (Lanercost)......	b..	1855
Taffrail (Sheet Anchor).....	n..	1845
Tafna (Vestminster)........	b..	1877
Taglioni (Rowlston)........	bb.	1829
Taglioni (Tandem).........	al..	1830
Taglioni (Guy Dayrell)....	b..	1882
Tailed Comet (Quoniam)...	b..	1843
Talmouse (Consul)	b..	1878
Tamara (The Cossack)	b..	1858
Tambourine (Cymbal)......	al..	1877
Tamise (La) (Shakespeare)..	bb.	1834
Tamise (Garry Owen).....	al..	1853
Tamise (Queens'Messenger)	b..	1877
Tamise (Paladin)..........	b..	1881
Tamponne (The Scottish Chief)....	b..	1886
Tanaïs (Terror)............	b..	1845
Tantrip (Carnival)........	b..	1879
Tapage (Pollio)	b..	1834
Tapestry (Melbourne)	b..	1853
Tarantasse (Montargis)....	al..	1887
Tarentella (Tramp)........	al..	1830
Tardive (Le Drôle)........	al..	1883
Tard Venue (Rémus).......	b..	1859
Targette (Narcisse)........	b..	1886
Tarlatane (The Flying Dutchman)...	b..	1860
Tarlatane (Mars).........	al..	1877
Tartane (Beggarman)......	b..	1845
Tartane (Black Eyes).......	b..	1865
Tartane (Dollar)........	b..	1871
Tartanne (Prométhée)......	al..	1889
Tartare (The Cossack)......	al..	1858
Tartarine (Souvenir)	b..	1868
Tartelette (Nougat)	al..	1887
Tartine (Brown Bread)....	bb.	1872
Tatavola (Monitor II)......	b..	1869
Tauria (Assassin)..........	b..	1850
Taurine (Rémus)..........	b..	1862
Taurus marc (Taurus)......	al..	1837

	Robe	Date de la naissance
Tchernaia (Ion)...........	al..	1855
Teacher (Blinkhoolie)......	b..	1871
Tea Gown (Mac Gregor)...	b..	1878
Tea Rose (Voltigeur)......	b..	1874
Tea Tray (Tyncdale)........	al..	1886
Técla (Silvio)............	b..	1883
Télésile (Frontin)	al..	1889
Telle Quelle (Prétendant)..	b..	1864
Témérité (Beau Brummel)..	al..	1887
Temerity (Quicklime)......	b..	1888
Tempête (The Baron ou Nunnykirk).............	bb.	1856
Tempête (Marengo)........	b..	1872
Tempête (Salvator ou Mourle)	b..	1884
Tendresse (Monarque).....	b..	1870
Ténébreuse (Y. Emilius)...	b..	1847
Ténébreuse (Nougat)......	b..	1879
Ténébreuse (Mourle ou Saxifrage)................	b..	1884
Ténériffe (Blacklock).......	al..	1825
Tentation (Pédagogue).....	b..	1858
Tentatrice (Monarque).....	b..	1890
Térésina (Jereed)	b..	1844
Termagant (Cotherstone)...	b..	1849
Terpsichore (Y. Gladiator)	b..	1857
Terra Nova (Atlantic)	b..	1879
Terre Promise (Star of the West ou Drogheda).....	b..	1864
Terreur (Muscovite).......	b..	1869
Terrora (Terror)...........	bb.	1850
Tertia (Titus)	al..	1846
Tertullia (Lottery)..........	b..	1842
Test (the) (Andover)........	al..	1857
Têta (Sting)..............	b..	1856
Tetota (Tetotum)	b..	1835
Thalie (Tigris)............	b..	1827
Thalie (Paradox)	al..	1838
Thalie (Y. Emilius)........	b..	1845
Thanet (Wenlock)..........	al..	1884
Tharistone (Garry Owen)...	b..	1853
Théa (Electrique).........	b..	1854
Thécla (West Australian)..	b..	1866
The Frisky Matron (Cremorne)	al..	1879
The Garry (Breadalbane)..	b..	1872
The Heiress (Vestment) ...	al..	1842

	Robe	Date de la naissance		Robe	Date de la naissance
Thélésia (*Tancred*)	b..	1830	Tit (*Y. Birdcatcher*)	al..	1870
Thélésie (*Lottery*)	b..	1842	Titania (*Saint Germain*)	b..	1858
Thémis (*Sacripant*)	bb.	1874	Titania (*Faublas*)	al..	1881
Thémis (*Consul*)	b..	1881	Titania II (*Pero Gomez*)	bb.	1875
Thémis (*Problême II*)	b..	1886	Titbit (*The Saddler*)	bb.	1843
The Night (*Début*)	b..	1872	Tit For Tat (*Kisber*)	b..	1884
Théodora (*The Emperor*)	al..	1852	Titinka (*Nunnykirk*)	b..	1858
Théodora (*Theobald*)	b..	1873	Tocquade (*Trocadéro*)	b..	1873
Théodora (*Léon*)	al..	1885	Toinette (*Fitz Gladiator*)	b..	1868
Théodora (*Prométhée*)	al..	1887	Toinette (*Longchamps*)	b..	1872
Théodora (*Farfadet*)	b..	1889	Toinette (*Flageolet*)	b..	1878
Théodorine (*Theodore*)	bb.	1836	Toinon (*Mirliflor*)	b..	1880
Théonie (*Ruy-Blas*)	b..	1872	Toison d'Or (*Tippler*)	al..	1871
Théonie (*Gantelet*)	b..	1878	Tolède (*Guy Dayrell*)	b..	1882
Theon mare (*Theon*)	b..	1848	Tolla (Festival ou Valbruant)	b..	1858
The Quail (*Thunderbolt*)	b..	1868	Tomate (*Lottery*)	b..	1842
The Quiver (*The Dart*)	b..	1886	Tombola (*Joskin*)	al..	1876
Theresa (*Terror*)	n..	1838	Tombola (*Sacripant*)	b..	1875
Theresa (*Terror*)	b..	1844	Tombola (*Kisber*)	b..	1881
Thérésa (*Monarque*)	b..	1865	Tomyris (*Farfadet*)	b..	1887
Thérèse (*Sting*)	b..	1863	Tonadilla (*Ibrahim*)	al..	1839
The Sphynx (*Strathconan*)	ro.	1879	Tondina (*Tynedale* ou *Fitz*		
The Swallow (*Skylark*)	b..	1886	*James*)	b..	1885
The Tees (*Cathedral*)	b..	1879	Tontine (*Tetotum*)	b..	1837
The Tinted Venus (Macaroni)	b..	1867	Too Late (*Plum Pudding*)	al..	1880
Thétis (*Trocadéro*)	b..	1882	Tooi-Tooi (*Stockwell*)	al..	1861
Thétis II (*Fra Diavolo*)	bb.	1888	Tootsie (*Patriarche*)	b..	1886
The White Lady (King O'Scots)	b..	1875	Topaz (*Velocipede*)	al..	1842
Thildette (*Copper Captain*)	al..	1851	Topaze (*Mariner*)	bb.	1833
Thrice (*Tertius*)	b..	1888	Topaze (*Skirmisher*)	b..	1850
Thrift (*Stockwell*)	al..	1865	Topaze (*Charlatan*)	b..	1867
Thuringian Countess (*Thu-*			Topaze (*Lord Clifden*)	al..	1871
ringian Prince)	b..	1887	Topsail (*Sir Hercules*)	bb.	1856
Thyra (*Frontin*)	al.	1886	Toquade (*Guillaume le Ta-*		
Tiens-Toi Bien (*Elthiron* ou			*citurne*)	b..	1866
First Born)	al..	1859	Torgnole (*T. Scottish Chief*)	b..	1885
Tigresse (*Tigris*)	al.	1822	Torpille (*Vermout*)	b..	1877
Tillie (*Balfe*)	bb.	1884	Torpille (*Patriarche*)	al..	1884
Timbale (*Le Sarrazin*)	b..	1872	Tor-Royal (*Privilege*)	al..	1885
Timbale (*Glaïeul*)	b..	1874	Tortillarde (*Le Mandarin*)	b..	1871
Tina (*The Peer*)	bb.	1873	Tortola (*Wellingtonia*)	bb.	1887
Tina (*Pellegrino*)	b..	1888	Tosca (*Eckmühl*)	al..	1883
Tire Larigot (*Napier*)	b..	1855	Toss (*Orphelin*)	al..	1870
Tirelire (*Pretty Boy*)	b..	1861	Totote (*Ruy Blas*)	b..	1883
Tisiphone (*Craig Millar*)	bb.	1880	Tototte (*Uhlan*)	b..	1878

	Robe	Date de la nais- sance		Robe	Date de la nais- sance
Touch Me Not (*Touchstone*)	bb.	1848	Trompeuse (*Jocko*)........	b..	1851
Touch Me Not (*Y. Emilius*)	b..	1851	Trompeuse (*Verdun*).......	b..	1879
Touch Me Not (*Touchstone*)	b..	1858	Trône (*Mandrake*).........	b..	1879
Toupie (*Saxifrage*)........	al..	1881	Tronquette (*Royal Oak*)....	b..	1844
Toupie II (*Wild Oats*)....	al..	1882	Trop Petite (Caravan ou Nuncio)	al..	1855
Touraine (*Ménars*)........	b..	1888	Trop Petite (*Cymbal*)......	al..	1880
Tourangelle (*Ruy Blas*)....	al..	1876	Trot (*Trumpeter*)..........	al..	1874
Tourelle (*Napier*).........	b..	1858	Troublante (*Perplexe*)......	bb.	1888
Tourmaline (*Xaintrailles*)..	al..	1890	True Blue (*Saint-Albans*)..	b..	1863
Tourmente (*Argonaut*).....	b..	1871	Trust (*Nuncio*)............	b..	1849
Tourterelle (*Perplexe*)......	b..	1882	Trust me Not (*Nuncio*).....	n..	1860
Tourterelle (*Vernet*)........	b..	1888	Tulipe (*Jocko*).............	b..	1844
Toute Petite (*Franc Tireur*)	bb.	1878	Tulipe (*Monarque*)........	b..	1867
Toute Seule (*Mourle*)......	bb.	1885	Tulipe (*Mortemer*)........	al..	1876
Tragédie (*Alteruter*).......	b..	1838	Tulipe (Blenheim ou Cymbal) ..	al..	1878
Tragédie (*Loadstone*)......	b..	1858	Tulipe Orageuse (*Succès*)...	al..	1883
Train de Plaisir (Collingwood).	b..	1858	Tunique (*Ceylon*)..........	b..	1876
Trajane (*Lanercost*)........	bb.	1855	Tunisie (*Stracchino*).......	b..	1880
Tramp Mare (*Tramp*)......	bb.	1822	Turbine (*Le Petit Caporal*).	b..	1874
Travellers' Joy (*Adventurer*)	b..	1878	Turbulente (Le Petit Caporal).	b..	1873
Traviata (*Cremorne*).......	bb.	1881	Turlurette (*Iago*)..........	al..	1863
Trébizonde (*Ruy Blas*)....	b..	1883	Turlurette (*Energy*)........	al..	1888
Trébonaise (*Beaucens*).....	bb.	1857	Turquoise (*Monarque*).....	al..	1868
Trefoil (*Bertram, Wenlock*			Twilight (*Velocipede*)......	al..	1839
ou *Plebeian*)............	b..	1885	Tyne (*Ali Baba*)	b..	1851
Tréval (*Philosopher*)......	b..	1856	Tyro (*Lambton*)...........	b..	1870
Trêve (*Stracchino*)........	bb.	1886	Tyrolienne (*Tournament*)..	b..	1872
Tria (*Trent*)..............	b..	1881			
Trick (*Sleight of Hand*) ...	gr.	1851			
Tricksey (*King O'Scots*)...	bb.	1881			
Trieste (*Beauminet*)	b..	1887	Uberty (*Quoniam*).........	al..	1846
Trinidad (*Vermout*)........	b..	1883	Ultima (*Sylvio*)...........	b..	1851
Trinité (*Collingwood*)......	b..	1860	Ultima (*Flageolet*)........	al..	1876
Trinket (*Wenlock*)........	b..	1887	Ultrix (*Flavio*)............	al..	1884
Trinquette (*Marin*)........	bb.	1884	Ulva (*The Bard*)..........	al..	1889
Trocadisette (*Trocadéro*)...	b..	1880	Unique (*Lottery*)..........	b..	1837
Troglodyte (*Pompier*)......	b..	1882	Upis (*Terror*)	al..	1845
Troïa (*Scamandre*).........	b..	1866	Urania (*Mameluke*)........	b..	1840
Trombe (*Sacripant*).......	b..	1878	Urania (*Terror*)	al..	1845
Trombole (*Trombone*)......	b..	1879	Uranie (*Commodor Napier*)	b..	1847
Trompe la Mort (Fitz Gladiator).	b..	1869	Uranie (*The Baron*)........	al..	1854
Trompette (*Buckthorn*).....	al..	1860	Uranic (*Boïard*)...........	b..	1880
Trompette (*Trombone*)......	bb.	1879	Urganda (*Terror* ou *Jocko*)	b..	1845
Trompette (*Mandrake*).....	b..	1881	Urganda (*Commodor Napier*)	b..	1847
Trompette (*Energy*)........	al..	1888	Urganda (Young) (Treasurer)	gr.	1819

	Robe	Date de la nais-sance		Robe	Date de la nais-sance
Urgence (*Dollar*)	b..	1884	Vanité (*Royal Oak*)	b..	1843
Ursule (*Lottery*)	b..	1840	Vanité (*Wingrave*)	b..	1877
Ursule (*Jocko*)	b..	1847	Vanity (*Doge of Venice*)	b..	1828
Uxor (*Flavio*)	al..	1886	Vanity Fair (*Strathconan*)	gr.	1882
			Vapeur (*Hœmus*)	b..	1842
			Vapeur (*The Baron*)	b..	1858
			Vapeur (*Fitz Gladiator*)	al..	1859
Vaillance (*Napier*)	al..	1860	Vapeur (*Boïard*)	b..	1881
Vaillante (*Charlatan*)	n..	1869	Vapeur II (*King Alfred*)	al.	1882
Valéda (*Mandrake*)	al..	1884	Varagnes (*Beaurepaire*)	b..	1887
Valcreuse (*Dollar*)	b..	1868	Variété (*West Australian*)	al..	1867
Valence II (*Franc Tireur*)	b..	1880	Variété (*Apollon*)	b..	1881
Valencia (*Zut*)	b..	1886	Varla (*Royal Oak*)	b..	1838
Valentine (*Eastham*)	b..	1834	Varlette (*Trent*)	b..	1882
Valentine (*Ibrahim*)	bb.	1840	Varsovie (*Bay Archer*)	al..	1885
Valentine (*Cymbal*)	b..	1876	Varsovie (*Saltéador*)	al..	1886
Valentine (*Braconnier*)	al..	1885	Vasounda (*Atlantic*)	b..	1881
Valentine (*Fitz Plutus*)	b..	1887	Va-te-Promener (*Nuncio*)	bb.	1856
Valéria (*Sting*)	bb.	1851	Vaucluse(*Caravan ou Lutin*)	al..	1847
Valéria (*Foxhall*)	al..	1885	Vaucluse(*The Flying Dutch-		
Valériane (*Garry Owen*)	b..	1851	man*)	b..	1863
Valériane (*Aviceps*)	al..	1862	Vaucluse (*Consul*)	al..	1874
Valérie (*Pickpocket*)	al..	1838	Vaucressonette(*Vaucresson*)	b..	1871
Valérie (*Garry Owen*)	b..	1853	Vedette (*Fitz Gladiator*)	b..	1864
Valérie (*The Heir of Linne*)	b..	1860	Vedette mare (*Vedette*)	b..	1882
Valetta (*Kimbolton*)	b..	1888	Véga(*The Flying Dutchman*)	bb.	1864
Validé (*Pompier*)	b..	1876	Véga (*Friar Tuck*)	al..	1884
Vallée d'Auge (*Mousquetaire*)	b..	1880	Véga (*Le Destrier*)	al..	1884
Vallée d'Or (*Earl of Dartrey*)	b..	1880	Véga (*Verneuil*)	al..	1886
Vallée d'Or (*Tristan*)	b..	1888	Veinarde (*Cock Oyster*)	b..	1875
Valley (*Saint-Albans*)	bb.	1871	Veldora (*Vignemale*)	al..	1887
Vallonia (*Glen Lyon*)	b..	1876	Velléda (*Young Snail*)	b..	1843
Valna (*Gladiator*)	b..	1854	Velléda (*Commodor Napier*)	b..	1848
Valouenne (*Gilbert*)	b..	1881	Velléda (*Drummond*)	b..	1878
Valse (*Dutch Skater*)	al..	1877	Vélocité (*Palestro*)	b..	1865
Valseuse II (*Wellingtonia*)	b..	1882	Vélocité (*Longchamps*)	b..	1875
Valteline (*Rémus*)	al..	1859	Veloutine (*Badsworth*)	bb.	1876
Vanda (*Truffle*)	b..	1827	Velure (*Muley Moloch*)	b..	1845
Vanda (*Brocardo*)	b..	1872	Vence Cagnes (*Flageolet*)	al..	1881
Vanda (*Guy Dayrell*)	b..	1884	Vendetta (*Morok*)	b..	1865
Van Dyke Junior Mare (*Van			Vendetta (*Monarque ou Consul*)	b..	1874
Dyke Junior*)	b..	1817	Venétie (*Plutus*)	al..	1877
Vanessa (*Gulliver*)	b..	1828	Venezia (*Belmont*)	b..	1837
Vanilla (*Commodor Napier*)	b..	1847	Vengeance (*Consul*)	b..	1875
Vanille (*Isonomy*)	al..	1884	Vengoline (*Energy*)	al..	1889

24

	Robe	Date de la nais- sance		Robe	Date de la nais- sance
Venise (*Monarque*)	al..	1864	Verulam Marc (*Verulam*)	bb.	1852
Venise (*Iago*)	b..	1863	Verveine (*Ibrahim*)	al..	1839
Venise (*Vulcan*)	b..	1876	Verveine (*Napoleon*)	bb.	1846
Venisonnette (*Venison*)	b..	1853	Verveine (*Dollar*)	al..	1877
Vénitienne (*Doge of Venice*)	b..	1828	Verveine (*Braconnier*)	al..	1879
Venture (*Adventurer*)	al..	1877	Verveine (*Mourle*)	b..	1885
Venus (*Smolensko*)	b..	1823	Verveine 11 (*Dollar*)	b..	1885
Vénus (*Nuncio*)	b..	1856	Vervelle (*Wingrave*)	b..	1875
Vénus (*Prétendant*)	b..	1863	Vespa (*Wingrave*)	b..	1877
Vénus (*Zouave*)	al..	1874	Vespasienne (*Montagnard*)	b..	1870
Vénus (*Saltéador*)	al..	1884	Vesper (*Merlin*)	al..	1828
Véra II (*Bruce*)	b..	1888	Vesper (*Kingcraft*)	b..	1877
Véra-Cruz (*FitzGladiator*)	al..	1862	Vespérine (*Lottery*)	b..	1840
Véra-Cruz (*Brindisi*)	al..	1874	Vespérine (*Fulgur*)	b..	1862
Véranda (*Vermout*)	bb.	1868	Vest (*Middlesex*)	bb.	1860
Verberie (*Allez y Gaiment*)	b..	1859	Vesta (*Mr. d'Ecoville*)	al..	1851
Verdale (*Franc Tireur*)	b..	1881	Vesta (*Zouave*)	al..	1866
Verdière (*Idus*)	bb.	1883	Vesta (*Victor Emanuel*)	al..	1890
Verdoyante (*Peut Être*)	al..	1883	Vestale (*Lottery*)	b..	1836
Verdure (*West Australian*)	b..	1868	Vestale (*Patricien*)	b..	1872
Verdurette (*Mortemer*)	al..	1874	Vestale (*Ruy Blas*)	bb.	1879
Vergogne (*Ibrahim*)	b..	1846	Vestale (*Ladislas*)	b..	1889
Vergogne (*Salmigondis*)	al..	1885	Vestment (*Saint Albans*)	al..	1866
Veritas (*Biberon*)	b..	1863	Vésuvienne (*Gladiator*)	al..	1848
Vérité (The Flying Dutchman)	b..	1863	Véturie (*Prétendant*)	b..	1863
Vérité (*Absalon*)	b..	1880	Véturie (*Guy Dayrell*)	b..	1884
Vermeille (*The Baron*)	al..	1853	Vevette (*Wamba*)	b..	1874
Verona (Whitworth ou Ardrossau)	al..	1819	Vexation (La Cloture ou Prince Caradec)	b..	1854
Verona (*Plutus*)	b..	1883	Vexation (*Umpire*)	b..	1883
Véronaise (*Captain Candid*)	al..	1831	Viadana (*Beaudesert*)	b..	1889
Véronaise (*The Cossack*)	al..	1861	Via-Mala (*The Nabob*)	al..	1870
Vérone (*Patricien*)	al..	1870	Vianna (*Sincerity*)	bb.	1876
Veronica (*Felix*)	al..	1837	Vichsbury (*Monitor II*)	b..	1869
Versailles (*Vermout*)	al..	1875	Viciosa (*Vermout*)	al..	1881
Versigny (*Flageolet*)	b..	1877	Vicomtesse (*Vermout*)	al..	1874
Versilia (*Ruy Blas.*)	al..	1881	Victime (*Vermout*)	al..	1871
Version (*Flavio*)	al..	1882	Victime (*Foudre de Guerre*)	b..	1882
Verte Allée (*Stracchino*)	al..	1883	Victoire (*Napoleon*)	b..	1839
Verte Allure (*Patricien*)	b..	1872	Victoire (*Ali Baba*)	b..	1846
Verte Bonne (*Dollar*)	b..	1880	Victoire (*The Cossack*)	al..	1858
Vertpré (*Patricien*)	al..	1873	Victoire (*Cobnut* ou *Nuncio*)	b..	1866
Vertu (*Nelson*)	al..	1851	Victoire (*Bayard*)	al..	1868
Vertu (*Bustard*)	al..	1881	Victoire (*Le Petit Caporal*)	b..	1872
Vertubleu (*The Nabob*)	al..	1866	Victoire (*Clotaire*)	al..	1880
Vertu Facile (*Pédagogue*)	b..	1859	Victoire (*Victor*)	b..	1881

	Robe	Date de la nais-sance		Robe	Date de la nais-sance
Victoria (*Belshazzar*)	b..	1837	Villaire (*Uhlan*)	b..	1879
Victoria (*Royal Oak*)	bb.	1838	Ville d'Avray (*Brindisi*)	al..	1877
Victoria (*Elizondo*)	b..	1840	Villefranche (*Ion*)	b..	1859
Victoria (*Tarrare*)	b..	1840	Villefranche (*Wellingtonia*)	al..	1889
Victoria (*Royal Oak*)	b..	1846	Villeneuve (*Balagny*)	b..	1883
Victoria (*Assassin*)	al..	1847	Villye (*Premier Mai*)	b..	1879
Victoria (*Ionian*)	b..	1850	Vilna (*Ruy Blas*)	al..	1876
Victoria (*Victor*)	b..	1853	Vinaigrette (*Patricien*)	b..	1873
Victoria (*Premier Août*)	b..	1854	Vindicte (*Vigilant*)	al..	1885
Victoria (*Saint-Simon*)	bb.	1859	Viola (*Emilius*)	b..	1835
Victoria (*Mors aux Dents*)	bb.	1861	Viola (*Doctor Syntax*)	b..	1838
Victoria (*Prétendant*)	b..	1865	Viola (*Le Petit Caporal*)	b..	1871
Victoria (*Gage d'Amour*)	b..	1875	Viola (*Rémus*)	al..	1871
Victoria (*Gantelet*)	b..	1878	Violente (*Sting*)	b..	1861
Victoria (*Tourmalet*)	al..	1878	Violente (Foudre de Guerre)	b..	1883
Victoria (*Albert-Victor*)	b..	1889	Violet (*Melbourne*)	b..	1851
Victoria II (*Ballinkeele*)	b..	1856	Violet (*Thormanby*)	b..	1864
Victoria II (*Little Duck*)	al..	1887	Violetta (*Franck*)	al..	1845
Victoria Alexandra (*Marsyas*)	al..	1870	Violette (*Lottery*)	bb.	1838
Victorieuse (*Bakaloum*)	b..	1863	Violette (*Hœmus*)	al..	1840
Victorine (*Partisan*)	bb.	1833	Violette (*Ion*)	bb.	1857
Victorine (*Quoniam*)	b..	1843	Violette (*Sting*)	b..	1861
Victorine (*Beggarman*)	b..	1846	Violette (*Womersley*)	b..	1861
Victorine (*Volcano*)	b..	1852	Violette (*Yedo*)	b..	1861
Victorine (*Idus*)	b..	1883	Violette (*Prétendant*)	b..	1865
Victorine (*Trésorier*)	b..	1883	Violette (*Ferragus*)	b..	1876
Victorine (*Peregrine* ou *Vignemale*)	b..	1890	Violette (*Le Drôle*)	al..	1886
			Violette (*Esterling*)	al..	1878
Victory (*Copper Captain*)	b..	1849	Violette II (Ladislas ou Vignemale)	al..	1887
Victory II (*Hermit*)	b..	1879	Violin (*Springfield*)	b..	1889
Victress (*Voltaire*)	b..	1844	Vipère (*Patricien*)	b..	1870
Vienne (*Gilbert*)	b..	1882	Vipérine (*Atlantic*)	b..	1879
Vierge (The Flying Dutchman)	b..	1867	Virago (*Quoniam*)	b..	1847
Vierge Folle (*Bon Vivant*)	al..	1878	Virago (*Beau Merle*)	b..	1878
Vigilante (*Border Minstrel*)	b..		Virevolte (*Patricien*)	b..	1871
Vigilante II (*Cymbal*)	al..	1878	Virginie (*Young Emilius*)	b..	1853
Vigneronne (*Patriarche*)	b..	1884	Virginie (*The Cossack*)	b..	1860
Vignette (*Monitor II*)	b..	1870	Virginie (*Dollar*)	bb.	1870
Vignette (*Trocadéro*)	b..	1875	Virginie (*Bay Archer*)	al..	1889
Vignole (*Vermout*)	al..	1880	Virginie II (*Revigny*)	al..	1876
Vigogne (*Vermout*)	bb.	1868	Virgule (*Ibrahim* ou *Gigès*)	b..	1845
Vigornia (*Master Henry*)	b..	1827	Virgule (*Saunterer*)	b..	1865
Villafranca (*Monarque*)	b..	1860	Virtue (*Stockwell*)	bb.	1865
Villageoise (*Gontran*)	b..	1870	Virtuosa (*Precipitate*)	b..	1801
Villageoise (Ventre Saint Gris)	al..	1873	Viscotine (*Bay Archer*)	b..	1885

	Robe	Date de la naissance		Robe	Date de la naissance
Visière II (*Fontainebleau*)..	bb.	1885	Volupté (*Allez-y-Gaîment*).	b..	1862
Vision (*Marcellus*)	b..	1842	Voûte (*Milan*)............	b..	1884
Vision (*Mirliton*)..........	bb.	1881	Voyageuse (*Ratan*)........	al..	1850
Visionary (*Claremont*).....	b..	1882			
Visitor (*Pellegrino*).......	b..	1880			
Vistule (*Apollon*)..........	b..	1882			
Vitaline (*Vermout*)........	b..	1876	Wagonnette (*Patriarche*)...	al..	1884
Vitalité (*Childeric*).......	bb.	1886	Wagram (*Beauminet*).....	al..	1886
Viterbe (*Apollon*)..........	b..	1881	Wags filly (Ratopolis ou M. Wags)	b..	1855
Vitesse (*Tancred*)	bb.	1831	Wagsine (*Master Wags*)..	b..	1846
Vitesse (*Archiduc*)........	b..	1888	Wake (*Daniel O'Rourke*)...	al..	1861
Vittoria (*Milton*)..........	b..	1823	Walidda (*Bois Roussel*)....	b..	1866
Vivace (*Voltigeur*)	bb.	1856	Walidé (*Capitaliste*)	b..	1874
Vivacité (*Nelson*)..........	b..	1850	Wallflower (*Magpie*)......	b..	1846
Vivacité (*Cambuscan*)	al..	1872	Wallonne (*Montargis*).....	al..	1881
Vivandière (*Monarque*)....	al..	1868	Waltonia (*Quoniam*)	b..	1846
Vivandière (*Mousquetaire*).	al..	1887	Wanderer mare (*Wanderer*)	b..	1824
Vivandière (*Maubourguet*).	b..	1888	Wandora (*Bruce*)	al..	1887
Vive (*Vermout*)	b..	1883	Want (*Peter*)..............	b..	1847
Viviane (*Saxifrage*)	al..	1884	Warpaint (*Uncas*)	bb.	1878
Vivid (*Vedette*)............	n..	1860	Warplot (Pyrrhus the First)..	al..	1851
Vivienne (*Vermout*).......	b..	1873	War Queen (*Cathedral*)...	b..	1874
Vivonne (*Wellingtonia*) ...	al..	1888	Watermark (*Springfield*)..	al..	1885
Vixen (*The Dean*)........	bb.	1857	Waterwitch (*Lanercost*)....	b..	1855
Vogue la Galère (*Brocardo*)	bb.	1850	Wavering (*Brocardo*)......	b..	1853
Voici (*Greenback*)	al..	1887	Waverley mare (*Waverley*)	b..	1826
Voie Lactée (*Marksman*)...	al..	1871	Weasel (*Moustique*).......	b..	1858
Voilà (*Moustique*).........	b..	1858	Weatherbound (*Weatherbit*)	bb.	1857
Voile au Vent (Weathergage).	b..	1858	Wedding (*Nuncio*)	b..	1856
Voilette (*Dollar*)..........	bb.	1877	Wedlock (*Sultan Junior*)..	b..	1851
Voilette (*Drummond*)......	b..	1878	Weeper (*Woful*)..........	b..	1830
Volage II (*The Peer*).....	bb.	1873	Welcome (*Wenlock*).......	al..	1880
Volante (*Rowlston*)........	gr.	1832	Welcome (*Clotaire, Pompier ou Perplexe*	b..	1884
Volante (*Young Emilius*) ..	al..	1847	Welcome (*Insulaire*)......	bb.	1885
Volante (*Voltigeur*)	bb.	1856	Well Come (*Beggarman*)..	b..	1850
Volante (*Silvio*)	b..	1888	Well Come (*Worthless*)...	al..	1852
Volga (*The Cossack*)	al..	1860	Wench (*Commodor Napier*)	b..	1848
Volige (*Fitz Gladiator*)....	b..	1862	West (*Mortemer*)	n..	1877
Volapuck (*Boïard*)	b..	1885	Westéria (*Sterling*)	bb.	1876
Voltaire mare (*Voltaire*)...	b..	1833	West Kent (*North Lincoln*).	al..	1863
Voltige (*Marignan*)	bb.	1874	Westphalie (*Flageolet*).....	al..	1881
Voltigeuse (*Gladiator ou Ion*)	b..	1853	Wet Nurse (*Venison*)......	b..	1846
Voltigeuse (*Voltigeur*)	bb.	1870	Whalebona (*Whalebone*)...	bb.	1829
Voluntas (*Nougat*)........	bb.	1887	Whalebone mare (*Harlequin*)	al..	1845
Voluptas (*Stockwell*).......	b..	1860			

	Robe	Date de la nais- sance		Robe	Date de la nais- sance
Wheastheaf (*Adventurer*)..	b..	1882	Xantippe (*Y. Emilius*)....	b..	1847
Whim (*Voltaire*).........	b..	1847	Xarifa (*Moses*)...........	al..	1826
Whip (*Beauminet*)........	al..	1883	Xarifa (*Quoniam*)........	al..	1847
Whirl (*Alarm*)...........	b..	1852	Xénia (*Glory*)...........	b..	1851
Whisper(*Nougat ou Bariolet*)	b..	1889	Xénia (*Ben Battle*)........	b..	1880
Whist (*Camel*)...........	b..	1837	Xénie (*Carrouges*)........	b..	1872
White Heliotrope (*Ludovic*			Xénodice (Commodor Napier)....	b..	1847
ou *Patriarche*)..........	al..	1888	Xéranthême (*Narcisse*)....	b..	1886
Why Not (*Tarrare*).......	bb.	1844	Xibalba (*King Lud*).......	b..	1886
Why Not (*Remus*)........	b..	1863			
Widgeon (*King Lud*)......	al..	1885			
Wicillieska (*Physician*)....	b..	1846			
Wild (*Absalon*)...........	b..	1878	Ya (*Light* ou *Tournament*).	b..	1869
Wild Agnes (*Wild Dayrell*)	b..	1862	Yamuna (*Orlando*)........	b..	1861
WildFlower (*Wild Dayrell*)	bb.	1866	Yedda (*King Lud*)........	bb.	1887
Wild Girl (*Wild Oats*)....	b..	1871	Yellow Fly (*Gabier*).......	al..	1878
Wild Goose (*Prudhomme*).	al..	1887	Yellow Leaf (*The Dean*)....	b..	1855
Wild Thyme (*Lowlander*)..	bb.	1881	Yelva (*Gladiator*).........	b..	1848
Wild Wave (*CardinalYork*)	b..	1877	Yelva (*Commodor Napier*).	bb.	1855
Wilhelmine (*Revolver*).....	al..	1876	Yes (*Muscovite*)...........	b..	1868
Will (*Henry*).............	b..	1879	Ymone (*Gladiator*)........	b..	1848
Willegly (*Montargis*)......	al..	1880	Yokohama (*Argonaut*).....	al..	1873
Willis (*Pyrrhus the First*)..	al..	1863	Yolande (*Narcisse*)........	al..	1887
Willis (*Fitz Gladiator*)....	al..	1868	Yole (*Ionian*)............	b..	1850
Willow (*Glory*)	b..	1850	Yorkshire Lass (*Jereed*)....	b..	1845
Wimereux (*Tristan*).......	al..	1888	Yvonne (Faugh a Ballagh)....	b..	1857
Windfall (*Favonius*).......	al..	1875	Yvonne (*Stracchino*).......	al..	1883
Winesome (*Winslow*)......	al..	1877	Yvonne (*Zut*).............	al..	1887
Winetta (*Flageolet*).......	al..	1880	Yvonnette (*Beaucens*)......	b..	1859
Wings (*the Flyer*).........	al..	1822	Yvrande (*Montargis*)......	b..	1881
Wirthschaft (*Gigès*).......	b..	1844			
Witch (*Sorcerer*).........	b..	1818			
Witchcraft (*Kingcraft*).....	al..	1879			
Witchery (*Peregrine*)......	n..	1885	Zaïda (*Tigris*)...........	b..	1882
Wits'End (*Venison*).......	b..	1843	Zaïda (*Orphelin*).........	n..	1866
Wizardess (*Wizard*).......	al..	1814	Zama (*Narcisse*)..........	al..	1888
Woïnicka (*Vermout*).......	al..	1871	Zamire (*Skirmisher*).......	b..	1844
Wolfrina (*Ethelwolf*)	al..	1858	Zamire (*Prétendant*).......	b..	1863
Woman in Red (Wild Dayrell)	bb.	1857	Zantia (Physician ou Alteruter)	b..	1843
Woodbine (*Walton*).......	al..	1819	Zarah (*Reveller*)..........	b..	1835
Woodnymph (*Rowlston*) ...	gr.	1835	Zélandaise (*Altyre*).......	b..	1888
Worry (*Woful*)............	b..	1826	Zélia (*Brocardo*).........	al..	1853
Worthy (*Brocardo*)........	b..	1856	Zénaïde (*King Lud*).......	b..	1888
Wren (*Birdcatcher*).......	n..	1844	Zénobia (*Y. Melbourne*)...	bb.	1877
Wyla (*Gigès*).............	al..	1846	Zéphyrine (*First Born*)....	b..	1865

	Robe	Date de la naissance		Robe	Date de la naissance
Zerline (*Gladiator*)........	b..	1849	Zodine (*Sting*)...........	b..	1860
Zêta (*Van Tromp*).........	bb.	1853	Zoemou (*Voltigeur*).......	bb.	1858
Zétulbé (*Rowlston*).......	b..	1832	Zoloé (*General Mina*).....	b..	1836
Zibeline (*Actæon*)........	bb.	1838	Zora (*Catton*)............	b..	1832
Zibeline (*The Cossack*)....	b..	1860	Zora (*Mr. d'Ecoville*)......	al..	1849
Zibeline (*Souvenir*).......	b..	1871	Zouavina (Zouave ou Sylvain)..	al.	1863
Zibeline (*Hampton*).......	b..	1888	Zuleika (*Pagan*)..........	b..	1848
Zillah (*Mr. d'Ecoville*)....	b..	1849	Zuliette (*Zuyderzee*).......	bb.	1862
Zille (*Friedland*)..........	b..	1843	Zulima (*Colwick*)..........	b..	1837
Zingara (*Malton*)..........	bb.	1850	Zullah (*Ibrahim*)..........	b..	1844
Zingara (*Warlock*)........	al..	1865	Zulma (*Brocardo*)........	b..	1850
Zingarella (*Wild Dayrell*).	b..	1871	Zulma (*Ionian*)...........	b..	1856
Zitella (*Reveller*)..........	b..	1831	Zulme (Brocardo ou Mr. d'Ecoville)	bb.	1851
Zizanie (*Brocardo*)........	b..	1850	Zut (*Ion*)................	b..	1855
Zizi (Pyrrhus the First)......	b..	1862	Zydia (*Premium*)..........	b..	1839

ACHEVÉ D'IMPRIMER LE 30 MAI 1895

PAR DURDILLY & Cie, 12, RUE MARTEL, PARIS

REPRODUCTIONS GLYPTOGRAPHIQUES

DE LA MAISON SYLVESTRE, 97, RUE OBERKAMPF, PARIS